普通高等教育

软件工程

12th Five-Year Plan Textbooks
of Software Engineering

"十二五"规划教材

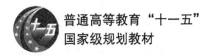

普通高等教育"十一五"
国家级规划教材

软件测试

（第2版）

佟伟光 ◎ 主　编

郭霏霏 ◎ 副主编

人民邮电出版社

北京

图书在版编目（C I P）数据

软件测试 / 佟伟光主编. -- 2版. -- 北京：人民
邮电出版社，2015.1（2022.12重印）
　　普通高等教育软件工程"十二五"规划教材
　　ISBN 978-7-115-37465-3

　　Ⅰ．①软… Ⅱ．①佟… Ⅲ．①软件－测试－高等学校
－教材 Ⅳ．①TP311.5

中国版本图书馆CIP数据核字(2014)第273845号

内 容 提 要

　　本书第 1 版为普通高等教育"十一五"国家级规划教材，第 2 版教材对原书一些章节内容进行了重新编写，并增加了 Web 应用测试一章，将软件测试的新概念、新技术、新方法编入新教材中，使得教材内容更能体现软件测试技术的最新发展，更适合学生学习。本教材保持了教材原有内容的基本架构，特别注重突出教材的应用性、实践性，理论联系实际，把对学生应用能力的培养融汇于教材之中。第 2 版教材中保留了某大型软件公司一个完整的实际软件项目测试案例，并对该内容进一步充实，通过实例让学生了解在实际工作中如何实施软件测试，以此来实现巩固理论知识，提高学生实践能力的教学目标。

　　本书内容全面、注重实际、简明实用，例题、习题丰富，通俗易懂，易于学生学习，适合作为计算机、软件等相关专业软件测试课程教材，同时也可作为软件测试技术培训教材。

◆ 主　　编　佟伟光

　　副 主 编　郭霏霏

　　责任编辑　刘　博

　　责任印制　沈　蓉　彭志环

◆ 人民邮电出版社出版发行　　北京市丰台区成寿寺路 11 号
　　邮编　100164　　电子邮件　315@ptpress.com.cn
　　网址　http://www.ptpress.com.cn
　　固安县铭成印刷有限公司印刷

◆ 开本：787×1092　1/16
　　印张：17.5　　　　　　　　2015 年 1 月第 2 版
　　字数：472 千字　　　　　　2022 年 12 月河北第 20 次印刷

定价：39.80 元
读者服务热线：(010)81055256　印装质量热线：(010)81055316
反盗版热线：(010)81055315

前　言

　　本书第 1 版为普通高等教育"十一五"国家级规划教材，自 2008 年出版以来，受到广大读者的欢迎，也得到许多专家、教师和学生的热情支持和鼓励。本教材的编写为学生学习、掌握软件测试技术奠定了较扎实的基础，对"软件测试"课程建设起到很好的推动作用。几年来，我们又经过多次教学实践并结合开发经验，对"软件测试"课程教学进行了进一步的研究，在此基础上我们修订了本教材。本教材保持了教材原有基本架构，特别注重突出教材的应用性、实践性，理论联系实际，把对学生应用能力的培养融汇于教材之中。并在继承原教材通俗易懂，易于学生学习和理解特点的基础上，对教材主要做了如下修订。

　　（1）对一些章节内容进行了重新编写，对其内容进一步充实、优化，将软件测试的新概念、新技术、新方法编入新教材中，使得教材内容更能体现软件测试技术的最新发展，更通俗易懂，适合学生的学习。

　　（2）随着网络技术的迅速发展，尤其是 Web 及其应用程序的普及，各类基于 Web 的应用程序以其方便、快速、易操作等特点不断成为软件开发的重点。现在 Web 应用程序已经和我们的生活息息相关，小到博客空间，大到大型社交网站，更复杂的如电子商务中的 C2C、B2B 等网站，都给我们带来了很大的方便。对 Web 应用程序进行有效、系统的测试也逐渐成为人们研究的重要课题。为此，本教材特增加了 Web 应用测试一章，对有关 Web 应用测试方面的内容进行较详细的介绍。

　　（3）精选和充实了每一章的例题和习题，以方便学生复习，强化学生对重点内容的掌握，加深对所学内容的理解，并注重培养学生解决实际问题的能力，为进一步学习软件测试技术打下良好的基础。

　　（4）在测试实践一章，保留某大型软件公司的一个完整的实际软件项目的测试案例，并对该内容进一步充实，帮助学生提高软件测试技术的应用能力，实现巩固理论知识，提高实践能力的教学目标。

　　全书共分为 11 章。

　　第 1 章介绍软件测试的基本概念，包括软件测试的原则、分类和工作流程等基本知识。

　　第 2 章对制订测试计划的原则和方法进行较详细的介绍。

　　第 3 章对软件测试基本技术分别进行较详细的介绍。

　　第 4 章对软件测试的不同测试阶段的测试主要任务、采用的主要测试技术和方法、测试管理和组织等方面做较详细的介绍和说明。

　　第 5 章介绍测试用例的基本概念、测试用例的设计方法、测试用例的分类和测试用例的有效管理，并给出较详细的测试用例设计实例。

　　第 6 章介绍如何报告发现的软件缺陷，以及有关测试评测的相关知识。

第 7 章分别介绍和讨论软件测试项目管理的基本概念、项目管理的思想、特点、方法和技巧。

第 8 章对面向对象软件测试的特点、测试模型和基本技术分别进行详细的介绍。

第 9 章介绍了有关 Web 应用测试方面的内容和技术。

第 10 章介绍自动化测试的定义、自动化测试的作用、自动化测试工具的分类和自动化测试工具的应用等内容。

第 11 章是一个完整的实际软件项目的测试案例，详细介绍软件测试项目从制订测试计划、测试实施、测试实现直到报告软件缺陷和测试评测的全过程，并介绍在该项目测试过程中采用的主要技术。

本书由佟伟光任主编，郭霏霏任副主编，参加本书大纲讨论和编写的有林宗英、林民山、费雅洁、张欣、宋喜莲、赵忠诚、郑秀影、栾好利、张丽、杨政、张平、柴军等。本书再版得到人民邮电出版社有关同志的关心和大力支持，谨此表示衷心的感谢。

由于编者水平有限，加之时间仓促，书中存有错误和不妥之处，请读者不吝指正。作者的 E-mail 地址是 weiguangt@sina.com。

编　者

2014 年 10 月

目　录

第 1 章
软件测试概述

软件测试是软件工程中的重要部分，是确保软件质量的重要手段。最近几年，由于软件的复杂度不断增强、软件产业的不断发展，软件测试得到越来越广泛的重视。本章概括地介绍了软件测试的基本概念，包括软件测试的原则、分类和工作流程等基本知识。

1.1 软件、软件危机和软件工程

1.1.1 软件、软件危机和软件工程的基本概念

计算机系统分为硬件系统和软件系统两大部分。在过去的 50 多年里，随着微电子技术的发展和进步，计算机硬件技术以令人惊讶的速度发展，现在已经达到相当成熟的状态。

计算机软件是在计算机系统中与硬件相互依存的另一部分，它是包括程序、数据及其相关文档的完整集合。程序是指按特定的功能和性能要求而设计的能够执行的指令序列；数据是指程序能正常操纵、处理的信息及其数据结构；文档是指与程序设计开发、维护和使用有关的图文材料。

进入 20 世纪 60 年代，随着计算机技术的进步，软件功能日益复杂，人们对软件的需求急剧增加。软件开发从早期以个人活动为主的手工作坊方式，逐步转到以程序员小组为代表的集体开发方式。在这一转换过程中，国外的软件开发人员在开发一些大型软件系统时遇到了许多困难，有些系统最终彻底失败了；有些系统虽然完成了，但比原计划推迟了好几年，而且费用大大超过了预算；有些系统未能完全地满足用户的期望；有些系统则无法被修改和维护。例如，美国 IBM 公司的 OS/360 系统和美国空军某后勤系统都耗费了几千人·年的工作量，历尽艰辛，但结果却令人失望。落后的软件生产方式无法满足迅速增长的计算机软件需求，从而导致软件开发与维护过程中出现一系列严重问题的现象，这就是软件危机。软件危机主要表现在以下几个方面。

（1）软件生产不能满足日益增长的软件需求，软件生产率远低于硬件生产率和计算机应用的增长率，社会出现了软件供不应求的局面。更为严重的是，软件生产效率随软件生产规模的增加和软件复杂性的提高而急剧下降。

（2）软件生产率随软件规模与复杂性提高而下降，智力密集型行业的人力成本不断增加，这些都导致软件成本在计算机系统成本构成中的比例急剧上升。

（3）软件开发的进度与成本失控。人们很难估计软件开发的成本与进度，通常情况是预算成倍突破，项目计划一再延期。软件开发单位为了赶进度、节约成本，往往只有降低软件质量。软件开发陷入成本居高不下、质量无保证、用户不满意、开发单位信誉降低的怪圈中。

（4）软件系统实现的功能与实际需求不符。软件开发人员对用户需求缺乏深入的理解，往往急于编写程序，闭门造车，最后完成的软件与用户需求相距太远。

（5）软件难以维护。程序中的错误很难改正，要想使软件适应新的运行环境几乎不可能，软件在使用过程中不能增加用户需要的新功能，大量的软件开发人员在重复开发基本类似的软件。

（6）软件文档配置没有受到足够的重视。软件文档包括开发过程各阶段的说明书、数据词典、程序清单、软件使用手册、维护手册、软件测试报告和测试用例等。这些软件文档的不规范、不健全是造成软件开发的进度、成本不可控制和软件的维护、管理困难的重要原因。

软件危机实际上是软件开发与维护中存在的具有共性的种种问题的汇总。近40年来，为解决这些问题，计算机科学家和软件产业从业者已经做出了巨大的努力。

软件危机产生的原因可以从两个方面加以认识，一是软件产品的固有特性；二是软件专业人员自身的缺陷。

软件的不可预见性是软件产品的固有特点之一。与硬件产品不同，软件是计算机系统中的逻辑部件。在程序代码运行之前，开发工作的质量、进度难以度量。软件产品最终的使用价值是在软件运行过程中体现出来的。软件产品的故障隐蔽性强，可靠性难以度量，对原有故障的修改可能导致新的错误。

软件产品的固有特点之二是软件的规模较大并且逻辑较复杂。现代的软件产品往往规模庞大，功能多种多样、逻辑结构十分复杂。从软件开发管理的角度看，软件生产率常随软件规模和复杂性的增加而下降。就目前的软件技术水平而言，软件开发的工作量随软件规模的增大而呈几何级数上升。

来自于软件开发人员的弱点主要是，软件产品是人的思维结果，因此软件生产水平最终在相当程度上取决于软件人员的教育、训练和经验的积累；对于大型软件往往需要许多人合作开发，甚至要求软件开发人员深入应用领域的问题研究，这样就需要在用户与软件人员之间以及软件开发人员之间相互通信，在此过程中难免发生理解的差异，从而导致后续错误的设计或实现，而要消除这些误解和错误往往需要付出巨大的代价；另外，由于计算机技术和应用发展迅速，知识更新周期加快，软件开发人员经常处在变化之中，不仅需要适应硬件更新的变化，而且还要涉及日益扩大的应用领域问题研究，软件开发人员所进行的每一项软件开发几乎都必须调整自身的知识结构以适应新的问题求解的需要。

为了解决软件危机，既要有技术措施，又要有必要的组织管理措施。软件工程正是从技术和管理两个方面研究如何更好地开发和维护计算机软件的一门学科。

软件工程是应用计算机科学、数学及管理科学等原理开发软件的工程。通俗来说，软件工程是一套实现一个大型程序的原则方法，是将其他工程领域中行之有效的工程学知识运用到软件开发工作中来，即按工程化的原则和方法组织软件开发工作。

1.1.2　软件工程的目标及其一般开发过程

从狭义上说，软件工程的目标是生产出满足预算、按期交付、用户满意的无缺陷的软件，进而当用户需求改变时，所生产的软件必须易于修改。从广义上说，软件工程的目标就是提高软件的质量与生产率，最终实现软件的工业化生产。

软件工程强调使用生存周期方法学，人类在解决复杂问题时，普遍采用的一个策略就是对问题进行分解，然后再分别解决各个子问题。软件工程采用的生存周期方法学就是从时间角度对软件开发和维护的复杂问题进行分解，把软件生存的漫长周期依次划分为若干个阶段，每个阶段有相对独立的任务，最后逐步完成每个阶段的任务。一个软件产品从形成概念开始，经过开发、测试、使用和维护，直到最后退出使用的全过程称为软件生存周期。软件工程采用的生存周期方法，对软件产品的质量保障以及组织好软件开发工具有重要意义。首先，由于能够把整个开发工作明确地划分成若干个开发步骤，这样就能把复杂的问题按阶段分别加以解决，使得对问题的认识与分析、解决的方案与采用的方法以及如何具体实现等工作在各个阶段都有着明确的目标。其次，把软件开发划分成阶段，就为中间产品提供了检验的依据。一般软件生存周期包括问题的定义、软件开发、软件测试、软件使用与维护等几个阶段。

1. 问题的定义

问题的定义可分为软件系统的可行性研究和需求分析两个阶段，其基本任务是确定软件系统的工程需求。

可行性研究的任务是了解用户的要求及实现环境，从技术、经济和社会等几个方面研究并论证软件系统的可行性。参与软件系统开发的人员应在用户的配合下对用户的要求及系统的实现环境作详细的调查，并在调查研究的基础上撰写调查报告，然后根据调查报告及其他相关资料进行可行性论证。可行性论证一般包括技术可行性、操作可行性和经济可行性 3 个部分。在可行性论证的基础上制定初步的项目开发计划，大致确定软件系统开发所用的时间、资金和人力。

需求分析的任务是确定所要开发软件的功能需求、性能需求和运行环境约束，编制软件需求规格说明书、软件系统的确认测试准则。软件的功能需求应给出软件必须完成的功能，软件的性能需求包括软件的适应性、安全性、可靠性、可维护性、错误处理等，软件系统在运行环境方面的约束是指所开发的软件系统必须满足的运行环境方面的要求。软件需求不仅是软件开发的依据，也是软件验收的标准。因此，确定软件需求是软件开发的关键和难点，确定软件需求通常需要开发人员与用户多次反复沟通、讨论才能确认，完成需求分析工作是一项十分艰巨的任务。

2. 软件开发

软件开发是按照需求规格说明书的要求由抽象到具体、逐步完成软件开发的过程。软件开发一般由设计和实现等几个阶段组成，其中设计可分为概要设计和详细设计，主要是根据软件需求规格说明书建立软件系统的结构、算法、数据结构和各程序模块之间的接口信息，规定设计约束，为编写源代码提供必要的说明。实现也称为编码，就是将软件设计的结果转换成计算机可运行的程序代码。在程序编码中，开发人员必须要制订统一、符合标准的编写规范，以保证程序的可读性和易维护性，提高程序的运行效率。

3. 软件测试

软件需经过严密的测试才能发现软件在整个设计过程中存在的问题并加以纠正。整个测试过程分单元测试、集成测试、系统测试以及验收测试 4 个阶段进行。测试的方法主要有白盒测试和黑盒测试。在测试过程中需要建立详细的测试计划并严格按照测试计划进行测试，以减少测试的随意性。大量统计表明，软件测试的工作量往往占软件开发总工作量的 40% 以上，有时软件测试的成本甚至可高达软件工程其他步骤成本总的 3 ~ 5 倍。

4. 软件使用和维护

软件的使用是指在软件通过测试后，将软件安装在用户确定的运行环境中移交给用户使用。软件的维护是指对软件系统进行修改或对软件需求变化作出反映的过程。当发现软件中的潜伏错误，或用户对软件需求进行修改，或软件运行环境发生变化时，都需要对软件进行维护。软件维护的成功与否直接影响软件的应用效果和软件的生存周期。软件的可维护性与软件的设计密切相关，因此在软件开发过程中应该重视对软件可维护性的支持。

软件生存周期的最后一个阶段是终止对软件系统的支持，软件停止使用。

1.1.3　软件过程模型

软件开发过程包含各种复杂的风险因素，为了解决由这些因素带来的种种问题，软件开发人员经过多年的摸索，总结出了多种软件工程的实现方式——软件过程模型，如瀑布过程模型、螺旋过程模型、增量过程模型、快速原型过程模、敏捷过程模型等。这些软件过程模型是软件开发的指导思想和全局性框架，它们的提出和发展反映了人们对软件过程的认识观，体现了人们对软件过程认识的提高和飞跃。软件开发所遵循的软件过程是保证高质量软件开发的一个至关重要的因素。

1. 瀑布过程模型

瀑布过程模型反映了早期人们对软件工程的认识水平，是人们所熟悉的一种线性思维的体现。

瀑布过程模型强调阶段的划分及其顺序性、各阶段工作及其文档的完备性，是一种严格线性的、按阶段顺序的、逐步细化的开发模式，如图 1.1 所示。

瀑布过程模型主要由顺序的活动（或者阶段）组成，其开发阶段包括计划、需求分析、设计、编码、测试和运行维护等，各个阶段的主要工作内容如下。

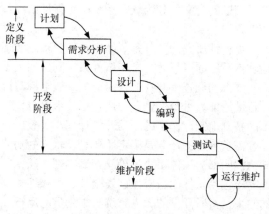

图 1.1　瀑布开发过程

- 计划阶段的工作主要是确定软件开发的总目标，给出软件的功能、性能、可靠性、接口等方面的设想；研究完成该项软件的可行性，探讨问题解决的方案；对可供开发使用的资源（如计算机硬、软件、人力等）、成本、可取得的效益和开发的进度作出估计；制定完成开发任务的实施计划。

- 需求分析是指收集产品的需求，对开发的软件进行详细的定义，由软件人员和用户共同讨论决定哪些需求是可以满足的，并且给予确切的描述；写出软件需求规格说明书等文档，提交管理机构审查。

- 设计是软件过程的技术核心。在设计阶段应把已确定的各项需求，转换成相应的体系结构，在结构中每一组成部分都是功能明确的模块，每个模块都能体现相应的需求，这一步骤称为总体设计。然后进行详细设计，对某个模块要完成的工作进行具体的描述，以便为程序编写打下基础。

- 编码阶段的工作是编写各种层次的代码，包括高级可视化开发系统生成的代码和用第四代程序设计语言编写的代码等。

- 软件测试主要是为了发现程序中的错误。

- 运行维护主要是对软件进行修复和改动，使它能够持续发挥作用。

在实际软件开发过程中，并不是严格按照图 1.1 中所示各阶段顺序执行的，因此过程中的各部分之间都有某种程度的重叠。造成这种重叠的原因是上述任何一个阶段都不可能在下一阶段开始之前完全结束。软件开发人员很少像图 1.1 所示的那样使用单纯的瀑布过程模型，除非是很小的项目或者是开发的产品与软件开发人员以前做过的项目类似，这主要是因为绝大多数软件都是复杂的、非线性的。

2. 螺旋过程模型

螺旋过程模型需要经历多次需求分析、设计、实现、测试这组顺序活动。这样做有多种原因，其中主要的原因是规避风险；另一个原因是在早期构造软件的局部版本时即交给客户以获得反馈；还有一个原因是为了避免像瀑布过程模型一样一次集成大量的代码。

螺旋过程模型的基本思路是依据前一个版本的结果构造新的版本，这个不断重复迭代的过程形成了一个螺旋上升的路径，如图 1.2 所示。

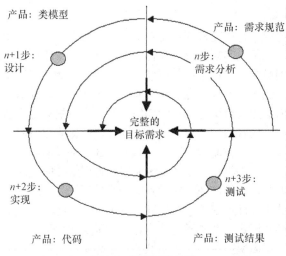

图 1.2　螺旋开发过程

　　螺旋过程模型的一个额外的优点就是能够在每次迭代中都收集到过程中产生的各种度量数据。例如，在第一次迭代时记录下小组进行设计和实现所耗费的时间，依此即可以改进后续设计和实现所耗费时间的估计方法，这对于没有任何历史数据的开发组织尤其 具有价值。

　　螺旋过程模型符合典型软件项目的发展特点，但是跟简单的瀑布过程模型相比，它需要投入更多的精力来更细致地管理其过程。这主要由于每次迭代完成之后都必须保证文档的一致性，特别是代码应该实现文档中描述的设计并且满足文档中记录的需求。此外，为了提高开发小组的生产效率，往往会在前一个迭代结束之前就开始一次新的迭代，这为协调文档的一致性增加了一定难度。

　　螺旋开发过程需要多少次迭代？这取决于具体的情况。例如，由 3 人组成的开发小组、耗时4 个月的项目大概需要 2 次或者 3 次迭代，而项目若采用 5 次迭代，则所需要的管理费用通常会超过新增迭代所创造的价值。

3.　增量过程模型

　　当迭代的速度加快，每次迭代只是在前一次的基础上增加少量功能的时候，这种迭代过程就是增量开发过程。

　　增量过程模型是用一种几乎连续的过程小幅度地推进项目，如图 1.3 所示。增量过程模型在项目的后期尤其适用，比如当项目处于维护阶段，或者立项的产品与原先开发出来的产品结构极为相似。

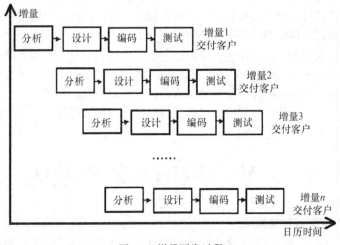

图 1.3　增量开发过程

4. 快速原型过程模型

在快速原型过程模型中，首先是快速进行系统分析，在设计人员和用户的紧密配合下，快速确定软件系统的基本要求，尽快实现一个可运行的、功能简单的原型系统，然后对原型系统逐步求精、不断扩充完善得到最终的软件系统。所谓"原型系统"就是应用系统的模型，用户在开发者的指导下试用原型，在试用的过程中考核评价原型的特性，分析其运行结果是否满足规格说明的要求，以及规格说明的描述是否满足用户的期望。开发人员根据用户的反馈意见纠正过去交互中的误解和分析中的错误，增补新的要求，并针对因环境变化或用户的新设想而引起系统需求的变动提出全面的修改意见。大多数原型系统中不合适的部分可以修正，修正后就成为新模型的基础，开发者和用户在迭代过程中不断将原型系统完善，直到软件的性能达到用户需求为止，因而快速原型过程模型能帮助开发人员快速完成所需要的目标系统。

快速原型过程模型的主要优点在于它是一种支持用户的方法，它使用户在系统生存周期的设计阶段起到积极的作用，并能减少系统开发的风险。特别是在大型项目的开发中，由于对项目的需求分析难以一次完成，应用快速原型过程模型效果更为明显。

5. 敏捷过程模型

是一种逐渐引起广泛关注的一些新型软件开发方法，由于其具有动态性且很容易适应环境。敏捷软件过程模型是一种迭代式增量软件开发过程。敏捷开发方法是一种以人为核心、迭代、循序渐进的开发方法。在敏捷开发中，软件项目的构建被切分成多个子项目，各个子项目的成果都经过测试，具备集成和可运行的特征。换言之，就是把一个大项目分为多个相互联系，但也可独立运行的小项目，并分别完成，在此过程中软件一直处于可使用状态。

敏捷软件开发是一个用来替代以文件驱动开发的瀑布开发模式。瀑布模型式是最典型的预见性的方法，严格遵循预先计划的需求、分析、设计、编码、测试的步骤顺序进行。步骤成果作为衡量进度的方法，例如需求规格，设计文档，测试计划和代码审阅等。瀑布式的主要的问题是它的严格分级导致的自由度降低，项目早期即作出的分析导致对后期需求的变化难以调整，代价高昂。瀑布式方法在需求不明并且在项目进行过程中可能变化的情况下基本是不可行的。

相对来讲，敏捷方法则在几周或者几个月的时间内完成相对较小的功能，强调的是能将尽早将尽量小的可用的功能交付使用，并在整个项目周期中持续改善和增强。

敏捷方法适用于小块工作，这些工作位于每次迭代以及迭代结尾发布的工作软件当中，敏捷方法的主要优势在于，它能完全适应用户环境，而且对产品进行持继迭代，它更注重交付能工作的软件，而不是实现需求规范中定义的需求。

以上5种模型只是众多软件过程模型中较为典型的，除此之外还有喷泉模型、统一软件开发过程模型等。介绍软件过程模型的目的是为了突出软件工程中软件过程模型的重要地位，从某种意义上说，不了解软件过程模型，就不了解软件工程。

同时还应该认识到，形成一套完整而成熟的软件开发过程不是一蹴而就的，它需要一个从无序到有序、从特殊到一般、从定性到定量、最后再从静态到动态的历程，或者说软件开发组织在形成成熟的软件过程之前必须经历一系列的探索阶段。因此，有必要建立一个软件过程成熟度模型来对过程作出一个客观、公正的评价，以促进软件开发组织改进软件开发过程，这就是所谓的软件能力成熟度模型（CMM）要做的工作。

1.2　软件缺陷与软件故障

1. 什么是软件缺陷和软件故障

软件是由人来完成的，所有由人做的工作都不会是完美无缺的。软件开发是很复杂的工作，开发人员很容易出现错误，虽然软件从业人员、专家和学者付出了很多努力，但软件错误仍然存在。因此大家也得到了一项共识：软件中存在错误是软件的一种属性，是无法改变的。所以通常说软件测试的目的就是为了发现尽可能多的软件缺陷，并期望通过改错来把缺陷消灭，最终提高软件的质量。

软件错误是指在软件生存期内的不希望出现或不可接受的人为错误，软件错误导致软件缺陷的产生。

软件缺陷是存在于软件（文档、数据、程序）之中的不希望出现或不可接受的偏差，软件缺陷导致软件在运行于某一特定条件时出现软件故障，这时软件缺陷被激活。

软件故障是指软件在运行过程中产生的不希望出现或不可接受的内部状态，对软件故障若无适当措施（容错）加以及时处理，就会使软件失效。

软件失效是指软件在运行时产生的不希望出现或不可接受的外部行为结果。

2.　软件缺陷和软件故障案例

（1）"千年虫"问题

在 20 世纪 70 年代，程序员为了节约内存资源和硬盘空间，在存储日期数据时，只保留年份的后 2 位，如"1980"被存储为"80"。但是，当 2000 年到来的时候，问题出现了。比如银行存款程序在计算利息时，应该用现在的日期"2000 年 1 月 1 日"减去当时存款的日期，比如"1979 年 1 月 1 日"，结果应该是 21 年，如果利息是 3%，每 100 元银行要付给顾客大约 86 元利息。如果程序没有纠正年份只存储 2 位的问题，其存款年数就变为 - 89 年，这样顾客反要付给银行 1288 元的巨额利息。所以，当 2000 年快要临近的时候，为了解决这样一个简单的设计缺陷，全世界付出了几十亿美元的代价。

（2）阿丽亚娜 5 型火箭发射失败

1996 年欧洲航天局阿丽亚娜 5 型火箭发射后 40S 火箭爆炸，发射基地 2 名法国士兵当初死亡，历时 9 年的航天计划严重受挫，震惊了国际宇航界。爆炸是由惯性导航系统软件技术和设计中的一个小失误引起的。

（3）"冲击波"病毒

2003 年 8 月 11 日，"冲击波"病毒首先在美国爆发，美国的政府机关、企业以及个人用户的成千上万的计算机受到攻击。随后，"冲击波"病毒很快在 Internet 上广泛传播，使十几万台邮件服务器瘫痪，给整个世界范围内的 Internet 通信带来惨重损失。

"冲击波"病毒仅仅是利用 Microsoft Messenger Service 中的一个缺陷，攻破计算机安全屏障，可使安装 Windows 操作系统的计算机崩溃。Messenger Service 的这个缺陷几乎影响当时微软公司所有的 Windows 系统，微软公司不得不紧急发布补丁包，修正这个缺陷。

（4）Windows 2000 中文输入法漏洞

Windows 2000 的交互式登录窗口存在"简体中文输入法状态识别"全漏洞，利用该漏洞，黑客可以使用交互式登录窗口从本地或远程得到一个 Local System 权限，利用该权限，黑客可以添加一个管理员账户，进而完全控制一台计算机，随后微软公司紧急发布补丁包，修正这个缺陷。

（5）金山词霸出现的错误

金山词霸 2003 和金山快译 2003 正式在全国各地上市以后，很多用户强烈批评这 2 款软件在某些词语翻译上的错误，并且当金山词霸 2003 的安装路径不按默认路径，或者用户使用其他以英文命名的目录路径进行安装时，系统就会出现安装完成以后无法取词和无法解释等多类错误，以至于金山公司在正式版发布几天之后就不得不发布补丁。

（6）北京奥运会门票系统故障

2007 年 10 月 30 日上午 9 点，北京奥运会门票面对境内公众的第二阶段预售正式启动。

由于瞬间访问数量过大造成网络堵塞，技术系统应对不畅，造成很多申购者无法及时提交申请，为此，票务中心向广大公众表示歉意，并宣布暂停第二阶段的门票销售。

（7）2009 年 2 月份 Google 的 Gmail 故障

2009 年 2 月份 Google 的 Gmail 故障，Gmail 用户几小时不能访问邮箱，应该算是最近因软件故障而受到广泛关注的事件。据 Google 后称，那次故障是因数据中心之间的负载均衡软件的 Bug 引发的。

（8）中国铁路网上订票出故障遭质疑

2012 年 1 月为缓解数百万外出务工者春节回家买票难的问题，中国推出铁路网上订票系统，但该系统刚推出几分钟后就崩溃，这引起成千上万人的愤怒。

从上面几个典型的软件质量问题实例可以看出，由于软件本身特有的性质，只要软件存在一个很小的错误，就可能带来灾难性的后果。有错是软件的属性，而且是无法改变的，问题在于如何去避免错误的产生和消除已经产生的错误，使程序中的错误密度达到尽可能低的程度。

3. 软件产生错误的原因

软件产生错误的原因很多，为了能够预防错误，需要了解错误产生的原因，具体地说，主要有如下几方面。

（1）软件的复杂性。软件是复杂的，因为它是思想的产物。随着计算机技术的进步，软件的功能、结构日益复杂，算法的难度不断增加，但是软件却要求高精确性，任何一个环节出了差错都会导致软件出现错误。正因为这个原因，软件缺陷总是会层出不穷。

（2）交流不够、交流上有误解或者根本不进行交流。软件是复杂的，当软件的规模达到一定程度的时候，个人已经无法实现，此时出现了团队，但是如何保证队员之间思想的一致性成了问题，人与人思想之间的差异是客观存在的，交流不够、交流上有误解或者根本不进行交流，这些都会导致软件在开发和维护过程中遇到一系列严重的问题。

（3）程序设计错误。像所有的人一样，程序员也会出错。有些错误可能是随机的，程序员通常是因为一时的疏忽而造成程序设计错误。

（4）需求变化。需求变化的影响是多方面的，客户可能不了解需求变化带来的影响，也可能知道但又不得不那么做。需求变化可能造成系统的重新设计，设计人员的日程需要重新安排，已经完成的工作可能要重做或者完全抛弃，而且需求变化可能会对其他项目产生影响，硬件需求也可能要发生变化。如果有许多小的改变或者一次大的变化，项目各部分之间已知或未知的依赖性可能会增强，进而导致更多问题的出现，需求改变带来的复杂性可能导致错误。

（5）时间压力。软件项目的日程表很难做到准确，很多时候需要预计和猜测。当最终期限迫近和关键时刻到来之际，错误也就跟着来了。

（6）代码文档贫乏。代码文档贫乏或者不规范的文档使得代码的维护和修改变得异常艰辛，其后果是带来许多错误。

（7）软件开发工具。可视化工具、类库、编译器、脚本工具等软件开发工具，都会将自身的错误带到应用软件中。

事实上，无论采用什么技术和什么方法，软件中仍然会有错。采用新的语言、先进的开发方式、完善的开发过程，可以减少错误的引入，但是不可能完全杜绝软件中的错误，这些错误需要测试来发现，软件中的错误密度也需要测试来进行估计。

1.3　软件质量与质量模型

软件的质量是软件的生命，它直接影响软件的使用与维护。软件开发人员和用户都十分重视软件的质量，软件质量问题也是软件工程的核心问题之一。什么是软件质量？软件质量是一个复杂的概念，不同的人从不同的角度来看软件质量问题，会有不同的理解。人们经常说某某软件好用，某某软件功能全、结构合理、层次分明、运行速度快等。这些模糊的语言实在不能算作是软件质量评价，特别不能算是对软件质量科学的、定量的评价。其实，软件质量，乃至于任何产品质量，都是很复杂的事物性质。随着计算机软硬件技术的发展，人们对软件质量的理解不断深化，软件质量的标准也在不断改变。按照 ISO/IEC 9126-1991（GB/T 16260—1996）"信息技术软件产品评价质量特性及其使用指南"标准，对软件质量定义如下。

软件质量是与软件产品满足明确或隐含需求的能力有关的特征和特性的总和。其含义有以下4 个方面。

● 能满足给定需求的特性。软件需求是衡量软件质量的基础，不符合需求的软件就不具备好的质量。设计的软件应在功能、性能等方面都符合要求，并可靠地运行。

● 具有所期望的各种属性的组合的程度，即软件结构良好，合理地利用系统资源，易读、易于理解，并易于修改，方便软件的维护。

● 能满足用户综合期望的程度，软件系统具有友好的用户界面，便于用户使用。

● 软件的组合特性。软件生存周期中各阶段文档齐全、规范，便于配置管理。

软件质量是各种因素的复杂组合，软件质量因素也称为软件质量特性。质量特性反映了质量的本质，讨论一个软件的质量问题，最终要归结到定义软件的质量特性。

那么，影响软件质量的因素都有哪些？评价软件质量的标准是怎样的？换句话说，满足哪些标准才能保证软件产品具有好的质量？为了回答这些问题就需要一个易于理解的质量模型，来帮助评估软件的质量和对风险进行识别、管理。目前已有很多质量模型，它们分别定义了不同的软件质量属性，比较常见的 3 个质量模型是 McCall 模型、Boehm 模型和 ISO 9126，它们的共同特点是把软件质量特性定义成分层模型。比较普遍的质量特性模型是两层结构，第一层是按大类划分质量特性，叫做基本质量特性；第二层是每个大类所包含的子类质量特性；最后在各个类别的质量特性中——列出对应的或相关的标准。

早在 1976 年，Boehm 等人就提出软件质量模型的分层方案。1979 年 McCall 等人改进了 Boehm 质量模型，又提出了一种软件质量模型，质量模型中的质量概念基于 11 个特性之上，这 11 个特性分别面向软件产品的运行、修正、转移，它们与特性的关系如图 1.4 所示。McCall 等人认为，特性是软件质量的反映，软件属性可用作评价准则，量化地度量软件属性可以判别软件质量的优劣。

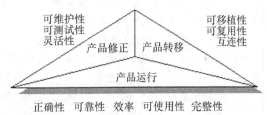

图 1.4　McCall 质量模型

对于没有开发经验的人来说，似乎自己开发的软件能够正确运行就可以了。但软件工程的结果是软件产品，一个产品的质量要求则是多方面的。实际的情况是，正确性只是反映软件质量的一个因素而已。软件的质量因素很多，如正确性、可靠性、可使用性、效率、完整性、可维护性、可测试性、灵活性、可移植性、可复用性、互连性等。

ISO 从更加普遍的用户角度出发，倡导并推动了关于统一软件质量特性认识的讨论，逐渐形成了比较一致的意见，并且不断改进。在 1991 年发布的 ISO/IEC 9126《软件质量特性与产品评价》中初步体现了这种国际性探讨的成果。ISO/IEC 9126—1991 标准规定的软件质量模型由 3 层组成，如图 1.5 所示。在这个模型中，第 1 层称为质量特性（SQRC），第 2 层称为质量子特性（SQDC），第 3 层称为度量（SQMC）。这个模型定义了 8 个质量特性，即正确性、可靠性、可维护性、效率、安全性、灵活性、可使用性、互连性；并推荐了 21 个子特性，如适合性、准确性等，但不作为标准。用于评价质量子特性的度量没有统一的标准，由各单位视实际情况制定，正如前面所提到的那样，评价软件质量以用户需求为标准，一般都以用户的"满意度"进行衡量。

在 1997 年以后，ISO 从软件生存周期角度考虑，提出了软件质量的度量概念。在这种关于衡量软件质量的概念的支持下，ISO 修订了 ISO/IEC 9126—1991，提出了一套新的 9126 系列标准，即 ISO/IEC 9126-1、-2、-3 和4。2001 年在新的 ISO/IEC 9126《产品质量—质量模型》中定义的软件质量包括内部质量、外部质量和使用质量 3 部分，如图 1.6 所示。也就是说，"软件满足规定或潜在用户需求的能力"要从软件在内部、外部和使用中的表现来衡量。

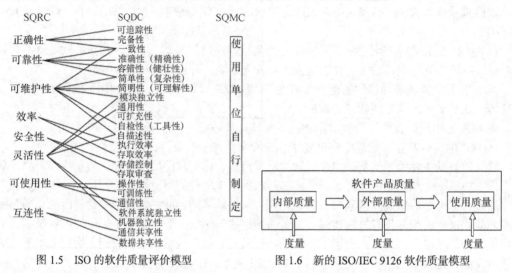

图 1.5　ISO 的软件质量评价模型　　　　图 1.6　新的 ISO/IEC 9126 软件质量模型

所谓的内部质量是从内部观点出发的软件产品特性的总体，是针对内部质量需求被测量和评价的质量。在新的 ISO/IEC 9126《产品质量—质量模型》中，内部质量的定义是反映软件产品在规定条件下使用时满足需求的能力的特性，被视为在软件开发过程中（如在需求开发、软件设计、编写代码阶段）软件的质量特性。

内部质量特征主要包括以下几个方面。

- 可维护性，修改一个软件系统，提高其性能或修正其错误的能力。
- 灵活性，修改系统使其能适应于不同的用途或环境的能力，而不必对系统进行特定的设计。
- 可移植性，能修改所设计的某一部分，使其能在其他环境下运行的能力。
- 可重用性，能将系统的一部分用于其他系统的难易程度。
- 可读性，能读懂或理解系统源代码的能力。
- 可测试性，对整个系统进行单元或系统测试以证实其满足所有需求性能的测试难易程度。
- 可理解性，能从整个系统水平或细节上理解整个系统的难易程度。

外部质量的定义是软件产品在规定条件下使用时满足需求的程度。外部质量是从外部观点出发的软件产品特性的总体，它是当软件执行时，更典型的是使用外部度量在模拟环境中，用模拟数据测试时，所被测量和评价的质量，即在预定的系统环境中运行时可能达到的质量水平。

外部质量特征主要包括以下几个方面。

- 正确性，整个系统受说明、设计和实现的错误的影响程度。
- 可用性，用户学会和使用系统的难易程度。
- 效率，对系统资源的最小利用，包括存储时间和执行时间。
- 可靠性，系统在一定条件下执行特定功能的能力。
- 完整性，防止非法或不适当地访问的能力。
- 适应性，系统在应用或其他环境下不作修改就能使用的能力，而不必经过特定的设计。

⚬ 精确性，系统不受错误影响的程度，尤其是在数据输出方面。精确性和正确性是不同的，精确性是对系统完成其工作情况的衡量，而不是它设计得是否正确。

⚬ 坚固性，系统在无效输入或压力环境中能继续执行其功能的能力。

使用质量的定义是，在规定的使用环境下软件产品使特定用户在达到规定目标方面的能力。它是从用户观点出发，来看待软件产品用于特定环境和条件下的质量，反映的是从用户角度看到的软件产品在适当系统环境下满足其需求的程度。

使用质量用有效性、生产率、安全性、满意程度等质量特征表述。

对于一个实际的软件项目而言，想把上面的所有质量特征都做好是一件很难的事情。质量、资源和时间是项目管理的三要素，三者相互影响和制约，提高质量是有成本和时间代价的，提高质量可能带来更多资源的投入或进度的延后。因此，任何一个项目都应根据项目的实际特点来平衡好三要素，制订切实可行的质量目标。

任何形式的产品都是多个过程得到的结果，因此对过程进行管理与控制是提高产品质量的一个重要途径。对于一个软件项目，为了提高软件产品质量、缩短产品开发进度、节约产品开发成本，必须在软件开发过程的每个阶段、每个步骤上都要进行管理和控制。

1.4　软件测试

1.4.1　软件测试的概念

1. 软件测试的定义

什么是软件测试？简单地说，软件测试就是为了发现错误而执行程序的过程。软件测试是一个找错的过程，测试只能找出程序中的错误，而不能证明程序无错。软件测试要求以较少的用例、时间和人力找出软件中潜在的各种错误和缺陷，以确保软件的质量。

在 IEEE 所提出的软件工程标准术语中，软件测试被定义为："使用人工或自动手段来运行或测试某个系统的过程，其目的在于检验它是否满足规定的需求或弄清楚预期结果与实际结果之间的差别。"软件测试是与软件质量密切联系在一起的，软件测试归根结底是为了保证软件质量。通常软件质量是以"满足需求"为基本衡量标准，IEEE 提出的软件测试定义明确提出了软件测试以检验是否满足需求为目标。

软件测试在软件生命周期中占据重要的地位，在传统的瀑布过程模型中，软件测试仅处于运行维护阶段之前，是软件产品交付用户使用之前保证软件质量的重要手段。近年来，软件工程界趋向于一种新的观点，即认为软件生命周期每一阶段中都应包含测试。由于软件工程采用的生存周期方法把软件开发划分成若干阶段，这样就对中间产品提供了检验的依据，各阶段完成的软件文档成为检验软件质量的主要对象。显然，表现在程序中的错误，并不一定是编码所引起的，很可能是详细设计、概要设计阶段，甚至是需求分析阶段的问题引起的。因此，即使针对源程序进行测试，所发现的问题的根源可能在开发前期的各个阶段，解决问题、纠正错误也必须追溯到前期的工作。正是如此，测试工作应该着眼于整个软件生命周期，特别是着眼于编码以前各个开发阶段的工作来保证软件的质量。也就是说，测试应该从软件生命周期的第一个阶段开始，并贯穿于整个的软件生命周期，从而检验各阶段的成果是否接近预期的目标，尽可能早地发现错误并加以修正。如果不在早期阶段进行测试，错误的延时扩散常常会导致最后成品测试的巨大困难。美国软件质量安全中心在 2000 年对美国 100 家知名的软件厂商进行统计，得出这样一个结论：软件缺陷在开发前期发现比在开发后期发现，在资金、人力上节约 90%；软件缺陷在推向市场前发现比在推出后发现，在资金、人力上节约 90%。所以说软件测试并非传统意义上产品交付前单一的

"找错"过程，而是贯穿于软件生产过程的始终，是一个科学的质量控制过程。从一个软件项目的需求分析、概要设计、详细设计以及程序编码等各个阶段所得到的文档，包括需求规格说明、概要设计规格说明、详细设计规格说明以及源程序，都应该是软件测试的对象，在软件生产整个过程都需要有软件测试工程师的介入。

软件测试的基本要求体现在两个方面，首先是软件产品内容上的正确性和完整性，其次就是软件生命周期中各个阶段在逻辑上的协调性和一致性以及最终的软件内部结构的一致性。在软件生命周期各个开发阶段的主要测试活动如表 1.1 所示。

表 1.1　　　　　　　　　　　　　　软件生命周期中的主要测试活动

开发阶段	主要测试活动
需求分析	确定测试步骤 确定需求是否恰当 生成功能测试用例 确定设计是否符合需求
设计	确定设计信息是否足够 准备结构和功能的测试用例 确定设计的一致性
编码	为单元测试产生了结构和功能测试的测试用例 进行了足够的单元测试
测试	测试应用系统，着重在功能上
安装	把测试过的系统投入生产
维护	修改缺陷并重新测试

表 1.1 中的测试过程包含在软件生命周期的每个阶段中。在需求阶段，重点要确认需求定义是否符合用户的需要；在设计和编码阶段，重点要确定设计和编码是否符合需求定义；在测试和安装阶段，重点是审查系统执行是否符合系统规格说明；在维护阶段，要重新测试系统，以确定更改的部分和没更改的部分是否都正常工作。

2. 软件测试的目的

软件测试的目的是为了保证软件产品的最终质量，在软件开发的过程中，对软件产品进行质量控制。测试可以达到很多目的，但最重要的是可以衡量正在开发的软件的质量。

测试是为了证明程序有错，而不能保证程序没有错误。事实上，在软件运行期间测试活动从未间断，只是在软件产品交付给用户之后，将由用户继续扮演测试的角色而已。Glen Myers 在关于软件测试的优秀著作《The Art of Software Testing》中陈述了一系列可以服务于测试目标的规则，这些规则也是被广泛接受的，主要有以下 3 点。

- 测试是一个程序的执行过程，其目的在于发现错误。
- 一个好的测试用例很可能会发现至今尚未察觉的错误。
- 一个成功的测试是发现至今尚未察觉的错误的测试。

软件测试是以最少的人力、物力和时间找出软件中潜在的各种错误和缺陷，通过修正各种错误和缺陷提高软件质量，回避软件发布后由于潜在的软件缺陷和错误造成的隐患所带来的商业风险。软件是由人来完成的，所有由人做的工作都不会是完美无缺的。软件开发是一个很复杂的过程，期间很容易产生错误。尽管软件从业人员、专家和学者付出了很多努力，但软件错误仍然存在。因此大家也得到了一种共识：软件中残存着错误，这是软件的一种属性，是无法改变的。所以通常说软件测试的目的就是为了发现尽可能多的缺陷，并期望通过改错把缺陷统统消灭，提高软件的质量。

同时，测试不仅仅是为了发现软件缺陷和错误，也是为了对软件质量进行度量和评估，以提高软件的质量。软件测试是以评价一个程序或者系统属性为目标的活动，以验证软件满足用户的需求的程度，为用户选择与接受软件提供有力的依据。

此外，通过分析错误产生的原因还可以帮助发现当前开发工作所采用的软件过程的缺陷，以便进行软件过程改进。同时，通过对测试结果进行分析整理，还可以修正软件开发规则，并为软件可靠性分析提供依据。

1.4.2　软件测试的原则

为了进行有效的测试，测试工程师必需掌握软件测试的基本原则。一般有下面几条原则可作为测试的基本原则。

（1）尽早测试

应当把"尽早和不断地测试"作为座右铭。由于软件的复杂性和程序性，错误在软件生命周期各个阶段都可能产生，所以不应把软件测试仅仅看作是软件开发过程中一个独立阶段的工作，而应当把它贯穿到软件开发的各个阶段中。在软件开发的需求分析和设计阶段就应开始测试工作，编写相应的测试文档。同时，坚持在软件开发的各个阶段进行技术评审与验证，尽早的开展测试执行工作，一旦代码模块完成就应该及时开展单元测试，一旦代码模块被集成成为相对独立的子系统，便可以开展集成测试，一旦有 BUILD 提交，便可以开展系统测试工作。由于及早的开展测试执行工作，测试人员尽早的发现软件缺陷，大大降低了 BUG 修复成本。但是需要注意，"尽早测试"并非盲目的提前测试活动，测试活动开展的前提是达到必须的测试就绪点。

（2）全面测试

软件是程序、数据和文档的集合，那么对软件进行测试，就不仅仅是对程序的测试，还应包括软件"副产品"的"全面测试"。需求文档、设计文档作为软件的阶段性产品，直接影响到软件的质量。阶段产品质量是软件质量的量的积累，不能把握这些阶段产品的质量将导致最终软件质量的不可控。

"全面测试"包含两层含义：第一，对软件的所有产品进行全面的测试，包括需求、设计文档，代码，用户文档等。第二，软件开发及测试人员（有时包括用户）全面的参与到测试工作中，例如对需求的验证和确认活动，就需要开发、测试及用户的全面参与，毕竟测试活动并不仅仅是保证软件运行正确，同时还要保证软件满足了用户的需求。

"全面测试"有助于全方位把握软件质量，尽最大可能的排除造成软件质量问题的因素，从而保证软件满足质量需求。

（3）全过程测试

"全过程测试"包含两层含义：第一，测试人员要充分关注开发过程，对开发过程的各种变化及时做出响应。例如开发进度的调整可能会引起测试进度及测试策略的调整，需求的变更会影响到测试的执行等等。第二，测试人员要对测试的全过程进行全程的跟踪，例如建立完善的度量与分析机制，通过对自身过程的度量，及时了解过程信息，调整测试策略。

"全过程测试"有助于及时应对项目变化，降低测试风险。同时对测试过程的度量与分析也有助于把握测试过程，调整测试策略，便于测试过程的改进。

（4）独立的、迭代的测试

"独立的、迭代的测试"包含两层含义：第一，应当将测试过程从开发过程中适当的抽象出来，作为一个独立的过程进行管理。软件开发瀑布模型只是一种理想状况。为适应不同的需要，人们在软件开发过程中摸索出了如螺旋、迭代等诸多模型，这些模型中需求、设计、编码工作可能重叠并反复进行的，这时的测试工作将也是迭代和反复的。如果不能将测试从开发中抽象出来进行管理，势必使测试管理陷入困境。第二，测试工作应该由独立的专业的软件测试机构来完成。通常，程序的设计者对自己的程序印象深刻，并总以为是正确的，倘若在设计时就存在理解错误，或因不良的编程习惯而留下隐患，那么程序员本人很难发现这类错误。

（5）Pareto 原则。测试发现的错误中 80%很可能起源于 20%的模块中，例如，在美国 IBM 公司的 OS/370 操作系统中，47%的错误仅与该系统的 4%的程序模块有关。所以一定要注意测试中的错误集中发生现象，如果发现某一程序模块似乎比其他程序模块有更多的错误倾向，则应当花较多的时间和精力测试这个程序模块。

（6）对测试出的错误结果一定要有一个确认的过程。一般由工程师 A 测试出来的错误，一定要由工程师 B 来确认，严重的错误可以召开评审会进行讨论和分析。

（7）制订严格的测试计划。制订严格的测试计划，并把测试时间安排得尽量宽松，不要希望在极短的时间内完成一个高水平的测试。

（8）完全测试是不可能的，测试需要终止。想要进行完全的测试，在有限的时间和资源条件下，找出所有的软件缺陷和错误，使软件趋于完美，是不可能的。一个中等规模的程序，其路径组合近似天文数字，对于每一种可能的路径都执行一次的穷举测试是不可能的，即使能穷举测试，也没法找到程序中所有隐藏的错误。同时费用将大幅增加，漏掉的软件错误数量并不会因费用上涨而显著下降，越是在测试后期，为发现错误所付出的代价就会越大。因此，要根据测试出错误的概率以及软件可靠性要求，确定最佳停止测试时间，而不能无限地测试下去。

（9）注意回归测试的关联性。回归测试的关联性一定要引起充分的注意，修改一个错误而引起更多错误出现的现象并不少见。

（10）妥善保存一切测试过程文档。妥善保存一切测试过程文档的意义是不言而喻的，测试的重现性往往要靠测试文档。

1.4.3　软件测试过程模型

就像软件开发有过程模型一样，软件测试也有过程模型。软件测试过程模型是对测试过程的一种抽象，用于定义软件测试的流程和方法。

测试是一个过程，首先确定在测试过程中应该考虑到哪些问题，如何对测试进行计划，测试要达到什么目标，什么时候开始，在测试中要用到哪些信息资源。其次就是软件产品如何被测试（制作测试用例），之后建立测试环境，执行测试，最后再评估测试结果，检查是否达到已完成测试的标准，并报告进展情况。随着测试过程管理的发展，软件测试专家通过实践总结出了很多很好的测试过程模型。这些模型将测试活动进行了抽象，并与开发活动有机地进行了结合，是测试过程管理的重要参考依据。它的提出和发展反映了人们对软件过程的某种认识观，体现了人们对软件过程认识的提高和飞跃。

1. V 模型

V 模型是最具有代表意义的测试模型。V 模型最早是由 Paul Rook 在 20 世纪 80 年代后期提出的，旨在改进软件开发的效率和效果。V 模型反映出了测试活动与分析设计活动的关系。在图 1.7 中，从左到右描述了基本的开发过程和测试行为，非常明确地标注了测试过程中存在的不同类型的测试，并且清楚地描述了这些测试阶段与开发过程期间各个阶段的对应关系。箭头代表了时间方向，左边下降的是开发过程各阶段，与此相对应的是右边上升的部分，即测试过程的各个阶段。

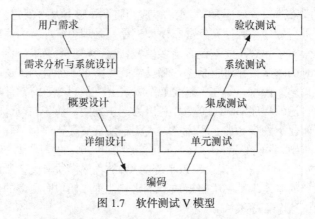

图 1.7　软件测试 V 模型

V 模型指出，单元测试和集成测试应检测程序的执行是否满足软件设计的要求；系统测试应检测系统功能、性能的质量特性是否达到系统要求的指标；验收测试确定软件的实现是否满足用户需要或合同的要求。

但是 V 模型也存在一定的局限性，它仅仅把测试作为在编码之后的一个阶段，是针对程序运行的寻找错误的活动，而忽视了测试活动对需求分析、系统设计等活动的验证和确认的功能。

2. W 模型

W 模型由 Evolutif 公司提出，相对于 V 模型，W 模型增加了软件开发各个阶段中应同步进行的验证和确认活动。验证就是要用数据证明是不是在正确地制造产品，强调的是过程的正确性；确认就是要用数据证明是不是制造了正确的产品，强调的是结果的正确性。W 模型如图 1.8 所示，W 模型由 2 个 V 型模型组成，分别代表测试过程与开发过程，明确表示出了测试与开发的并行关系。

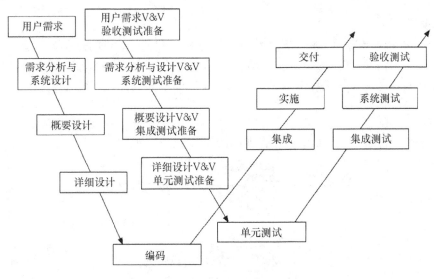

图 1.8　软件测试 W 模型

W 模型强调测试伴随着整个软件开发周期，而且测试的对象不仅仅是程序，需求、设计等同样需要测试，也就是说，测试与开发是同步进行的。W 模型有利于尽早地全面地发现问题，例如，需求分析完成后，测试人员就应该参与到对需求的验证和确认活动中，以尽早地找出缺陷所在。同时，对需求的测试也有利于及时了解项目难度和测试风险，及早制订应对措施，这将显著减少总体测试时间，加快项目进度。

但是 W 模型也存在局限性。在 W 模型中，需求、设计、编码等活动被视为串行的，同时，测试和开发活动也保持着一种线性的前后关系，上一阶段完全结束，才可正式开始下一个阶段工作。这样就无法支持迭代的开发模型。对于当前软件开发工作复杂多变的情况，W 模型并不能解除测试管理面临的困惑。

3. X 模型

X 模型的左边描述的是针对单独程序片段所进行的相互分离的编码和测试，此后将进行频繁的交接，通过集成最终成为可执行的程序，然后再对这些可执行程序进行测试。已通过集成测试的成品可以进行封装并提交给用户，也可以作为更大规模和范围内集成的一部分。多根并行的曲线表示变更可以在各个部分发生。由图 1.9 中可见，X 模型还定位了探索性测试，这是不进行事先计划的特殊类型的测试，这一方式往往能帮助有经验的测试人员在测试计划之外发现更多的软件错误。但这样可能对测试造成人力、物力和财力的浪费，对测试员的熟练程度要求比较高。

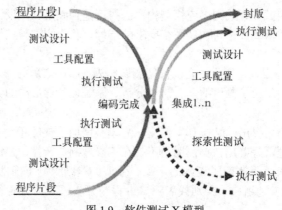

图 1.9　软件测试 X 模型

4．H 模型

V 模型和 W 模型均存在一些不妥之处。如前所述，它们都把软件的开发视为需求、设计、编码等一系列串行的活动，而事实上，这些活动在大部分时间内是可以交叉进行的，所以，相应的测试之间也不存在严格的次序关系。同时，各层次的测试（单元测试、集成测试、系统测试等）也存在反复触发、迭代的关系。

为了解决以上问题，有专家提出了 H 模型。它将测试活动完全独立出来，形成了一个完全独立的流程，将测试准备活动和测试执行活动清晰地体现出来，如图 1.10 所示。

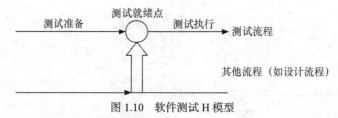

图 1.10　软件测试 H 模型

图 1.10 仅仅给出了在整个生产周期中某个层次上的一次测试"微循环"。图中标注的其他流程可以是任意的开发流程，例如设计流程或编码流程。也就是说，只要测试条件成熟了，测试准备活动完成了，测试执行活动就可以进行。

H 模型揭示了软件测试是一个独立的流程，贯穿产品整个生命周期，与其他流程并发地进行。H 模型指出软件测试要尽早准备，尽早执行。不同的测试活动可以是按照某个次序先后进行的，但也可能是反复的，只要某个测试达到准备就绪点，测试执行活动就可以开展。

1.4.4　软件测试的分类

软件测试的技术和方法是多种多样的，对于软件测试技术，可以从不同的角度加以分类。

1．按测试方式分类

按测试方式进行分类，软件测试可分为静态测试和动态测试。

（1）静态测试。不需要执行所测试的程序，查询代码是否符合规范，对程序的数据流和控制流进行分析。

（2）动态测试。选择实际测试用例运行所测试程序，模拟用户输入。

2．按测试方法分类

按测试方式进行分类，软件测试可分为白盒测试和黑盒测试。

（1）白盒测试。已知软件的实现流程，按照该流程测试，白盒测试又叫结构测试、白箱测试、玻璃盒测试、基于代码的测试或基于设计的测试。耗费大量的财力、物力，对所有代码进行白盒测试的可能性比较小，且对测试人员的要求比较高，所以一般只进行重点部分的白盒测试。

（2）黑盒测试。通过对照软件的规格说明书，基于系统应该完成的功能进行测试，测试人员不了解该产品的设计思路，黑盒测试又叫行为测试、功能测试或基于需求的测试。

（3）灰盒测试。灰盒（Gray Box）是一种程序或系统上的工作过程被局部认知的装置。灰盒测试，也称作灰盒分析，灰盒测试是介于白盒测试和黑盒测试之间的一种测试方法，或者说是两者的结合，是基于对程序内部细节有限认知上的软件调试方法。测试者可能知道系统组件之间是如何互相作用的，但缺乏对内部程序功能和运作的详细了解。它关注输出对于输入的正确性，同时也关注内部表现，但这种关注不像白盒测试那样详细、完整，只是通过一些表征性的现象、事件、标志来判断内部的运行状态。灰盒测试可以避免过度测试，精简冗余用例。

3. 按测试过程分类

在软件交付周期的不同阶段，通常需要依据不同类型的目标对软件进行测试，从独立程序模块开始，到最终进行验收测试，共分为 4 个过程。

（1）单元测试。单元测试在早期实施，侧重于核实软件的最小可测试元素，对单项功能或一段子程序进行测试，包括对每一行代码进行的基本测试。单元测试通常应用于实施模型中的构件，核实是否已覆盖控制流和数据流，以及构件是否可以按照预期工作，测试的内容包括界面测试、局部数据结构测试、边界条件测试、覆盖条件测试、出错处理等。

（2）集成测试。集成测试是将模块按照设计要求组装起来进行测试，主要目标是发现与接口有关的问题，主要测试模块之间的数据传输是否正确、模块集成后的功能是否实现、模块接口功能与设计需求是否一致。集成测试紧接在单元测试之后，当单元测试通过后，便可开始配置集成测试环境。

（3）系统测试。系统测试是将被测试的软件，作为整个基于计算机系统的一项元素，与计算机硬件、外部设备、支持软件、数据和人员等其他系统元素结合在一起，在实际运作环境下，对计算机系统进行一系列的测试，全面查找被测试系统的错误，测试系统的整体性、可靠性、安全性等，该类测试是从客户或最终用户的角度来看待系统的。

（4）验收测试。验收测试是为了检验接受测试的系统是否满足需求，测试的重点是测试产品在常规条件下的使用情况，主要由市场、销售、技术支持人员和最终用户一起按规定的需求，逐项进行有效性测试，检验软件的功能和性能及其他特性是否与用户的要求相一致，验收测试一般采用黑盒测试法。验收测试的基本事项包括功能确认（以用户需求规格说明为依据，检测系统对需求规定功能的实现情况）和配置确认（检查系统资源和设备的协调情况，确保开发软件的所有文档资料编写齐全，能够支持软件运行后的维护工作）。配置确认的文档资料包括设计文档、源程序、测试文档和用户文档等。

上述 4 个过程相互独立且顺序相接，依次进行。测试人员最初需要分别完成每个单元的测试任务，以确保每个模块能正常工作，单元测试大量地采用白盒测试方法，尽可能发现模块内部的程序差错。单元测试结束后，测试人员把已测试过的模块组装起来，进行集成测试，其目的在于检验与软件设计相关的程序结构问题，这时较多地采用黑盒测试方法来设计测试用例。完成集成测试以后，为检验被测试的软件能否与系统的其他部分（如硬件、数据库及操作人员）协调工作，需要进行系统测试。最后进行验收测试，是按规定的需求，对开发工作初期制定的确认准则进行检验。验收测试是检验所开发的软件能否满足所有功能和性能需求的最后手段，通常采用黑盒测试方法。

4. 按测试目的分类

按测试目的对测试进行分类的方法很多，大概有 30 多种测试类型，但是在实际工作中很多测试目的是互相交叉的。按照测试目的分类，测试主要包含下面的类型。

（1）功能测试。功能测试主要针对产品需求说明书对软件进行测试，验证软件功能是否符合需求，包括对原定功能的检验以及测试软件是否有冗余功能、遗漏功能。

（2）健壮性测试。健壮性测试侧重于对程序容错能力的测试，主要是验证程序在各种异常情况下是否能正确运行，包括数据边界测试、非法数据测试、异常中断测试等。

（3）接口测试。接口测试是对各个模块进行系统联调的测试，包括程序内接口测试和程序外接口测试。在接口测试中，测试人员在单元测试阶段进行一部分工作，大部分工作是在集成测试阶段完成的。

（4）性能测试。性能测试主要测试系统的性能是否满足用户要求，即在特定的运行条件下验证系统的能力状况。性能测试主要是通过自动化的测试工具模拟正常、峰值以及异常负载状况，对系统的各项性能指标进行测试，测试中得到的负荷和响应时间等数据可以被用于验证软件系统是否能够达到用户提出的性能指标。

（5）强度测试。强度测试是一种性能测试，强度测试总是迫使系统在异常的资源配置下运行。强度测试的目的是找出因资源不足或资源争用而导致的错误，例如，如果内存或磁盘空间不足，测试对象就可能会表现出一些在正常条件下并不明显的缺陷，这些缺陷可能由于争用共享资源（如数据库锁或网络带宽）而显现出来。一个系统在 366MB 内存下可以正常运行，但是降低内存容量后就不可能运行，系统提示内存不足，这个系统对内存的要求就是 366MB。

（6）压力测试。压力测试是一种性能测试，主要是在超负荷环境中，检验程序是否能够正常运行。压力测试的目的是检测系统在资源超负荷的情况下的表现，是通过极限测试方法，发现系统在极限或恶劣环境中的自我保护能力。压力测试的目标是确定并确保系统在超出最大预期工作量的情况下仍能正常运行。此外，压力测试还要评估软件的性能特征，例如响应时间、事务处理速率和其他与时间相关的性能特征。例如，在 B/S 结构中，用户并发量测试就属于压力测试，测试人员可以使用 Webload 工具，模拟上百人客户同时访问网站，看系统响应时间，处理速度如何？

（7）用户界面测试。用户界面测试主要对系统的界面进行测试，测试用户界面是否友好、软件是否方便易用、系统设计是否合理、界面位置是否正确等问题。

（8）安全测试。安全测试主要测试系统防止非法侵入的能力，例如测试系统在没有授权的内部或者外部用户对系统进行攻击或者恶意破坏时如何运行，是否能够保证数据的安全。

（9）可靠性测试。可靠性测试是指为了保证和验证软件的可靠性水平是否满足用户的要求而进行的测试，即确定软件是否满足软件规格说明书中规定的可靠性指标。软件可靠性测试的目的是给出可靠性的定量估计值，通过对软件可靠性测试中观测到的失效数据进行分析，可以评估当前软件可靠性的水平，验证软件可靠性是否达到要求。软件可靠性测试是一项高投入的测试工作，通常需要进行大量的测试。

（10）安装/反安装测试。安装测试主要检验软件是否可以正确安装，安装文件的各项设置是否有效，安装后是否影响整个计算机系统；反安装测试是逆过程，测试软件是否被删除干净，删除后软件是否影响整个计算机系统等。

（11）文档测试。文档测试主要检查内部/外部文档的清晰性和准确性，对外部文档而言，测试工作主要针对用户的文档，以需求说明、用户手册、安装手册等为主，检验文档是否和实际应用存在差别，而且还必须考虑文档是否简单明了，相关的技术术语是否解释清楚等问题。

（12）恢复测试。恢复测试主要测试当出现系统崩溃、硬件错误或其他灾难性问题时系统的表现情况，以及系统从故障中恢复的能力。

（13）兼容性测试。兼容性测试主要测试软件产品在不同的平台、不同的工具软件或相同工具软件的不同版本下的兼容性，其目的是测试系统与其他软件、硬件兼容的能力。

（14）负载测试。负载测试是通过测试系统在资源超负荷情况下的表现，以发现设计上的错误或验证系统的负载能力。在这种测试中，将使测试对象承担不同的工作量，以评测和评估测试对象在不同工作量条件下的性能行为，以及持续正常运行的能力。负载测试的目标是确定并确保系统在超出最大预期工作量的情况下仍能正常运行。此外，负载测试还要评估性能特征。例如，响应时间、事务处理速率和其他与时间相关的方面。

1.4.5　软件测试流程

软件测试流程就是指从软件测试开始到软件测试结束为止所经过的一系列准备、执行、分析的过程。软件测试工作一般要通过制订测试计划、设计测试、测试准备、测试环境的建立、执行测试、评估测试和总结测试等几个阶段来完成。软件测试的流程如图 1.11 所示。

下面对测试流程的每一阶段进行详细说明。

1. 制订测试计划

制订测试计划通常是开始测试工作的第一项任务，重点在于对整个项目的测试工作进行计划，测试计划并不是一张时间进度表，而是一个动态的过程，最终以系列文档的形式确定下来。一般来说制订测试计划的目的是用来识别任务，分析风险，规划资源和确定进度。

测试计划一般由测试负责人或具有丰富测试经验的专业人员来完成。测试计划的主要依据是项目开发计划和测试的需求分析结果。测试计划一般包括以下几个方面。

（1）软件测试背景。软件测试背景主要包括软件项目介绍、项目涉及人员（如项目负责人等）介绍以及相应联系方式等。

（2）软件测试依据。软件测试依据主要包括软件需求文档、软件规格书、软件设计文档等。

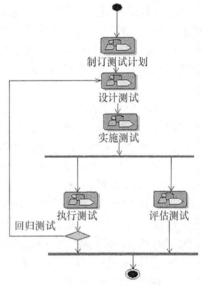

图 1.11　软件测试的流程

（3）测试范围的界定。测试范围的界定就是确定测试工作需要覆盖的范围。在实际工作中，人们总是不自觉地调整软件测试的范围，比如在时间紧张的情况下，通常优先完成重要功能的测试。所以测试计划者在接收到一项任务的时候，需要根据主项目计划的时间来确定测试范围。如果在确定范围上出现偏差，会给测试执行工作带来消极的影响。

确定范围前需要管理人员进行任务划分，简单地说就是分解测试任务。分解任务有两个方面的目的，一是识别子任务，二是方便估算对测试资源的需求。完成分解任务之后，可根据项目的历史数据估算出完成这些子任务一共需要消耗的时间和资源。一般来说，执行一次完整的全面测试几乎是不可能的事情，测试人员需要对测试的范围做出有策略的界定。

（4）风险的确定。项目中总是有不确定的因素，这些因素一旦发生之后，会对项目的顺利执行产生很大的影响。所以在项目开发中，首先需要识别出存在的风险。风险识别的原则可以有很多，常见的一项原则就是如果一件事情发生之后，会对项目的进度产生较大影响，那么就可以把该事件作为一个风险。识别出风险之后，需要对照这些风险制订出规避风险的方法。

（5）测试资源。确定完成任务需要消耗的人力资源、物资资源，主要包括测试设备需求、测试人员需求、测试环境需求以及其他资源需求。

（6）测试策略。测试策略主要包括采取测试的方法、搭建哪些测试环境、采用哪些测试工具和测试管理工具、对测试人员进行培训等。

（7）时间表的制订。在识别出子任务和估计出测试资源之后，可以将任务、资源与时间关联起来形成测试时间进度表。

（8）其他。测试计划还要包括测试计划编写的日期、作者信息等内容。

测试计划当然越详细越好，但是在实际实施的时候就会发现往往很难按照原有计划开展工作。在软件开发过程中资源匮乏、人员流动等情况都会对测试造成一定的影响，这时就要求对测试工作从宏观上来进行调控。但是，只要对测试工作制订了详细的计划，那么测试人员在变化面前就能够做到应对自如、处乱不惊。

2. 设计测试方案

测试的设计阶段要设计测试用例和测试过程，要保证测试用例完全覆盖测试需求。

测试用例是为特定目标开发的测试输入、执行条件和预期结果的集合，这些特定目标可以是验证一个特定的程序路径，也可以是核实某项功能是否符合特定需求。

设计测试用例就是针对特定功能或组合功能制订测试方案，并编写成文档。测试用例的选择既要考虑一般情况，也应考虑极限情况以及边界值情况。测试的目的是暴露应用软件中隐藏的缺陷，所以在设计、选取测试用例和数据时要考虑那些易于发现缺陷的测试用例和数据，并结合复杂的运行环境，在所有可能的输入条件和输出条件中确定测试数据，检查应用软件是否都能产生正确的输出。

测试用例的完成并非是一劳永逸的，因为测试用例是来源于测试需求，一般来说，测试人员可以根据不同阶段已经确定下来的测试需求来进行测试用例的设计，然后随着开发过程的继续，在测试需求增补或修改后不断地调整测试用例。评价测试用例好坏的普遍的认可标准有 2 个。

- 是否可以发现尚未发现的软件缺陷？
- 是否可以覆盖全部的测试需求？

由于测试过程一般分成几个阶段，即代码审查、单元测试、集成测试、系统测试和验收测试等，尽管这些阶段在实现细节方面都不相同，但其工作流程却是一致的。设计测试过程，就是设计测试的基本执行过程，为测试的每一阶段的工作建立一个基本的框架。

3. 测试准备和测试环境的建立

准备阶段需要完成测试前的各项准备工作，主要包括全面准确掌握各种测试资料，进一步了解、熟悉测试软件，配置测试的软、硬件环境，搭建测试平台，充分熟悉和掌握测试工具等工作。

测试环境很重要，符合要求的测试环境能够帮助测试人员准确测出软件的问题，并且做出正确的判断。不同的软件产品对测试环境有着不同的要求。例如，对于 C/S 及 B/S 架构相关的软件产品，测试人员需要在不同操作系统下进行测试，如 Windows 系列、UNIX、Linux 甚至苹果 OS 等，这些测试环境都是必须的；而对于一些嵌入式软件，比如手机软件，如果测试人员需要测试有关功能模块的耗电情况、手机待机时间等，那么就需要搭建相应的电流测试环境。

建立测试环境的一个重要组成部分是软、硬件配置，只有在充分认识测试对象的基础上，才知道每一种测试对象，需要什么样的软、硬件配置，才有可能配置一种相对公平、合理的测试环境。在资源允许的条件下，最好建立一个待测试软件所需的最小硬件配置。配置测试的软、硬件环境还要考虑到其他因素，如操作系统、优秀的办公处理软件（如字处理软件和表单软件，用于编写测试计划和规范）、视频设备、网速、显示分辨率、数据库权限、硬盘容量等。如果条件允许，最好能配置几组不同的测试环境。

测试准备是经常被测试人员忽略的一个环节，在接到测试任务之后，基于种种因素的考虑，测试人员往往急于进度，立即投入到具体的测试工作，忙于测试、记录、分析，可是当工作进行了一半才发现，或是硬件配置不符合要求，或是网络环境不理想，甚至软件版本不对，对测试工作产生极大影响，这都是没有做好测试准备造成的。

4. 执行测试

执行测试是执行所有的或一些选定的测试用例，并观察其测试结果。执行测试的过程可以分为以下几个阶段。

单元测试→集成测试→系统测试→验收测试，其中每个阶段都包括回归测试等。

从测试的角度而言，执行测试涉及一个量和度的问题，也就是测试范围和测试程度的问题。比如，一个版本需要测试哪些方面？每个方面要测试到什么程度？

执行测试的步骤由以下 4 部分组成。

- 输入，要完成工作所必须的入口标准。
- 执行过程，从输入到输出的过程或工作任务。
- 检查过程，确定输出是否满足标准的处理过程。
- 输出，产生的可交付的结果。

例如，程序员的单元测试由以下几个步骤组成。

- 输入程序代码和测试用例。
- 执行测试，产生出某个产品或中间产品可交付的结果。
- 检查工作，确保产品或中间产品可交付的结果符合规范说明和标准。
- 如果检查过程没发现问题，则测试结果传递给下一个工作流程；如发现问题，产品将返回后重新处理。

在执行测试过程中，由于所处的测试阶段不同，其具体工作内容就不同，主要反映在产品输入、测试方法、工具及产品输出方面。测试工作贯穿软件开发全过程，一般认为，执行测试只占到测试工作量的 40%左右。但是，由于这项工作通常要尽可能快地结束，也就意味着往往要采用长时间连续工作的方式来完成很大工作量的工作。

显然，在执行测试过程中每个测试用例的结果都必须记录。如果测试是自动进行的，那么测试工具将同时记录输入信息和结果。如果测试是手工进行的，那么结果可以记录在测试用例的文档中。在有些情况下，只需要记录测试用例是通过或者失败就足够了。没有通过测试的测试用例相应地要产生软件缺陷报告。需特别强调的是，在执行测试过程中，缺陷记录和缺陷报告应该包含在测试工程师的日常工作中。

5. 测试评估

测试评估的主要方法包括缺陷评估、覆盖评测和质量评测。

（1）缺陷评估。缺陷评估可以建立在各种方法上，这些方法种类繁多，涵盖范围广（从简单的缺陷计数到严格的统计建模等）。严格的评估是用测试过程中缺陷达到的比率或发现的比率表示，常用模型假定该比率符合泊松分布，有关缺陷率的实际数据可以适用于这一模型。缺陷评估将评估当前软件的可靠性，并且预测当继续测试或排除缺陷时可靠性如何变化。缺陷评估被描述为软件可靠性增长建模，这是目前比较活跃的一个研究领域。

（2）覆盖评测。覆盖评测是对测试完全程度的评测，它是由测试需求和测试用例的覆盖与已执行代码的覆盖表示的。简而言之，测试覆盖是就需求（基于需求的）或代码的设计/实施标准（基于代码的）而言的完全程度的任意评测。

如果需求已经完全分类，则基于需求的覆盖策略可能足以生成测试完全程度的可计量评测。例如，如果已经确定了所有性能测试需求，则可以引用测试结果来得到评测，如已经核实了 75%的性能测试需求。

如果应用基于代码的覆盖，则测试策略是根据测试已经执行的源代码的多少来表示的。这种测试覆盖策略对于安全至上的系统来说非常重要。代码覆盖可以建立在控制流（语句、分支或路径）或数据流的基础上。控制流覆盖的目的是测试代码行、分支条件、代码中的路径或软件控制流的其他元素，数据流覆盖的目的是通过软件操作测试数据状态是否有效。

2 种评测都可以手工得到或通过测试自动化工具计算得到。

（3）质量评测。质量评测是对测试软件的可靠性、稳定性以及性能的评测，它建立在对测试结果的评估和对测试过程中确定的缺陷分析的基础上。当评估测试对象的性能行为时，可以使用多种评测，这些评测侧重于获取与行为相关的数据，如响应时间、计时配置文件、执行流、操作可靠性和限制。这些评测主要在"评估测试"活动中进行评估，但是也可以在"执行测试"活动中使用性能评测来评估测试进度和状态。主要的性能评测包括动态监测、响应时间/吞吐量、百分位报告、比较报告以及追踪和配置文件报告。

6. 测试总结

测试工作的每个阶段都应该有相应的测试总结，测试软件的每个版本也都应该有相应的测试总结。完成测试后，一般要对整个项目的测试工作做回顾总结，查看有哪些做得不足的地方，有哪些经验可以对今后的测试工作做借鉴使用等。测试总结无严格的格式、字数限制，应该说，测试总结还是很必要的。

制订合理的软件测试流程需要制订者有丰富的软件测试理论知识，还要具备软件测试执行经验、管理经验以及沟通能力等多方面的经验能力。软件测试流程还需要许多测试人员经过长时间的实践来验证其是否完善。

以上给出了测试工作的一般流程，其实每一个公司或测试部门都有一些自己特定的测试方法和流程，它们都是有差别的。

1.4.6　软件测试发展历程和发展趋势

软件测试是伴随着软件的产生而产生的，有了软件生成和运行就必然有软件测试。在早期的软件开发过程中，测试的含义比较窄，将测试等同于"调试"，目的是纠正软件中已经知道的故障，常常由开发人员自己完成这部分工作，并且对测试的投入很少，测试介入得也晚，常常是等到形成代码、产品已经基本完成时才进行测试。

20世纪50年代后期到20世纪60年代，高级语言相继诞生并得到广泛的应用，程序的复杂性也增强了。但是，由于受硬件系统的制约，软件相对而言仍占次要地位，对软件正确性的把握主要依赖于编程人员的水平。因此，测试理论和方法在这一时期发展比较缓慢。

到了20世纪70年代，随着计算机处理速度的提高和内存、外存容量的快速增加，软件的规模越来越大，软件的复杂性也急剧增加，软件在计算机系统中的重要性越来越高。许多测试理论和测试方法相继诞生，逐渐形成一套体系。1979年，Glenford Myers 的《软件测试艺术》可算是软件测试领域的第一本最重要的专著，Myers 将软件测试定义为："测试是为发现错误而执行的一个程序或者系统的过程"。Myers 和他的同事们在20世纪70年代的工作对软件测试的发展起到了重要的作用。

到了20世纪80年代初期，IT行业开始大发展，软件趋向大型化、高复杂度，软件的质量越来越重要。1982年，美国卡来纳大学召开了首次软件测试技术会议，这是软件测试、软件质量研究人员与开发人员的第一次聚会，这次会议成为软件测试技术发展的里程碑。1983年，Bill Hetzel 在《软件测试完全指南》一书中指出："测试是以评价一个程序或者系统属性为目标的任何一种活动，测试是对软件质量的度量"，这个定义至今仍被引用。1983年 IEEE 提出的软件工程术语中给软件测试下的定义是："使用人工或自动的手段来运行或测定某个软件系统的过程，其目的在于检验它是否满足规定的需求或弄清预期结果与实际结果之间的差别。"这个定义明确指出软件测试的目的是为了检验软件系统是否满足需求。软件测试再也不是一个一次性的、而且只是开发后期的活动，而是与整个开发流程融为一体。软件测试已成为一个专业，需要运用专门的方法和手段，由专门人才和专家来承担。

进入20世纪90年代，软件行业开始迅猛发展，软件的规模变得非常大，在一些大型软件开发过程中，测试活动需要花费大量的时间和成本，而当时测试的手段几乎完全都是手工测试，测试的效率非常低；并且随着软件复杂度的提高，出现了很多通过手工方式无法完成测试的情况，于是，很多测试实践者开始尝试开发一些测试工具来支持测试，辅助测试人员完成某一类型或某一领域内的测试工作，测试工具开始盛行起来。人们普遍意识到测试工具不仅是有用的，而且要对今天的软件系统进行充分的测试，测试工具是必不可少的，测试工具的选择和应用也越来越受到重视。测试工具的发展，大大提高了软件测试的自动化程度。到了 2002 年，Rich 和 Stefan 在《系统的软件测试》一书中对软件测试做了进一步定义："测试是为了度量和提高被测软件的质量，对测试软件进行工程设计、实施和维护的整个生命周期过程"。这些经典论著对软件测试研究的理论化和体系化产生了巨大的影响。

近 30 年来，随着计算机和软件技术的飞速发展，对软件测试技术的研究也取得了很大突破。1982 年在美国卡来纳大学召开了首次软件测试技术会议之后，该学术会议每 2 年召开一次。此外，国际上还有软件可靠性会议，从会议的规模以及论文的数量和质量上看，从事软件测试的人员在大幅度增加，对软件测试技术的研究也越来越深入。

可以预测，在未来的时间里，软件测试技术与软件测试行业将得到更快的发展，软件测试理论和技术将更加完善，测试效率将逐渐提高，更实用的软件测试工具将大量出现，测试工程师将得到充分的尊重，设置独立的软件测试部门将成为越来越多的软件公司的共识。但是，随着软件在社会各领域中的作用越来越重要，测试任务越来越繁重，软件规模越来越大，功能越来越复杂，如何进行充分而有效的测试仍然是软件工程领域需要积极探索的问题。而且随着安全问题的日益突出，如何对信息系统的安全性进行有效的测试与评估，也将成为亟待解决的难题。

1.5　软件测试人员的基本素质

软件测试是一项非常严谨、复杂、艰苦的和具有挑战性的工作。如今软件规模不断增大、复杂性日益增加，软件公司已经把软件测试作为技术工程的专业岗位。随着软件技术的发展，对专业化、高效率软件测试的需求越来越迫切，对软件测试人员的基本技能和素质的要求也越来越高。概括地说，软件测试人员应具备下列基本技能和素质。

1. 技能要求

测试人员的技能要求不同于开发人员，开发人员可以仅仅要求具备某种编程语言或开发工具的使用能力即可胜任开发的工作．但是测试人员却要求了解更多的东西，知识范围更广。测试人员的技能要求可分为 4 大类：

（1）业务知识：指测试人员所测试软件涉及的的行业领域知识，例如很多 IT 企业从事石油、电信、银行、电子政务、电子商务等行业领域的产品开发。行业知识即业务知识，是测试人员做好测试工作的又一个前提条件，只有深入地了解了产品的业务流程，才可以判断出开发人员实现的产品功能是否正确。测试人员对所测试软件涉及的业务知识了解得越多，测试就越贴近用户实际需求。并且测试发现的缺陷也是用户非常关注的缺陷。相反，如果缺乏对产品所涉及的业务领域的理解，则有可能测试出来的缺陷只是停留在功能操作的正确性层面，可能会因为对某些业务知识存在误解，导致误测。

（2）计算机专业知识

计算机领域的专业是测试工程师应该必备的一项素质，是做好测试工作的前提条件。一名要想获得更大发展空间或者持久竞争力的测试工程师，则计算机专业技能是必不可少的。计算机专业技能主要包含：

● 软件编程知识

"软件编程知识实际应该是测试人员的必备知识之一，在微软，很多测试人员都拥有多年的开发经验。因此，测试人员要想得到较好的职业发展，必须能够编写程序。只有能编写程序，才可以胜任诸如单元测试、集成测试、性能测试等难度较大的测试工作。

● 网络、操作系统、数据库、中间件等知识由于测试中经常需要配置、调试各种测试环境，而且在性能测试中还要对各种系统平台进行分析与调优，因此测试人员需要掌握更多网络、操作系统、数据库等知识。

（3）测试专业知识

测试专业知识很多，测试专业知识涉及的范围很广：既包括黑盒测试、白盒测试、测试用例设计等基础测试技术，也包括单元测试、功能测试、集成测试、系统测试、性能测试等测试方法，还包括基础的测试流程管理、缺陷管理、自动化测试技术等知识。

（4）用户知识

测试应该始终站在用户、使用者的角度考虑问题，而不应该站在开发人员、实现者的角度考虑问题。因此，要求测试人员必须掌握用户的心理模型，用户的操作习惯等。如果缺乏了这方面的知识或者是思维方式的偏离，则很难发现用户体验、界面交互、易用性、可用性方面的问题，而这类看似很小的 Bug，却是用户非常关注的问题，甚至是决定一个产品是否成功的关键问题。

2. 素质要求

作为一名优秀的测试工程师，除了具有前面的专业技能和相关知识外，测试人员应该具有一些基本的个人素养。

（1）具有较强的责任心、自信心及工作要专心、细心、耐心。

● 责任心：责任心是做好工作必备的素质之一，测试工程师更应该将其发扬光大。如果测试中没有尽到责任，甚至敷衍了事，这将会把测试工作交给用户来完成，很可能引起非常严重的后果。

● 自信心：自信心是现在多数测试工程师都缺少的一项素质，尤其在面对需要编写测试代码等工作的时候，往往认为自己做不到。要想获得更好的职业发展，测试工程师们应该努力学习，建立能"解决一切测试问题"的信心。

● 专心：主要指测试人员在执行测试任务的时候要专心，不可一心二用。经验表明，高度集中精神不但能够提高效率，还能发现更多的软件缺陷，业绩最棒的往往是团队中做事精力最集中的那些成员。

● 细心：主要指执行测试工作时候要细心，认真执行测试，不可以忽略一些细节。某些缺陷如果不细心很难发现，例如一些界面的样式、文字等。

● 耐心：很多测试工作有时候显得非常枯燥，需要很大的耐心才可以做好。如果比较浮躁，就不会做到"专心"和"细心"，很难敏锐地发现那些深藏不露的软件缺陷。

（2）具有很强的沟通和交流能力。测试人员在测试工作中要和各类人打交道，因此，必须能够同测试涉及到的所有人进行沟通，具有与技术（开发者）和非技术人员（客户、管理人员等）的交流能力。既要可以和用户谈得来，又能同开发人员很好地沟通，当与软件开发人员研究故障报告和问题时，软件测试人员应善于表达自己的观点，沉着、老练地与可能缺乏冷静的软件开发人员进行合作。当发现的软件缺陷有时被软件开发人员认为不重要、不用修复时，测试人员应耐心地说明软件缺陷为何必须修复，尽量通过实际演示清晰地表达观点。具备了这种能力，测试人员可以将冲突和对抗减少到最低程度。

（3）团队合作精神。在软件工程各种开发模型和处理方式的背后，极为重要的一个环节便是人员的合作，团队协作精神能否很好地在工作中贯彻，在根本上决定了一个项目能否开发成功。软件测试人员应与软件开发人员密切合作，共同努力才能保证项目的顺利完成。即使在目前稍具规模的软件项目中，测试工作都需要不止一个测试人员参加，单凭一己之力是无法完成复杂的测试工作的，这就要求所有测试人员精诚合作，共同努力。如果缺少团队合作精神，测试工作不可能顺利进行。

习 题 1

1. 什么是软件?什么是软件危机?
2. 软件危机的主要表现包括哪些方面? 软件危机产生的原因是什么?
3. 什么是软件工程? 软件工程包含哪几种基本活动?
4. 试说明软件过程模型对于软件工程的作用。
5. 什么是软件缺陷和软件故障? 软件产生错误的原因有哪些?
6. 软件质量如何定义?其含义有哪 4 个方面?
7. 什么是软件测试?
8. 软件测试的目的是什么?
9. 试说明软件测试有哪些基本原则。
10. 试说明软件测试有哪些类型。
11. 试详细说明软件测试的各种过程模型。
12. 试对测试流程每一阶段进行简要说明。
13. 试简述软件测试发展历程和发展趋势。
14. 软件测试人员需要掌握哪些基本技能和知识?
15. 软件测试人员需要哪些基本素质?

第2章
软件测试计划

专业的测试工作必须以一个好的测试计划作为基础。软件测试计划是整个测试工作的基本依据，在日常测试工作中，无论是手工测试还是自动化测试，都要以测试计划为纲，软件测试人员对计划所列的各项必须逐一执行。本章对制订测试计划的原则和方法进行较详细的介绍。

2.1 软件测试计划的作用

软件测试计划是描述测试目的、范围、方法和软件测试的重点等内容的文档。软件测试计划作为软件项目计划的子计划，在项目启动初期是必须规划的。在越来越多公司的软件开发中，软件质量日益受到重视，测试过程也从一个相对独立的步骤越来越紧密嵌套在软件整个生命周期中，这样，如何规划整个项目周期的测试工作，如何将测试工作上升到测试管理的高度都依赖于测试计划的制定，测试计划因此也成为测试工作的赖于展开的基础。《IEEE 软件测试文档标准 829—1998》将测试计划定义为："一个叙述了预定的测试活动的范围、途径、资源及进度安排的文档。它确认了测试项、被测特征、测试任务、人员安排，以及任何偶发事件的风险。"软件测试计划是指导测试过程的纲领性文件，软件测试计划需要描述所有要完成的测试工作，包括被测试项目的背景、测试目标、测试范围、测试方式、所需资源、进度安排、测试组织以及与测试有关的风险等方面内容。借助软件测试计划，参与测试的项目成员，尤其是测试管理人员，可以明确测试任务和测试方法，保持测试实施过程的顺畅沟通，跟踪和控制测试进度，应对测试过程中的各种变更。

具体地说，制订软件测试计划可以在以下几个方面帮助测试人员。

1. 使软件测试工作进行更顺利

软件测试计划明确地将要进行的软件测试采用的模式、方法、步骤以及可能遇到的问题与风险等内容都做了考虑和计划，这样会使测试执行、测试分析和撰写测试报告的准备工作更加有效，使软件测试工作进行得更顺利。在软件测试过程中，常常会遇到一些问题而导致测试工作被延误，事实上有许多问题是预先可以防范的。此外，测试计划中也要考虑测试风险，这些风险包括测试中断、设计规格不断变化、人员不足、人员流失、人员测试经验不足、测试进度被压缩、软硬件资源不足以及测试方向错误等，这些都是不可预期的风险。对测试计划而言，凡是影响测试过程的问题，都要考虑到计划内容中，也就是说对测试项目的进行要做出最坏的打算，然后针对这些最坏的打算拟订最好的解决办法，尽量避开风险，使软件测试工作进行得更顺利。

2. 增进项目参加人员之间的沟通

测试工作必须具备相应的条件。如果程序员只是编写代码，而不对代码添加注释，测试人员就很难完成测试任务。同样，如果测试人员之间不对计划测试的对象、测试所需的资源、测试进度安排等内容进行交流，整个测试工作也很难成功。测试计划将测试组织结构与测试人员的工作分配纳入其中，测试工作在测试计划中进行了明确的划分，可以避免工作的重复和遗漏，并且测试人员了解每个人所应完成的测试工作内容，并在测试方向、测试策略等方面达成一定的共识，这样使得测试人员之间沟通更加顺利，也可以确保测试人员在沟通上不会产生偏差。

3. 及早发现和修正软件规格说明书的问题

在编写软件测试计划的初期，首先要了解软件各个部分的规格及要求，这样就需要仔细地阅读、理解规格说明书。在这个过程中，可能会发现其中出现的问题，例如规格说明书中的论述前后矛盾、描述不完整等。规格说明书中的缺陷越早修正，对软件开发的益处越大，因为规格说明书从一开始就是软件开发工作的依据。

4. 使软件测试工作更易于管理

制订测试计划的另一个目的，就是为了使整个软件测试工作系统化，这样可以使软件测试工作更易于管理。测试计划中包含了两种重要的管理方式，一是工作分解结构（Work Break Structure，WBS），一是监督和控制。对软件测试计划来说，工作分解结构就是将所有的测试工作一一细化，这有利于测试人员的工作分配。而当执行软件测试时，管理人员可以使用有效的管理方式来监督、控制测试过程，掌握测试工作进度。

从以上几个方面作用来看，在测试开展之前，编写一份好的软件测试计划书是非常必要的。

目前，还有许多的软件测试工作是在没有任何测试计划的情况下进行的。这种"边打边走"的策略让测试人员处于一种不确定的状态，面对问题时则采用"兵来将挡，水来土掩"的解决方式，这是低效率的，会让测试人员在相同的问题上浪费许多时间，而且会极大耗费人员的精力。在这种情况下所进行的软件测试工作，当然也能找到软件的错误和缺陷，但是这种未做计划就测试的软件，在整体质量上绝对是令人忧虑的。实践已充分证明，只有精心计划软件测试工作，然后对软件测试过程进行有效的控制和管理，才能高效、高质量地完成软件测试工作。

2.2　制订测试计划的原则

制订测试计划是软件测试中最有挑战性的一个工作，以下几个原则将有助于测试计划的制订工作。

（1）制订测试计划应尽早开始。即使还没掌握所有细节，也可以先从总体计划开始，然后逐步细化来完成大量的计划工作。尽早地开始制订测试计划可以使我们大致了解所需的资源，并且在项目的其他方面占用该资源之前进行测试。

（2）保持测试计划的灵活性。制订测试计划时应考虑要能很容易地添加测试用例、测试数据等，测试计划本身应该是可变的，但是要受控于变更控制。

（3）保持测试计划简洁易读。测试计划没有必要很大、很复杂，事实上测试计划越简洁易读，它就越有针对性。

（4）尽量争取多方面来评审测试计划。多方面人员的评审和评价会对获得便于理解的测试计划很有帮助，测试计划应该像项目其他交付结果一样受控于质量控制。

（5）计算测试计划的投入。通常，制订测试计划应该占整个测试工作大约 1/3 的工作量，测试计划做得越好，执行测试就越容易。

2.3 如何制订软件测试计划

软件测试计划是指导测试工作的纲领性文件，做好软件的测试计划不是一件容易的事情，需要综合考虑各种影响测试的因素。为了做好软件测试计划，需要注意以下几个方面的内容。

1. 认真做好测试资料的搜集整理工作

测试资料的搜集整理是一项具体而繁杂的工作。通常，我们除了可从产品定义里寻找资料之外，还常常要向程序员直接了解产品的细节。所以，测试人员与程序设计人员的密切合作对产品质量的提高有很大帮助。测试工作中要收集的信息除了通过与同事及上级主管进行交谈，了解与测试相关的人与事、工作环境之外，重点是与技术信息相关的内容，技术信息可分为以下几部分。

- 软件的类别及其构成。软件的类别及其构成是指软件的类别与用途（不同类的软件有不同的考虑重点）、软件的结构、软件所支持的平台，以及软件的主要构成部分、各自功能及各部分之间的联系、每一构成部分所使用的计算机语言等信息。如果进行白盒测试，那么测试人员还要熟悉各部分已建立的函数库中的函数，包括这些函数的用途和其输入、输出值。

- 软件的用户界面。用户界面风格是类似于 Windows 软件，还是指令行软件，或是网页类软件。而且，测试人员还需掌握用户界面各部分的功能、联系，以及界面中组成部件的特性、操作特点等。

- 在所测试的软件涉及第三方软件的情况下，必须对这个第三方软件的功能及它与所要测试的软件之间的联系有一定的了解。最常见的第三方软件就是浏览器，如 IE、Chrome 和 FireFox 等。

以上的所有资料，均可通过软件的规格说明书、设计说明书或向有关人员了解而获得。掌握了所有的资料，接下来的就是进行整理和归类。

另外，需要搜集整理的信息还包括软件项目进展到现在主要存在的问题，测试工作需使用何种测试软件，使用何种缺陷报告软件，目前使用何种版本控制软件，哪些计算机是专门用于测试的，还有哪些关于这一软件产品的信息可供参考等。这些信息，一般都可以从测试部门的主管那里获得。

2. 明确测试的目标，增强测试计划的实用性

大部分应用软件都包含丰富的功能，因此，软件测试的内容千头万绪。在纷乱的测试内容之间提炼测试的目标，是制订软件测试计划时非常重要的工作。测试目标必须是明确的，可以量化和度量的，而不是模棱两可的宏观描述。另外，测试目标应该相对集中，要避免罗列出一系列轻重不分的目标。根据对用户需求文档和设计规格文档的分析，确定被测软件的质量要求和测试需要达到的目标。

编写软件测试计划的重要目的就是使测试工作能够发现更多的软件缺陷，软件测试计划的价值就在于它能够帮助管理测试项目，并且找出软件潜在的缺陷。因此，软件测试计划中的测试范围必须高度覆盖功能需求，测试方法必须切实可行，测试工具必须具有较高的实用性并便于使用，生成的测试结果必须直观、准确。

3. 坚持"5W"规则，明确内容与过程

"5W"规则中的W分别是指"What（做什么）"、"Why（为什么做）"、"When（何时做）"、"Where（在哪里）"、"How（如何做）"。利用"5W"规则创建软件测试计划，可以帮助测试团队理解测试的目的（Why），明确测试的范围和内容（What），确定测试的开始和结束日期（When），指出测试的方法和工具（How），并给出测试文档和软件的存放位置（Where）。

为了使"5W"规则更具体化，需要准确理解被测软件的功能特征、应用软件的行业的知识以及软件测试技术，在测试计划中突出关键部分，分析测试的风险、属性、场景以及采用的测试技术。测试人员还要对测试过程的阶段划分、文档管理、缺陷管理、进度管理给出切实可行的方案。

4．采用评审和更新机制，保证测试计划满足实际需求

测试计划写作完成后，如果没有经过评审就直接发送给测试团队，其内容很有可能不准确或有所遗漏，甚至造成软件需求变更引起的测试范围增减没有体现在其中，误导测试执行人员。

测试计划包含多方面的内容，由于编写人员可能受自身测试经验和对软件需求的理解所限，而且软件开发是一个渐进的过程，所以最初创建的测试计划可能是不完善的、需要更新的。这就需要采取相应的评审机制，以对测试计划的完整性、正确性、可行性进行评估。例如，在创建完测试计划后，将计划提交到由项目经理、开发经理、测试经理、市场经理等组成的评审委员会审阅，然后再根据审阅意见和建议进行修正和更新。

2.4　制订测试计划时面对的问题

制订测试计划时，测试人员可能面对以下几个方面问题。

（1）与开发者的意见不一致。开发者和测试者对于测试工作的认识经常处于对立状态，双方都认为对方一心想要占上风。这种心态只会牵制项目，耗费精力，还会影响双方的关系，而不会对测试工作起任何积极作用。

（2）缺乏测试工具。项目管理部门可能对测试工具的重要性缺乏足够的认识，导致人工测试在整个测试工作中所占比例过高。

（3）培训不够。相当多的测试人员没有接受过正规的测试培训，这会导致测试人员对测试计划产生大量的误解。

（4）管理部门缺乏对测试工作的理解和支持。对测试工作的支持必须来源于上层，这种支持不仅仅限于投入资金，还应该包括对测试工作遇到的问题给出一个明确的态度，否则，测试人员的积极性将会受到影响。

（5）缺乏用户的参与。用户可能被排除在测试工作之外，或者可能是他们自己不想参与进来。事实上，用户在测试工作中的作用相当重要，他们能确保软件符合实际需求。

（6）测试时间不足。测试时间不足是一种普遍的抱怨，问题在于如何对计划各部分划分出优先级，以便在给定的时间内测试应该测试的内容。

（7）过分依赖测试人员。项目开发人员知道测试人员会检查他们的工作，所以他们只集中精力编写代码，对代码中的问题产生依赖心理，这样通常会导致更高的缺陷级别和更长的测试时间。

（8）测试人员处于进退两难的状态。一方面，如果测试人员报告了太多的缺陷，那么大家会责备他们延误了项目；另一方面，如果测试人员没有找到关键性的缺陷，大家会责备他们的工作质量不高。

（9）不得不说"不"。对于测试人员来说这是最尴尬的境地，有时不得不说"不"。项目相关人员都不愿意听到这个"不"字，所以测试人员有时也要屈从于进度和费用的压力。

2.5　衡量测试计划的标准

制订测试计划的主要目的在于使测试工作有目标、有计划地进行。从技术的角度来看，测试计划必须有明确的测试目标、测试范围、测试深度，还要有具体实施方案及测试的重点；从管理的角度来看，测试计划中应能够预估出大概的测试进度及所需的人力物力。那么一个好的测试计划应具备哪些特点呢？

（1）测试计划应能有效地引导整个软件测试工作正常运行，并能使测试部门配合编程部门，

保证软件质量，按时将产品推出。

（2）测试计划所提供的方法应能使测试高效地进行，即能在较短的时间内找出尽可能多的软件缺陷。

（3）测试计划应该能够提供明确的测试目标、测试策略、具体步骤以及测试标准。

（4）测试计划中既要强调测试重点，也要重视测试的基本覆盖率。

（5）测试计划所制定的测试方案应尽可能充分利用公司所能提供给测试部门的人力物力资源，而且应是可行的。

（6）测试计划所列举的所有数据都必须是准确的，比如外部软件/硬件兼容性要求的数据、输入/输出数据等。

（7）测试计划对测试工作的安排应有一定的灵活性，使测试工作可以应付一些突然的变化情况，比如当需求发生变更时。

以上列举的是一个好的测试计划所具备的特点。由于各类软件具有各自的特性，因此制订测试计划也应针对这些特性。

2.6 制订测试计划

制订测试计划时，由于各软件公司的背景不同，他们撰写的测试计划文档也略有差异。实践表明，制订测试计划时，使用正规化文档通常比较好。为了使用方便，这里给出 IEEE 829—1998 制定的软件测试计划文档模板，如图 2.1 所示，这个测试计划需要规定测试活动的范围、方法、资源、进度、要执行的测试任务以及每个任务的人员安排等。在实际应用中可根据实际测试工作情况对模板增删或部分修改。

根据 IEEE 829—1998 软件测试文档编制标准的建议，测试计划需要包含 16 个大纲要项，下面就对这些大纲要项作简要说明。

1. 测试计划标识符

测试计划标识符是一个由公司生成的唯一值，它用于标识测试计划的版本、等级以及与测试计划相关的软件版本等。

2. 简要介绍

测试计划的介绍部分主要是对测试软件基本情况的介绍和对测试范围的概括性描述。测试软件的基本情况主要包括产品规格（制造商和软件版本号说明），软件的运行平台和应用的领域，软件的特点和主要的功能模块的特点，数据是如何存储、如何传递的（数据流图），每一个部分是怎么实现数据

```
IEEE 829－1998 软件测试文档编制标准

          软件测试计划文档模板
                目录
1.测试计划标识符
2.简要介绍
3.测试项目
4.测试对象
5.不需要测试的对象
6.测试方法（策略）
7.测试项通过/失败的标准
8.中断测试和恢复测试的判断准则
9.测试完成所提交的材料
10.测试任务
11.测试所需的资源
12.职责
13.人员安排与培训需求
14.测试进度表
15.风险及应急措施
16.审批
```

图 2.1 IEEE 软件测试计划文档模板

更新的，以及一些常规性的技术要求（比如需要什么样的数据库）等。对于大型测试项目，测试计划还要包括测试的侧重点。对测试范围的概括性描述可以是："本测试项目包括集成测试、系统测试和验收测试，但是不包括单元测试，单元测试由开发人员负责进行，超出本测试项目的范围"。

另外，在简要介绍中还要列出与计划相关的经过核准的全部文档、主要文献和其他测试依据文件，如项目批文、项目计划等。

3. 测试项目

测试项目包括所测试软件的名称及版本，需要列出所有测试单项、外部条件对测试特性的影响和软件缺陷报告的机制等。

测试项目部分纲领性描述在测试范围内对哪些具体内容进行测试，并确定一个包含所有测试项在内的一览表，凡是没有出现在这个清单里的工作，都排除在测试工作之外。

这部分内容可以按照程序、单元、模块来组织，具体要点如下。

- ◎ 功能测试。理论上测试要覆盖所有的功能项，例如，在数据库中添加、编辑、删除记录等，这会是一项浩大的工程，但是有利于测试的完整性。
- ◎ 设计测试。设计测试是检验用户界面、菜单结构、窗体设计等是否合理的测试。
- ◎ 整体测试。整体测试需要测试出数据从软件中的一个模块流到另一个模块的过程中的正确性。

IEEE 标准中指出，可以参考下面的文档来完成测试项目。

- ◎ 需求规格说明。
- ◎ 用户指南。
- ◎ 操作指南。
- ◎ 安装指南。
- ◎ 与测试项相关的事件报告。

总的来说，我们需要分析软件的每一部分，明确它是否需要测试。如果软件某一部分没有安排测试，就要说明不测试的理由。如果由于误解而使部分代码未做任何测试，就可能导致无法发现软件潜在的错误或缺陷。但是，在实际过程中，有时也会对软件产品中的某些内容不做测试，这些内容可能是以前发布过的，也可能是以前测试过的软件部分。

4. 测试对象

测试计划的这一部分需要列出待测的单项功能及功能组合。这部分内容与测试项目不同，测试项目是从开发者或程序管理者的角度计划所要测试的项目，而测试对象是从用户的角度来规划测试的内容。例如，如果测试某台自动取款机（ATM）的软件，其中的"需要测试的功能"可能包括取款功能、查询余额功能、转账以及交付电话费、水电费功能等。

5. 不需要测试的对象

即不安排测试的单项功能或组合功能，需要说明不予测试的理由。对某个功能不予测试的理由很多，例如，因为它可能暂时不能启用，或者因为它有良好的跟踪记录等。但是，一个功能如果被列入在这个部分，那么它就被认为具有相对低的风险，这部分内容肯定会引起用户关注，所以在这里需要谨慎地说明决定不测试某个特定功能的具体原因。

需要注意的是，如果测试工作延迟，这部分内容将会增加。若风险评估工作已经确定了每个功能的风险，那么，当测试工作延迟时可将那些具有最低风险的额外功能，从"需要测试的功能"选项中转移到"不需要测试的功能"选项中。

6. 测试方法（策略）

这部分内容是测试计划的核心所在，需要给出有关测试方法的概述以及每个阶段的测试方法，所以有些软件公司更愿意将其标记为"策略"，而不是"方法"。这部分内容主要描述如何进行测试，并解释对测试成功与否起决定作用的所有相关问题。

测试策略描述测试人员测试整个软件和每个阶段的方法，还要描述如何公正、客观地开展测试，要考虑模块、功能、整体、系统、版本、压力、性能、配置和安装等各个因素。测试策略要尽可能地考虑到细节，越详细越好，并制作测试记录文档的模板，为即将开始的测试做准备。关于测试记录的具体说明如下。

- 公正性声明。测试记录要对测试的公正性、遵照的标准做一个说明，证明测试是客观的。整体上，软件功能要满足需求并与用户文档的描述保持一致。
- 测试用例。测试记录中要描述测试用例是什么样的，采用了什么工具，工具的来源是什么，测试用例是如何执行的，用了什么样的数据。并且要为将来的回归测试留有余地，当然，也要考虑同时安装的别的软件对正在测试的软件有可能造成的影响。
- 特殊考虑。有的时候，针对一些外界环境的影响，要对软件进行一些特殊方面的测试。
- 经验判断。可借鉴以往的测试中经常出现的问题，并结合本测试具体情况来制订测试方法。
- 设想。采取一些联想性的思维，往往有助于找到测试的新途径。

衡量一个测试是否成功，主要看测试是否达到预期的测试覆盖率及精确性，为此须给出判断测试覆盖率及精确性的技术依据和判断准则。

决策是一项复杂的工作，需要由经验相当丰富的测试人员来做，因为这将决定测试工作的成败。另外，使项目小组全体成员都了解并同意预定的测试策略是极为重要的。

7. 测试项通过/失败的标准

这一部分需要给出"测试项目"中所描述的每一个测试项通过/失败的标准。正如每个测试用例都需要一个预期的结果一样，每个测试项目也同样都需要一个预期的结果。一般来说，通过/失败的标准是由通过/失败测试用例，缺陷的数量、类型、严重性和位置，可靠性或稳定性等来描述的。随着测试等级和测试组织的不同，所采用的确切标准也会有所不同。下面是测试项通过/失败的标准的一些常用指标。

- 通过的测试用例占所有测试用例的比例。
- 缺陷的数量、严重程度和分布情况。
- 测试用例覆盖情况。
- 用户对测试的成功结论。
- 文档的完整性。
- 是否达到性能标准。

8. 中断测试和恢复测试的判断准则

这一部分给出测试中断和恢复测试的标准，即在哪种情况下应中断测试。例如，如果缺陷总数达到了某一预定值，或者出现了某种严重程度的缺陷，就可以暂停测试工作。同时，对恢复测试也要给出规定，例如，重新设计系统的某个部分、修改了出错的代码后等，应恢复测试过程。另外，这里还要给出某种测试的替代方法以及恢复测试前须重做的测试等。常用的测试中断标准如下。

- 关键路径上存在未完成任务。
- 出现大量缺陷。
- 发生严重缺陷。
- 测试环境不完整。
- 资源短缺。

9. 测试完成所提交的材料

测试完成所提交的材料需要包含测试工作中开发设计的所有文档、工具等。例如，测试计划、测试设计规格说明、测试用例、测试日志、测试数据、自定义工具、测试缺陷报告和测试总结报告等。

10. 测试任务

这一部分需要给出测试前的准备工作以及测试工作所需完成的一系列任务。在这里还需要列举所有任务之间的相互关系和完成这些任务可能需要的特殊技能。在制订测试计划时，常常将这部分内容与"测试人员的工作分配"项一起描述，以确保每项任务都由专人完成。

11. 测试所需的资源

测试所需的资源是实现测试策略所必需的。在测试开始之前，要制订一个项目测试所需的资源计划，包含每一个阶段任务中所需要的资源。当发生资源超出使用期限或者资源共享出现问题等情况的时候，要更新这个计划。在该计划中，测试期间可能用到的任何资源都要考虑到。测试中经常需要的资源如下。

- 人员。需考虑测试成员的人数、经验和专长。他们是全职、兼职、业余还是学生。
- 设备特性。要考虑计算机、打印机等硬件指标，例如所需设备的机型要求，内存、CPU、硬盘的最低要求等；还要考虑设备的用途，例如计算机是否作为数据库服务器、Web 服务器等；也要考虑某些特殊约束，例如是否开放外部端口或要封闭某端口、进行性能测试等。
- 办公室和实验室空间。办公室和实验室在哪里？空间有多大？怎样排列？
- 软件。字处理程序、数据库程序、自定义工具及每台设备上部署的自开发软件和第三方软件的名称和版本号等。
- 其他资源。是否需要 U 盘、各类通信设备、参考书、培训资料等？
- 特殊的测试工具。

具体的资源需求取决于项目、小组和公司的特定情况，做测试计划工作时要仔细估算所需资源。通常如果一开始不做好预算，到项目后期获取计划外的资源会很困难，甚至无法做到。因此，创建完整清单是不容忽视的。

12. 测试人员的工作职责

测试人员的工作职责需要明确指出每一名测试人员的工作责任。测试小组的工作由许多人员组成，如果责任未明确，整个测试项目就会受到影响，测试工作效率低下。

有时测试需要定义的任务的类型不容易被分清，它们不像程序员编写程序那样明确，复杂的任务可能有多个执行者或者由多人共同负责。为此，我们可以用到表 2.1 所示的工作职责表，来显示测试人员的工作责任。

表 2.1　　　　　　　　　　　　　　测试人员的工作职责表

任务	管理	编程	测试	技术作者	用户	产品支持
编写产品可视表述	—				×	
建立产品部件清单	—			×		
建立联系	—			—		
产品设计/功能划分	—			×		
主项目进度	—			×		
制订和修改产品说明书	—			×		
审查产品说明书	×	—	—	—	—	—
内部产品体系化	—	×				
设计和编制产品	—	×		—		
测试计划			×			
审查测试计划	×	—		—	—	—
单元测试		×				
通用测试			×			
建立配置清单	—	—		×	—	—

续表

任务	管理	编程	测试	技术作者	用户	产品支持
配置测试			×			
定义性能指标	—		—			
执行指标测试			×			
内容测试			×	—		
外部代码小组测试		—	×			
建立 β 程序					×	
管理 β 程序	×					—
审查打印材料	×	—	—	—	—	—
定义演示版	—				×	
制作演示版					×	
测试演示版			×			
软件会议	×					

在表 2.1 中，任务列于左边，可能的执行者则横列于表格上方，×表示任务的执行者，一字线 "—" 表示任务的参加者，空白表示测试人员不负责该任务。

在实务中，表格需要列出哪些任务取决于制表者的经验。理想情况下，由小组中资深测试人员审核一遍任务清单来确定。但是每一个项目都是不同的，每一名测试人员的特点也存在差异。较好的办法是向经验丰富的测试人员询问过去项目的情况，特别留意容易被疏忽的任务。

13. 人员安排与培训需求

前面所介绍的 "测试人员的工作职责" 是明确哪类人员（管理、测试和程序员等）负责哪些任务，"人员安排与培训需求" 则是为了明确测试人员具体负责软件测试工作的哪些部分，以及他们需要掌握的技能。表 2.2 所示为一个极为简化的测试人员任务分配安排，实际工作中的任务分配表应该更加详细，确保软件的每一部分都有人进行测试。每一名测试员都应该清楚地知道自己应该负责什么，而且有足够的信息开始设计测试用例。

表 2.2   测试人员任务分配表

测试人员	测试人员任务
A	字符格式：字体、字号、颜色、样式
B	布局：项目符号、段落、制表位、换行
C	配置和兼容性
D	UI：易用性、外观、辅助特性
E	文档：联机帮助、滚动帮助
F	压迫和重负

培训需求通常包括学习如何使用某个工具、测试方法、缺陷跟踪系统、配置管理，或者与被测试系统相关的业务基础知识。对于培训需求各个测试项目会各不相同，它取决于具体项目的情况。

14. 测试进度表

测试进度表主要列出测试的重要日程安排，估算各项测试任务所需的时间，给出测试进程时间表。

测试进度是围绕着项目计划中的主要事件（如文档、模块的交付，接口的可用性设计等）来构造的。合理安排测试进度在测试计划工作中至关重要。因为，往往一些原以为很容易设计和编制的测试工作，在实际进行测试时却是非常耗时的。作为测试计划的一部分，完成测试进度的计划安排，可以为项目管理员提供信息，以便更好地安排整个项目的进度。

在实际测试工作中，测试进度可能会不断受到项目中先前事件的影响。例如，如果项目中某一部分交给测试组时比预定晚了 2 周，而按照计划这一部分只有 3 周测试时间,结果会怎么样呢? 或者本是 3 周的测试，安排在 1 周时间内进行；或者把项目推迟 2 周。这种问题就是所谓的进度危机。摆脱进度危机的一个方法是在测试进度计划中避免规定启动和停止任务的具体日期，构造一个没有规定具体日期的普通进度表。表 2.3 就是一个会使测试小组陷入进度危机的测试进度表。

表2.3　　　　　　　　　　　　　设置固定日期的测试进度表

测试任务	日期
测试计划完成	2013.3.3
测试用例完成	2013.6.1
第 1 阶段测试通过	2013.6.15 ~ 2013.8.1
第 2 阶段测试通过	2013.8.15 ~ 2013.10.1
第 3 阶段测试通过	2013.10.15 ~ 2013.11.15

相反，如果在测试进度表中对各测试阶段采用相对日期，那么测试任务的开始日期就依赖于先前事件的交付日期，表 2.4 所示为一个范例。

表2.4　　　　　　　　　　　　　采用相对日期的测试进度表

测试任务	开始日期	期限
测试计划完成	说明书完成之后 7 天	4 周
测试案例完成	测试计划完成	12 周
第 1 阶段测试通过	编码完成	6 周
第 2 阶段测试通过	Beta 构造完成	6 周
第 3 阶段测试通过	发布试用版本	4 周

合理的进度安排会使测试过程容易管理。通常，项目管理员或者测试管理员最终负责进度安排，而测试人员负表安排自己的具体任务进度。

15. 风险及应急措施

这一部分需要列出测试过程中可能存在的一些风险和不利因素，并给出规避方案。

软件测试人员要明确地指出计划过程中的风险，并与测试管理员和项目管理员交换意见。这些风险应该在测试计划中明确指出，在安排进度中予以考虑。有些风险是真正存在的，而有些风险最终可能没有出现，但是列出风险是必要的，这样可以避免在项目晚期发现时感到惊慌。一般而言，大多数测试小组都会发现自己能够支配的资源有限，不可能穷尽软件测试的所有方面。如果能勾画出风险的轮廓，将有助于测试人员排定待测试项的优先顺序，并且有助于测试人员集中精力去关注那些极有可能发生失效后果的领域。软件测试中常见的潜在问题和风险如下。

　　● 由于设备、网络等资源限制，测试工作不全面。应对措施是，测试人员需要明确说明欠缺哪些资源，会产生什么约束。

　　● 由于研发模式为现场定制，且上线时间压力大，测试工作不充分。测试人员需要明确说明在此种约束下，测试如何应对。

- 不现实的交付日期。
- 系统之间的接口不完善。

由于软件开发是一个渐进的过程，所以最初创建的测试计划可能是不完善的，需要按时更新。变更可能来源于项目计划的变更、需求的变更、测试产品版本的变更、测试资源的变更等，这些变更造成了测试的不确定性。

- 有过缺陷历史的模块。
- 发生过许多复杂变更的模块。
- 安全性、性能和可靠性问题。
- 难于变更或测试的特征。

进行风险分析是一项十分艰巨的工作，尤其是在第一次尝试时更是如此。但是在软件测试中执行风险分析是十分必要的，这一点切记。

16. 审批

审批人应该是有权宣布已经为测试工作转入下一个阶段做好准备的某个人或某几个人。测试计划审批部分中一个重要的部件是签名页，审批人除了在适当的位置签署自己的名字和日期外，还应该表明他们是否建议通过评审的意见。

上面所介绍就是一个测试计划的基本框架，在编写测试计划过程中，可以根据所测试软件的特性、各测试部门的具体情况和条件，对以上各要素进行补充和修改，大可不必完全照搬。做好测试计划一般要花费几周甚至数月的时间，它是一项全体测试人员参与的工作。

习 题 2

1. 什么是软件测试计划？制订软件测试计划有哪些作用？
2. 制订测试计划的原则有哪些？
3. 制订软件测试计划需要注意哪些方面的问题？
4. 制订测试计划时，测试人员可能面对哪些问题？对这些问题应该如何妥善处理？
5. 一个好的测试计划书应具备哪些特点？
6. 软件测试计划模板一般包括哪些要素？
7. 软件测试计划中的测试项目应列出哪些内容？
8. 举例说明测试过程中可能存在的风险和制约因素有哪些。
9. 举例说明测试所需的资源有哪些。
10. 软件测试计划中的测试方法应包括哪些内容？

第3章
软件测试基本技术

通常人们把软件测试技术归结为两大类：白盒测试和黑盒测试。其中，白盒测试又可分为静态测试和动态测试：静态测试技术主要包括代码检查法、静态结构分析法等；动态测试技术则主要包括程序插桩、逻辑覆盖、基本路径测试等。黑盒测试一般也可分为功能测试和非功能测试两大类：前者涉及的技术包括等价类划分、边值分析、因果图法、错误推测、功能图法等，主要用于软件确认测试。后者包括使用性能测试、功能测试、强度测试、兼容性测试、配置测试、安全测试等。近年来又提出了一种新的软件测试方法，称作灰盒测试，它同时兼顾了白盒测试和黑盒测试方法的优点。本章将对这些软件测试基本技术分别进行较详细的介绍。

3.1　软件测试技术概述

对任何工程产品都可以使用白盒测试和黑盒测试两种方法之一进行测试。

黑盒测试：已知产品的功能设计规格和用户手册，可以测试验证每个功能是否都实现、每个实现了的功能是否符合要求，以及产品的性能是否满足用户的要求。

白盒测试：已知产品的内部工作过程，可以通过测试验证每种内部操作是否符合设计规格要求，所有内部成分是否已经过检查。

用白盒测试和黑盒测试的方法来划分测试是非常形象的。白盒可以理解为一种玻璃的、透明的盒子，当把某样东西放入其中，外边的人可以看到里面的一切，包括它的结构和各个组成部分。在操作白盒时，还能够看到它里面的运作过程。黑盒是一个密封、不透明的盒子，把东西放进黑盒里，外边的人无法看见里面的情况。在操作并运行黑盒时，除了运行结果以外什么也看不见。

黑盒测试意味着测试是在软件的接口处进行，测试人员完全不需考虑程序的逻辑结构和内部特性，只依据程序的需求规格说明书和用户手册，来检查程序的功能是否符合它的功能说明，以及性能是否满足用户的要求，因此黑盒测试又叫数据驱动测试。黑盒测试主要是为了发现软件中以下几类错误。

- 是否有不正确或遗漏的功能？
- 在接口上，输入是否能正确地接受？能否输出正确的结果？
- 是否有数据结构错误或外部信息（例如数据文件）访问错误？
- 性能上是否能够满足要求？
- 是否有初始化或终止性错误？

软件的白盒测试则是对软件的过程性细节做细致的检查，它允许测试人员利用程序内部的逻辑结构及有关信息，设计或选择测试用例，对程序所有逻辑路径进行测试，通过在不同的点检查程序状态，确定实际状态是否与预期的状态一致，因此白盒测试又称为结构测试或逻辑驱动测试。

白盒测试须对程序模块进行如下检查。

- 保证一个模块中的所有独立路径至少被使用一次。
- 对所有逻辑值均测试 true 和 false。
- 在循环的边界和运行的界限内执行循环体。
- 检查内部数据结构以确定其有效性。

白盒测试方法的准备时间很长，完成一个覆盖全部程序语句、分支的测试，一般要花费比编程更长的时间。白盒测试方法所要求的技术也较高，相应的测试成本也较大。对于一个应用的系统，程序的路径数可能是一个非常大的数值，即使借助一些测试工具，也不可能进行穷举测试，企图遍历所有的路径往往是做不到的。即使进行了穷举路径测试，也不可能查出所有程序违反设计规范的地方，比如不能发现程序中已实现但不是用户所需要的功能，另外，可能发现不了一些与数据相关的错误或用户操作行为的缺陷。所以尽管白盒测试方法可使得测试人员仔细检查软件的实现，对代码的测试也比较彻底，但是它仍存在一定的局限性。

黑盒测试不去考虑程序内部结构和内部特性，主要是验证软件所应该具有的功能是否已实现，软件系统的性能是否能够满足用户的要求，等等。所以，黑盒测试方法对技术的要求较低，方法简单有效，可以整体测试系统的行为，也可以从头到尾进行数据完整性测试。

白盒测试和黑盒测试是辩证统一的，它们相互依赖而存在，彼此对立又相互补充。任何一种测试技术都有其优点，在特定的测试领域将能得到充分发挥。同时，任何一种测试技术都不能覆盖所有测试的需求，在某些场合它们又存在一定的局限性和不足。

3.2　白盒测试技术

白盒测试是一种被广泛使用的逻辑测试技术，也称为结构测试或逻辑驱动测试。白盒测试的对象基本上是源程序，是以程序的内部逻辑为基础的一种测试技术。由于在白盒测试中已知程序内部工作过程，是按照程序内部的结构测试程序，检验程序中的各条通路是否都能够按预定要求正确工作，所以白盒测试针对性很强，可以对程序的每一行语句、每一个条件或分支进行测试，测试效率比较高，而且可以清楚测试的覆盖程度。如果时间充足，可以保证所有的语句和条件都得到测试，使测试的覆盖程度达到较高水平。

对于一个软件系统，程序的路径数可能是一个非常大的数字，即使借助一些测试工具，应用白盒测试也不可能进行穷举测试，企图遍历所有的路径往往是做不到的。既然穷举测试不可行，为了节省时间和资源，提高测试效率，就必须从数量巨大的可用测试用例中精心挑选少量的测试数据，使得采用这些测试数据就能够达到最佳的测试效果，能够高效率地把隐藏的错误揭露出来。

白盒测试可分为静态测试和动态测试。静态测试是一种不通过执行程序而进行测试的技术，其关键是检查软件的表示和描述是否一致，是否存在冲突或者歧义。静态测试瞄准的是纠正软件系统在描述、表示和规格上的错误，是任何进一步测试的前提。动态测试需要软件的执行，当软件系统在模拟的或真实的环境中执行之前、之中和之后，对软件系统行为的分析是动态测试的主要特点。动态测试主要验证一个系统在检查状态下是正确还是不正确。动态测试技术主要包括程序插桩、逻辑覆盖、基本路径测试等。

3.2.1　静态测试

最常见的静态测试是找出源代码的语法错误，这类测试可由编译器来完成，因为编译器可以逐行分析检验程序的语法，找出错误并报告。除此之外，测试人员需要采用人工的方法来检验程序，因为程序中有些地方存在非语法方面的错误，只能通过人工检测的方法来判断。人工检测的方法主要有代码检查法、静态结构分析法等。

1．代码检查法

代码检查法主要是通过桌面检查、代码审查和走查方式，对以下内容进行检查。

- 检查代码和设计的一致性。
- 代码的可读性以及对软件设计标准的遵循情况。
- 代码逻辑表达的正确性。
- 代码结构的合理性。
- 程序中不安全、不明确和模糊的部分。
- 编程风格方面的问题等。

（1）桌面检查。桌面检查是指程序设计人员对源程序代码进行分析、检验，并补充相关的文档，发现程序中的错误。

代码检查项目（采用分析技术）通常包括以下内容。

- 检查变量的交叉引用表：检查未说明的变量、违反了类型规定的变量以及变量的引用和使用情况。
- 检查标号的交叉引用表：验证所有标号的正确性以及转向指定位置的标号是否正确。
- 检查子程序、宏、函数：验证每次调用与所调用位置是否正确，调用的子程序、宏、函数是否存在，参数是否一致，并检验调用序列中调用方式与参数顺序、个数、类型上的一致性。
- 等价性检查：检查全部等价变量的类型的一致性。
- 常量检查：确认常量的取值和数制、数据类型，检查常量每次引用同它的取值、数制和类型的一致性。
- 设计标准检查：检查程序是否违反设计标准的问题。
- 风格检查：检查程序的设计风格方面的问题。
- 比较控制流：比较设计控制流图和实际程序生成的控制流图的差异。
- 选择、激活路径：在设计控制流图中选择某条路径，到实际的程序中激活这条路径，如果不能激活，则程序可能有错。用这种方法激活的路径集合，应保证源程序模块的每行代码都被检查，即桌前检查应至少达到语句覆盖。
- 对照程序的规格说明，详细阅读源代码：对照程序的规格说明书、规定的算法和程序设计语言的语法规则，仔细地阅读源代码，逐字逐句进行分析和思考，将实际的代码和期望的代码进行比较，从它们的差异中发现程序的问题和错误。

（2）代码审查。代码审查一般由程序设计人员和测试人员组成审查小组，通过阅读、讨论，对程序进行静态分析。首先小组成员提前阅读设计规格书、程序文本等相关文档，然后召开程序审查会，在会上，首先由程序员逐句讲解程序的逻辑，在讲解过程中，程序员能发现许多原来自己没有发现的错误，而讨论和争议则促进了问题的暴露。例如，对某个局部性小问题修改方法的讨论，可能发现与之牵连的其他问题，甚至涉及模块的功能说明、模块间接口和系统总体结构的大问题，从而导致对需求的重定义、重设计和重验证，进而大大改善了软件质量。

在会前，应当给审查小组每位成员准备一份常见错误的清单，把以往所有可能发生的常见错误罗列出来，供与会者对照检查，以提高审查的实效。这个错误清单也称为检查表，它把程序中可能发生的各种错误进行分类，对每一类别再列举出尽可能多的典型错误，然后把它们制成表格，供再审查时使用。

（3）走查。走查一般由程序设计人员和测试人员组成审查小组，通过逻辑运行程序，发现问题。首先小组成员提前阅读设计规格书、程序文本等相关文档，然后利用测试用例，使程序逻辑运行，记录程序的踪迹，发现、讨论、解决问题。在走查过程中，借助测试用例的媒介作用，对程序的逻辑和功能提出各种疑问，结合问题开展热烈的讨论，能够发现更多的问题。

代码审查前，应准备好需求描述文档、程序设计文档、程序的源代码清单、代码编码标准和代码缺陷检查表等。在实际使用中，代码检查能够快速找到缺陷，通常可发现 30%~70% 的逻辑设计缺陷和编码缺陷。但是代码检查非常耗费时间，而且代码检查需要知识和经验的积累。

2. 静态结构分析法

在静态结构分析中，测试人员通常通过使用测试工具分析程序源代码的系统结构、数据结构、数据接口、内部控制逻辑等内部结构，生成函数调用关系图、模块控制流图、内部文件调用关系图等各种图形、图表，清晰地标识整个软件的组成结构。通过分析这些图表（包括控制流分析、数据流分析、接口分析、表达式分析等），可以检查软件有没有存在缺陷或错误。

静态结构分析法通常采用以下一些方法进行源程序的静态分析。

（1）通过生成各种图表，来帮助对源程序的静态分析。常用的各种引用表如下。

① 标号交叉引用表。列出在各模块中出现的全部标号，并标出标号的属性，包括已说明、未说明、已使用、未使用等属性。表中还包括在模块以外的全局标号、计算标号等。

② 变量交叉引用表。变量交叉引用表即变量定义与引用表。在表中应标明各变量的属性，包括已说明、未说明、隐式说明以及类型及其使用情况等属性，进一步还可区分是否出现在赋值语句的右边，是否属于公共变量、全局变量或特权变量等属性。

③ 子程序（宏、函数）引用表。在表中列出各个子程序、宏和函数的属性，包括已定义、未定义、定义类型等属性，还要列出参数表，包括输入参数个数、顺序、类型，输出参数的个数、顺序、类型，已引用、未引用、引用次数等属性。

④ 等价表。等价表需要列出在等价语句或等值语句中出现的全局变量和标号。

⑤ 常数表。常数表需要列出全部数字常数和字符常数，并指出它们在哪些语句中首先被定义。

这些表可为源程序的静态分析提供辅助信息。例如，利用子程序（宏、函数）引用表、等价（变量、标号）表、常数表等，可以直接从表中查出说明/使用错误等；利用循环层次表、变量交叉引用表、标号交叉引用表等，可以做错误预测和程序复杂程度计算。

常用的的各种关系图、控制流图主要有函数调用关系图和模块控制流图。函数调用关系图列出所有函数，用连线表示调用关系，通过应用程序各函数之间的调用关系展示了系统的结构，利用函数调用关系图可以检查函数的调用关系是否正确，是否存在孤立的函数而没有被调用，明确函数被调用的频繁度，对调用频繁的函数可以重点检查。通过查看函数调用关系图，可以发现系统是否存在结构缺陷，发现哪些函数是重要的，哪些是次要的，需要使用什么级别的覆盖要求等。

模块控制流图是由许多结点和连接结点的边组成的图形，其中每个结点代表一条或多条语句，边表示控制流向，模块控制流图可以直观地反映出一个函数的内部结构。

（2）静态错误分析。静态错误分析主要用于确定在源程序中是否有某类错误或"危险"结构。

① 类型和单位分析。类型和单位分析主要为了强化对源程序中数据类型的检查，发现在数据类型上的错误和单位上的不一致性。

② 引用分析。最广泛使用的静态错误分析方法就是发现引用异常。如果沿着程序的控制路径，变量在赋值以前被引用，或变量在赋值以后未被引用，这时就发生了引用异常。

为了检测引用异常，需要检查通过程序的每一条路径。通常采用类似深度优先的方法遍历程序流程图的每一条路径，也可以建立引用引出探测工具，这种工具包括 2 个表：定义表和未引用表。每张表中都包含一组变量表。未引用表中包含已被赋值但还未被引用的一些变量。

当扫描抵达一个长度大于 1 的节点 V 时，深度优先探索算法要求先检查最左分支的那一部分程序流程图，然后再检查其他分支。在最左分支检查完之后，算法控制返回到节点 V，从栈中恢复该节点的定义表和未引用表的以前的副表，然后再去遍历该节点的下一个分支，这个过程要继续到全部分支检查完为止。

③ 表达式分析。对表达式进行分析，可以发现和纠正在表达式中出现的错误。表达式分析主

要包括以下几个方面内容。

- ◎ 在表达式中不正确地使用了括号造成的错误。
- ◎ 数组下标越界造成错误。
- ◎ 除数为 0 造成错误。
- ◎ 对负数开平方，或对 π 求正切值造成错误。

最复杂的一类表达式分析是对浮点数计算的误差进行检查，由于使用二进制数不精确地表示十进制浮点数，常常使计算结果出乎意料。

④ 接口分析。接口分析可以检查模块之间接口的一致性和模块与外部数据库之间接口的一致性。程序关于接口的静态错误分析主要检查过程、函数过程之间接口的一致性。因此，要检查形式参数与实际参数在类型、数量、维数、顺序、使用上的一致性，检查全局变量和公共数据区在使用上的一致性。

3.2.2 程序插桩

在软件白盒测试中，程序插桩是一种基本的测试手段，有着广泛的应用。

程序插桩是借助向被测程序中插入操作，来实现测试目的的方法，即向源程序中添加一些语句，实现对程序语句的执行、变量的变化等情况进行检查。

在调试程序时，常常要在程序中插入一些打印语句。其目的是希望在执行程序时，打印出测试人员最为关心的信息，然后进一步通过这些信息了解程序执行过程中的一些动态特性（比如，程序的实际执行路径，或是特定变量在特定时刻的取值）。程序插桩能够按用户的要求，获取程序的各种信息，成为测试工作的有效手段。

例如，想要了解一个程序在某次运行中所有可执行语句被覆盖的情况，或是每个语句的实际执行次数，就可以利用程序插桩技术。这里仅以计算整数 X 和整数 Y 的最大公约数程序为例，说明程序插桩技术的要点。图 3.1 所示为这一程序的流程图，图中虚线框部分并不是源程序的内容，而是为了记录语句执行次数而插入的计数语句，其形式为：

$$C(i) = C(i)+1 \quad i=1, 2, \cdots, 6$$

程序从入口开始执行，到出口结束。凡经历的计数语句都能记录下该程序点的执行次数。如果我们在程序的入口处还插入了对计数器 $C(i)$ 初始化的语句，在出口处插入了打印这些计数器的语句，就构成了完整的插桩程序，它便能记录并输出在各程序点上语句的执行次数。图 3.2 所示为插桩后的程序，图中箭头所指均为插入的语句（源程序语句略）。

通过插入的语句获取程序执行中的动态信息，这一做法如同在刚研制成的机器特定部位安装记录仪表一样。安装好以后开动机器试运行，除了可以对机器加工的成品进行检验得知机器的运行特性外，还可通过记录仪表了解其动态特性。这就相当于在运行程序以后，一方面可检测测试的结果数据，另一方面还可借助插入语句给出的信息了解程序的执行特性。正是这个原因，有时把插入的语句称为"探测器"，借以实现"探查"和"监控"的功能。

在程序的特定部位插入记录动态特性的语句，最终是为了把程序执行过程中发生的一些重要历史事件记录下来。例如，记录在程序执行过程中某些变量值的变化情况、变化的范围等。又如程序逻辑覆盖情况，也只有通过程序的插桩才能取得覆盖信息。

设计插桩程序时需要考虑的问题如下。

- ◎ 探测哪些信息？
- ◎ 在程序的什么部位设置探测点？
- ◎ 需要设置多少个探测点？
- ◎ 如何在程序中特定部位插入某些用以判断变量特性的语句？

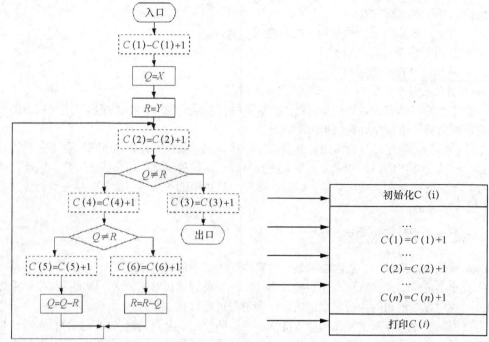

图 3.1　插桩后求最大公约数程序的流程图　　　　图 3.2　插桩程序中插入的语句

其中第 1 个问题需要结合具体情况解决，并不能给出笼统的回答。

至于第 2 个问题，在实际测试通常在下面一些部位设置探测点。

- 程序块的第 1 个可执行语句之前。
- for、do、do while、do until 等循环语句处。
- if、else if、else 及 end if 等条件语句各分支处。
- 输入/输出语句之后。
- 函数、过程、子程序调用语句之后。
- return 语句之后。
- goto 语句之后。

关于第 3 个问题，需要考虑如何设置最少探测点的方案。例如，在如图 3.1 所示的程序入口处，若要记录语句 $Q=X$ 和 $R=Y$ 的执行次数，只需插入 $C(1)=C(1)+1$ 这样一个计数语句就够了，没有必要在每个语句之后都插入一个计数语句。在一般的情况下，在没有分支的程序段中只需一个计数语句。但程序中如果出现了多种控制结构，使得整个结构十分复杂，则为了在程序中设计最少的计数语句，需要针对程序的控制结构进行具体的分析。

第 4 个问题是如何在程序中特定部位插入断言语句。在应用程序插桩技术时，可在程序中特定部位插入某些用以判断变量特性的语句，使得程序执行中这些语句得以证实，从而使程序的运行特性得到证实，一般把插入的这些语句称为断言语句。这一作法是程序正确性证明的基本作法，尽管算不上严格的证明，但方法本身仍然是很实用的。

3.2.3　逻辑覆盖

逻辑覆盖也是白盒测试中动态测试的主要方法之一，是以程序内部的逻辑结构为基础的测试技术，是通过对程序逻辑结构的遍历实现程序测试的覆盖，这种方法要求测试人员对程序的逻辑结构有清楚的了解。

1. 逻辑覆盖的类型

依据覆盖源程序语句的详细程度，逻辑覆盖主要包括以下几类。

● 语句覆盖：设计若干个测试用例，运行被测试程序，使得每一条可执行语句至少执行一次。

● 判定覆盖（也称为分支覆盖）：设计若干个测试用例，运行所测程序，使程序中每个判断的取真分支和取假分支至少执行一次。

● 条件覆盖：设计足够多的测试用例，运行所测程序，使程序中每个判断的每个条件的每个可能取值至少执行一次。

● 判定/条件覆盖：设计足够多的测试用例，运行所测程序，使程序中每个判断的每个条件的所有可能取值至少执行一次，并且每个可能的判断结果也至少执行一次，即要求各个判断的所有可能的条件取值组合至少执行一次。

● 条件组合覆盖：设计足够多的测试用例，运行所测程序，使程序中每个判断的所有可能的条件取值组合至少执行一次。

为便于理解，根据下面所示的 2 个被测试程序（用 C 语言书写），分别讨论几种常用的覆盖技术。

【程序 3.1】

```
function js(float A, float B, float X)
  {
    if(A>1&&B=0) X=X/A;
    if(A=2||X>1) X=X+1;
  }
```

［程序 3.1］的流程图如图 3.3 所示。

【程序 3.2】

```
void  DoWork(int x, int y, int z)
     {  int  k=0, j=0;
    if((x>3) && (z<10))
      {  k=x*y-1;              //语句块 1
         j=sqrt(k);
       }
    if((x= =4)||(y>5))
      {  j=x*y+10;             //语句块 2
       }
     j=j%3;                    //语句块 3
     }
```

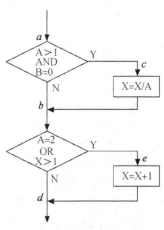

图 3.3　［程序 3.1］流程图

［程序 3.2］的流程图如图 3.4 所示。

（1）语句覆盖。语句覆盖就是使程序中每个语句至少都能被执行一次。

例如，在［程序 3.1］中，为使程序中每个语句至少执行一次，只需设计一个能通过路径 *a-c-e* 的数据就可以了，例如选择输入数据为"A=2，B=0，X=3"就可达到语句覆盖标准。

在［程序 3.2］中，如果测试用例输入为"x=4、y=5、z=5"，那么程序执行的路径是：*a-b-d*。

语句覆盖可以很直观地从源代码得到测试用例，无须细分每条判定表达式，但是该测试用例虽然覆盖了可执行语句，但并不能检查判断逻辑是否有问题，例如在第一个判断中把&&错误地写成了||，则上面的测试用例仍可以覆盖所有的执行语句。又如第三个条件语句中 X>1 误写成 X>0，这个测试用例也不能暴露它，此外，沿着路径 *a-b-d* 执行时，X 的值应该保持不变，如果这一方面有错误，上述测试数据也不能发

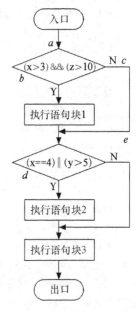

图 3.4　［程序 3.2］流程图

现它们。

一般认为语句覆盖是很不充分的一种标准，是最弱的逻辑覆盖准则。

（2）判定覆盖。比语句覆盖稍强的覆盖标准是判定覆盖。按判定覆盖准则进行测试是指设计若干测试用例，运行被测程序，使得程序中每个判断的取真分支和取假分支至少经历一次，即判断的真假值均曾被满足。判定覆盖又称为分支覆盖。

以［程序3.1］和［程序3.2］为例，构造以下测试用例即可实现判定覆盖标准。

对于［程序3.1］，如果设计2个测试用例，使它们能通过路径 a-c-e 和 a-b-d，或者通过路径 a-c-d 和 a-b-e，就可达到判定覆盖标准，为此，可以选择输入以下数据。

A=3，B=0，X=1　（沿路径 a-c-d 执行）；
A=2，B=1，X=3　（沿路径 a-b-e 执行）。

对于［程序3.2］，如果设计2个测试用例，则可以满足判定覆盖的要求。测试用例的输入如下
x=4，y=5，z=5；
x=2，y=5，z=5；

程序中含有判定的语句包括 if-then-else、do-while、do-until 等，除了双值的判定语句外，还有多值的判定语句，如 case 语句、带有多个分支的 if 语句等。所以判定覆盖更一般的含义是使得每一个分支获得每一种可能的结果。

判定覆盖比"语句覆盖"严格，因为如果每个分支都执行过了，则每个语句也就执行过了。但是，判定覆盖还是很不够的。例如，针对［程序3.1］中的2个测试用例未能检查沿着路径 a-b-d 执行时，X 的值是否保持不变。判定覆盖能够满足条件覆盖的要求，但是也不能对判断条件进行检查。例如，在［程序3.2］中，如果把第2个条件 y>5 错误地写成 y<5，上面的测试用例也无法检测出来。

（3）条件覆盖。在程序中，如果一个判定语句是由多个条件组合而成的复合判定，那么为了更彻底地实现逻辑覆盖，可以采用条件覆盖的标准。条件覆盖的含义是构造一组测试用例，使得每个判定语句中每个逻辑条件的可能值至少满足一次。

例如，［程序3.1］中有4个条件：A>1、B=0、A=2、X>1。

为了达到条件覆盖标准，需要执行足够的测试用例使得在 a 点有 A>1、A≤1、B=0、B≠0，在 b 点有 A=2、A≠2、X>1、X≤1。

现在只需设计以下2个测试用例就可满足这一标准。

A=2，B=0，X=4　（沿路径 a-c-e 执行）；
A=1，B=1，X=1　（沿路径 a-b-d 执行）。

对［程序3.2］中的所有条件取值加以如下标记。

对于第一个判断：
条件 x>3　取真值为 T1，取假值为 F1；
条件 z<10　取真值为 T2，取假值为 F2。

对于第二个判断：
条件 x=4　取真值为 T3，取假值为 F3；
条件 y>5　取真值为 T4，取假值为 F4。

设计测试用例如下：
● x=4、y=6、z=5，条件取值为 T1、T2、T3、T4；
则通过的路径为 a-b-d，覆盖的分支为 bd。
● x=2、y=5、z=5，条件取值为 F1、T2、F3、F4；
则通过的路径为 a-c-e，覆盖的分支为 ce。
● x=4、y=5、z=15，条件取值为 T1、F2、T3、F4；
则通过的路径为 a-c-d，覆盖的分支为 cd。

条件覆盖通常比判定覆盖功能强，因为条件覆盖使一个判定中的每一个条件都取到了 2 个不同的结果，而判定覆盖则不保证这一点。要达到条件覆盖，需要足够多的测试用例，从上面例子会发现覆盖了条件的测试用例并没有覆盖分支，所以条件覆盖并不能保证判定覆盖。

（4）条件判定组合覆盖。条件判定组合覆盖的含义是设计足够的测试用例，使得判定中每个条件的所有可能的值（真/假）至少出现一次，并且每个分支取到各种可能的结果（真/假）也至少出现一次。

例如，对于［程序 3.2］，根据定义只需设计以下 2 个测试用例便可以覆盖 8 个条件值以及 4 个判断分支。

- x=4、y=6、z=5，条件取值为 T1、T2、T3、T4，
  则通过的路径为 *a-b-d*，覆盖的分支为 *bd*。
- x=2、y=5、z=11，条件取值为 F1、F2、F3、F4，
  则通过的路径为 *a-c-e*，覆盖的分支为 *ce*。

条件判定组合覆盖从表面来看，它测试了所有条件的取值，但是实际上某些条件掩盖了另一些条件。例如对于条件表达式(x>3)&&(z<10)来说，必须 2 个条件都满足才能确定表达式为真。如果（x>3）为假，则一般的编译器不再判断是否 z<10 了。对于第 2 个表达式（x==4）||（y>5）来说，若 x==4 测试结果为真，就认为表达式的结果为真，这时不再检查（y>5）条件了。因此，采用条件判定组合覆盖，逻辑表达式中的错误不一定能够检查出来。

（5）多条件覆盖。多条件覆盖也称为条件组合覆盖，它的含义是设计足够的测试用例，使得每个判定中条件的各种可能组合都至少出现一次。显然满足多条件覆盖的测试用例是一定满足判定覆盖、条件覆盖和条件判定组合覆盖的。

例如，对［程序 3.2］中的各个判断的条件取值的 8 个组合加以标记如下。

① x>3，z<10，记做 T1 T2，第一个判断的取真分支。
② x>3，z>=10，记做 T1 F2，第一个判断的取假分支。
③ x<=3，z<10，记做 F1 T2，第一个判断的取假分支。
④ x<=3，z>=10，记做 F1 F2，第一个判断的取假分支。
⑤ x=4，y>5，记做 T3 T4，第二个判断的取真分支。
⑥ x=4，y<=5，记做 T3 F4，第二个判断的取真分支。
⑦ x!=4，y>5，记做 F3 T4，第二个判断的取真分支。
⑧ x!=4，y<=5，记做 F3 F4，第二个判断的取假分支。

根据定义设计 4 个测试用例，就可以覆盖上面 8 种条件取值的组合。

- x=4、y=6、z=5，条件取值为 T1、T2、T3、T4，
  则通过的路径为 a-b-d，覆盖①、⑤组合。
- x=2、y=5、z=15，条件取值为 F1、F2、F3、F4，
  则通过的路径为 a-c-e，覆盖④、⑧组合。
- x=4、y=5、z=15，条件取值为 T1、F2、T3、F4，
  则通过的路径为 a-c-d，覆盖②、⑥组合。
- x=2、y=6、z=5，条件取值为 F1、T2、F3、T4，
  则通过的路径为 a-c-d，覆盖③、⑦组合。

由上可知，当一个程序中判定语句较多时，其条件取值的组合数目是非常大的。上面的测试用例覆盖了所有条件的可能取值的组合，覆盖了所有判断的可取分支，但是却丢失了一条路径 abe。

2. 测试覆盖准则

（1）错误敏感测试用例分例（ESTCA）准则。前面所介绍的逻辑覆盖其出发点似乎是合理的。所谓“覆盖”，就是想要做到全面，而无遗漏。但是，事实表明，测试并不能真的作到无遗漏。例

如，将程序段：

$$\left\{ \begin{array}{l} \cdots \\ \text{if}(1 \geqslant 0) \\ \text{then } I = J \\ \cdots \end{array} \right.$$

错写成：

$$\left\{ \begin{array}{l} \cdots \\ \text{if}(1 > 0) \\ \text{then } I = J \\ \cdots \end{array} \right.$$

逻辑覆盖对于这样的小问题就无能为力了。

出现这一情况的原因在于，错误区域仅仅在 I=0 这个点上，即仅当 I 取 0 时，测试才能发现错误。它的确是在我们力图全面覆盖来查找错误的测试"网"上钻了空子，并且恰恰在容易发生问题的条件判断那里未被发现。从这类情况中应该吸取的教训是测试工作要有重点，要多针对容易发生问题的地方设计测试用例。

K.A.Foster 从测试工作实践出发，吸收了计算机硬件的测试原理，提出了一种经验型的测试覆盖准则。

在硬件测试中，对每一个门电路的输入、输出测试都是有额定标准的。通常，电路中一个门的错误常常是"输出总是 0"或是"输出总是 1"。与硬件测试中的这一情况类似，测试人员要重视程序中谓词的取值，但实际上软件测试比硬件测试更加复杂。Foster 通过大量的实验确定了程序中谓词最容易出错的部分，得到了一套错误敏感测试用例分析 ESTCA（Error Sensitive Test Cases Analysis）规则。事实上，规则十分简单。

● 规则 1：对于 A rel B（其中 rel 可以是"<"，"="和">"）型的分支谓词，应适当地选择 A 与 B 的值，使得测试执行到该分支语句时，A<B、A=B 和 A>B 的情况分别出现一次。

● 规则 2：对于 A rel c（rel 可以是"<"或是">"，A 是变量，c 是常量）型的分支谓词，当 rel 为"<"时，应适当地选择 A 的值，使得：

$$A=c-M$$

其中，M 是距 c 最小的机器容许的整数，若 A 和 c 均为整型时，M=1。同样，当 rel 为">"时，应适当地选择 A，使得：

$$A=c+M$$

● 规则 3：对外部输入变量赋值，使其在每一测试用例中具有不同的值与符号，并与同一组测试用例中其他变量的值与符号不一致。

显然，规则 1 是为了检测 rel 的错误，规则 2 是为了检测"差 1"之类的错误（如本应是"if A>1"而错成"if A>0"），而规则 3 则是为了检测程序语句中的错误（如本应引用一变量而错为引用一常量）。

上述 3 个规则并不是完备的，但在普通程序的测试中确是有效的，原因在于规则本身就是针对程序编写人员容易发生的错误，或是围绕发生错误的频繁区域，因此 ESTCA 规则能提高发现错误的命中率。

根据这里提供的规则来检验本小节的程序段错误。应用规则 1，对它测试时，应选择 I 的值为 0，使 I=0 的情况出现一次。这样一来就立即找出了隐藏的错误。

当然，ESTCA 规则也有很多缺陷。一方面，有时不容易找到输入数据使得规则所指的变量值满足要求。另一方面，应用 ESTCA 规则也仍有很多缺陷发现不了。

（2）线性代码序列与跳转（LCSAJ）覆盖准则。Woodward 等人曾经指出：结构覆盖的一些准则（如分支覆盖或路径覆盖）都不足以保证测试数据的有效性。因此，他们提出了 LCSAJ 覆盖准则。

LCSAJ（Linear Code Sequence and Jump）的中文意思是线性代码序列与跳转。LCSAJ 是一组顺序执行的代码，以控制流跳转为其接收点。它不同于判断-判断路径，判断-判断路径是根据程序有向图决定的。一个判断-判断路径是指 2 个判断之间的路径，但其中不再有判断，程序的入口、出口和分支结点都可以是判断点。LCSAJ 的起点是根据程序本身决定的，它的起点是程序的第一行或转移语句的入口点，或是控制流可以到达的点。几个首尾相接、第一个 LCSAJ 起点为程序起点、最后一个 LCSAJ 终点为程序终点的 LCSAJ 串就组成了程序的一条路径。一条程序路径可能是由 2 个、3 个或多个 LCSAJ 组成的。基于 LCSAJ 与路径的这一关系，Woodward 提出了 LCSAJ 覆盖准则，该准则是一个分层的覆盖准则，如下所示。

第一层：语句覆盖。

第二层：分支覆盖。

第三层：LCSAJ 覆盖（即程序中每一个 LCSAJ 都至少在测试中经历过一次）。

第四层：两两 LCSAJ 覆盖（即程序中每两个首尾相连的 LCSAJ 组合起来在测试中都要经历一次）。

⋮

第 n+2 层：每 n 个首尾相连的 LCSAJ 组合在测试中都要经历一次。

这些都说明越是高层的覆盖准则越难满足。在实施测试时，若要实现上述的 LCSAJ 覆盖，需要产生被测程序的所有 LCSAJ。

3.2.4　基本路径测试

［程序 3.1］和［程序 3.2］都是比较简单的程序，但在实际开发过程中，一段不太复杂的程序，其路径的组合都是一个庞大的数字。

基本路径测试是在程序控制流图的基础上，通过分析控制构造的环路复杂性，导出基本可执行路径集合，从而设计测试用例的方法。在基本路径测试中，设计出的测试用例要保证在被测程序的每一条可执行语句上至少执行一次。

1．程序的控制流程图

控制流程图是描述程序控制流的一种图示方式，其中基本的控制结构对应的图形符号如图 3.5 所示。在图 3.5 所示的图形符号中，圆圈是控制流程图的一个结点，它表示一个或多个无分支的语句或源程序语句。

图 3.6（a）所示为一个程序的流程图，它可以映射成图 3.6（b）所示的控制流程图。

这里假定在流程图中用菱形框表示判定条件内没有复合条件，而一组顺序处理框可以映射为一个单一的节点。控制流程图中的箭头（边）表示了控制流的方向，类似于流程图中的流线，一条边必须终止于一个结点，但在选择或者是多分支结构中分支的汇聚处，即使汇聚处没有执行语句也应该添加一个汇聚结点。边和结点圈定的部分叫区域，当对区域计数时，图形外的部分也应记为一个区域。

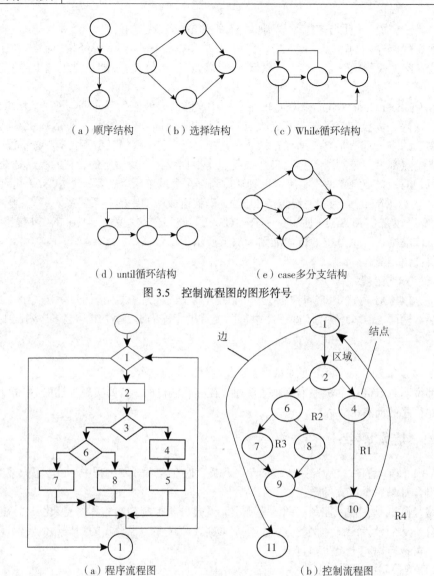

（a）顺序结构　　（b）选择结构　　（c）While循环结构

（d）until循环结构　　　　　（e）case多分支结构

图 3.5　控制流程图的图形符号

（a）程序流程图　　　　　　　　（b）控制流程图

图 3.6　程序流程图和对应的控制流程图

　　如果判断中的条件表达式是复合条件，即条件表达式是由一个或多个逻辑运算符（or、and、nand 和 nor）连接的逻辑表达式，则需要改变复合条件的判断为一系列只有单个条件的嵌套的判断。

　　例如，if a and b then x else y 为复合条件的判定，它的控制流程图如图 3.7 所示。条件语句 if a and b 中条件 a 和条件 b 各有一个只有单个条件的判断结点。

2. 基本路径测试的步骤

　　基本路径测试包括画出程序的控制流程图，计算程序环路复杂性，确定独立路径集合，准备测试用例，确保基本路径集中的每一条路径的执行等 4 个步骤。

　　（1）画出程序控制流程图。流程图用来描述程序控制结构。可将程序流程图映射出一个相应的控制流程图（假设流程图的菱形

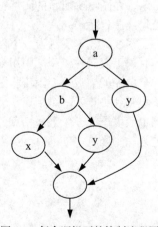

图 3.7　复合逻辑下的控制流程图

决定框中不包含复合条件）。在程序流程图中，一个处理方框序列和一个菱形判断框可被映射为一个程序控制流程图的结点，流图中的箭头称为边或连接，代表控制流，类似于流程图中的箭头。一条边必须终止于一个结点，即使该结点并不代表任何语句（例如：if-else-then 结构）。由边和结点限定的范围称为区域。

例如，用基本路径测试法测试［程序 3.3］。

【程序 3.3】

```
void sort (int iRecordNum, int itype)
{
    int x=0;
    int y=0;
    while (iRecordNum>0)
      {
        if (itype==0)
           {x=y+2;break;}
        else
         {if(itype=1)
             y=y+10;
          else
             y=y+20;
         }
      }
```

画出其程序流程图和对应的控制流程图，如图 3.8 所示。

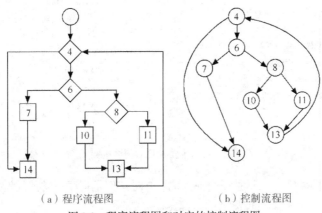

（a）程序流程图 　　　　　　　（b）控制流程图

图 3.8 程序流程图和对应的控制流程图

（2）计算程序环路复杂性。进行程序的基本路径测试时，程序的环路复杂性给出了程序基本路径集合中的独立路径条数，这是确保程序中每个可执行语句至少执行一次所必须的测试用例数目的上界。独立路径必须包含一条在定义之前不曾用到的边。

所谓独立路径，是指至少引入一个新处理语句或一条新判断的程序通路。

计算程序环路复杂性有以下 3 种方法。

- 将环路复杂性定义为程序控制流图中的区域数。
- 设 E 为程序控制流图的边数，N 为图的结点数，则定义环路的复杂性为 $V(G)=E-N+2$。

● 若设 P 为程序控制流图中的判定结点数，则有 $V(G)=P+1$。

例如，在图 3.9 所示控制流程图中：

有 4 个区域，其环路复杂性为 4；

$$V(G)=E-N+2=10（条边）-8（个结点）+2=4；$$

$$V(G)=P+1=3（个判定结点）+1=4。$$

其中，"4"是构成基本路径集的独立路径数的上界，可以据此得到应该设计的测试用例的数目。

（3）确定独立路径集合。根据上面的计算方法，可得出 4 条独立的路径。$V(G)$ 值正好等于该程序的独立路径的条数。

路径 1：4-14

路径 2：4-6-7-14

路径 3：4-6-8-10-13-4-14

路径 4：4-6-8-11-13-4-14

根据上面的独立路径，设计输入数据，使程序分别执行到上面 4 条路径。

（4）准备测试用例。为了确保基本路径集中的每一条路径的执行，根据判断结点给出的条件，选择适当的数据，以保证每一条路径可以被测试到，满足上面例子的基本路径集的测试用例如图 3.9 所示。

路径 1：4-14

输入数据：iRecordNum=0，或者取 iRecordNum<0 的某一个值

预期结果：x=0

路径 2：4-6-7-14

输入数据：iRecordNum=1，iType=0

预期结果：x=2

路径 3：4-6-8-10-13-4-14

输入数据：iRecordNum=1，iType=1

预期结果：x=10

路径 4：4-6-8-10-13-4-14

输入数据：iRecordNum=1，iType=2

```
void  Sort（int iRecordNum,int iType）
1.{
2.      int x=0;
3.      int y=0;
4.      while（iRecordNum-->0）
5.      {
6.      if（0= =iType)
7.              {x=y+2; break; }
8.      else
9.      if（1= =iType)
10.      x=y+10;
11.      else
12.      x=y+20;
13.      }
14.}
```

图 3.9　基本路径集的测试用例

注意，一些独立的路径往往不是完全孤立的，有时它们是程序正常的控制流的一部分，这时，这些路径的测试可以是另一条路径测试的一部分。

【例 3.1】有一段计算学生人数、学生分数的总分数和平均值的被测试程序，该程序运行时最多输入 50 个值（以 -1 作为输入结束标志），其程序流程图如图 3.10 所示，试设计基本路径测试法的测试用例。

解：设计基本路径测试法的测试用例步骤如下。

① 导出程序的控制流程图，如图 3.11 所示。

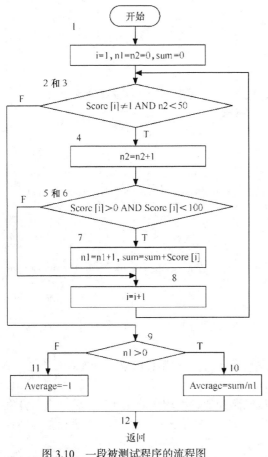

图 3.10　一段被测试程序的流程图

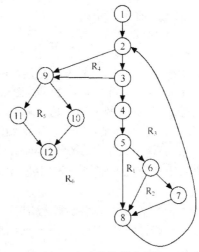

图 3.11　程序的控制流程图

② 确定环路复杂性度量 $V(G)$。

● $V(G)$=6（个区域）；

● $V(G)=E-N+2=16-12+2=6$

其中 E 为流图中的边数，N 为结点数；

● $V(G)=P+1=5+1=6$

其中 P 为谓词结点的个数。

③ 确定基本路径集合（即独立路径集合），可确定 6 条独立的路径，如下所示。

路径 1：1-2-9-10-12

路径 2：1-2-9-11-12

路径 3：1-2-3-9-10-12

路径 4：1-2-3-4-5-8-2…

路径 5：1-2-3-4-5-6-8-2…

路径 6：1-2-3-4-5-6-7-8-2…

④ 为每一条独立路径各设计一组测试用例，以便强迫程序沿着该路径至少执行一次。

● 路径 1(1-2-9-10-12)的测试用例：

Score[k]=有效分数值，当 k<I；

Score[i]=-1，2≤i≤50；

期望结果：根据输入的有效分数算出正确的学生人数 n1、总分 sum 和平均分 average。

● 路径 2(1-2-9-11-12)的测试用例：

Score[1]＝－1；

期望的结果：average＝－1，其他量保持初值。

● 路径 3(1-2-3-9-10-12)的测试用例：

输入多于 50 个有效分数，即试图处理 51 个分数，要求前 51 个为有效分数；

期望结果：n1=50、且算出正确的总分和平均分。

● 路径 4(1-2-3-4-5-8-2…)的测试用例：

Score[i]＝有效分数，当 i<50；

Score[k]<0，k<I；

期望结果：根据输入的有效分数算出正确的学生人数 n1、总分 sum 和平均分 average。

● 路径 5 的测试用例：

Score[i]=有效分数，当 i<50；

Score[k]>100，k<I；

期望结果：根据输入的有效分数算出正确的学生人数 n1、总分 sum 和平均分 average。

● 路径 6(1-2-3-4-5-6-7-8-2…)的测试用例：

Score[i]=有效分数，当 i<50；

期望结果：根据输入的有效分数算出正确的学生人数 n1、总分 sum 和平均分 average。

3. 基本路径测试中的图形矩阵工具

图形矩阵是在基本路径测试中起辅助作用的软件工具，利用它可以实现自动地确定一个基本路径集。

为了使导出程序控制流程图和决定基本测试路径的过程均自动化实现，科研人员开发了一个辅助基本路径测试的软件工具——图形矩阵（Graph Matrix），这个工具在进行基本路径测试时很有用。

利用图形矩阵可以实现自动地确定一个基本路径集。一个图形矩阵是一个方阵，其行/列数对应程序控制流程图中的结点数，每行和每列依次对应到一个被标识的结点，矩阵元素对应到结点间的连接（即边）。在图中，程序控制流程图的每一个结点都用数字加以标识，每一条边都用字母加以标识。如果在程序控制流程图中第 i 个结点到第 j 个结点有一个名为 x 的边相连接，则在对应的图形矩阵中第 i 行/第 j 列有一个非空的元素 x。

对每个矩阵项加入连接权值（Link Weight），图形矩阵就可以用于在测试中评估程序的控制结构，连接权值为控制流提供了额外的信息。在最简单情况下，连接权值是 1（存在连接）或 0（不存在连接），但是，连接权值也可以被赋予其他属性：

● 执行连接（边）的概率；

● 穿越连接的处理时间；

● 穿越连接时所需的内存；

● 穿越连接时所需的资源。

根据上面的方法，画出图 3.12（a）所示的控制流程图对应的图形矩阵如图 3.12（b）所示。

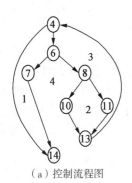

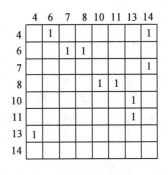

（a）控制流程图　　　　　　　　（b）图形矩阵

图 3.12　控制流程图及其对应的图形矩阵

连接权为"1"表示存在一个连接，在矩阵中如果一行有 2 个或更多的元素"1"，则这行所代表的结点一定是一个判定结点，通过矩阵中有 2 个以上（包括 2 个）元素为"1"的行的个数，就可以得到确定该图环路复杂性的另一种算法。

3.2.5　其他白盒测试方法

1. 域测试

域测试是一种基于程序结构的测试方法。Howden 曾对程序中出现的错误进行分类，将程序错误分为域错误、计算型错误和丢失路径错误 3 种。这是相对于执行程序的路径来说的，每条执行路径对应于输入域的一类情况，是程序的一个子计算。若程序的控制流有错误，对应某一特定的输入可能执行的是一条错误路径，这种错误称为路径错误，也叫做域错误。如果对于特定输入执行的是正确路径，但由于赋值语句的错误致使输出结果不正确，则称此为计算型错误。还有一类错误是丢失路径错误，它是由于程序中某处少了一个判定谓词而引起的。域测试主要是针对域错误进行的程序测试。

域测试的"域"是指程序的输入空间，其测试方法是基于对输入空间的分析。任何一个被测程序都有一个输入空间，测试的理想结果就是检验输入空间中的每一个输入元素是否都通过被测程序产生正确的结果。输入空间又可分为不同的子空间，每一子空间对应一种不同的计算。子空间的划分是由程序中分支语句的谓词决定的。输入空间的一个元素，经过程序中某些特定语句的执行而结束（也可能出现无限循环而无出口的情况），输入空间中的元素都满足这些特定语句被执行所要求的条件。

基本路径测试法正是在分析输入域的基础上，选择适当的测试点以后进行测试的。

域测试有两个致命的弱点，一是为进行域测试而对程序提出的限制过多，二是当程序存在很多路径时，所需的测试也就很多。

2. 符号测试

符合测试的基本思想是允许程序不仅仅输入具体的数值数据，也可以输入符号值，这一方法也因此而得名。这里所说的符号值可以是基本符号变量值，也可以是这些符号变量值的一个表达式。这样，在执行程序过程中以符号的计算代替了普通测试中对测试用例的数值计算，所得到的结果自然是符号公式或是符号谓词。更明确地说，普通测试执行的是算术运算，符号测试则是执行代数运算。因此符号测试可以被认为是普通测试的一个自然扩充。

符号测试可以看作是程序测试和程序验证的一个折衷。一方面，它沿用了传统的程序测试方法，通过运行被测程序来验证它的可靠性。另一方面，由于一次符号测试的结果代表了一大类普通测试的运行结果，实际上证明了程序接受此类输入所得到的输出是正确的还是错误的。最为理想的情况是，程序中仅有有限的几条执行路径，如果对这有限的几条路径都完成了符号测试，就能较有把握地确认程序的正确性了。

从符号测试方法的使用来看，问题的关键在于开发出比传统的编译器功能更强、能够处理符号运算的编译器和解释器。目前符号测试存在如下几个未得到圆满解决的问题。

（1）分支问题。当采用符号测试进行到某一分支点处，分支谓词是符号表达式时，在这种情况下通常无法决定谓词的取值，也就不能决定分支的走向，需要测试人员做人工干预，或是执行树的方法进行下去。如果程序中有循环，而循环次数又决定于输入变量，那就无法确定循环的次数。

（2）二义性问题。数据项的符号值可能是有二义性的，这种情况通常出现在带有数组的程序中。在下面这段程序中，

```
...
X(I)=2+A
X(J)=3
C=X(I)
...
```

如果 I＝J，则 C＝3，否则 C＝2+A。但由于使用符号值运算，这时无法知道 I 是否等于 J。

（3）大程序问题。符号测试中总要处理符号表达式。随着符号测试的执行，一些变量的符号表达式越来越大。特别是如果当符号执行树很大，分支点很多时，路径条件本身将变成一个非常长的合取式。如果能够有办法将其简化，自然会带来很大好处。但如果找不到简化的办法，那将给符号测试的时间和运行空间带来大幅度的增长，甚至使整个问题的解决遇到难于克服的困难。

3．Z 路径覆盖

分析程序中的路径是指：从入口开始检验程序，执行过程中经历的各个语句，直到出口为止。这是白盒测试最为典型的分析方法，着眼于路径分析的测试被称为路径测试，完成路径测试的理想情况是做到路径覆盖。对于比较简单的小程序实现路径覆盖是可能做到的。但是如果程序中出现多个判断和多个循环，可能的路径数目将会急剧增长，甚至达到天文数字，以至不可能实现路径覆盖。

为了解决这一问题，必须舍掉一些次要因素，对循环机制进行简化，从而极大地减少路径的数量，使得覆盖这些有限的路径成为可能。一般称简化循环意义下的路径覆盖为 Z 路径覆盖。

所谓的循环简化是指限制循环的次数。无论循环的形式和实际执行循环体的次数是多少，只考虑循环一次和零次两种情况，即只考虑执行时进入循环体一次和跳过循环体这两种情况。图 3.13（a）和图 3.13（b）所示为两种最典型的循环控制结构。前者先作判断，循环体 B 可能执行（假定只执行一次），再经判断转出，其效果也与图 3.13（c）中给出的条件选择结构只执行右分支的效果一样。

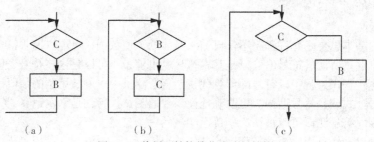

（a）　　　　　　　（b）　　　　　　　（c）

图 3.13　将循环结构简化成选择结构

对于程序中的所有路径可以用路径树来表示，其具体表示方法本文略。当得到某一程序的路

径树后，从其根结点开始，一次遍历，再回到根结点时，把所经历的叶结点名排列起来，就得到一个路径。如果设法遍历了所有的叶节点，那就得到了所有的路径。

当得到所有的路径后，生成每个路径的测试用例，就可以做到 Z 路径覆盖测试。

4. 程序变异

程序变异是一种错误驱动测试，错误驱动测试方法是针对某类特定程序错误的。经过多年的测试理论研究和软件测试的实践，人们逐渐发现要想找出程序中所有的错误几乎是不可能的。比较现实的解决办法是将搜索错误的范围尽可能地缩小，以利于专门测试某类错误是否存在。这样做便于将目标集中到对软件危害最大的可能错误，暂时忽略对软件危害较小的可能错误。这样可以取得较高的测试效率，并降低测试的成本。

错误驱动测试主要有 2 种，即程序强变异和程序弱变异。为便于测试人员使用变异方法，一些变异测试工具陆续被开发出来。

3.2.6　白盒测试应用策略

在测试工作中，由于每种类型的软件都有各自的特点，每种测试方法也都有各自的长处和不足，针对不同软件如何合理地使用白盒测试方法是非常重要的。在实际测试中，往往在不同的测试阶段、根据不同的测试目标，有针对性地选择使用白盒测试方法，才能有效发现更多的软件错误、提高测试效率和测试覆盖率，这就需要测试人员认真掌握这些方法的原理，积累更多的测试经验，有效地提高测试水平。

以下是各种白盒测试方法的综合应用策略，可供测试人员在实际应用过程中参考。

（1）在测试中，应尽量先使用工具进行静态结构分析。

（2）测试中可采取先静态后动态的组合方式：先进行静态结构分析、代码检查，再进行覆盖率测试。

（3）利用静态分析的结果作为引导，通过代码检查和动态测试的方式对静态分析结果做进一步的确认，使测试工作更为有效。

（4）覆盖率测试是白盒测试的重点，一般可使用基本路径测试法达到语句覆盖标准；对于软件的重点模块，应使用多种覆盖率标准衡量测试的覆盖率。

（5）在不同的测试结点，测试的侧重点不同：在单元测试阶段，以代码检查、逻辑覆盖为主；在集成测试阶段，需要增加静态结构分析等；在系统测试阶段，应根据黑盒测试的结果，采取相应的白盒测试。

3.3　黑盒测试技术

黑盒测试也称数据驱动测试，在测试时，把程序看作一个不能打开的黑盒子，在完全不考虑程序内部结构和内部特性的情况下，测试者在程序接口处进行测试。在进行黑盒测试过程中，只是通过输入数据、进行操作、观察输出结果，检查软件系统是否按照需求规格说明书的规定正常运行，软件是否能适当地接收输入数据而产生正确的输出信息，并且保持外部信息（如数据库或文件）的完整性。黑盒测试着眼于程序外部结构，不考虑内部逻辑结构，只针对软件界面和软件功能进行测试。黑盒测试的主要依据是规格说明书和用户手册。按照规格说明书中对软件功能的描述，对照软件在测试中的表现所进行的测试称为软件验证；以用户手册等对外公布的文件为依据进行的测试称为软件审核。

黑盒测试是穷举输入测试，只有把所有可能的输入都作为测试数据使用，才能查出程序中所有的错误。实际上测试情况有无穷多个，进行测试时不仅要测试所有合法的输入，而且还要对那些不合法的、但是可能的输入进行测试。

黑盒测试一般可分为功能测试和非功能测试两大类。

● 功能测试方法主要包括等价类划分、边值分析、因果图、错误推测、功能图法等，主要用于软件确认测试。

● 非功能测试方法主要包括性能测试、强度测试、兼容性测试、配置测试、安全测试等。非功能测试中不少测试方法属于系统测试，例如配置测试、安装与卸装测试、使用性能测试等。

应该说，以上这些方法都是比较实用的，但在测试工作中具体采用什么方法，要针对开发项目的特点对方法加以适当的选择。下面分别简要介绍各种常用的黑盒测试技术。

3.3.1　功能测试

1. 等价类划分

（1）等价类划分概述。所谓等价类是指某个输入域的子集，等价类划分是一种典型的、常用的黑盒测试方法。使用这一方法时，把所有可能的输入数据（即将程序的输入域划分成若干部分（子集），然后从每一个子集中选取少数具有代表性的数据）作为测试用例。由于测试时，不可能用所有可以输入的数据来测试程序，而只能从全部可供输入的数据中选取代表性子集进行测试，每一类的代表性数据在测试中的作用等价于这一类的其他值。因此，可以把全部输入数据合理划分为若干等价类，在每一个等价类中取一个数据作为测试的输入条件，就可以用少量代表性的测试数据取得较好的测试效果。

等价类划分包括有效等价类和无效等价类两种情况。

● 有效等价类：指对于程序规格说明来说，由合理的、有意义的输入数据构成的集合。利用它，可以检验程序是否实现了规格说明预先规定的功能和性能。

● 无效等价类：指对于程序规格说明来说，由不合理的、无意义的输入数据构成的集合。利用它，可以检查程序中功能和性能的实现是否有不符合规格说明要求的地方。

在设计测试用例时，要同时考虑有效等价类和无效等价类的设计。软件不能只接收合理的数据，还要经受意外的考验，即接收无效的或不合理的数据，这样的软件才能具有较高的可靠性。

（2）划分等价类的方法。划分等价类的方法如下。

① 按区间划分：如果可能的输入数据属于一个取值范围，则可以确定 1 个有效等价类和 2 个无效等价类。如：输入值是学生成绩，范围是 0~100，其有效等价类和无效等价类的划分如图 3.14 所示，可以确定 1 个有效等价类（如 85）和 2 个无效等价类（如-10 和 110）。

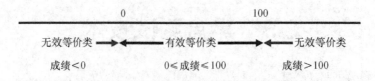

图 3.14　学生成绩的有效等价类和无效等价类

② 按数值划分：如果规定了输入数据的一组值，而且程序要对每个输入值分别进行处理，则可为每一个输入值确立一个有效等价类，此外针对这组值确立一个无效等价类，它是所有不允许的输入值的集合。

③ 按数值集合划分：如果可能的输入数据属于一个值的集合（假定 n 个），并且程序要对每一个输入值分别处理，这时可确立 n 个有效等价类和 1 个无效等价类。

④ 按限制条件划分：在输入条件是一个布尔量的情况下，可确定 1 个有效等价类和 1 个无效等价类。

⑤ 按限制规则划分：在规定了输入数据必须遵守的规则的情况下，可确立 1 个有效等价类（符合规则）和若干个无效等价类（从不同角度违反规则）。

⑥ 按处理方式划分：在确知已划分的等价类中各元素在程序处理中的方式不同的情况下，则应再将该等价类进一步的划分为更小的等价类。

在确立了等价类之后，建立等价类表，列出所有划分出的等价类，如表 3.1 所示。

表 3.1　　　　　　　　　　　　　　　　等价类表

输入条件	有效等价类	无效等价类
……	……	……
……	……	……
……	……	……

再从划分出的等价类中按以下原则选择测试用例。

① 每一个等价类规定一个唯一的编号。

② 设计一个新的测试用例，使其尽可能多的覆盖尚未覆盖的有效等价类；重复这一步骤，直到所有的有效等价类都被覆盖为止。

③ 设计一个新的测试用例，使其仅覆盖一个无效等价类，重复这一步骤，直到所有的无效等价类都被覆盖为止。

【例 3.2】1 个函数包含 3 个变量：month、day 和 year，函数的输出为输入日期后一天的日期。例如，输入为 2006 年 3 月 7 日，则函数的输出为 2006 年 3 月 8 日。要求输入变量 month、day 和 year 均为整数值，并且满足条件：$1 \leqslant month \leqslant 12$，$1 \leqslant day \leqslant 31$，$1920 \leqslant year \leqslant 2050$。

解：该函数的有效等价类为：

M1＝{月份：$1 \leqslant$ 月份 $\leqslant 12$}

D1＝{日期：$1 \leqslant$ 日期 $\leqslant 31$}

Y1＝{年：$1920 \leqslant$ 年 $\leqslant 2050$}

其无效等价类为：

M2＝{月份：月份 < 1}

M3＝{月份：月份 > 12}

D2＝{日期：日期 < 1}

D3＝{日期：日期 > 31}

Y2＝{年：年 < 1920}

Y3＝{年：年 > 2050}

2. 边界值分析方法

（1）边界值分析方法概述。边界值分析方法是对输入或输出的边界值进行测试的一种黑盒测试方法。在测试过程中，边界值分析方法是通过选择等价类边界的测试用例进行测试，边界值分析方法与等价类划分方法的区别是：边界值分析不是从某等价类中随便挑一个作为代表，而是使这个等价类的每个边界都要作为测试条件；另外，边界值分析不仅考虑输入条件边界，还要考虑输出域边界产生的测试情况。

人们从长期的测试工作经验得知，大量的错误是发生在输入或输出范围的边界上，因此针对各种边界情况设计测试用例，可以查出更多的错误。例如，在做三角形计算时，要输入三角形的 3 条边的边长 A、B 和 C。这 3 个数值应当满足 $A>0$、$B>0$、$C>0$、$A+B>C$、$A+C>B$、$B+C>A$，才能构成三角形。但如果把 6 个不等式中的任何一个大于号"$>$"错写成大于等于号"$\geqslant$"，那就会出现错误，问题就是出现在容易被疏忽的边界附近。这里所说的边界是相对于输入等价类和输出等价类而言，指稍高于其边界值及稍低于边界值的一些特定情况。

使用边界值分析方法设计测试用例，首先应确定边界情况。通常输入等价类与输出等价类的边界，就是应着重测试的边界情况。应当选取正好等于，刚刚大于，或刚刚小于边界的值作为测试数据，而不是选取等价类中的典型值或任意值作为测试数据。使用边界值分析方法的典型测试数据如下。

- 对于循环结构，第 0 次、最后 1 次、第 1 次和倒数第 2 次是边界。
- 对于 16 位整型数据，32767 和-32768 是边界。
- 数组的第一个和最后一个下标元素是边界。
- 报表的第一行和最后一行是边界。

边界值分析方法是有效的黑盒测试方法，是对等价类划分方法的补充。但当边界情况很复杂的时候，要找出适当的测试用例还需针对问题的输入域、输出域边界，耐心细致地逐个考虑。

通常情况下，软件测试所包含的边界检验有几种类型：数字、字符、位置、重量、速度、方位、尺寸、空间等。相应地，以上类型的边界值应该在：最大/最小、首位/末位、上/下、最高/最低、最快/最慢、最短/最长、空/满等情况下，利用边界值作为测试数据。

（2）基于边界值分析方法选择测试用例的原则。基于边界值分析方法选择测试用例的原则如下。

① 如果输入条件规定了值的范围，则应该取刚达到这个范围的边界值，以及刚刚超过这个范围边界的值作为测试输入数据。

② 如果输入条件规定了值的个数，则用最大个数、最小个数、比最大个数多 1 个、比最小个数少 1 个的数作为测试数据。

③ 根据规格说明的每一个输出条件，使用规则①和规则②。

④ 根据规格说明的每一个输出条件，使用规则①和规则②。

⑤ 如果程序的规格说明给出的输入域或输出域是有序集合（如有序表、顺序文件等），则应选取集合的第一个和最后一个元素作为测试用例。

⑥ 如果程序用了一个内部结构，应该选取这个内部数据结构的边界值作为测试用例。

⑦ 分析规格说明，找出其他可能的边界条件。

【例 3.3】测试计算平方根的函数。其输入、输出均为一个实数，当输入一个 0 或比 0 大的数的时候，返回其正平方根；当输入一个小于 0 的数时，显示错误信息"平方根非法输入值小于 0"。

解：划分的边界为 0 和最大正实数，由此分别输入最大正实数、绝对值很小的正数、0 和最小负实数测试该函数。

3. 错误推测法

在进行软件测试时，有经验的测试人员往往通过观察和推测，可以估计出软件的哪些地方出现错误的可能性最大，用什么样的测试手段最容易发现软件故障。这种基于经验和直觉推测程序中所有可能存在的各种错误，从而有针对性的设计测试用例的方法就是错误推测法。

错误推测法的基本想法是：列举出程序中所有可能存在的错误和容易发生错误的特殊情况，根据它们选择测试用例。例如，归纳在以前产品测试中曾经发现在输入一些非法、错误、不正确或垃圾数据时容易产生错误，这就是经验的总结。因此，在设计输入测试数据时，如果软件要求输入数字，就输入字母；如果软件只接收正数，就输入负数。如果软件对时间敏感，就看系统时间在 2500 年时软件是否还能正常工作。此外，输入数据 0，或输出数据 0 是容易发生错误的情况，因此可选择输入数据为 0，或输出数据为 0 的例子作为测试用例。

【例 3.4】测试一个对线性表（比如数组）进行排序的程序，应用错误推测法推测出需要特别测试的情况。

解：根据经验，对于排序程序，下面一些情况可能使软件发生错误或容易发生错误，需要特别测试。

- 输入的线性表为空表。

- 表中只含有 1 个元素。
- 输入表中所有元素已排好序。
- 输入表已按逆序排好。
- 输入表中部分或全部元素相同。

4. 因果图法

（1）因果图法概述。因果图法是一种利用图解法分析输入的各种组合情况，从而设计测试用例的方法，它适合于检查程序输入条件的各种组合情况。

前面介绍的等价类划分方法和边界值分析方法，都是着重考虑输入条件，但未考虑输入条件之间的联系、相互组合等。考虑输入条件之间的相互组合，可能会产生一些新的情况。但要检查输入条件的组合不是一件容易的事情，即使把所有输入条件划分成等价类，它们之间的组合情况也相当多。因此必须考虑采用一种适合于描述对于多种条件的组合，相应产生多个动作的形式来考虑设计测试用例，这就需要利用因果图（逻辑模型）。

（2）因果图概述。在因果图中，用 C_i 表示原因，E_i 表示结果，有 4 种符号分别表示了规格说明中 4 种因果关系，其基本符号如图 3.15 所示。

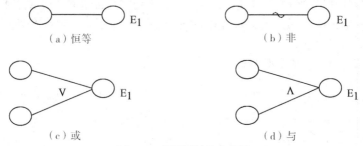

图 3.15　因果图的基本符号

其中各结点表示的状态，可取值 "0" 或 "1"。其中，"0" 表示某状态不出现，"1" 表示某状态出现。

- 恒等：若原因出现，则结果出现；若原因不出现，则结果也不出现。
- 非（~）：若原因出现，则结果不出现；若原因不出现，则结果出现。
- 或（∨）：若几个原因中有 1 个出现，则结果出现；若几个原因都不出现，则结果不出现。
- 与（∧）：若几个原因都出现，结果才出现。若其中有 1 个原因不出现，则结果不出现。

由于输入状态相互之间还可能存在某些依赖关系，这些依赖关系称为约束。例如，某些输入条件本身不可能同时出现。输出状态之间也往往存在约束。在因果图中，用特定的符号标明这些约束。从输入（原因）考虑，有 4 种约束，如图 3.16（a）、（b）、（c）、（d）所示，从输出（结果）考虑，还有 1 种约束，如图 3.16（e）所示。

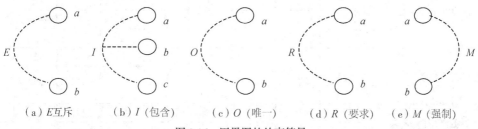

（a）E 互斥　（b）I（包含）　（c）O（唯一）　（d）R（要求）　（e）M（强制）

图 3.16　因果图的约束符号

- E（互斥）：表示 a、b 2 个原因不会同时成立，最多有 1 个可能成立。

- *I*（包含）：表示 *a*、*b*、*c* 3 个原因中至少有 1 个必须成立。
- *O*（唯一）：表示 *a* 和 *b* 当中必须有 1 个，且仅有 1 个成立。
- *R*（要求）：表示当 *a* 出现是，*b* 必须也出现。也就是说 *a* 出现时不可能 *b* 不出现。
- *M*（强制）：表示当 *a* 是 1 时，*b* 必须是 0。而当 *a* 为 0 时，*b* 的值不定。

（3）基于因果图法生成测试用例的基本步骤。基于因果图法生成测试用例的基本步骤如下。

① 分析软件规格说明的描述中，哪些是原因，哪些是结果。原因是输入条件或输入条件的等价类，结果是输出条件。

② 分析软件规格说明描述中的语义，找出原因与结果之间、原因与原因之间对应的关系，根据这些关系，画出因果图。

③ 标明约束条件。由于语法或环境的限制，有些原因和结果的组合情况是不可能出现的。为表明这些特定的情况，在因果图上使用若干标准的符号标明约束条件。

④ 把因果图转换成判定表。

⑤ 为判定表中的每一列设计测试用例。

因果图方法最终生成的就是判定表，它适合于检查程序输入条件的各种组合情况。

【例 3.5】某软件规格说明书包含这样的要求：第 1 列字符必须是 *A* 或 *B*，第 2 列字符必须是 1 个数字，在此情况下对文件进行修改，但如果第 1 列字符不正确，则给出信息 L；如果第 2 列字符不是数字，则给出信息 *M*。

解：根据题意，原因和结果如下。

原因：

1—第 1 列字符是 A；

2—第 1 列字符是 B；

3—第 2 列字符是 1 个数字。

结果：

21—修改文件；

22—给出信息 *L*；

23—给出信息 *M*。

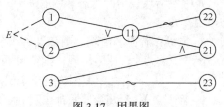

图 3.17 因果图

其对应的因果图如图 3.17 所示：11 为中间节点；考虑到原因 1 和原因 2 不可能同时为 1，因此在因果图上施加 E 约束。

根据因果图建立判定表如表 3.2 所示。

表 3.2   判定表

		1	2	3	4	5	6	7	8
条件（原因）	1	1	1	1	1	0	0	0	0
	2	1	1	0	0	1	1	0	0
	3	1	0	1	0	1	0	1	0
	11			1	1	1	1	0	0
动作（结果）	22			0	0	0	0	1	1
	21			1	0	1	0	0	0
	23			0	1	0	1	0	1
测试用例				A3	AM	B5	BN	C2	DY
				A8	A?	B4	B1	X6	P;

表 3.2 中 8 种情况的左面 2 列情况中，原因 1 和原因 2 同时为 1，这是不可能出现的，故应排

除这 2 种情况。表的最下一栏给出了 6 种情况的测试用例。

5. 场景法

现在的软件几乎都是用事件触发来控制流程的，事件触发时的情景便形成了场景，而同一事件不同的触发顺序和处理结果就形成事件流，经过用例的每条路径都用基本流和备选流来表示。这种在软件设计方面的思想也可以引入到软件测试中，可以比较生动地描绘出事件触发时的情景，有利于测试设计者设计测试用例，同时使测试用例更容易理解和执行。

提出这种测试思想的是 Rational 公司，并在 RUP 2000 中文版中有详尽的解释和应用。

用例场景用来描述用例执行的路径，从用例开始到结束遍历这条路径上所有基本流和备选流。

（1）基本流和备选流。

● 基本流：采用直黑线表示，是经过用例的最简单的路径（无任何差错，程序从开始直接执行到结束）。

● 备选流：采用不同颜色表示，一个备选流可能从基本流开始，在某个特定条件下执行，然后重新加入基本流中，也可以起源于另一个备选流，或终止用例，不再加入到基本流中（各种错误情况）。

在图 3.18 中，图中经过用例的每条路径都用基本流和备选流来表示，直黑线表示基本流，是经过用例的最简单的路径。备选流用不同的彩色表示，备选流 1 和备选流 3 从基本流开始，然后重新加入基本流中；备选流 2 起源于另一个备选流；备选流 2 和备选流 4 终止用例而不再重新加入到某个流。

按照图 3.18 所示的每个经过用例的路径，可以确定以下不同的用例场景。

场景 1：基本流；

场景 2：基本流、备选流 1；

场景 3：基本流、备选流 1 和备选流 2；

场景 4：基本流、备选流 3；

场景 5：基本流、备选流 3、备选流 1；

场景 6：基本流、备选流 3、备选流 1、备选流 2；

场景 7：基本流、备选流 4；

场景 8：基本流、备选流 3、备选流 4。

注：为方便起见，场景 5、6 和 8 只考虑了备选流 3 循环执行一次的情况。

（2） 场景法设计步骤。应用场景法进行黑盒测试的步骤如下。

① 根据说明，描述出程序的基本流及各项备选流；

② 根据基本流和各项备选流生成不同的场景；

③ 对每一个场景生成相应的测试用例；

④ 对生成的所有测试用例重新复审，去掉多余的测试用例，测试用例确定后，对每一个测试用例确定测试数据值。

6. 判定表驱动

（1）判定表驱动法概述。判定表（Decision Table）是分析和表达多逻辑条件下执行不同操作的情况下的工具。在程序设计发展的初期，判定表就已被当作编写程序的辅助工具了。由于它可以把复杂的逻辑关系和多种条件组合的情况表达得既具体又明确，能够将复杂的问题按照各种可能的情况全部列举出来，简明并避免遗漏。因此，在一些数据处理问题当中，若某些操作的实施依赖于多个逻辑条件的组合，即针对不同逻辑条件的组合值，分别执行不同的操作，判定表很适合于处理这类问题。

判定表通常由 4 个部分组成，如图 3.19 所示。

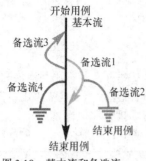

图 3.18 基本流和备选流

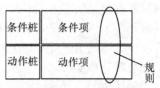

图 3.19 判定表 4 个组成部分

- 条件桩：列出了问题的所有条件，通常认为列出的条件的次序无关紧要。
- 动作桩：列出了问题规定可能采取的操作，这些操作的排列顺序没有约束。
- 条件项：列出针对条件的取值和在所有可能情况下的真假值。
- 具体项：列出在条件项的各种取值情况下应该采取的动作。

生成条件表的规则如下。

① 规则：任何一个条件组合的特定取值及其要执行的相应操作称为规则。在判定表中贯穿条件项和动作项的一列就是一条规则。显然，判定表中列出多少组条件取值，也就有多少条规则，即条件项和动作项会有多少列。

② 化简：就是把有两条或多条具有相同的动作、且其条件项之间存在着极为相似的关系的规则合并。

（2）判定表的建立步骤。建立判定表的步骤如下。

① 确定规则的个数，假如有 n 个条件，每个条件有 2 个取值（0，1），故有 n 种规则；

② 列出所有的条件项和动作项；

③ 填入条件取值；

④ 填入集体动作，得到初始判定表；

⑤ 简化，合并相似规则（相同动作）。

【例 3.6】一个软件的规格说明指出：

① 当条件 1 和条件 2 满足，并且条件 3 和条件 4 不满足，或者当条件 1、条件 3 和条件 4 满足时，要执行操作 1；

② 在任一个条件都不满足时，要执行操作 2；

③ 在条件 1 不满足，而条件 4 被满足时，要执行操作 3。

试根据规格说明建立判定表。

解：根据规格说明得到如表 3.3 所示的判定表。

表 3.3　　　　　　　　　　　　　　根据规格说明得到的判定表

	规则 1	规则 2	规则 3	规则 4
条件 1	Y	Y	N	N
条件 2	Y	—	N	—
条件 3	N	Y	N	—
条件 4	N	Y	N	Y
操作 1	×	×		
操作 2			×	
操作 3				×

这里，判定表只给出了 16 种规则中的 8 种。事实上，除这 8 种以外的一些规则是指当不能满足指定的条件，执行这些条件时，要执行 1 个默许的操作。在无必要时，判定表通常可略去这些规则。但如果用判定表来设计测试用例，就必须列出这些默许规则，如表 3.4 所示。

表 3.4　　　　　　　　　　　　　　　　　　默许的操作

	规则 5	规则 6	规则 7	规则 8
条件 1	—	N	Y	Y
条件 2	—	Y	Y	N
条件 3	Y	N	N	N
条件 4	N	N	Y	—
默许操作	x	x	x	x

判定表的优点是它能把复杂的问题按各种可能的情况一一列举出来，简明而易于理解，也可避免遗漏。其缺点是不能表达重复执行的动作，例如循环结构。

适合使用判定表设计测试用例的条件如下。

① 规格说明以判定表形式给出，或很容易转换成判定表。

② 条件的排列顺序不会也不影响执行哪些操作。

③ 规则的排列顺序不会也不影响执行哪些操作。

④ 每当某一规则的条件已经满足，并确定要执行的操作后，不必检验别的规则。

⑤ 如果某一规则得到满足要执行多个操作，这些操作的执行顺序无关紧要。

给出这 5 个必要条件的目的是为了使操作的执行完全依赖于条件的组合。其实对于某些不满足这几个条件的判定表，同样也可以应用它来设计测试用例，只不过还需要增加其他的测试用例罢了。

7. 正交试验法

（1）正交试验法概述。利用因果图来设计测试用例时，作为输入条件的原因与输出结果之间的因果关系，有时很难从软件需求规格说明中得到，由于因果关系一般非常庞大，以至于据此因果图而得到的测试用例数目非常大，给软件测试带来沉重的负担。为了有效地、合理地减少测试的工时与费用，可利用正交试验法进行测试用例的设计。

正交试验法是依据近代代数中的伽罗瓦（Galois）理论，从大量的（实验）数据（测试用例）中挑选适量的、有代表性的点（用例），从而合理地安排试验（测试）的一种科学试验设计方法。类似的方法有聚类分析方法、因子方法等。

正交试验法常使用下面 2 个术语。

● 因子：影响实验指标的条件称为因子。

● 因子的状态：影响实现因子的条件。

（2）利用正交试验法设计测试用例的步骤。利用正交试验法设计测试用例的步骤如下。

① 提取功能说明，构造因子-状态表

利用正交试验法来设计测试用例时，首先要根据被测试软件的规格说明书找出影响其功能实现的操作对象和外部因素，把它们当作因子，而把各个因子的取值当作状态。

首先对软件需求规格说明中的功能要求进行划分，把整体的、概要性的功能要求进行层层分解与展开，分解成具体的有相对独立性的基本的功能要求，这样就可以把被测试软件中所有的因子都确定下来，并为确定的因子的权值提供参考的依据。确定因子与状态是设计测试用例的关键，因此要求尽可能全面地、正确地确定取值，以确保测试用例的设计做到完整与有效。

② 加权筛选，生成因素分析表

对因子与状态的选择可按其重要程度分别加权。可根据各个因子及状态的作用大小、出现频率的大小以及测试的需要，确定权值的大小。

③ 利用正交表构造测试数据集

正交表的推导过程依据 Galois 理论实现，在这里不做介绍，读者可在一般数理统计方面的书籍查阅到相应的正交表。在正交表中，每列表示一个因子，每行表示一个项目，当因素分析表中的因子数确定下来后，相应的正交表就可以确定了。

利用正交试验法设计测试用例，比使用等价类划分、边界值分析、因果图等方法有以下优点：节省测试工作工时；可控制生成的测试用例数量；测试用例具有一定的覆盖率。

8. 功能图法

功能图法是用功能图形象地表示程序的功能说明，并机械地生成功能图的测试用例，功能图方法是一种黑盒白盒混合用例设计方法。

（1）程序功能说明的组成。程序功能说明包括动态说明和静态说明。

- 动态说明：描述输入数据的次序或转移次序。
- 静态说明：描述输入条件和输出条件之间的对应关系。

一个程序的功能说明通常由动态说明和静态说明组成，对于较复杂的程序，由于存在大量的组合情况，因此，仅用静态说明组成的规格说明对于测试来说往往是不够的，必须用动态说明来补充功能说明。

（2）功能图、状态迁移图及逻辑功能模型。

- 功能图：功能图模型由状态迁移图和逻辑功能模型构成。状态迁移图用状态和迁移来表示，一个状态指出数据输入的位置（或时间），一个迁移指明状态的改变，同时要依靠判定表或因果图表示的逻辑功能。
- 状态迁移图：用于表示输入数据序列以及相应的输出数据；由输入数据和当前状态决定输出数据和后续状态。
- 逻辑功能模型：用于表示在状态中输入条件和输出条件的对应关系。由输入数据决定输出数据，此模型只适用于描述静态说明。

（3）基于功能图法生成测试用例。功能图测试用例由测试中经过的一系列状态和在每个状态中必须依靠输入/输出数据满中的一对条件组成。生成测试用例的方法是：从状态迁移图中选取测试用例，用节点代替状态，用弧线代替迁移，状态图就可转化成一个程序的控制流程图形式。为了把状态迁移（测试路径）的测试用例与逻辑模型（局部测试用例）的测试用例组合起来，从功能图生成实用的测试用例，在一个结构化的状态迁移（SST）中，定义 3 种形式的结构：顺序、选择和重复。

基于功能图法生成测试用例的步骤如下。

① 生成局部测试用例：在每个状态中，从因果图生成局部测试用例。局部测试用例由原因值（输入数据）组合与对应的结果值（输出数据或状态）构成；

② 测试路径生成：利用上面的规则生成从初始状态到最后状态的测试路径；

③ 测试用例合成：合成测试路径与功能图中每个状态的局部测试用例，结果是初始状态到最后状态的一个状态序列以及每个状态中输入数据与对应输出数据的组合；

④ 采用条件构造树测试用例的合成算法。

3.3.2　非功能测试

黑盒测试还包括非功能测试，下面简要介绍几种常用的非功能测试方法。

1. 强度测试

强度测试是验证软件的性能在各种极端的周边环境和系统条件下是否能正常工作，也就是验证软件的性能在各种极端的周边环境和系统条件下的承受能力。这里所谓"强度"包括两项：一项是超载运行测试，另一项是容量测试。

超（满）载运行测试：是对软件在单位时间内所能承受的荷载的极限进行验证。例如，一个提供文档下载的网站服务器软件，规定同时登录下载的用户不得超过 10 人。所谓满载测试就是 10 个用户在同一时间内登录，超载测试就是 10 个以上的用户在同一时间内登录。测试的目的在于观察分析软件在这些情况出现时的表现，最起码的要求是软件在这种条件下不至于崩溃。

容量测试：是对软件系统处理大量数据的能力进行检验。与超（满）载运行测试不同，容量测试并不涉及时间。以文字编辑软件为例，用户打开一个文件，存入大量的文字或数据，然后尝试将文件存储。当文字或数据的量大到一定程度的时候，或者说这个容量已经接近系统处理能力的极限时，软件会有什么样的表现？一个文件输送的软件遇到所传输的文件数据量极大的时候表现如何呢？会因此崩溃吗？这些就是容量测试所要找出的答案。

2. 性能测试

性能测试通常是验证软件的性能在正常环境和系统条件下重复使用时是否还能满足性能指标，软件的性能测试是系统测试中难度较大的测试。在软件公司的测试部门，一般都有专门做性能测试的测试工程师或测试组。在软件的用户手册中，一般都会标明软件的性能（或在规格说明书、设计文件中都对软件的性能有明确的规定），性能测试的依据就出自这里。

在对软件系统第 1 版做性能测试时，应该分别对软件中的所有函数进行测试，记录下软件执行单一任务时的表现，然后是测试软件同时执行多项任务时的表现，这个"第 1 版"的记录可用作基准测试的数据记录，以后在软件进行不同版本的基准测试时（基准测试是每个版本推出前必须做的测试），其中的测试项目，各公司的规定有所不同，但均应进行性能测试。

软件系统的性能测试包括系统反应时间、用户反应时间、软件界面反应时间、中央处理器的利用率、检查系统记忆容量在运行程序时有没有流失现象（或称内存泄露）等。

进行软件系统性能测试，必须先设计测试的模式，这个模式就是根据软件设计说明或用户手册里标明的硬件规格和软件指标而设计的。这个性能测试的模式一旦建立，以后每次的性能测试都应该尽可能在相同的设置下进行，只有这样，测试的结果才可以对照。

软件系统性能测试受周边各种因素的影响很大。例如，在测试测出的性能很难与用户在日常工作中所得到的结果相同，原因是测试很难模拟实际用户的周边设置（各个计算机的配置不同、数据输入/输出量不同、用户数量不同等，因而测试的结果只是在一定范围内有效。

由于性能测试操作及设定比较复杂，一般软件公司都使用专门的性能测试软件进行测试。这些性能测试软件可按照测试人员输入的各项参数来设定测试模式，自动执行测试，并将各种测试结果记录下来并进行图表化等。这样既省下很多测试准备时间，又方便操作，还可以得到比较接近实际的数据。为了能使用好这些工具软件，可由提供这些软件的公司派人来培训有关的测试人员，或把测试人员送出去培训。

3. 安全测试

安全测试是为了检验软件的数据保密性和数据完整性的测试。可以说，任何的软件都只是在一定程度上安全，并没有绝对安全的软件。一般情况下，软件的安全检验是由专门人员完成的，测试工程师只能从功能检测的角度去配合。进行安全检验的专门人员，对软件安全方面有深入的认识、做过大量的研究，熟悉软件安全设计，包括编码、解码、通信的各种协定、防火墙设置、数据库等。如果测试的软件涉及网络服务器，则测试工作还需要公司 IT 部门的配合，或者在公司内部做一个模拟的防火墙来专门进行安全测试。

从测试人员的角度出发，一般只需要从功能方面做安全测试。以网络服务器类的软件为例，所要进行的测试主要有以下几个方面。

- 登录验证；
- 服务器对用户登录资料的处理；
- 计算机各种安全设置对网页显示的影响。

测试人员在发现问题后，应将问题送交专门负责安全检测的相关部门，由他们判断到底是软件设计结构问题，还是编程的问题，或者是用户方面的设置问题。

软件安全问题是很难处理完善的，特别是网络方面相关的软件。因此，有些软件公司还专门请曾做过黑客的人来进行安全检测，目的就是要利用他们在这方面的专长，帮助提高软件的安全性能。

4. 安装与卸载测试

安装与卸载测试的重要性在于安装与卸载是软件给客户的第一印象。软件交到用户手中之后，用户做的第一件事就是把软件安装到计算机上。

安装测试：在安装过程中，注意测试软件给用户的提示是否清楚明了、安装的操作是否容易、安装过程是否太冗长、各系统设置是否正确、安装完成后软件是否能正常运行、安装过程有没有干扰计算机中其他的程序等。

卸载测试：卸载测试要考虑卸载过程中，系统的提示是否清楚明了、操作是否简单、卸载是否彻底、系统设置是否回复到安装前状态等。软件卸载通常遇到的问题是卸载不彻底，比如安装时设立的文件夹没有清除、系统的设置是否被清理干净等。

5. 配置测试

配置测试主要注意三个方面：一是软件安装与卸载过程中系统配置的变化；二是软件完成安装后，人为改变配置，软件是否有相应的变化；三是硬件的不同组合是否与软件兼容。

软件在安装的过程中将对计算机的系统配置进行改动，使其支持该软件的启动、运行等。同样，当软件卸载后，所有的系统配置应还原到该软件安装前的状态。

所谓人为改变配置是指操作人员为改变软件的某些子功能，对软件内部的配置数据进行改动。在这些改动完成后，软件有相应的变化。例如，一个用于文件输送的软件，可以采用 FTP 的方式进行，也可以采用 http/https 的方式进行。用户可选择其中一种作为初始配置（默认值），例如选 FTP，当用户改变主意，将 http/https 作为初始配置，则测试要验证的是软件是否实现了这一改变。在网络软件的配置测试中，常常要对网络相关的配置进行测试，如 Cookie 的设置、Active Control 的设置、安全设置等。

计算机硬件与该软件兼容性的测试也属于配置测试的内容之一。在软件的说明中，必定会对计算机硬件及操作系统的要求做出说明。同一类型的计算机，各自的内部硬件（如以太网卡、声卡、逻辑卡、外接的打印机等）都会有所不同。因此，对该软件与不同的硬件配置的兼容性也要进行测试。

6. 兼容性测试

兼容性测试是针对测试软件与其他软件之间以及测试软件与不同硬件之间的兼容性进行的测试。它包括该软件本身不同版本之间、该软件与其他不同版本软件之间、不同版本硬件之间的兼容性测试。

同一软件具有不同的版本，各版本之间是不是相互兼容呢？比如说，一个文件编辑软件，在经过不断的改进、增加功能以后，新的版本能否用来编辑用早期版本编辑的文件呢？新增加的功能是否能应用在前期生成的文件里呢？如果不可以，是否有其他的方法可以解决这些兼容性问题？

不同的软件之间也存在着兼容性的问题。同样以一个文字编辑软件为例，这个软件是否可以与其他文字编辑软件兼容呢？测试中的软件是否可以打开、编辑由其他编辑软件生成的文件？如果不可以，是否有解决问题的方法？目前在市场上，有一些软件专门用来进行数据格式转换，用以解决这一类问题。

如果软件的用户手册上标示该软件与另外的几种软件、硬件兼容，那么测试计划就一定不可以缺少兼容性测试。兼容测试应包括以下内容。

● 操作系统兼容：由于并非所有的软件都具有平台无关性，在测试中，应该按照软件设计说明等文件中关于该软件可以运行在哪种操作系统平台而去逐一验证。

● 硬件兼容：软件在不同的硬件环境中（比如不同的计算机、网卡、声卡、打印机型号等）其运行结果是否一样？

● 软件兼容：与支持软件或同机运行的其他常用软件之间会不会有冲突，造成任一方出现不正常现象？

● 数据库兼容：如果测试中软件需要数据库系统的支持，那么测试时应考虑此类软件对不同数据库平台的支持能力。在需要转换到其他平台的情况下，该软件是否可以直接挂接，或者提供相关的转换工具，还是必须重新开发或需较大改动？

● 数据兼容：这包括不同形式数据之间及新旧数据之间的兼容。

7. 故障修复测试

故障修复测试是为了保证软件无论在遇到特殊事故或任何出错的情况下，一旦故障排除，即能迅速恢复到事故或出错前的状况，继续正常运行。

测试人员可用各种方法使软件出错，观察软件的反应，然后排错，看看软件是否会恢复到原来的状态并正常工作。这一测试技术广泛应用于文件传输软件、数据库的相关软件的测试中。比如测试一个通过 Internet 传输文件的软件，最简单的测试就是在文件传输的过程中将网络接线拔掉，这时文件传输必然中断。如果该软件具有继续传输的功能（不必重新传输，只从中断点开始），则在重新接回网络后，文件的传输会从中断点继续，直到文件传送完成；软件的各部分功能与故障前相同，能够正常运行。

如果测试中的软件与数据库相关，则测试过程中，在存入数据时故意让软件出错，然后查证数据库中的相关数据是否恢复到原来的状态。

8. 使用性能测试

使用性能测试从用户的角度去审视及改进软件，从而保证了软件的使用性能。使用性能测试一般是由用户实现的，通常情况下，由于用户接触该软件的时间不长，因而需要在测试人员或技术人员的协助下进行。很多时候，该类测试是通过 Alpha 及 Beta 测试来实现的。软件是为用户设计的，所以用户对软件的使用性能最有发言权。用户在日常生活、工作中使用过许多软件，对软件的应用表现及反应已经生成了一套无形的规范。在使用性能测试的过程中，只要测试软件的表现超出了用户的计算机常识，那就说明这个软件的使用性能有待改进。当然，如果测试中的软件有某些全新功能（前人没有应用过此功能），用户必须花点时间去学习、适应，这就另当别论。

在美国的一些软件公司里，测试部门在软件推出新版本之前，通常都会在公司范围内组织大规模测试，鼓励全体员工（包括非软件方面的员工，如财务人员、销售人员等）分批到测试室去使用该软件，并让他们在完成任务后，报告使用过程中发现的缺陷及问题。这类测试所花的时间不多，通常 2~3h 足已。公司各部门都会乐意支持这类测试，加上其形式很自由，公司还常常备有茶点或午餐以表谢意，因而员工们都愿意参见。这是进行使用性能测试的有效方法，因为测试人员与非测试人员看问题的角度不一样。这样在每次大规模测试后，都会有不少意外收获。

要使得软件通过性能测试，测试人员和编程人员必须有开放的心态及足够的耐心，因为反馈回来的意见可能不太专业（如前所述，这类测试一般由用户及非测试人员来做），但必须意识到获得这种反馈正是使用性能测试的意义所在。

9. 帮助菜单及用户说明测试

软件的帮助菜单系统及用户说明书等是最容易被测试部门忽略的。大家都集中精力测试软件的各部分功能，但是不要忘记，帮助菜单系统及用户说明书也会有许多错误出现，对这部分的测试应该一并列入测试工作中。

关于测试帮助菜单及用户说明书，很重要的是对其使用性能进行测试，也就是从用户的角度来检验使用的方便程度及其可靠性、准确性。

作为终端用户，在软件使用过程中遇到问题或困难，一般都会先试试从帮助菜单中寻找答案，若找不到才会求助于技术支持。换句话说，如果帮助菜单的质量较高，那么技术支持部门就能节省不少接待用户的时间。

3.3.3　黑盒测试策略

在测试工作中，测试人员通常不会单独操作某个黑盒测试方法，而是在每个测试项目里都会用到多种方法。每种类型的软件有各自的特点，每种测试用例设计的方法也有各自的长处和不足，针对不同软件如何利用这些黑盒方法是非常重要的。在实际测试中，往往是综合使用各种方法才能有效地提高测试效率和测试覆盖率，这就需要认真掌握这些方法的原理，积累更多的测试经验，有效地提高测试水平。

以下是功能测试部分的各种黑盒测试方法的综合选择的策略，可供测试人员在实际测试应用过程中参考。

（1）首先进行等价类划分，包括输入条件和输出条件的等价类划分，将无限测试变成有限测试，这是减少工作量和提高测试效率最有效的方法。

（2）在任何情况下都必须使用边界值分析方法。经验表明，用这种方法设计出的测试用例发现程序错误的能力最强。

（3）可以用错误推测法追加一些测试用例，这需要依靠测试工程师的智慧和经验。

（4）对照程序逻辑，检查已设计出的测试用例的逻辑覆盖程度。如果没有达到要求的覆盖标准，应当再补充足够的测试用例。

（5）如果程序的功能说明中含有输入条件的组合情况，则一开始就可选用因果图法和判定表驱动法。

（6）对于参数配置类的软件，要用正交试验法选择较少的组合方式达到最佳效果。

（7）功能图法也是很好的测试用例设计方法，可以通过不同时期条件的有效性，设计不同的测试数据。

（8）对于业务流清晰的系统，可以利用场景法贯穿整个测试案例过程，在案例中综合使用各种测试方法。

3.4　灰盒测试技术

灰盒测试是近年来提出的一种新的软件测试方法，它兼顾了白盒测试和黑盒测试方法的优点。

灰盒（Gray Box）是一种程序或系统上的工作过程被局部认知的装置。灰盒测试也称作灰盒分析，是基于对程序内部细节有限认知上的软件调试方法。灰盒测试关注输出对于输入的正确性，同时也关注内部表现，但这种关注不像白盒那样详细、完整，只是通过一些表征性的现象、事件、标志来判断内部的运行状态，有时候输出是正确的，但内部其实已经错误了，这种情况非常多，如果每次都通过白盒测试来操作，效率会很低，因此需要采取这样的一种灰盒的方法。

如果某软件包含多个模块，使用黑盒测试时，关心的是整个软件系统的边界，无需关心软件系统内部各个模块之间如何协作。而如果使用灰盒测试，就需要关心模块与模块之间的交互。这是灰盒测试与黑盒测试的区别。

但是，在灰盒测试中，还是无需关心模块内部的实现细节。对于软件系统的内部模块，灰盒测试依然把它当成一个黑盒来看待。而白盒测试则不同，还需要再深入地了解内部模块的实现细节，这是灰盒测试与白盒测试的区别。

灰盒测试从程序的整体出发，而非细节，灰盒测试要求测试人员关注程序的代码逻辑，因此，对于测试人员来说，业务逻辑图是必不可少的，测试人员需要根据业务逻辑图进行功能点划分，并扩展用例。另外可以借助于测试覆盖率等工具辅助查找遗漏功能点。灰盒测试的对象应该是整个产品，而非各个组件，应从整个测试产品的业务出发进行测试设计，测试人员知道系统组件之间是如何互相作用的，但缺乏对内部程序功能和运作的详细了解。

习 题 3

1. 什么是黑盒测试？什么是白盒测试？
2. 黑盒测试主要是为了发现哪些错误？
3. 白盒测试须对程序模块进行哪些检查？
4. 请试着比较一下黑盒测试、白盒测试的区别与联系。
5. 人工检测的方法主要有哪些？
6. 代码检查法主要是通过什么方式，对哪些内容进行检查？
7. 什么是静态结构分析法？
8. 什么是程序插桩技术？
9. 什么是逻辑覆盖技术？逻辑覆盖主要包括几类覆盖？
10. 什么是基本路径测试法？试简述基本路径测试法的基本步骤。
11. 什么是与符号测试法？
12. 什么是 Z 路径覆盖测试法？
13. 什么是域测试法？
14. 简述白盒测试方法的综合应用策略。
15. 什么是等价类划分法？
16. 什么是边值分析法？
17. 什么是因果图法？
18. 什么是错误推测法？
19. 什么是功能图法？
20. 什么是判定表法？
21. 什么是场景法？
22. 什么是正交试验法？
23. 黑盒测试包括非功能测试部分，试简要说明几种常用的测试方法。
24. 试简述功能测试部分的各种黑盒测试方法的综合选择的策略。
25. 什么是灰盒测试？灰盒测试与白盒测试、黑盒测试的区别是什么？
26. 如图 3.20 所示的程序有 4 条不同的路径。分别表示为 L1（$a{\rightarrow}c{\rightarrow}e$）、L2（$a{\rightarrow}b{\rightarrow}d$）、L3（$a{\rightarrow}b{\rightarrow}e$）和 L4（$a{\rightarrow}c{\rightarrow}d$），或简写为 ace、abd、abe 及 acd。由于覆盖测试的目标不同，逻辑覆盖方法可分为语句覆盖、判定覆盖、条件覆盖、判定条件覆盖、多条件覆盖等。

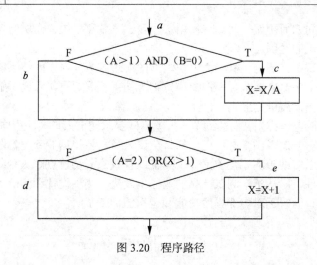

图 3.20　程序路径

从备选的答案中选择恰当的测试用例与之匹配。（A）属于语句覆盖；（B）、（C）属于判定覆盖；（D）、（E）属于条件覆盖；（F）、（G）属于判定条件覆盖；（H）属于多条件覆盖。

供选择的答案如下。

（1）[（2, 0, 4），（2, 0, 3）]覆盖 *ace*；
　　[（1, 1, 1），（1, 1, 1）]覆盖 *abd*；
（2）[（1, 0, 3），（1, 0, 4）]覆盖 *abe*；
　　[（2, 1, 1），（2, 1, 2）]覆盖 *abe*；
（3）[（2, 0, 4），（2, 0, 3）]覆盖 *ace*；
（4）[（2, 1, 1），（2, 1, 2）]覆盖 *abe*；
　　[（3, 0, 3），（3, 1, 1）]覆盖 *acd*；
（5）[（2, 0, 4），（2, 0, 3）]覆盖 *ace*；
　　[（1, 0, 1），（1, 0, 1）]覆盖 *abd*；
　　[（2, 1, 1），（2, 1, 2）]覆盖 *abe*；
（6）[（2, 0, 4），（2, 0, 3）]覆盖 *ace*；
　　[（1, 1, 1），（1, 1, 1）]覆盖 *abd*；
　　[（1, 1, 2），（1, 1, 3）]覆盖 *abe*；
　　[（3, 0, 3），（3, 0, 1）]覆盖 *acd*；
（7）[（2, 0, 4），（2, 0, 3）]覆盖 *ace*；
　　[（1, 1, 1），（1, 1, 1）]覆盖 *abd*；
　　[（1, 0, 3），（1, 0, 4）]覆盖 *abe*；
　　[（2, 1, 1），（2, 1, 2）]覆盖 *abe*。

27. 对小的程序进行穷举测试是可能的，用穷举测试能否保证程序是百分之百正确呢？

28. 试从供选择的答案中选出应该填入下列关于软件测试的叙述的（　）内的正确答案。

软件测试中常用的静态分析方法是（A）和（B）。（B）用于检查模块或子程序间的调用是否正确。白盒方法中常用的方法是（C）方法。黑盒方法中常用的方法是（D）方法和（E）方法。（E）方法根据输出对输入的依赖关系设计测试用例。

A、B：（1）引用分析　（2）算法发现　（3）可靠性分析
　　　　（4）效率分析　（5）接口分析　（6）操作分析

C~E：（1）路径测试　（2）等价类　（3）因果图

29. 根据下面给出的三角形的条件完成程序并完成白盒测试。

一、输入条件：

1. 条件 1：a+b>c
2. 条件 2：a+c>b
3. 条件 3：b+c>a
4. 条件 4：0<a<200
5. 条件 5：0<b<200
6. 条件 6：
7. 条件 7：a=b
8. 条件 8：a=c
9. 条件 9：b=c
10. 条件 2+b2==c2
11. 条件 11：a2+ c2== b2
12. 条件 12：c2+b2== a2

二、输出结果：

1. 不能组成三角形
2. 等边三角形
3. 等腰三角形
4. 直角三角形
5. 一般三角形
6. 某些边不满足限制

30. 使用基本路径测试方法测试以下程序段：

```
  void sort ( int irecordnum, int itype )
1 {
2   int x=0;
3   int y=0;
4   while ( irecordnum-- &gt; 0 )
5   {6    if ( itype= =0 )
7     break;
8    else
9     if ( itype= =1 )
10    x=x+10;
11    else
12     y=y+20;
13  }
14  }
```

说明：

程序段中每行开头的数字（1~14）是对每条语句的编号。

（1）画出程序的控制流图（用题中给出的语句编号表示）。

（2）计算上述程序段的环形复杂度。

（3）导出基本路径集，列出程序的独立路径（用题中给出的语句编号表示）。

（4）根据（3）中的独立路径，设计测试用例的输入数据和预期输出。

31. 以下代码由 C 语言书写，请按要求作答。

```
  Int IsLeap(int year)
1 {
2   if (year % 4 = = 0)
3   {
4    if (year % 100 == 0)
5    {
6     if ( year % 400 = = 0)
7      leap = 1;
8     else
```

```
 9      leap = 0;
10      }
11      else
12      leap = 1;
13    }
14    else
15    leap = 0;
16    return leap;
17  }
```

程序段中每行开头的数字（1~17）是对每条语句的编号。

问题：

（1）画出以上代码的控制流图；

（2）计算上述控制流图的圈复杂度 V（G）（独立线性路径数）；

（3）假设输入的取值范围是 1000<year<2001，请使用基本路径测试法为变量 year 设计测试用例，使其满足基本路径覆盖的要求。

第4章
软件测试过程

在前面我们提到，软件测试过程与软件设计周期有着相互对应的关系。软件测试是有阶段性的，从过程而言，它可分为单元测试、集成测试、系统测试和验收测试等一系列不同的测试阶段。本章就来对这不同软件测试阶段的主要测试任务、采用的主要测试技术和方法进行详细介绍，并将就测试管理和组织等方面内容做些探讨。

4.1 软件测试过程概述

软件测试过程与软件工程的开发过程是相对应的，在第 2 章我们采用了 V 型图表示软件开发与软件测试的对应关系，也可以采用图 4.1 所示的螺旋型图来表示这种关系。

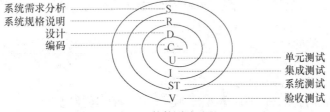

图 4.1 软件测试过程

最初的软件需求分析定义出软件的作用范围、信息域、功能、行为、性能、约束和验收标准，下一步是总体设计、详细设计，然后是编码。为开发软件，沿此螺旋线由外向里旋转，每旋转一圈，软件的抽象级别降低一次；为测试软件，沿同一螺旋线由里向外运动，每旋转一圈，测试范围加大一次。螺旋中心对应单元测试，它测试源程序的每一个模块，以确保每个模块都能正常工作；下一步是集成测试，它测试与软件相关的程序结构问题，因为该测试建立在模块间的接口上，所以多为黑盒测试；再下一步是系统测试，检查所开发软件是否满足所有功能和性能的要求，并检验它能否与系统其他部分（如硬件数据库等）协调工作；最后一步是验收测试，主要根据需求分析确定的验收标准来检验软件是否达到合同要求。

单元测试的目的是保证每个模块单独运行正确，多采用白盒技术，检查模块控制结构的某些特殊路径，期望覆盖尽可能多的出错点；经单元测试后的模块被组装为软件包，测试人员对软件包进行集成测试，主要测试软件结构问题，因该测试建立在模块间的接口上，所以多为黑盒测试，适当辅以白盒测试技术，这样能对主要控制路径进行测试；系统测试主要检验软件是否满足功能、行为和性能方面的要求，这一步完全采用黑盒测试技术；验收测试是检验软件产品的最后一道工序，与前面各测试过程的不同之处主要在于它突出了客户的作用，同时软件开发人员也有一定程度的参与。

螺旋型图为软件开发与软件测试提供了一个极为简单的框架，螺旋图的各层描述了软件测试各阶段与软件开发的对应关系，指出了在软件的各个开发期，应进行什么样的测试。根据螺旋型图，管理人员可以及时安排相应的准备工作。随着软件开发的推进，软件测试的范围不断扩大，软件质量就是在这样的过程中实现螺旋式上升。

目前，不同的团体和公司所采用的测试过程的名称是千差万别的，如构件测试、代码测试、开发人员测试、线程测试、系统集成测试、验证测试、互操作测试、用户验收测试、客户验收测试等，还有一些其他这里没有列出来的测试名称。从总体来看，各个团体和公司根据各自的特点和习惯对测试过程作何称谓并不重要，真正重要的是，要定义一个测试过程的范围和这个测试过程打算完成的任务，然后，制订一个标准和计划，确保任务的实现。

本书一律采用了由 IEEE 定义的测试过程名称：单元测试、集成测试、系统测试和验收测试。虽然这些名称和其他任何名称分不出孰优孰劣，但是这些名称提供了讨论问题的基础，更便于读者了解软件测试过程。

4.2　单元测试

4.2.1　单元测试的定义

单元测试是对软件设计的最小单元——模块进行正确性检验的测试工作，主要测试模块在语法、格式和逻辑上的错误。"单元"应该如何划分界定呢？这个问题对于不同形式的软件有不同的答案，也与软件开发设计过程中采用的实际技术有关。一般来说，"单元"是软件里最小的、可以单独执行编码的单位，单元选择的依据如下。

- 单元必须是可测的。
- 单元的行为或输出是可观测的。
- 有明确的可定义的边界或接口。

确定单元的最基本原则是"高内聚，低耦合"，常见的示例如下。

（1）在使用过程化编程语言开发设计的软件中，单元可以用一个函数或过程表示，也可以用紧密相关的一组函数或过程表示。

（2）在使用面向对象编程开发工具设计的软件中，单元可以用一个类或类的一个实例表示，也可以用方法实现的一个功能表示。

（3）在可视化编程环境下或图形用户界面（GUI）环境下，单元可以是一个窗口，或者是这个窗口中相关元素的集合，如一个组合框等。

（4）在基于组件的开发环境中，单元可以是一个预先定义的可重用的组件。在这种情况下，开发者测试组件应该考虑组件的初始状态成熟度和以前的测试历史，以确定当前应该执行什么测试。

（5）对于 Web 编程的网页，单元可以是页面上的一个子功能，如一个文字输入窗口或一个功能按钮。

单元测试应对模块内所有重要的控制路径进行测试，以便发现模块内部的错误。单元测试是检查软件源程序的第一次机会，孤立地测试每个单元，确保每个单元都工作正常，这样比把单元作为一个大系统的一个部分进行测试更容易发现问题。在单元测试中，每个程序模块可以并行地、独立地进行测试工作。

4.2.2　单元测试的重要性与单元测试原则

1.　单元测试的重要性

单元测试是软件测试的基础，因此单元测试的效果会直接影响到软件的后期测试，最终在很大程度上影响到产品的质量，从如下几个方面就可以看出单元测试的重要性。

（1）时间方面：如果认真地做好了单元测试，在系统集成联调时非常顺利，那么就会节约很多时间；反之，那些由于因为时间原因不做单元测试，或随便应付的测试人员，则在集成时总会遇到那些本应该在单元测试就能发现的问题，而这种问题在集成时遇到往往很难让开发人员预料到，最后在苦苦寻觅中才发现这是个很低级的错误，浪费很多时间，这种时间上的浪费一点都不值得，正所谓得不偿失。

（2）测试效果方面：根据以往的测试经验来看，单元测试的效果是非常明显的，首先它是测试阶段的基础，做好了单元测试，在做后期的集成测试和系统测试时就很顺利。其次，在单元测试过程中能发现一些很深层次的问题，同时还会发现一些在集成测试和系统测试很难发现的问题。最后，单元测试关注的范围也很特殊，它不仅仅是证明这些代码做了什么，最重要的是掌握代码是如何做的，是否做了它该做的事情而没有做不该做的事情。

（3）测试成本方面：在单元测试时，某些问题很容易被发现，但是这些问题在后期的测试中被发现，所花的成本将成倍数上升。比如在单元测试时发现 1 个问题需要 1h，则在集成测试时发现该问题需要 2h，在系统测试时发现则需要 3h，同理还有定位问题和解决问题的费用也会成倍上升，这就是我们要尽可能早地排除尽可能多的 Bug 来减少后期成本的因素之一。

（4）产品质量方面：单元测试的好与坏直接影响到产品的质量，可能就是由于代码中的某一个小错误就会导致整个产品的质量降低一个层次，或者导致更严重的后果。如果测试人员做好了单元测试，这种情况是可以完全避免的。

综上所述，单元测试是构筑产品质量的基石，千万不要为节约测试的时间，而不做单元测试或随便应付，这样会在后期浪费更多不值得的时间，甚至因为由于"节约"那些时间，导致开发出来的整个产品失败。

2.　单元测试原则

在工程实践中，单元测试应该坚持如下原则。

（1）单元测试越早进行越好。有的开发团队甚至提出测试驱动开发，认为软件开发应该遵行"先写测试、再写代码"的编程途径。软件中存在的错误发现得越早，则修改维护的费用越低，而且难度越小，所以单元测试是发现软件错误的最好时机。

（2）单元测试应该依据《软件详细设计规格说明》进行。进行单元测试测试时，应仔细阅读《软件详细设计规格说明》，而不要只看代码，不看设计文档。因为只查代码，仅仅能验证代码有没有做某件事，而不能验证它应不应该做这件事。

（3）对于修改过的代码应该重做单元测试，保证对已发现错误的修改没有引入新的错误。

（4）当测试用例的测试结果与设计规格说明上的预期结果不一致时，测试人员应如实记录实际的测试结果。

（5）单元测试应注意选择好被测软件单元的大小。软件单元划分太大，那么内部逻辑和程序结构就会变得很复杂，造成测试用例过于繁多，令用例设计和评审人员疲惫不堪；而软件单元划分太细会造成测试工作太繁琐，降低效率。工程实践中要适当把握好划分原则，不能过于拘泥。

（6）一个完整的单元测试说明应该包含正面测试（Positive Testing）和负面测试（Negative Testing）。正面测试验证程序应该执行的工作，负面测试验证程序不应该执行的工作。

（7）注意使用单元测试工具。目前市面上有很多可以用于单元测试的工具。单元测试非常需要工具的帮助，使用这些工具，测试人员能很好地把握测试进度，避免大量的重复劳动，降低工作强度，提高测试效率。

4.2.3 单元测试的主要任务

单元测试针对每个程序模块进行测试，单元测试的主要任务是解决 5 个方面的测试问题，如图 4.2 所示。

1. 模块接口测试

对模块接口的测试是检查进出模块单元的数据流是否正确，模块接口测试是单元测试的基础。对模块接口数据流的测试必须在任何其他测试之前进行，因为如果不能确保数据正确地输入和输出，所有的测试都是没有意义的。

针对模块接口测试应进行的检查，主要涉及如下方面的内容。

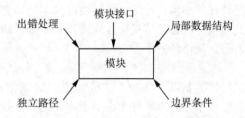

图 4.2　单元测试解决 5 个方面的测试问题

◉ 模块接受输入的实际参数个数与模块的形式参数个数是否一致。

◉ 输入的实际参数与模块的形式参数的类型是否匹配。

◉ 输入的实际参数与模块的形式参数所使用单位是否一致。

◉ 调用其他模块时，所传送的实际参数个数与被调用模块的形式参数的个数是否相同。

◉ 调用其他模块时，所传送的实际参数与被调用模块的形式参数的类型是否匹配。

◉ 调用其他模块时，所传送的实际参数与被调用模块的形式参数的单位是否一致。

◉ 调用内部函数时，参数的个数、属性和次序是否正确。

◉ 在模块有多个入口的情况下，是否引用了与当前入口无关的参数。

◉ 是否会修改只读型参数。

◉ 出现全局变量时，这些变量是否在所有引用它们的模块中都有相同的定义。

◉ 有没有把某些约束当做参数来传送。

如果模块内包括外部输入/输出，还应考虑以下问题。

◉ 文件属性是否正确。

◉ 文件打开语句的格式是否正确。

◉ 格式说明与输入/输出语句给出的信息是否一致。

◉ 缓冲区的大小是否与记录的大小匹配。

◉ 是否所有的文件在使用前已打开。

◉ 是否处理了文件尾。

◉ 对文件结束条件的判断和处理是否正确。

◉ 是否存在输出信息的文字性错误。

2. 模块局部数据结构测试

在单元测试工作过程中，必须测试模块内部的数据能否保持完整性、正确性，包括内部数据的内容、形式及相互关系不发生错误。应该说，模块的局部数据结构是经常发生错误的错误根源，对于局部数据结构应该在单元测试中注意发现以下几类错误。

◉ 不正确的或不一致的类型说明。

◉ 错误的初始化或默认值。

◉ 错误的变量名，如拼写错误或缩写错误等。

- 不相容的数据类型。
- 下溢、上溢或者地址错误。

除了局部数据结构外，在单元测试中还应弄清楚全程数据对模块的影响。

3. 模块中所有独立执行路径测试

在单元测试中，最主要的测试是针对路径的测试，在测试中应对模块中每一条独立执行路径进行测试，此时设计的测试用例必须能够发现由于计算错误、不正确的判定或不正常的控制流而产生的错误。常见的错误如下：

- 误解的或不正确使用算术优先级。
- 混合类型的运算。
- 错误的初始化。
- 算法错误。
- 运算精确度不够精确。
- 表达式的符号表示不正确等。

针对判定和条件覆盖，测试用例还要能够发现如下错误：

- 不同数据类型的比较。
- 不正确的逻辑操作或优先级。
- 应当相等的地方由于精确度的错误而不能相等。
- 不正确的判定或不正确的变量。
- 不正常的或不存在的循环终止。
- 当遇到分支循环时不能退出。
- 不适当地修改循环变量。

4. 各种错误处理测试

软件在运行中出现异常现象并不奇怪，良好的设计应该预先估计到软件投入运行后可能发生的错误，并给出相应的处理措施，使得用户不至于束手无策。测试错误处理的要点是检验如果模块在工作中发生了错误，其中的出错处理设施是否有效。

检验软件中错误处理应主要检查下面的情况：

- 对运行发生的错误描述得难以理解。
- 报告的错误与实际遇到的错误不一致。
- 出错后，在错误处理之前就引起了系统干预。
- 例外条件的处理不正确。
- 提供的错误信息不足，以致无法找到出错的原因。

用户对这 5 个方面的错误会非常敏感，因此，如何设计测试用例，使得模块测试能够高效率地发现其中的错误，就成为软件测试过程中非常重要的问题。

5. 模块边界条件测试

实际表明，软件常常在边界地区发生问题。测试时应主要检查下面的情况：

- 处理 n 维数组的第 n 个元素时是否出错。
- 在 n 次循环的第 0 次、1 次、n 次是否有错误。
- 运算或判断中取最大和最小值时是否有错误。
- 数据流、控制流中刚好等于、大于、小于确定的比较值时是否出现错误等。

边界条件测试是单元测试的最后一步，是非常重要的，必须采用边界值分析方法来设计测试用例，仔细地测试为限制数据处理而设置的边界处，看模块是否能够正常工作。

4.2.4　单元测试环境的建立

一般情况下，单元测试应紧接在代码编写之后，在完成了程序编写、复查和语法正确性验证后，就应进行单元测试。测试用例设计应与复审工作相结合，根据设计信息选取数据，将增大发现上述各类错误的可能性。

在对每个模块进行单元测试时，不能完全忽视它们和周围模块的相互关系。为模拟这些关系，在进行单元测试时，需设置若干辅助测试模块。辅助模块有两种，一种是驱动模块（Driver），用以模拟被测试模块的上级模块。驱动模块在单元测试中接收测试数据，把相关的数据传送给被测模块，启动被测模块，并打印出相应的结果。另一种是被调用模拟子模块（Sub），用以模拟被测模块工作过程中所调用的模块。被调用模拟子模块由被测模块调用，它们一般只进行很少的数据处理，例如打印入口和返回，以便于检验被测模块与其下级模块的接口，图 4.3 显示了一般单元测试环境。

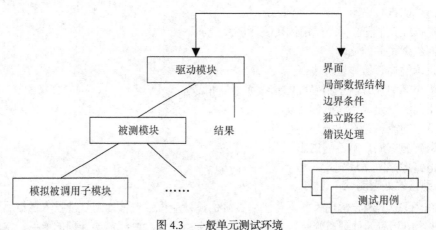

图 4.3　一般单元测试环境

所测模块和与它相关的驱动模块及被调用模拟子模块共同构成了一个"测试环境"，驱动模块和被调用模拟子模块都是额外的开销，这两种模块在单元测试中必须编写，驱动模块和被调用模拟子模块的编写会给测试带来额外的开销；它们在软件交付时不作为产品的一部分一同交付，而且它们的编写需要一定的工作量。特别是被调用模拟子模块，不能只简单地给出"曾经进入"的信息。为了能够正确地测试软件，被调用模拟子模块可能需要模拟实际子模块的功能，这样被调用模拟子模块的建立就不是很轻松了。

如果驱动模块和被调用模拟子模块很简单的话，那么开销相对较低，然而，使用"简单"的模块是不可能进行足够的单元测试的，模块间接口的全面检验要推迟到集成测试时进行。

4.2.5　测试主要技术和单元测试数据

1. 单元测试主要技术

单元测试的对象是软件设计的最小单位——模块或函数，单元测试的依据是详细设计描述。测试人员要根据详细设计说明书和源程序清单，了解模块的 I/O 条件和模块的逻辑结构。单元测试主要采用白盒测试技术，辅之以黑盒测试技术，使之对任何合理和不合理的输入都能鉴别和响应。

人工静态检查是测试的第一步，这个阶段工作主要是保证代码算法的逻辑正确性（尽量通过人工检查发现代码的逻辑错误）、清晰性、规范性、一致性、算法高效性，并尽可能地发现程序中没有发现的错误。

第二步是通过设计测试用例，执行待测程序，跟踪比较实际结果与预期结果来发现错误。经验表明，使用人工静态检查法能够有效地发现 30%～70%的逻辑设计和编码错误。但是代码中仍会有大量的隐性错误无法通过视觉检查发现，必须通过跟踪、细心分析才能够捕捉到。所以，动态跟踪方法也成了单元测试的重点与难点。

（1）静态测试。静态测试就是不运行单元，只是单独地检查单元代码并进行代码的评审和检查等。外部接口和程序代码的关键部分要进行桌面检查和代码审查。

通常在人工检查阶段必须执行以下项目的活动。

● 检查算法的逻辑正确性：确定所编写的代码算法、数据结构定义（如队列、堆栈等）是否实现了模块或方法所要求的功能。

● 模块接口的正确性检查：确定形式参数个数、数据类型、顺序是否正确；确定返回值类型及返回值的正确性。

● 输入参数有没有做正确性检查：如果没有做正确性检查，确定该参数是否的确无需做参数正确性检查，否则要添加参数的正确性检查。经验表明，缺少参数正确性检查的代码是造成软件系统不稳定的主要原因之一。

● 调用其他方法接口的正确性：检查实参类型正确与否、传入的参数值正确与否、个数正确与否；特别是具有多态的方法，还要检查返回值正确与否，有没有误解返回值所表示的意思。最好对每个被调用的方法的返回值用显代码做正确性检查，如果被调用方法出现异常或错误，程序应该给予反馈，并添加适当的出错处理代码。

● 出错处理：模块代码要求能预见出错的条件，并设置适当的出错处理，以便在程序一旦出错时，能对出错程序重做安排，保证其逻辑的正确性，这种出错处理应当是模块功能的一部分。若出现下列情况之一，则表明模块的错误处理功能包含有错误或缺陷：出错的描述难以理解；出错的描述不足以对错误定位，不足以确定出错的原因；显示的错误信息与实际的错误原因不符；对错误条件的处理不正确；在对错误进行处理之前，错误条件已经引起系统的干预等。

● 保证表达式、SQL 语句的正确性：检查所编写的 SQL 语句的语法、逻辑的正确性。对表达式应该保证不含二义性，对于容易产生歧义的表达式或运算符优先级（如《、=、》、&&、||、++、--等）可以采用括号"()"运算符避免二义性，这样一方面能够保证代码的正确可靠，同时也能够提高代码的可读性。

● 检查常量或全局变量使用的正确性：确定所使用的常量或全局变量的取值、数值、数据类型正确；保证常量每次引用同它的取值、数值和类型的一致性。

● 表示符定义的规范一致性：保证变量命名能够见名知意，但不宜过长或过短，最好规范、容易记忆、能够拼读，并尽量保证用相同的表示符代表相同功能，不要将不同的功能用相同的表示符表示；更不要用相同的表示符代表不同的功能意义。

● 程序风格的一致性、规范性：代码必须能保证符合企业规范，保证所有成员的代码风格一致、规范、工整。例如对数组做循环，不要一会儿采用下标变量从下到上的方式（如：for(I=0;I++;I<10)），一会儿又采用从上到下的方式（如：for(I=10;I--;I>0)）；应该尽量采用统一的方式。

● 检查代码是否可以优化、算法效率是否最高：如 SQL 语句是否可以优化，是否可以用一条 SQL 语句代替程序中的多条 SQL 语句的功能，循环是否必要，循环中的语句是否可以抽出到循环之外等。

● 检查注释：检查内部注释是否完整，是否清晰简洁，是否正确的反映了代码的功能（错误的注释比没有注释更糟）。检查注释文档是否完整；对包、类、属性、方法功能、参数、返回值的注释是否正确且容易理解；特别是对于形式参数与返回值的注释，如类型参数应该指出"1.代表什么，2.代表什么，3.代表什么……"。对于返回结果集（Result Set）的注释，应该注释结果集中包含哪些字段以及字段类型、字段顺序等。

（2）动态执行跟踪。动态执行测试可以分别采用白盒测试与黑盒测试。

单元模块开发设计者非常熟悉和了解单元的控制结构，已知产品的内部工作过程，可以通过白盒测试证明每种内部操作是否符合设计规格的要求，所有内部成份是否已经经过检查。进行单元测试时，采用的白盒测试技术主要是逻辑覆盖法和基本路径法，其测试的原则如下：

- 保证单元中的每一个独立路径至少执行一次。
- 保证所有判断的每一分支至少执行一次。
- 保证每一个循环在边界条件和一般条件下至少执行一次。
- 验证所有单元内部数据结构的有效性。

黑盒测试主要包括功能测试和非功能测试。功能测试主要针对在设计中对单元的需求功能进行测试。由于已知产品的功能设计规格，可以进行测试证明每个实现了的功能是否符合要求。

非功能测试是在必要时，对单元的性能（如系统响应时间、外部接口响应时间、CPU 的使用、内存使用的相容性等方面）进行测试。

对于单元测试，除了选择满足所需的覆盖程度（或覆盖标准）外，还需要尽可能地采用边界值分析法、错误推测法等常用的测试技术。采用边界值分析法设计合理的输入条件与不合理的输入条件；条件边界测试应该考虑输入参数的边界与各种语句的条件边界（If、While、For、Switch、SQL Where 子句等）。采用错误推测法，列举出程序中所有可能的错误和容易发生错误的特殊情况，应根据测试经验，对于这些错误做重点测试。

（3）状态转换测试。当单元可能处于不同状态转换时，应根据单元可能进入的状态、这些状态之间的转换、引起转换可能导致的状态等进行测试。

采用上述测试技术，在大多数情况下，对一个单元能够进行比较全面的测试。

2. 单元测试中使用的数据

通常不使用真实数据作为单元测试中使用的数据。当被测试单元的功能不涉及操纵或使用大量数据时，测试中可以使用有代表性的一小部分手工制作的测试数据。在创建测试数据时，应确保数据充分地测试单元的边界条件。当被测试单元要操纵大量数据，并且有很多单元都有这种需求时，可以考虑使用真实数据的一个较小的有代表性的样本。测试时还要考虑往样本数据中引入一些手工制作的数据，以便测试单元的某个具体特性，例如对错误条件的响应等。

当测试一个单元要从远程数据源接收数据时（例如，从一个客户端/服务器系统中接收数据），有必要在单元测试中使用测试辅助程序，模拟对这些数据的访问。但在考虑这种选择时，必须首先对开发的测试辅助程序进行测试，以保证模拟的真实性。

当然，如果为了执行单元测试手工制作了一些数据，应考虑这些数据的重用，比如在后面的测试阶段使用这些数据。

4.2.6 单元测试工具简介

目前市面上有很多可以用于单元测试的工具。单元测试非常需要工具的帮助，使用这些自动化测试工具，会避免大量的重复劳动，降低工作强度，有效地提高测试效率，并把测试人员的精力放在更有创造性的工作上。

自动化单元测试工具的工作原理是借助于驱动模块与桩模块工作，运行被测软件单元以检查输入的测试用例是否按软件详细设计规格说明的规定执行相关操作。

目前，单元测试测试工具类型较多，按照测试的范围和功能，可以分为下列一些种类：

- 静态分析工具。
- 代码规范审核工具。
- 内存和资源检查工具。
- 测试数据生成工具。

- 测试框架工具。
- 测试结果比较工具。
- 测试度量工具。
- 测试文档生成和管理工具。

使用这些单元测试工具可以提高测试工作效率，但在实际测试工作中，要根据项目的特点来选择合适的自动化测试工具。常用的单元测试自动化工具如下。

（1）基于 XUnit 测试框架的测试工具。通常，单元测试一般采用基于 XUnit 测试框架的自动化测试工具实现。例如 Java 编程中使用的 JUnit，.NET 程序编程中使用的 NUnit。另外 CppUnit 也是 XUnit 家族中的一员，这是较早开发出来的 C++单元测试工具，是一个免费的开源的单元测试框架。

（2）常用的 C 语言单元测试工具。

① VcTester：VcTester 是与 VC（注：Visual C++及 Visual Studio 开发套件是微软公司发布的产品）配套使用的新一代单元测试工具，分共享版与商用版两大系列，其主要功能包括脚本化测试驱动（包括修改变量与调用函数）、脚本桩、在线测试、支持持续集成测试、测试覆盖率统计、测试管理、生成测试报告（仅限商用版本）、测试消息编辑器（仅限商用版本）等。

② C++Test：C++Test 是一个功能强大的自动化 C/C++单元测试工具，可以自动测试任何 C/C++函数、类，自动生成测试用例、测试驱动函数或桩函数，在自动化的环境下极其容易快速地使单元级的测试覆盖率达到 100%。其功能特性主要如下：

- 即时测试类/函数。
- 支持极端编程模式下的代码测试。
- 自动建立类/函数的测试驱动程序和桩调用。
- 自动建立和执行类/函数的测试用例。
- 提供快速加入和执行说明和功能性测试的框架。
- 执行自动回归测试。
- 执行部件测试（COM）。

（3）Visual Unit 单元测试工具。Visual Unit，简称 VU，这是国产的单元测试工具，拥有一批创新的技术，其功能特性包括自动生成测试代码、快速建立功能测试用例、高效完成白盒覆盖、快速排错调试、生成详尽的测试报告。VU 具有极高的测试完整性，对于单元测试中的功能测试、语句覆盖、条件覆盖、分支覆盖、路径覆盖等测试，应用 VU 可以轻松实现。

（4）分析覆盖率的工具。应用较广的分析覆盖率的工具有 LogiScope、TrueCoverage、PurecOverage 等，它们的功能有强有弱，可以根据实际情况采用。

（5）静态分析工具。在单元测试之前，可利用 pc_lint 对被测代码进行检查，排除代码语法错误，确保进行单元测试的代码已经具备了基本质量，保证单元测试能够顺利进行，提高单元测试执行效率。

4.2.7　单元测试人员

单元测试一般由开发设计人员完成。单元测试一般由开发组人员在组长的监督下进行，由编写该单元的开发设计者设计所需的测试用例和测试数据，来测试该单元并修改缺陷。开发组组长负责保证使用合适的测试技术，在合理的质量控制和监督下执行充分的测试。

实验表明，在单元测试中（尤其是对代码的评查和检查），如果充分发挥开发组团队的作用，则可十分有效地找出单元的缺陷，因为有些代码错误，有时设计者自身很难发现和查找。因此，单元测试阶段，适当的评审和检查技术对难于发现的缺陷是十分有效的。

在单元测试中，开发组组长有时可以根据实际情况考虑邀请一个用户代表观察单元测试，尤其是当涉及到处理系统的业务逻辑或用户接口操作方面时，更应如此。这样，在单元测试阶段可以得到用户一些非正式反馈意见，并在正式验收测试之前，根据用户的期望完善系统。

4.3 集成测试

4.3.1 集成测试的定义

将经过单元测试的模块按设计要求把它们连接起来，组成所规定的软件系统的过程称为"集成"。集成是多个单元的聚合，许多单元组合成模块，而这些模块又聚合成程序的更大部分，如子系统或系统。集成测试（也叫组装测试、联合测试）是单元测试的逻辑扩展，它的最简单的形式是将两个已经测试过的单元组合成一个组件，并且测试它们之间的接口。集成测试是在单元测试的基础上，测试将所有的软件单元按照概要设计规格说明的要求组装成模块、子系统或系统的过程中，各部分功能是否达到或实现相应技术指标及要求的活动。集成测试主要是测试软件单元的组合能否正常工作以及与其他组的模块能否集成起来工作。最后，还要测试构成系统的所有模块组合能否正常工作。集成测试参考的主要标准是《软件概要设计规格说明》，任何不符合该说明的程序模块行为，都应该加以记载并上报。

在集成测试之前，单元测试应该已经完成，集成测试中所使用的对象应该是已经经过单元测试的软件单元。这一点很重要，因为如果不经过单元测试，那么集成测试的效果将会受到很大影响，并且会大幅增加软件单元代码纠错的代价。

在实际工作中，时常有这样的情况发生：每个模块都能单独工作，但这些模块集成在一起之后就不能正常工作，主要原因是模块相互调用时，接口会引入许多新问题。例如，数据经过接口可能丢失；一个模块对另一个模块可能造成不应有的影响；几个子功能组合起来不能实现主功能；单个模块可以接受的误差，组装以后不断积累误差，则达到不可接受的程度；全局数据结构出现错误等。集成测试是一个由单元测试到系统测试的过渡测试，由于其位置特殊，集成测试往往容易被忽视。因此，单元测试后，必须进行集成测试，发现并排除单元集成后可能发生的问题，最终构成要求的软件系统。

集成测试相对来说是比较复杂的，而且对于不同的技术、平台和应用，差异也比较大。不过，在测试过程中必须面对它，保证系统集成成功，为以后的系统测试打下基础。

4.3.2 集成测试的主要任务

集成测试是组装软件的系统测试技术之一，按设计要求把通过单元测试的各个模块组装在一起之后，进行集成测试的主要任务是检验软件系统是否符合实际软件结构，发现与接口有关的各种错误。集成测试的主要任务是解决以下 5 个方面的测试问题：

- 将各模块连接起来，检查模块相互调用时，数据经过接口是否丢失。
- 将各个子功能组合起来，检查能否达到预期要求的各项功能。
- 一个模块的功能是否会对另一个模块的功能产生不利的影响。
- 全局数据结构是否有问题，会不会被异常修改。
- 单个模块的误差积累起来，是否被放大，从而达到不可接受的程度。

4.3.3 集成测试遵循的原则

集成测试是灰色地带，要做好集成测试不是一件容易的事情，因为集成测试不好把握。集成测试应针对总体设计尽早开始筹划，为了做好集成测试，需要遵循以下原则：

- 所有公共接口都要被测试到。
- 关键模块必须进行充分的测试。
- 集成测试应当按一定的层次进行。
- 集成测试的策略选择应当综合考虑质量、成本和进度之间的关系。
- 集成测试应当尽早开始，并已总体设计为基础。
- 在模块与接口的划分上，测试人员应当和开发人员进行充分的沟通。
- 当接口发生修改时，涉及的相关接口必须进行再测试。
- 测试执行结果应当如实的记录。

4.3.4　集成测试实施方案

集成测试的实施方案有很多种，如非增量式集成测试和增量式集成测试、三明治集成测试、核心集成测试、分层集成测试、基于使用的集成测试等。其中，常用的是非增量式集成测试和增量式集成测试两种模式。一些开发设计人员习惯于把所有模块按设计要求一次全部组装起来，然后进行整体测试，这称为非增量式集成测试。这种模式容易出现混乱，因为测试时可能发现很多错误，为每个错误定位和纠正非常困难，并且在改正一个错误的同时，又可能引入新的错误，新旧错误混杂，更难断定出错的原因和位置。与非增量式集成测试相反的是增量式集成测试，测试人员将程序一段一段的扩展，测试范围一步一步的增大，错误易于定位和纠正，界面测试亦可做到完全彻底。

1. 非增量式集成测试

概括来说，非增量式集成测试是采用一步到位的方法来进行测试，即对所有模块进行个别的单元测试后，按程序结构图将各模块连接起来，把连接后的程序当作一个整体进行测试。图 4.4 所示为采用非增量式集成测试的一个经典例子，被测程序的结构如图 4.4（a）所示，它由 6 个模块构成。在进行单元测试时，根据它们在结构图中的地位，对模块 B 和模块 D 配备了驱动模块和被调用模拟子模块，对模块 C，模块 E 和模块 F 只配备了驱动模块。主模块 A 由于处在结构图的顶端，无其他模块调用它，因此仅为它配备了 3 个被调用模拟子模块，以模拟被它调用的 3 个模块 B，模块 C 和模块 D，如图 4.4（b）、（c）、（d）、（e）、（f）、（g）所示分别进行单元测试以后，再按图 4.4（a）所示的结构图形式连接起来，进行集成测试。

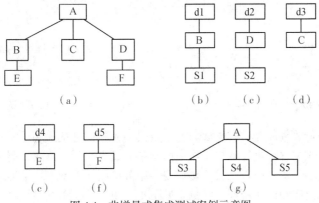

图 4.4　非增量式集成测试案例示意图

2. 增量式集成测试

增量式集成测试与非增量式集成测试有所不同，单元的集成是逐步实现的，集成测试也是逐步完成的。也可以说它把单元测试与集成测试结合起来进行。增量式集成测试可按不同的次序实施，因而可以有两种方法，即自顶向下增量式集成测试和自底向上增量式集成测试。

（1）自顶向下增量式集成测试。自顶向下增量式集成测试表示逐步集成和逐步测试是按结构图自上而下进行的，即模块集成的顺序是首先集成主控模块（主程序），然后按照软件控制层次结构向下进行集成。从属于主控模块的模块按深度优先策略（纵向），或者广度优先策略（横向）逐步集成到结构中去。深度优先策略的集成方式是首先集成在结构中的一个主控路径下的所有模块，主控路径的选择是任意的，一般根据问题的特性来确定。例如，先选择最左边的，然后是中间的，直到最右边。如图 4.5 所示，若选择了最左一条路径，首先将模块 M1，M2，M5 和 M8 集成在一起，再将 M6 集成起来，然后考虑集成中间的 M3 和 M7，最后集成右边的 M4。

广度优先策略的集成方式是首先沿着水平方向，把每一层中所有直接隶属于上一层的模块集成起来，直至最底层。仍以图 4.5 为例，它首先把 M2、M3 和 M4 与主模块集成在一起，再将 M5、M6 和 M7 集成起来，最后集成最底层的 M8。集成测试的整个过程由以下 3 个步骤完成。

① 将主控模块作为测试驱动器，把对主控模块进行单元测试时引入的被调用模拟子模块用实际模块替代。

② 依照所选用的模块集成策略（深度优先或广度优先），下层的被调用模拟子模块一次一个地被替换为真正的模块。

③ 在每个模块被集成时，都必须立即进行测试。回到②重复进行，直到整个系统结构被集成完成。

图 4.6 所示为一个按广度优先策略进行集成测试的典型例子。首先，对顶层的主模块 A 进行单元测试，这时需配以被调用模拟子模块 S1、S2 和 S3，如图 4.6（a）所示，以模拟被它调用的模块 B、模块 C 和模块 D。其后，把模块 B、模块 C 和模块 D 与顶层模块 A 连接起来，再对模块 B 和模块 D 配以被调用模拟子模块 S4 和 S5 以模拟对模块 E 和 F 的调用。这样，按如图 4.6（b）所示的形式进行测试。最后，去掉被调用模拟子模块 S4 和 S5，把模块 E 和模块 F 集成后再对软件完整的结构进行测试，如图 4.6（c）所示。

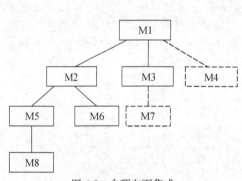

图 4.5　自顶向下集成

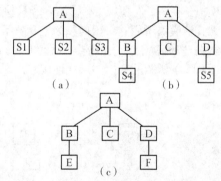

图 4.6　自顶向下增式测试（广度优先策略）

（2）自底向上增量式集成测试。自底向上增量式集成测试是从最底层的模块开始，按结构图自下而上逐步进行集成并逐步进行测试工作。由于是从最底层开始集成，测试到较高层模块时，所需的下层模块功能已具备，所以也就不再需要使用被调用模拟子模块来辅助测试。图 4.7 所示为采用自底向上增量集成测试实现同一实例（见图 4.6）的过程。图 4.7（a）、（b）和（c）表示树状结构图中处在最下层的叶结点模块 E、C 和 F，由于它们不再调用其他模块，对它们进行单元测试时，只需配以驱动模块 d1、d2 和 d3，用来模块 B、模块 A 和模块 D 对它们的调用。完成这 3 个单元测试以后，再按图 4.7（d）和（e）所示的形式，分别将模块 B 和模块 E 及模块 D 和模块 F 连接起来，再配以驱动模块 d4 和 d5 实施部分集成测试。最后按图 4.7（f）所示的形式完成整体的集成测试。

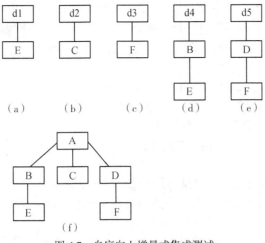

图 4.7　自底向上增量式集成测试

3. 其他集成测试实施方案

（1）三明治集成测试。三明治集成测试是将自顶向下测试与自底向上测试两种模式有机结合起来，采用并行的自顶向下、自底向上集成方式，形成改进的三明治方法。三明治集成测试更重要的是采取持续集成的策略，软件开发中各个模块不是同时完成，根据进度将完成的模块尽可能早地进行集成，有助于尽早发现缺陷，避免集成阶段大量缺陷涌现。同时自底向上集成时，先期完成的模块将是后期模块的被调用程序，而自顶向下集成时，先期完成的模块将是后期模块的驱动程序，从而使后期模块的单元测试和集成测试出现了部分交叉，不仅节省了测试代码的编写，也有利于提高工作效率。

（2）核心系统先行集成测试。核心系统先行集成测试法的思想是先对核心软件部件进行集成测试，在测试通过的基础上再按各外围软件部件的重要程度逐个集成到核心系统中。每次加入一个外围软件部件都产生一个产品基线，直至最后形成稳定的软件产品。核心系统先行集成测试对应的集成过程是一个逐渐趋于闭合的螺旋形曲线，代表产品逐步定型的过程，其测试步骤如下。

① 对核心系统中的每个模块进行单独的、充分的测试，必要时使用驱动模块和桩模块。

② 将核心系统中的所有模块一次性集合到被测系统中，解决集成中出现的各类问题。在核心系统规模相对较大的情况下，也可以按照自底向上的步骤，集成核心系统的各组成模块。

③ 按照各外围软件部件的重要程度以及模块间的相互制约关系，拟定外围软件部件集成到核心系统中的顺序方案。方案经评审以后，即可进行外围软件部件的集成。

④ 在外围软件部件添加到核心系统以前，外围软件部件应先完成内部的模块级集成测试。

⑤ 按顺序不断加入外围软件部件，排除外围软件部件集成中出现的问题，形成最终的用户系统。

核心系统先行的集成测试方法对于快速软件开发很有效，适合较复杂系统的集成测试，能保证一些重要的功能和服务的实现。缺点是采用此法的系统一般应能明确区分核心软件部件和外围软件部件，核心软件部件应具有较高的耦合度，外围软件部件内部也应具有较高的耦合度，但各外围软件部件之间应具有较低的耦合度。

（3）高频集成测试。高频集成测试是指同步于软件开发过程，每隔一段时间对开发团队的现有代码进行一次集成测试。如某些自动化集成测试工具能实现每日深夜对开发团队的现有代码进行一次集成测试，然后将测试结果发到各开发人员的电子邮箱中。该集成测试方法频繁地将新代码加入到一个已经稳定的基线中，以免集成故障难以发现，同时控制可能出现的基线偏差。使用高频集成测试需要具备一定的条件：可以持续获得一个稳定的增量，并且该增量内部已被验证没有问题；大部分有意义的功能增加可以在一个相对稳定的时间间隔（如每个工作日）内获得；测试包和代码的开发工作必须是并行进行的，并且需要版本控制工具来保证始终维护的是测试脚本和代码的最新版本；必须借助于使用自动化工具来完成。高频集成的一个显著特点就是集成次数频繁，因此，人工的方法是不胜任的。

高频集成测试一般采用如下步骤完成。

① 选择集成测试自动化工具。比如，很多 Java 项目采用 JUnit+Ant 方案来实现集成测试的自动化，也有一些商业集成测试工具可供选择。

② 设置版本控制工具，以确保集成测试自动化工具所获得的版本是最新版本。如使用 CVS 进行版本控制。

③ 测试人员和开发人员负责编写对应程序代码的测试脚本。

④ 设置自动化集成测试工具，每隔一段时间对配置管理库的新添加的代码进行自动化的集成测试，并将测试报告汇报给开发人员和测试人员。

⑤ 测试人员监督代码开发人员及时关闭不合格项。按照③~⑤不断循环，直至形成最终软件产品。

高频集成测试方案能在开发过程中及时发现代码错误，能直观地看到开发团队的有效工程进度。在此方案中，开发维护源代码与开发维护软件测试包被赋予了同等的重要性，这对有效防止错误、及时纠正错误都很有帮助。该方案的缺点在于测试包有时候可能不能暴露深层次的编码错误和图形界面错误。

4. 几种集成测试实施方案的比较

以上介绍了几种常见的集成测试方案，通过对各集成测试实施方案的分析和对比，可以得出以下的结论。

（1）非增量式集成测试模式是先分散测试，然后集中起来再一次完成集成测试。如果在模块的接口处存在错误，只会在最后的集成测试时一下子暴露出来。非增量式集成测试时可能发现很多错误，为每个错误定位和纠正非常困难，并且在改正一个错误的同时又可能引入新的错误，新旧错误混杂，更难断定出错的原因和位置。与此相反，增量式集成测试的逐步集成和逐步测试的方法，将程序一段一段地扩展，测试的范围一步一步的增大，把可能出现的差错分散暴露出来，错误易于定位和纠正，便于找出问题并修改，接口的测试亦可做到完全彻底。而且，一些模块在逐步集成的测试中，得到了较为频繁的考验，因而可能取得较好的测试效果。但是，增量式集成测试需要编写的驱动程序或被调用模拟子模块程序较多、发现模块间接口错误相对稍晚。总的来说，增量式集成测试比非增量式集成测试具有比较明显的优越性。

（2）自顶向下测试的主要优点在于它可以自然地做到逐步求精，一开始便能让测试者看到系统的框架。它的主要缺点是需要提供被调用模拟子模块，被调用模拟子模块可能不能反映真实情况，因此测试有可能不充分。并且在输入/输出模块接入系统以前，在被调用模拟子模块中表示测试数据有一定困难。由于被调用模拟子模块不能模拟数据，如果模块间的数据流不能构成有向的非环状图，一些模块的测试数据便难以生成。同时，观察和解释测试输出往往也是困难的。

（3）自底向上测试的优点在于，由于驱动模块模拟了所有调用参数，即使数据流并未构成有向的非环状图，生成测试数据也没有困难。如果关键的模块是在结构图的底部，那么自底向上测试是有优越性的。它的主要缺点则在于，直到最后一个模块被加入进去之后才能看到整个程序（系统）的框架。

（4）三明治集成测试采用自顶向下、自底向上集成相结合的方式，并采取持续集成的策略，有助于尽早发现缺陷，也有利于提高工作效率。

（5）核心系统先行集成测试能保证一些重要功能和服务的实现，对于快速软件开发很有效果。但采用此种模式的测试，要求系统一般应能明确区分核心软件部件和外围软件部件；而高频集成测试一个显著的特点就是集成次数频繁，必须借助于自动化工具来实现。

（6）一般来讲，在集成测试中，采用自顶向下集成测试和自底向上的集成测试方案在软件项目集成过程中较为常见。在现代复杂软件项目集成测试过程中，通常采用核心系统先行集成测试和高频集成测试相结合的方式进行，在实际测试工作中，应该结合项目的实际工程环境及各测试方案适用的范围进行合理的选型。

4.3.5 集成测试的测试技术与集成测试数据

集成测试主要测试软件的结构问题，因为测试建立在模块的接口上，所以多采用黑盒测试技术，适当辅以白盒测试技术。集成测试通常在系统设计要求以及总体设计文档中表述的功能和数据需求的基础上进行。

软件集成测试的具体内容包括以下几个方面。

（1）功能性测试。功能性测试主要包括以下内容。

- 程序的功能测试。检查各个子功能组合起来能否满足设计所要求的功能。
- 一个程序单元或模块的功能是否会对另一个程序单元或模块的功能产生不利影响。
- 根据计算精度的要求，单个程序模块的误差积累起来，是否仍能够达到要求的技术指标。
- 程序单元或模块之间的接口测试。把各个程序单元或模块连接起来时，数据在通过其接口时是否会出现不一致情况，是否会出现数据丢失。
- 全局数据结构的测试。检查各个程序单元或模块所用到的全局变量是否一致、合理。
- 集成测试阶段的安全测试主要是对程序中可能有的特殊安全性要求进行测试。

（2）可靠性测试。根据软件需求和设计中提出的要求，对软件的容错性、易恢复性、错误处理能力进行测试。

（3）易用性测试。根据软件设计中提出的要求，对软件的易理解性、易学性和易操作性进行检查和测试。

（4）性能测试。根据软件需求和设计中提出的要求，对软件的时间特性、资源特性进行测试。

（5）维护性测试。根据软件需求和设计中提出的要求，对软件的易修改性进行测试。

集成测试一般覆盖的区域包括以下内容：

- 从其他关联模块调用一个模块。
- 在关联模块间正确传输数据。
- 关联模块之间的相互影响，即检查引入一个模块会不会对其他模块的功能特性产生不利的影响。
- 模块间接口的可靠性。

执行集成测试应遵循下面的方法：

- 确认组成一个完整系统的模块之间的关系。
- 评审模块之间的交互和通信需求，确认出模块间的接口。
- 使用上述信息产生一套测试用例。
- 采用增量式测试，依次将模块加入（扩充）到系统，并测试新合并后的系统，这个过程以一个逻辑/功能顺序重复进行，直至所有模块被功能集成进来形成完整的系统为止。

此外，在测试过程中尤其要注意关键模块，所谓关键模块一般都具有下述一个或多个特征：

- 对应几条需求。
- 具有高层控制功能。
- 复杂，易出错。
- 有特殊的性能要求。

因为集成测试的主要目的是验证组成软件系统各模块正确的接口和交互作用，因此集成测试对数据的要求无论从难度和内容来说一般不是很高。集成测试一般也不使用真实数据，测试人员可以手工制作一部分代表性的测试数据。在创建测试数据时，应保证数据充分测试软件系统的边界条件。

在单元测试时，根据需要生成了一些测试数据，在集成测试时可适当地重用这些数据，这样可省时间和人力。

4.3.6　集成测试人员

由于集成测试不是在真实环境下进行，而是在开发环境或一个独立的测试环境下进行的，所以集成测试一般由测试人员和从开发组中选出的开发人员完成。一般情况下，集成测试的前期测试由开发人员或白盒测试人员来做，通过前期测试后，就由测试部门来完成。整个集成测试工作是在测试组长的领导和监督下进行，测试组长负责保证在合理的质量控制和监督下使用合适的测试技术执行充分的集成测试。

在集成测试过程中，由一个独立测试观察员来监控测试工作是很重要的，他将正式见证各个测试用例的结果。独立测试观察员可以从部门的质量保证（QA）小组的成员中选出，或者从其他开发小组或项目的成员中选出。

集成测试过程中应考虑邀请一个用户代表非正式地观看集成测试，集成测试提供了一个非常好的机会向用户代表展现系统的面貌和运行状况，同时得到用户反馈意见，并在正式验收测试之前尽量满足用户的要求。

4.4　系统测试

4.4.1　系统测试的定义

集成测试通过以后，各模块已经组装成一个完整的软件包，这时就要进行系统测试。系统测试是指将通过集成测试的软件系统，作为计算机系统的一个重要组成部分，与计算机硬件、外设、某些支撑软件的系统等其他系统元素组合在一起所进行的测试，目的在于通过与系统的需求定义作比较，发现软件与系统定义不符合或矛盾的地方。系统测试是对已经集成好的软件系统进行彻底的测试，以验证软件系统的正确性和性能等是否满足需求分析所指定的要求。

系统测试通常是消耗测试资源最多的地方，一般可能会在一个相当长的时间段内，由独立的测试小组进行。计算机软件是整个计算机系统的一个组成部分，软件设计完成后应与硬件、外设等其他元素结合在一起，对软件系统进行整体测试和有效性测试。此时，较大的工作量集中在软件系统的某些模块与计算机系统中有关设备打交道时的默契配合方面。例如，当软件系统中调用打印机这种常见输出外设时，软件系统如何通过计算机系统平台的控制去合理驱动、选择、设置、使用打印机。又如，新的软件系统中的一些文件和计算机系统中别的软件系统中的一些文件完全同名时，两种软件系统之间如何实现互不干扰、协调操作。再如，新的软件系统和别的软件系统对系统配置和系统操作环境有矛盾时如何相互协调等。由于已经集成为一个完整的计算机系统，测试人员还要根据原始项目需求对软件产品进行确认，测试软件是否满足需求规格说明的要求，即验证软件功能与用户要求的一致性。在软件需求说明书的有效性标准中，详细定义了用户对软件的合理要求，其中包含的信息是有效性测试的基础和根据。此外，还必须对文件资料是否完整正确和软件的易移植性、兼容性、出错自动恢复功能、易维护性进行确认，这些问题都是系统测试要解决的。在使用测试用例完成有效性测试以后，如果发现软件的功能和性能与软件需求说明有差距时，需要列出缺陷表。在软件工程的这个阶段若发现与需求不一致，修改的工作量往往是很大的，不大可能在预定进度完成期限之前得到改正，往往要与用户协商解决。

4.4.2　系统测试前的准备工作

系统测试是检验软件的各种功能操作是否正常，并检验它的性能、强度、兼容性、使用性能、故障修复等一系列的质量指标。因此，系统测试是一个庞大的工程。在测试之前，需要做如下的准备工作：

- 收集软件规格说明书，作为系统测试的依据。
- 收集各种软件说明书，作为系统测试的参考。
- 仔细阅读软件测试计划书，如有独立的系统测试计划书则更好，作为系统测试的根据。如果已有编好的系统测试用例，一并收集。

阅读以上所有文件，如果没有现成的系统测试用例，则需要做大量的工作来编写测试用例。从上述文档中需首先要找出以下内容：

- 对系统各种功能的描述。
- 系统要求的数据处理及传输的速率。
- 对系统性能的要求。
- 对备份及修复的要求。
- 对兼容性的描述。
- 对配置的描述。
- 对安全方面的要求等。

4.4.3　系统测试的测试技术和系统测试数据

1.　系统测试的主要测试技术

系统测试完全采用黑盒测试技术，因为这时已不需要考虑组件模块的实现细节，而主要是根据需求分析时确定的标准检验软件是否满足功能、行为、性能和系统协调性等方面的要求。

系统测试的对象不仅仅包括需要测试的软件系统，还要包含软件所依赖的硬件、外设甚至包括某些数据、支持软件及其接口等。因此，必须将系统中的软件与各种依赖的资源结合起来，在系统实际运行环境下来进行测试。系统测试应该由若干个不同测试组成，目的是充分运行系统，验证系统各部件是否都能正常工作并完成所赋予的任务。系统测试一般要完成以下几种测试。

（1）验证测试。以前期的用户需求规格说明书的内容为依据，验证系统是否正确无误的实现了需求中的全部内容。

（2）功能测试。通过对系统进行黑盒测试，测试系统的输入、处理、输出等各个方面是否满足需求。主要包括需求规格定义的功能系统是否都已实现、各功能项的组合功能的实现情况、业务功能间存在的功能冲突情况等，比如共享资源访问以及各子系统的工作状态变化对其他子系统的影响等。

（3）性能测试。性能测试检验安装在系统内的软件的运行性能。虽然从单元测试起，每一个测试过程都包含性能测试，但是只有当系统真正集成之后，在真实环境中才能全面、可靠地测试软件的运行性能。这种测试有时需与强度测试结合起来进行，测试系统的数据精确度、时间特性（如响应时间、更新处理时间、数据转换及传输时间等）、适应性（在操作方式、运行环境与其他软件的接口发生变化时，应具备的适应能力）是否满足设计要求。

（4）可靠性、稳定性测试。在一定负荷的长期使用环境下，测试系统的可靠性、稳定性。

（5）兼容性测试。测试系统中软件与各种硬件设备的兼容性、与操作系统的兼容性、与支撑软件的兼容性等。若软件系统在组网环境下工作，还要测试系统软件对接入设备的支持情况，包括功能实现及群集性能等。

（6）恢复测试。恢复测试是要采取各种人工方法使软件出错（而不是能正常工作），进而检验系统的恢复能力。如果系统本身能够自动地进行恢复，则应检验重新初始化、检验点设置机构、数据以及重新启动是否正确。如果这一恢复需要人工干预，则应考虑平均修复时间是否在限定的范围内。

（7）安全测试。安全测试是检查系统对非法侵入行为的防范能力，就是设置一些企图突破系统安全保密措施的测试用例，检验系统是否有安全保密的漏洞。对某些与人身、机器和环境的安全有关的软件，还需特别测试其保护措施和防护手段的有效性和可靠性。安全测试期间，测试人员假扮非法入侵者，采用各种方法试图突破防线。例如，想方设法截取或破译口令；专门订做软件来破坏系统的保护机制；故意导致系统失败，企图趁恢复之机非法进入；试图通过浏览非保密数据，推导所需信息等。

（8）强度测试。强度测试检验系统的能力最高能达到什么实际限度。在强度测试中程序被强制在它的设计能力极限状态下运行，进而超出极限，以验证在超出临界状态下系统的性能降低是不是灾难性的。例如，运行每秒产生 10 个中断的测试用例；定量地增长数据输入率，检查输入子功能的反应能力；运行需要最大存储空间（或其他资源）的测试用例；运行可能导致虚存操作系统或磁盘数据剧烈抖动的测试用例等。

（9）面向用户支持方面的测试。主要是面向软件系统最终的使用操作者的测试。这里重点突出的是在操作者角度上，测试软件系统对用户支持的情况，用户界面的规范性、友好性、可操作性以及数据的安全性等，主要包括以下内容。

- 用户支持测试：用户手册、使用帮助、支持客户的其他产品技术手册是否正确，是否易于理解，是否人性化。
- 用户界面测试：在确保用户界面能够通过测试的入口得到相应访问的情况下，测试用户界面的风格是否满足用户要求，例如，界面是否美观，界面是否直观，操作是否友好，是否人性化，易操作性是否较好。

（10）其他限制条件的测试。如可使用性、可维护性、可移植性、故障处理能力的测试等。

2. 系统测试的测试数据

因为系统测试的一个主要目标是树立软件系统将通过验收测试的信心，因此系统测试所用的数据必须尽可能地像真实数据一样精确和有代表性。与此类似，因为性能测试将在系统测试时进行，因此系统测试可用数据的数量也必须和真实数据的大小和复杂性相当。满足上述测试数据需求的一个方法是使用真实数据。这种方法的最主要好处是系统测试使用的数据与验收测试使用的数据相同，这将不必考虑保持系统测试和验收测试间的一致性问题，从而增强对测试结果的信心。在不使用真实数据的情况下（可能因为对真实系统和其他使用真实数据的应用有风险，也可能因为数据涉及到机密或者出于保密性）应该考虑使用真实数据的一个复制。复制数据的质量、精度和数据量必须尽可能地代表真实的数据。当真实数据包含机密数据或保密性问题等有关信息时，就不能使用这些原始数据进行系统测试。一种解决方法是使用一份真实数据的拷贝，在这份拷贝中已经去掉或修改了与机密数据或保密性问题有关的数据项。但是，此时必须足够谨慎，以确保替代的数据能充分地支持系统测试的数据需求。当使用真实数据或使用真实数据的复制时，仍然有必要引入一些手工数据，例如，测试边界条件或错误条件时，可创建一些手工数据。在创建手工数据时，测试人员必须采用正规的设计技术，使得提供的数据真正有代表性，确保能充分地测试软件系统。

4.4.4 系统测试人员

为了有效地进行系统测试，项目组应设法组建富有成效的系统测试小组。系统测试小组的成员主要包括以下几类人员。

- 机构独立的测试部门（如果存在的话）的测试人员。
- 本项目的部分开发人员。
- 邀请其他项目的开发人员参与系统测试。
- 机构的质量保证人员。

系统测试由独立的测试小组在测试组长的监督下进行，测试组长负责保证在合理的质量控制和监督下使用合适的测试技术执行充分的系统测试，系统测试小组应当根据项目的特征确定测试内容。在系统测试过程中，测试过程由一个独立测试观察员来监控测试工作是很重要的，他将正式见证各个测试用例的结果。独立测试观察员可以从部门的质量保证（QA）小组的成员中选出，或者从其他测试小组或项目的成员中选出。系统测试过程中应考虑邀请一个用户代表非正式地观看系统测试，系统测试提供了一个非常好的机会向用户代表展现系统的面貌和运行状况，同时得到用户反馈意见并在正式验收测试之前尽量满足用户的要求。

4.5　验收测试

4.5.1　验收测试的定义

验收测试是在软件开发结束后，用户对软件产品投入实际应用以前，进行的最后一次质量检验活动。它要回答开发的软件产品是否符合预期的各项要求以及用户能否接受的问题。验收测试主要是验证软件功能的正确性和需求的符合性。软件研发阶段的单元测试、集成测试、系统测试的目的是发现软件错误，将软件缺陷排除在交付客户之前，而验收测试需要客户共同参与，是旨在确认软件符合需求规格的验证活动。由于它不只是检验软件某个方面的质量，而是要进行全面的质量检验，并且要判断软件是否合格，因此验收测试是一项严格的正式测试活动。需要根据事先制订的计划，进行软件配置评审、文档审核、源代码审核、功能测试、性能测试等多方面检测。

任何一项软件工程项目，在软件开发完成、准备交付用户使用之前，都必须对软件进行严格的测试，验收测试是软件工程项目最关键的环节，也是决定软件开发是否成功的关键。系统测试完成后，并使系统试运行了预定的时间，就应进行验收测试。验收测试的组织应当面向客户，从客户使用和业务场景的角度出发，而不是从开发者实现的角度出发，应使用客户习惯的业务语言来描述业务逻辑，根据业务场景来组织测试，适当迎合客户的思维方式和使用习惯，便于客户的理解和认同。验收测试应在尽可能实际真实的环境下进行，确认已开发的软件能否达到验收标准，包括对有关的文档资料的审查验收和对程序的测试验收等。如果受条件限制，也可以在模拟环境中进行测试，无论采用何种测试方式，都必须事先制订测试计划，规定要做的测试种类，并制订相应的测试步骤和具体的测试用例。对于一些关键性软件，还必须按照合同中一些严格条款进行特殊测试，如强化测试和性能降级执行方式测试等。

验收测试是部署软件之前的最后一个测试。验收测试的目的是确保软件准备就绪，应该着重考虑软件是否满足合同规定的所有功能和性能，文档资料是否完整，人机界面和其他方面（例如，可移植性、兼容性、错误恢复能力和可维护性等）是否令用户满意等。验收测试的结果有两种可能，一种是功能和性能指标满足软件需求说明的要求，用户可以接受；另一种是软件不满足软件需求说明的要求，用户无法接受。项目进行到这个阶段才发现严重错误和偏差一般很难在预定的工期内改正，因此必须与用户协商，寻求一个妥善解决问题的方法。

验收测试通常以用户或用户代表为主体来进行，按照合同中预定的验收原则进行测试，这是一种非常实用的测试，实质上就是用户用大量的真实数据试用软件系统。

4.5.2 验收测试的主要内容

软件验收测试应完成的主要测试工作包括配置复审、合法性检查、文档检查、软件一致性检查、软件功能和性能测试与测试结果评审等几项工作。

1. 配置复审

验收测试的一个重要环节是配置复审。复审的目的在于保证软件配置齐全、分类有序，并且包括软件维护所必需的细节。

2. 合法性检查

检查开发者在开发软件时，使用的开发工具是否合法。对在编程中使用的一些非本单位自己开发的，也不是由开发工具提供的控件、组件、函数库等，检查其是否有合法的发布许可。

3. 软件文档检查

（1）必须提供检查的文档包括以下内容。

- 项目实施计划。
- 详细技术方案。
- 软件需求规格说明书（STP）（含数据字典）。
- 概要设计说明书（PDD）。
- 详细设计说明书（DDD）（含数据库设计说明书）。
- 软件测试计划（STP）（含测试用例）。
- 软件测试报告（STR）。
- 用户手册（SUM）（含操作、使用、维护、应急处理手册）。
- 源程序（SCL）（不可修改的电子文档）。
- 项目实施计划（PIP）。
- 项目开发总结（PDS）。
- 软件质量保证计划（SQAP）等。

（2）其他可能需要检查的文档包括以下内容。

- 软件配置计划（SCMPP）。
- 项目进展报表（PPR）。
- 阶段评审报表（PRR）等。

（3）文档质量的度量准则。文档是软件的重要组成都分，是软件生存周期各个不同阶段的产品描述。文档质量的度量准则就是要评审各阶段文档的合适性，主要有以下6方面内容。

- 完备性。开发方必须按照计算机软件产品开发文件编制指南的规定编制相应的文档，以保证在开发阶段结束时其文档是齐全的。

- 正确性。主要验证文档的描述是否准确，有无歧义，文字表达是否存在错误等。在软件开发各个阶段所编写的文档的内容，必须真实地反映阶段的工作且与该阶段的需求相一致。

- 简明性。在软件开发各个阶段所编写的各种文档的语言表达应该清晰、准确、简练，适合各种文档的特定读者。

- 可追踪性。在软件开发各个阶段所编写的各种文档应该具有良好的可追踪性。文档的可追踪性主要是指软件的设计描述是否按照需求定义进行展开的；应用程序是否与设计文档的描述一致；用户文档是否客观描述应用程序的实际操作。另外，文档的可追踪性还包括在不同的文档的相关内容之间相互检索的难易程度以及同一文档中某一内容在文档范围中检索的难易程度。

- 自说明性。在软件开发各个阶段所编写的各种文档应该具有较好的自说明性。文档的自说明性是指在软件开发各个阶段中，不同文档能够独立表达该软件在其相应阶段的阶段成果的能力。

● 规范性。在软件开发各个阶段所编写的各种文档应该具有良好的规范性。文档的规范性是指文档的封面、大纲、术语的含义以及图示符号等符合有关规范的规定。

在实际的验收测试执行过程中，常常会发现文档检查是最难的工作，一方面由于市场需求等方面的压力使这项工作常常被弱化或推迟，造成持续时间变长，加大了文档检查的难度；另一方面，文档检查中不易把握的地方非常多，每个项目都有一些特别的地方，而且也很难找到可用的参考资料。

4. 软件代码测试

（1）源代码一般性检查。仅对系统关键模块的源代码进行抽查，检查模块代码编写的规范性、批注的准确性、是否存在潜在性错误以及代码的可维护性等，源代码一般性检查主要包括以下内容。

● 命名规范检查。检查源代码中的变量、函数、对象、过程等的命名是否符合约定规范，该规范可以由开发方在软件工程文档规范中单方面约定。

● 注释检查。检查程序中的注释是否规范，注释量是否达到约定要求，例如，要求注释量达到30%左右。

● 接口检查。检查数据库接口等外部接口是否符合要求，各程序模块使用的接口方式是否一致，特定的外部接口协议是否符合。

● 数据类型。检查源代码中涉及的金额的常量、变量及数据集和数据库中涉及金额的数据类型是否采用货币类型，以防止在特定条件下产生较大的误差而影响统计结果。

● 限制性检查。对一些程序中使用到的、具有使用限制的命令、事件、方法、过程、函数、对象、控件等进行检查。检查在长时间运行时，有无可能接近或者达到限制条件，这里考虑的系统运行时间可能长达数年。

（2）软件一致性检查。软件一致性检查主要包括以下内容。

● 编译检查。要求提交的源代码在其规定的编译环境中，能够重新编译无错误，并且能够完成相应的功能，从而确定移交的源代码确实是正确的源代码。

● 装/卸载检查。在新系统上用交付的软件安装盘重新安装各个模块，并且验证通过运行这些软件模块，能否完成相应的功能，从而确定移交的确实是正确的软件安装盘。在安装后立即卸载所安装的模块，并且检查是否能够做到彻底卸载。

● 运行模块检查。将新安装的软件模块与现场运行模块用软件工具抽样比较，确认交付的软件安装盘与现场运行软件一致。抽查数处现场运行模块并用软件工具比较，确认现场运行软件一致。

5. 软件功能和性能测试

软件功能和性能测试不仅是检测软件的整体行为表现，从另一个方面看，也是对软件开发设计的再确认。在开发方做完功能演示后，可以进行下列测试：

● 界面（外观）测试。
● 可用性测试。
● 功能测试。
● 稳定性测试。
● 性能测试。
● 强壮性测试。
● 逻辑性测试。
● 破坏性测试。
● 安全性测试。

在验收测试中，实际进行的具体测试内容和相关的测试方法，应与用户协商，根据具体情况共同确定，并非上面所列测试内容都必须进行测试。

（1）界面测试。对照界面规范（在软件需求规格说明书中规定，或者由软件工程规范中给出）和界面表（在概要设计中给出），检查各界面设计（包括界面风格、表现形式、组件用法、字体选择、字号选择、色彩搭配、日期表现、计时方法、时间格式、对齐方式等）是否规范、是否协调一致、是否便于操作。

（2）可用性测试。测试软件系统操作是否方便，用户界面是否友好等。测试功能和性能是否有影响操作流程的界面 Bug 和功能 Bug，记录具体 Bug 的数量、出现频率和严重程度。

（3）功能测试。检查数据在流程中各个阶段的准确性。对系统中每一模块利用实际数据运行，将其结果与同样数据环境下应该得出的结果相比较，或与软件需求规格说明书中要求的结果进行比较，如有偏差，则功能测试不能通过。检查软件需求规格说明书中描述的需求是否都得到满足；系统是否缺乏软件需求规格说明书中规定的重要功能；是否存在系统实际使用中不可缺少而软件需求规格说明书中没有规定的功能。如果存在遗产数据，应该检查遗产数据转换是否正确。

（4）稳定性测试。测试系统的能力达到的最高实际限度，即检查软件在一些超负荷情况下，其功能实现的情况。例如，要求软件进行某一行为的大量重复、输入大量的数据或大数值数据、对数据库进行大量复杂的查询等。利用边界测试（最大值、最小值、n 次循环）对系统进行模拟运行测试，观察其是否处于稳定状态。

（5）性能测试。根据系统设计指标，或者对被测软件提出的性能指标，测试软件的运行性能，例如，传输连接最长时限、传输错误率、计算精度、记录精度、响应时限和恢复时限等。

（6）强壮性测试。采用人工的干扰使应用软件、平台软件或者系统硬件出错，中断正常使用，检测系统的恢复能力。进行强壮性测试时，应该参考与性能测试相关的测试指标。

（7）逻辑性测试。根据系统的功能逻辑图，测试软件是否按规定的逻辑路径运行，选择一些极限数据判断软件运行是否存在错误或非法路径，从而发现系统的逻辑错误或非法后门。

（8）破坏性测试。输入错误的或非法的数据（类型），检查系统的报错、纠错的能力及稳定性，并测试可连续使用多长时间而系统不崩溃。

（9）安全性测试。验证安装在系统内的保护机构确实能够对系统进行保护，使之不受各种非常规的干扰，安全测试时需要设计一些测试用例试图突破系统的安全保密措施，检验系统是否有安全保密的漏洞。进行安全测试时，必须遵循相关的安全规定，并且有用户代表参加。

（10）性能降级执行方式测试。在某些设备或程序发生故障时，对于允许降级运行的系统，必须确定经用户批准的能够安全完成的性能降级执行方式，开发单位必须按照用户指定的所有性能降级执行方式或性能降级的方式组合来设计测试用例，应设定典型的错误原因和所导致的性能降级执行方式。开发单位必须确保测试结果与需求规格说明中包括的所有运行性能需求一致。

（11）检查系统的余量要求。必须实际考察计算机存储空间，输入/输出通道和批处理间接使用情况，要保持至少有 20%的余量。

6. 测试结果交付内容

测试结束后，由测试组填写软件测试报告，并将测试报告与全部测试材料一并交给用户代表。具体交付方式由用户代表和测试方双方协商确定。测试报告包括下列内容：

- 软件测试计划。
- 软件测试日志。
- 软件文档检查报告。
- 软件代码测试报告。
- 软件系统测试报告。
- 测试总结报告。
- 测试人员签字登记表。

4.5.3　验收测试的测试技术和验收测试数据

1．验收测试的主要测试技术

由于验收测试主要是由用户代表来完成，主要是用户代表通过执行其在平常使用系统时的典型任务来测试软件系统，根据业务需求分析检验软件是否满足功能、行为、性能和系统协调性等方面的要求，因而验收测试不需要关心软件的内部细节，所以验收测试完全采用黑盒测试技术。

用户代表根据用户使用该软件时的各个步骤进行测试，一直到整个运行过程结束，获得他们所期望的结果。首先，按照软件功能需求说明书上阐明的各种功能进行测试对照，并对软件运行的结果进行分析，以判断软件的功能是否满足需求。然后，对软件做可使用性能测试，也就是在测试过程中对软件的操作及反应的满意程度进行确认。此外，用户代表还将用静态测试的方法来进行软件系统文档的测试，检验用户操作指南、用户帮助机制（包括文本和在线帮助）等相关文件，以保证这些文档上描述的各项内容都是正确的。

在验收测试中，测试项目的输入域要全面，既要有合法数据的输入，也要有非法数据的输入。例如，在测试基础数据的定义时，若规定是数字，则既要输入数字进行测试，也要输入字母、空格等非数字进行测试。数字包含整数、负数、小数，因而还要输入这些不同的数字验证数字的精度。在考虑测试域全面性的基础上，要划分等价类，选择有代表意义的少数用例进行测试，提高测试效率，同时要适时利用边界值进行测试。

2．验收测试中使用的数据

只要有可能，在验收测试中就应该使用真实数据。当真实数据包含机密性或安全性信息，并且这些数据在局部或整个验收测试中可见时，就必须采取措施以保证以下几个方面的要求。

- 用户代表被允许使用这些数据。
- 测试组长被允许使用这些数据，或者合理地组织测试使测试组长不必看到这些数据也可进行测试。
- 测试观察员被允许使用这些数据，或者能够在看不到这些数据的情况下，确认并记录测试用例的成功或失败。

在不使用真实数据的情况下（可能因为对真实系统和其他使用真实数据的应用有风险，也可能因为数据涉及机密或者出于保密性）应该考虑使用真实数据的一个复制。复制数据的质量、精度和数据量必须尽可能地代表真实的数据。当真实数据包含机密数据或保密性问题有关信息时，此时就不能使用这些原始数据进行验收测试。一种解决方法是使用一份真实数据的复制，在这份复制中已经去掉或修改了与机密数据或保密性问题有关的数据项。但是，此时必须足够谨慎，以确保替代的数据能充分地支持验收测试的数据需求，使经过处理的数据不会对验收测试的准确性产生影响。当使用真实数据或使用真实数据的复制时，仍然有必要引入一些手工数据，例如，测试边界条件或错误条件时，可创建一些手工数据。在创建手工数据时，测试人员必须采用正规的设计技术，使得提供的数据真正有代表性，确保能充分地测试软件系统。

4.5.4　α、β测试

事实上，软件开发设计人员在开发设计软件时，不可能完全预见用户实际使用软件系统的情况。例如，用户可能错误地理解操作命令，或提供一些奇怪的数据组合，亦可能对设计者自认为非常明了的输出信息迷惑不解等。因此，软件是否真正满足最终用户的要求，应由用户进行一系列验收测试。验收测试既可以是非正式的测试，也可以是有计划、有系统的测试。有时，验收测试长达数周甚至数月，不断暴露错误，导致开发期延长。另外，一个软件产品可能拥有众多用户，不可能由每个用户验收，此时多采用α、β测试，以期发现那些只有最终用户才最有可能发现的问题。

α测试是在软件开发公司内模拟软件系统的运行环境下的一种验收测试，即软件开发公司组织内部人员，模拟各类用户行为对即将面市的软件产品（称为α版本）进行测试，试图发现并修改错误。当然，α测试仍然需要用户的参与。α测试的关键在于尽可能逼真地模拟实际运行环境和用户对软件产品的操作，并尽最大努力涵盖所有可能的用户操作方式。

经过α测试测试调整的软件产品称为β版本。紧随其后的β测试是指软件开发公司组织各方面的典型用户在日常工作中实际使用β版本，并要求用户报告异常情况，提出批评意见，一般包括功能性、安全可靠性、易用性、可扩充性、兼容性、效率、资源占用率、用户文档等方面的内容，然后软件开发公司再对β版本进行改错和完善。

所以，一些软件开发公司把α测试看成是对一个早期的、不稳定的软件版本所进行的验收测试，而把β测试看成是对一个晚期的、更加稳定的软件版本所进行的验收测试。

4.5.5 验收测试人员

验收测试一般在测试组的协助下，由用户代表执行。在某些组织中，验收测试由开发组织（或其独立的测试小组）与最终用户组织的代表一起执行验收测试；在其他组织中，验收测试则完全由最终用户组织执行，或者由最终用户组织选择人员组成一个客观公正的小组来执行。测试组长负责保证在合理的质量控制和监督下使用合适的测试技术执行充分测试。测试人员在验收测试工作中将协助用户代表执行测试，并和测试观察员一起向用户解释测试用例的结果。在系统测试过程中，测试过程由一个测试观察员来监控测试工作是很重要的，他将正式见证各个测试用例的结果。由于用户代表对自己领域的专业知识比较熟悉，但对于计算机技术却可能是新手。因此，测试观察员将扮演用户"保镖"的角色，以防止过度热情的测试人员试图说服或强制用户代表，接受测试人员所关心的结果。观察员可以从部门的质量保证（QA）小组的成员中选出，或者从其他测试小组或项目的成员中选出。

4.6　回归测试

回归测试是指软件系统被修改或扩充（如系统功能增强或升级）后重新进行的测试，回归测试是为了保证对软件修改以后，没有引入新的错误而重复进行的测试。每当软件增加了新的功能，或者软件中的缺陷被修正，这些变更都有可能影响软件原有的功能和结构。为了防止软件的变更产生无法预料的副作用，不仅要对内容进行测试，还要重复进行过去已经进行过的测试，以证明修改没有引起未曾预料的后果，或证明修改后的软件仍能满足实际的需求。

严格地说，回归测试不是一个测试阶段，只是一种可以用于单元测试、集成测试、系统测试和验收测试各个测试过程的测试技术。在理想的测试环境中，程序每改变一次，测试人员都重新执行回归测试，一方面来验证新增加或修改功能的正确性，另一方面测试人员还要从以前的测试中选取大量的测试用例以确定是否在实现新功能的过程中引入了缺陷。

在软件系统运行环境改变后，如操作系统安装了新版本、硬件平台的改变（如增加了内存、外存容量），或者发生了一个特殊的外部事件，也可以采用回归测试。例如千年测试（指2000年日期的变化）就可以视为测试的一个特殊情况。在典型的千年测试中，软件系统没有变化，但是需要保证当2000年日期发生变化时，软件系统仍然能正确运行。

如前所述，回归测试可以在所有的各个测试过程中采用，图 4.8 所示为回归测试和 V 型模型之间的关系。

回归测试特别适用于较高阶段的测试过程，回归测试一般多在系统测试和验收测试环境下进行，以确保整个软件系统新的构造或新的版本仍然运行正确，或者确保软件系统的现有业务功能完好无损。

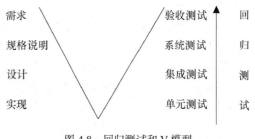

图 4.8 回归测试和 V 模型

4.6.1 回归测试的测试技术和回归测试的数据

回归测试一般采用黑盒测试技术来测试软件的高级需求，而无须考虑软件的实现细节，也可能采用一些非功能测试来检查系统的增强或扩展是否影响了系统的性能特性，以及与其他系统间的互操作性和兼容性问题。由于测试的目的是确保被测试的软件系统在修改和扩充后是否对软件系统的功能和可靠性产生影响，所以在回归测试中还要认真分析，针对修改和扩充对软件可能产生影响的方面进行黑盒测试。

测试者凭借技术和经验，可以有效地、高效地确定测试所达到的范围和程度，从而确保修改或扩充后的系统能满足用户需求。错误猜测在回归测试中是很重要的，错误猜测看起来像是通过直觉发现软件中的错误或缺陷，实际上错误猜测主要来自于经验，测试者是使用了一系列技术来确定测试所要达到的范围和程度。这些技术主要包括以下内容：

- 有关软件设计方法和实现技术。
- 有关前期测试阶段结果的知识。
- 测试类似或相关系统的经验，了解在以前的系统中曾在哪些地方出现缺陷。
- 典型的产生错误的知识，如被零除错误。
- 通用的测试经验规则。

设计和引入回归测试数据的重要原则是应保证数据中可能影响测试的因素与未经修改扩充的原软件上进行测试时的那些因素尽可能一致，否则要想确定观测到的测试结果是由于数据变化引起的还是很困难。例如，如果在回归测试中使用真实数据，理想的方法是首先使用以前软件测试中归档的测试数据集来进行回归测试，以便把观测到的与数据无关的软件缺陷分离出来。如果此次测试令人满意的话，可以使用新的真实数据，再重新执行回归测试，以便进一步确定软件的正确性。

当需要在回归测试中使用新的手工数据时，测试人员必须采用正规的设计技术，如前面介绍的边界分析或等价类划分方法等。

4.6.2 回归测试的范围

在回归测试范围选择上，一个最简单的方法是每次回归执行所有在前期测试阶段建立的测试，来确认问题修改的正确性，以及没有造成对其他功能的不利影响。很显然，这种回归的成本是高昂的。另外一种方法是有选择地执行以前的测试用例。这时，回归的时候仅执行先前测试用例的一个子集，此子集选取是否合理、是否具有代表性将直接影响回归测试的效果和效率。常用的用例选择方法可以分为以下 3 种。

（1）局限在修改范围内的测试。这类回归测试仅根据修改的内容来选择测试用例，这部分测试用例仅保证修改的缺陷或新增的功能被实现了；这种方法的效率是最高的，然而风险也是最大的，因为它无法保证这个修改是否影响了别的功能，该方法在进度压力很大或者系统结构设计耦合性很小的状态下可以被使用。

（2）在受影响功能范围内回归。这类回归测试需要分析当前的修改可能影响到哪部分代码或功能，对于所有受影响的功能和代码，其对应的所有测试用例都将被回归。如何判断哪些功能或代码受影响，依赖于开发过程的规范性和测试人员（或开发人员）的经验，有经验的开发人员和测试人员能够有效地找出受影响的功能或代码。对于单元测试而言，代码修改的影响范围需要充分考虑到一些对公共接口的影响，例如全局变量、输入输出接口变动、配置文件等。该方法是目前推荐的方法，适合于一般项目使用。

（3）根据一定的覆盖率指标选择回归测试。该方法一般是在相关功能影响范围难以界定的时候使用。最简单的策略是规定修改范围内的测试是 100%，其他范围内的测试规定一个用例覆盖阈值，例如 60%。

4.6.3　回归测试人员

由于回归测试一般与系统测试和验收测试相关，所以要由测试组长负责，确保选择使用合适的技术并在合理的质量控制中执行充分的回归测试。测试人员在回归测试工作中将设计并实现测试新的扩展或增强部分所需的新测试用例，并使用正规的设计技术创建或修改已有的测试数据。在回归测试过程中，测试过程由一个测试观察员来监控测试工作是很重要的，他将正式见证各个测试用例的结果。观察员可以从部门的质量保证（QA）小组的成员中选出，或者从其他测试小组或项目的成员中选出。在回归测试完成时测试组组长负责整理并归档大量的回归测试结果，包括测试结果记录、回归测试日志和简短的回归测试总结报告。

4.7　系统排错

系统测试的目的是为了发现尽可能多的错误，对于所暴露的错误最终需要改正，系统排错的任务就是根据测试时所发现的错误，找出原因和具体的位置，并进行改正。排错与成功的测试形影相随，测试成功的标志是发现了错误，根据错误迹象确定错误的原因和准确位置并加以改正则主要依靠排错技术。排错工作主要是由程序开发人员来进行，也就是说，谁开发的程序由谁来排错。

1. 排错过程

排错过程开始于一个测试用例的执行，若测试结果与期望结果有出入，即出现了错误征兆，排错过程首先要找出错误原因，然后对错误进行修正。因此排错过程有两种可能，一种是能确定错误原因并进行了纠正，为了保证错误已排除，需要重新执行暴露该错误的原测试用例以及某些回归测试；另一种是未找出错误原因，那么只能对错误原因进行假设，根据假设设计新的测试用例证实这种推测，若推测失败，需进行新的推测，直至找到错误并纠正。

排错是一个相当艰苦的过程，其原因除了开发人员心理方面的障碍外，还因为隐藏在程序中的错误具有下列特殊的性质：

- 错误的外部征兆远离引起错误的内部原因，对于高度耦合的程序结构此类现象更为严重。
- 纠正一个错误造成了另一错误现象（暂时）的消失。
- 某些错误征兆只是假象。
- 因操作人员一时疏忽造成的某些错误征兆不易追踪。
- 错误是不是由于程序引起的。
- 输入条件难以精确地再构造（例如，某些实时应用的输入次序不确定）。
- 错误征兆时有时无，此现象对嵌入式系统尤其普遍。

○ 错误是由于把任务分布在若干台不同处理机上运行而造成的。

在软件排错过程中，可能遇到大大小小、形形色色的问题，随着问题的增多，排错人员的压力也随之增大，过分地紧张致使开发人员在排除一个问题的同时又引入更多的新问题。

2. 排错方法和策略

虽然排错是一个相当艰苦的过程，需要排错人员具有较丰富的经验，但还是有若干行之有效的方法和策略，下面介绍几种排错方法。常用的系统排错方法主要有原始类排错法、试探法、回溯法、对分查找法、归纳法和演绎法等。无论采用哪种排错方法，目标只有一个，即发现并排除引起错误的原因，这要求排错人员能把直观想象与系统评估很好地结合起来。

下面简要介绍常用的 3 种排错方法和策略。

原始类排错法。是最常用也是最低效的方法，只有在万般无奈的情况下才使用它，主要思想是"通过计算机找错"。例如输出存储器、寄存器的内容或在程序安排若干输出语句等，凭借大量的现场信息，从中找到出错的线索，虽然最终也能成功，但难免要耗费大量的时间和精力。

回溯法。方法是从出现错误征兆处开始，人工地沿控制流程往回追踪，直至发现出错的根源。但是程序变大后，可能的回溯路线显著增加，以致人工进行完全回溯不易实现。

归纳和演绎法。其采用"分治"的概念，首先基于与错误出现有关的所有数据，假想一个错误原因，用这些数据证明或反驳它；或者一次列出所有可能的原因，通过测试——排除。只要某次测试结果说明某种假设已呈现端倪，则立即精化数据，进一步进行深入的测试。

下面是几种排错时经常采用的技术。

（1）断点设置。设置断点对源程序实行断点跟踪将能够大大提高排错的效率。通常断点的设置除了根据经验与错误信息来设置外，还应重点考虑以下几种类型的语句。

○ 函数调用语句：子函数的调用语句是测试的重点，一方面由于在调用子函数时可能引起接口引用错误，另一方面可能是子函数本身的错误。

○ 判定转移/循环语句：判定语句常常会由于边界值与比较优先级等问题引起错误或失效而做出错误的转移。因此，对于判定转移/循环语句也是一个重要的测试点。

○ SQL 语句：对于数据库的应用程序来说，SQL 语句常常会在模块中占比较重要的业务逻辑，而且比较复杂。因此，它也属于比较容易出现错误的语句。

○ 复杂算法段：程度出错的概率常与算法的复杂度成正比。所以越复杂的算法越需要做重点跟踪，如递归、回溯等算法。

（2）可疑变量查看。在跟踪执行状态下，当程序停止在某条语句时，可以查看变量的当前值和对象的当前属性。通过对比这些变量的当前值与预期值，可以轻松地定位程序问题根源。

（3）SQL 语句执行检查。在跟踪执行或运行状态下将疑似错误的 SQL 语句打印出来，重新在数据库 SQL 查询分析器（如 Oracle SQL Plus）中跟踪执行可以较高效地检查纠正 SQL 语句错误。

（4）注意群集现象。经验表明，测试后程序中残存的错误数目与该程序中已发现的错误数目或检错率成正比。根据这个规律，应当对错误群集的程序段进行重点测试，以提高测试投资的效益。如果发现某一代码段似乎具有比其他程序模块更多的错误倾向时，则应当花费较多的时间和代价测试这个程序模块。

上述每一类方法均可辅以排错工具。目前，调试编译器、动态调试器（"追踪器"）、测试用例自动生成器、存储器映像、交叉访问示图等一系列工具都已得到使用。然而，无论什么工具也替代不了一个开发人员在对完整的设计文档和清晰的源代码进行认真审阅和推敲之后所起的作用。此外，不应荒废排错过程中最有价值的一个资源，那就是开发小组中其他成员的评价和忠告，正所谓"当事者迷，旁观者清"。

前面多次提到，修改一处老问题可能引入几处新问题，有时程序越改越乱，但若能做到每次纠错前都细心注意以下 3 个问题，情况将大为改观。

- 导致这个错误的原因在程序其他部分还可能存在吗？
- 本次修改可能对程序中相关的逻辑和数据造成什么影响？引起什么问题？
- 上次遇到的类似问题是如何排除的？

习 题 4

1. 试简述软件开发与软件测试的对应关系。
2. 由 IEEE 定义的测试过程有哪些？
3. 什么是单元？什么是单元测试？
4. 试说明单元测试的重要性与单元测试原则。
5. 单元测试主要是解决哪 5 个方面的测试问题？
6. 单元测试主要采用什么测试技术？
7. 如何建立单元测试环境？
8. 单元测试主要由哪些人员参加测试工作？
9. 试简述单元测试的执行过程。
10. 什么是集成测试？集成测试的主要任务是什么？应遵循哪些原则？
11. 试简述集成测试的实施方案有哪些。
12. 试简述增量式集成测试中自顶向下和自底向上两种测试方法。
13. 集成测试主要采用什么测试技术？
14. 集成测试的主要由哪些人员参加测试工作？
15. 什么是系统测试？在系统测试之前，需要做哪些准备工作？
16. 系统测试一般通过几种测试方法来完成？
17. 系统测试主要采用什么测试技术？
18. 系统测试主要由哪些人员参加？
19. 什么是验收测试？
20. 验收测试主要采用什么测试技术？
21. 验收测试主要由哪些人员参加？
22. 软件验收测试应完成哪些主要测试工作？
23. 什么是回归测试？
24. 回归测试采用哪些测试技术？
25. 在进行回归测试时，常用的测试用例选择方法有哪些？
26. α 测试与 β 测试的区别是什么？
27. 隐藏在程序中的错误具有什么特殊性质？
28. 试简要说明常用的 3 种排错策略。

第5章
测试用例设计

一个软件项目的最终质量，与测试执行的程度与力度是密不可分的。测试用例构成了设计和制订测试过程的基础，因此测试用例的质量在一定程度上决定了测试工作的有效程度。一个好的测试用例使得测试工作的效果事半功倍，并且能尽早地发现一些隐藏的软件缺陷。本章较详细地介绍测试用例的基本概念、测试用例的设计方法、测试用例的分类和测试用例的有效管理，并给出较详细的测试用例设计实例。

5.1　测试用例的基本概念

1. 测试用例的概念

测试用例是测试执行的最小实体，是为特定的目的而设计的一组测试输入、执行条件和预期的结果。简单地说，测试用例就是一个文档，描述输入、动作、时间或者一个期望的结果，其目的是确定应用程序的某个特性是否正常的工作，并且达到程序所设计的结果。如果执行测试用例，软件在这种情况下不能正常运行，而且问题会重复发生，那就表示已经测试出软件有缺陷，这时候就必须将软件缺陷标示出来，并且输入到问题跟踪系统内，通知软件开发人员。软件开发人员接到通知后，在修正了问题之后，又返回给测试人员进行确认，确保该问题已修改完成。

2. 测试用例的作用

测试用例的作用主要体现在以下几个方面。

● 有效性：在测试时，不可能进行穷举测试，从数量极大的可用测试数据中精心挑选出具有代表性或特殊性的测试数据来进行测试，可有效地节省时间和资源、提高测试效率。

● 避免测试的盲目性：在开始实施测试之前设计好测试用例，可以避免测试的盲目性，并使得软件测试的实施重点突出、目的明确。

● 可维护性：在软件版本更新后只需修正少部分的测试用例便可开展测试工作，降低工作强度，缩短项目周期。

● 可复用性：功能模块的通用化和复用化使软件易于开发，而良好的测试用例具有重复使用的性能，使得测试过程事半功倍，并随着测试用例的不断精化，使得测试效率也不断提高。

● 可评估性：测试用例的通过率是检验程序代码质量的标准，也就是说，程序代码质量的量化标准应该用测试用例的通过率和测试出软件缺陷的数目来进行评估。

● 可管理性：测试用例是测试人员在测试过程中的重要参考依据，也可以作为检验测试进度、测试工作量以及测试人员工作效率的参考因素，可便于对测试工作进行有效的管理。

5.2　测试用例的设计

对于一个测试人员来说，测试用例的设计编写是一项必须掌握的能力。但有效的设计和熟练的编写测试用例却是一项十分复杂的技术，测试用例编写者不仅要掌握软件测试的技术和流程，而且还要对整个软件（不管从业务上，还是对被测软件的设计、功能规格说明、用户试用场景以及程序/模块的结构方面）都有比较透彻的理解和明晰的把握，稍有不慎就会顾此失彼，造成疏漏。

因此，在实际测试过程中，通常安排经验丰富的测试人员进行测试用例设计，没有经验的测试人员可以从执行测试用例开始，随着项目进度的不断进展，以及对测试技术和对被测软件的不断熟悉，可以不断积累测试用例的设计经验，然后逐渐参加设计测试用例。

5.2.1　测试设计说明

正如开发人员有功能设计说明书一样，测试也有测试设计说明书，它包括为每个软件特性定义具体的测试方法，包括被测特性、测试所用的方法、测试准则等。ANSI/IEEE 829 标准对测试设计说明的解释是：测试设计说明就是在测试计划中提炼测试方法，要明确指出设计包含的特性以及相关的测试方法，并指定判断特性通过/失败的规则。

测试设计说明的目的是组织和描述针对具体特性需要进行的测试，但是它并不给出具体的测试用例或者执行测试的步骤。以下内容来自于 ANSI/IEEE 829 标准，可作为测试设计说明的部分参考。

- 标识符：用于引用和定位测试设计说明的唯一标识符。该说明应该引用整个测试计划，还应该包含任何其他计划或者说明的引用。
- 被测试的特性：指明所有要被测试的软件特性及其组合，指明与每个特性或特性组合有关的测试设计说明。例如"计算器程序的加法功能"、"写字板程序中的字体大小选择和显示"等。
- 方法：描述测试的总体方法，规定测试指定特性组所需的主要活动、技术和工具。如果方法在测试计划中列出，就应该在此详细描述要使用的技术，并给出如何验证测试结果的方法。例如，可以这样描述一种方法，开发一种测试工具，顺序读写不同大小的数据文件，数据文件的数目和大小及包含的内容由程序员提供的示例来确定。用文件比较工具比较输出的文件和源文件，如果相同，则认为通过；如果不同，则认为失败。
- 测试用例信息：在这部分不定义实际测试用例。主要用于描述测试用例的相关信息。例如"检查最大值"测试用例 ID#15326、"检查最小值"测试用例 ID#12327 等。
- 通过/失败规则：规定各测试项通过测试的标准，即描述用来判定某项特性的测试结果是通过还是失败的准则。这种描述有可能非常简单和明确，例如"通过是指当执行全部测试用例时没有发现软件缺陷"。也有可能不是非常明确，例如"失败是指 10%以上的测试用例没有通过"等。

5.2.2　测试用例的编写标准

有了测试设计说明，就可以按照测试设计说明的描述，对每一个测试项进行具体的测试用例设计。具体地说，测试用例对每一个测试描述了输入、如何操作及预期的结果。一个优秀的测试用例应该包含以下要素。

- 用例的编号（ID）：由测试引用的唯一标识符。测试用例的编号有一定的规则，例如可以是"软件名称简写-功能块简写-NO."。定义测试用例编号，便于查找测试用例，便于测试用例的管理和跟踪。
- 测试标题：对测试用例的描述，测试用例标题应该清楚表达测试用例的用途。比如"测试用户登录过程中输入错误密码时，软件的响应情况"等。

- 测试项：测试用例应该准确、具体地描述所测试项及其详细特征，应该比测试设计说明中所列的特性更加具体。如测试设计说明提到"计算器程序的加法功能"，那么测试用例说明就会相应地提到"加法运算的上限溢出处理"。它还要指出引用的产品说明书或者测试用例所依据的其他设计文档。
- 测试环境要求：该测试用例执行所需的外部条件，包括软、硬件具体指标以及测试工具等。
- 特殊要求：对环境的特殊需求，如所需的特殊设备、特殊设置（例如对防火墙设置有特殊要求）等。
- 测试技术：对测试所采用的测试技术和方法的描述和说明。
- 测试输入说明：提供测试执行中的各种输入条件。根据需求中的输入条件，确定测试用例的输入。测试用例的输入对软件需求当中的输入有很大的依赖性，如果软件需求中没有很好的定义需求的输入，那么测试用例设计中会遇到很大的障碍。
- 操作步骤：提供测试执行过程的步骤。对于复杂的测试用例，测试用例的输入需要分为几个步骤完成，这部分内容在操作步骤中详细列出。
- 预期结果：提供测试执行的预期结果，预期结果应该根据软件需求中的输出得到。如果在实际测试过程中，得到的实际测试结果与预期结果不符，那么测试不通过；反之则测试通过。
- 测试用例之间的关联：用来标识该测试用例与其他测试用例之间的依赖关系。在实际测试过程中，很多测试用例并不是单独存在的，他们之间可能有某种依赖关系，如该测试用例与其他测试用例，有时间上、次序上的关联，应列出前一测试用例及后一测试用例的编号。
- 测试用例设计人员和测试人员。
- 测试日期。

表 5.1 所示是 ANSI/IEEE 829 标准给出的测试用例编写的表格形式，在编写测试用例时可以用来参考。

表 5.1　　　　　　　　　　　　　　测试用例

编号：

编制人		审定人		时间	
软件名称			编号/版本		
测试用例					
用例编号					
参考信息（参考的文档及章节号或功能项）：					
输入说明（列出选用的输入项，列出预期输出）：					
输出说明（逐条与输入项对应，列出预期输出）：					
环境要求（测试要求的软件、硬件、网络要求）：					
特殊规程要求：					
操作步骤：					
用例间的依赖关系					
用例产生的测试程序限制：					

测试用例还有一个优先级的概念，为测试用例标明优先级可以指出软件的测试重点，可以用来区分哪个测试用例更重要。一般测试用例可以分为 5 个级别，分别用 0 ~ 4 来表示。如果测试的软件项目小，优先级的好处并不明显。当软件项目比较大、时间又不宽裕时，可能只能执行更重

要的测试用例，这时候优先级的重要性就体现出来了。

5.2.3　测试用例设计应考虑的因素

1. 编写测试用例所依据的文档和资料

编写测试用例所依据的文档和资料主要有以下内容：

- 软件需求说明及相关文档。
- 相关的设计说明（概要设计，详细设计等）。
- 与开发组交流对需求理解的记录。
- 已经基本成型的、成熟的测试用例等。

通常，参考同类别软件的测试用例，会有很大的借鉴意义。在测试过程中，如果可以找到同类别的软件系统的测试用例，千万别忘记拿来参考，即使是相近的系统，经过对测试用例简单修改就可以应用到当前被测试的软件。参考已经基本成型的、成熟的测试用例，可以极大地开阔测试用例设计思路，也可以节省大量的测试用例设计时间。

简而言之，所有能得到的项目文档，都尽量拿到。从所得到的资料中，分解出若干小的"功能点"，理解"功能点"，结合相应的软件需求文档和软件设计文档，在掌握一定测试用例设计方法的基础上，就可以设计出比较全面、合理的测试用例。

2. 测试用例设计的基本原则

在设计测试用例时，除了需要遵守基本的测试用例编写规范外，还必须遵循以下一些基本原则。

- 用成熟测试用例设计方法来指导设计：在设计测试用例时，不能只凭借一些主观或直观的想法来设计测试用例，应该要以一些比较成熟的测试用例设计方法为指导，再加上设计人员个人的经验积累来设计测试用例，二者相结合应该是非常完美的组合。前面各章介绍的测试用例设计方法，对于测试设计人员而言是一个很好的方法指导。当然，有了好的方法作为指导后，需要更多的实践经验加以巩固和提炼。只有将测试设计思想与丰富的实践经验相融合才能设计出高质量的测试用例。
- 测试用例的正确性：包括数据的正确性和操作的正确性。首先保证测试用例的数据正确，其次预期的输出结果应该与测试数据发生的业务吻合，操作的预期结果应该与程序发生的结果吻合。
- 测试用例的代表性：能够代表并覆盖各种合理的和不合理的、合法的和非法的、边界的和越界的数据以及极限的输入数据、操作和环境设置等。
- 测试结果的可判定性：即测试执行结果的正确性是可判定的，每一个测试用例都应有相应的期望结果。
- 测试结果的可再现性：即对同样的测试用例，系统的执行结果应当是相同的。
- 足够详细、准确和清晰的步骤：即使是一个对所要测试的内容根本不了解的新手，也能准确的按照所写的测试用例完成测试。

3. 测试用例设计应注意的问题

（1）把测试用例设计等同于测试输入数据的设计

现在不少人认为测试用例设计就是如何确定测试的输入数据，从而掩盖了测试用例设计内容的丰富性和技术的复杂性。无疑，对于软件功能测试和性能测试，确定测试的输入数据很重要，它决定了测试的有效性和测试的效率。但是，测试用例中输入数据的确定，只是测试用例设计的一个子集，除了确定测试输入数据之外，测试用例的设计还包括如何根据测试需求、设计规格说明等文档确定测试用例的设计策略、设计用例的执行步骤、预期结果和组织管理形式等问题。

在设计测试用例时，需要综合考虑被测软件的功能、特性、组成元素、开发阶段、测试用例组织方法（是否采用测试用例的数据库管理）等内容。具体到设计每个测试用例而言，可以根据被测模块的最小目标，确定测试用例的测试目标；根据用户使用环境确定测试环境；根据被测软件的复杂程度和测试用例执行人员的技能确定测试用例的步骤；根据软件需求文档和设计规格说明确定期望的测试用例执行结果。

（2）强调测试用例设计得越详细越好

在确定测试用例设计目标时，一些项目管理人员强调测试用例"越详细越好"。具体表现在：尽可能设计足够多的测试用例，测试用例的数量越多越好，追求测试用例越详细越好。

这种做法和观点最大的危害就是耗费了很多的测试用例设计时间和资源，可能等到测试用例设计、评审完成后，留给实际执行测试的时间所剩无几了。因为当前软件公司的项目团队在规划测试阶段的，分配给测试的时间和人力资源是有限的，而软件项目的成功要坚持"质量、时间、成本"的最佳平衡，没有足够多的测试执行时间，就无法发现更多的软件缺陷，测试质量更无从谈起。

编写测试用例的根本目的是有效地找出软件可能存在的缺陷，为了达到这个目的，需要分析被测试软件的特征，运用有效的测试用例设计方法，尽量使用较少的测试用例，同时满足合理的测试需求覆盖，从而达到"少花时间多办事"的效果。

（3）追求测试用例设计"一步到位"

一些人认为设计测试用例是一次性投入，测试用例设计一次就"万事大吉"了，片面追求测试用例设计的"一步到位"。这种认识造成的危害性使设计出的测试用例缺乏实用性。

"唯一不变的就是变化"，任何软件项目的开发过程都处于不断变化的过程中。在测试过程中可能发现设计测试用例时考虑不周的地方，需要完善；用户可能对软件的功能提出新需求，设计规格说明相应地更新，软件代码不断细化，设计软件测试用例与软件开发设计并行进行，必须根据软件设计的变化，对软件测试用例进行内容的调整，数量的增减，增加一些针对软件新增功能的测试用例，删除一些不再适用的测试用例，修改那些模块代码更新了的测试用例。

软件测试用例设计只是测试用例管理的一个过程，除此之外，还要对其进行评审、更新、维护，以便提高测试用例的"新鲜度"，保证"可用性"。如发现有对测试用例认识模糊或内容遗漏的地方，可暂做记录待后期解决，或经测试负责人与项目其他管理人员同意后，更新用例库。

（4）将多个测试用例混在一个用例中

一个测试用例包含许多内容，这样很容易引起混淆，不如分开。如果有多个测试用例混在一起，其中有的测试用例通过，而另外几个没有通过，这时测试结果很难记录。

（5）让没有测试经验的人员设计测试用例

软件测试用例设计是软件测试的中高级技能，不是每个人（尤其是没有测试经验的人员）都可以编写的，让没有测试经验的人员设计测试用例是一种高风险的测试组织方式，它带来的不利后果是：设计出的测试用例对软件功能和特性的测试覆盖性不高，编写效率低，审查和修改时间长，可重用性差。

因此，实际测试过程中，通常安排经验丰富的测试人员进行测试用例设计，没有测试经验的人员可以从执行测试用例开始，随着项目进度的不断进展，测试人员的测试技术和对被测软件的不断熟悉，可以积累测试用例的设计经验，逐渐参加测试用例的编写工作。

5.2.4　测试用例的分类

为了在实际测试工作中提高效率，同时方便测试用例的编写和执行，在编写测试用例的时候，可以把测试用例进行分类，这样也不容易遗漏应选择的测试用例。可以把测试用例归为以下 5 类。

● 白盒测试用例：白盒测试用例主要有逻辑覆盖法和基本路径测试法设计的测试用例，设计的基本思路是使用程序设计的控制结构导出测试用例。

● 软件各项功能的测试用例：例如，文字编辑器中的新建文档功能、打开文档功能、保存文档功能、打印功能、编辑功能等。功能测试用例的设计一般采用等价类划分法、边界值分析法、错误推测法、因果图法等设计测试用例，这些都属于黑盒测试用例设计技术。

● 用户界面测试用例：例如，用户界面窗口里的所有菜单、每个命令按钮、每个输入框、列表框、每个工具栏、状态栏的测试用例等。

● 软件的各项非功能测试用例：这里又可以分成许多类型，包括性能测试用例、强度测试用例、接口测试用例、兼容性测试用例、可靠性测试用例、安全测试用例、安装/反安装测试用例、容量测试用例、故障修复测试用例等。

● 对软件缺陷修正所确认的测试用例。

在不同测试阶段，所采用的测试用例是不同的，在特定的阶段编写不同的测试用例并执行测试才可以提高效率。测试类型、测试阶段和测试用例的具体关系如表 5.2 所示。

表 5.2　　测试阶段与测试用例关系列表

测试阶段	测试类型	执行人员
单元测试	模块功能测试，包含部分接口测试、覆盖测试、路径测试	开发人员、开发人员与测试人员结合
集成测试	接口测试、路径测试，含部分功能测试	开发人员与测试人员结合、测试人员
系统测试	功能测试、兼容性测试、性能测试、用户界面测试、安全性测试、强度测试、可靠性测试、安装/反安装测试	测试人员
验收测试	对于实际项目基本同上，并包含文档测试；对于软件产品主要测试相关技术文档	测试人员，可能包含用户

测试工作和开发工作通常一同进行，所以在完成测试计划编写后，就可以进行用例的编写工作。测试和开发的对应关系如表 5.3 所示。

表 5.3　　测试用例编写的时间安排

开发阶段	依据文档	编写的用例
需求分析结束后	需求文档	系统测试对应的用例
概要设计阶段结束后	概要设计、体系设计	集成测试对应的用例
详细设计阶段	详细设计文档	单元测试对应的用例

5.3　测试用例设计实例

【例 5.1】下面是计算实数平方根的函数的设计说明，试由软件设计说明导出测试用例。

输入：实数

输出：实数

处理：当输入 0 或大于 0 时，返回输入数的平方根；当输入小于 0 时，显示："Square root error - illegal negative input"，并返回 0；库函数 Print_Line 用于显示出错信息。

解：针对设计说明中的 3 个陈述，可以设计 2 个测试用例与之对应。

测试用例 1：输入 4，返回 2。//执行第 1 个陈述

测试用例 2：输入−10，返回 0，显示"Square root error - illegal negative input"

//对应第 2 个和第 3 个陈述。

由设计说明导出的测试用例，提供了与被测单元设计说明陈述序列很好的对应关系，增强了

测试说明的可读性和可维护性。但由软件设计说明导出测试是正面的测试用例设计技术，软件设计说明导出的测试应该对负面测试用例进行补充，以提供一个完整的单元测试说明。

设计说明导出的测试设计技术还可用于安全分析、保密分析和其他给单元测试用例的设计。

【例 5.2】该测试实例是以一个 B/S 结构的登录功能点位被测对象，该测试用例为黑盒测试用例。假设用户使用的浏览器为 IE。

功能描述如下：

（1）用户在地址栏输入相应地址，要求显示登录界面。

（2）输入用户名和密码，登录，系统自动校验，并给出相应提示信息。

（3）如果用户名或者密码任一信息未输入，登录后系统给出相应提示信息。

（4）连续 3 次未通过验证时，自动关闭 IE。

解：登录界面测试用例如表 5.4 所示。

表 5.4　　　　　　　　　　　　　　　　登录界面测试用例

用例 ID	XXXX-XX-XX		用例名称		系统登录
用例描述	系统登录 用户名存在、密码正确的情况下，进入系统 页面信息包含：页面背景显示 用户名和密码录入接口，输入数据后的登入系统接口				
用例入口	打开 IE，在地址栏输入相应地址 进入该系统登录页面				

测试用例 ID	场景	测试步骤	预期结果	备注
TC1	初始页面显示	从用例入口处进入	页面元素完整，显示与详细设计一致	
TC2	用户名录入—验证	输入已存在的用户：test	输入成功	
TC3	用户名—容错性验证	输入：aaaaabbbbbccccc ddddeeeee	输入到蓝色显示的字符时，系统拒绝输入	输入数据超过规定长度范围
TC4	密码—密码录入	输入与用户名相关联的数据：test	输入成功	
TC5	系统登录—成功	TC2，TC4，单击登录按钮	登录系统成功	
TC6	系统登录—用户名、密码校验	没有输入用户名、密码，单击登录按钮	系统登录失败，并提示：请检查用户名和密码的输入是否正确	
TC7	系统登录—密码校验	输入用户名，没有输入密码，单击登录按钮	系统登录失败，并提示：需要输入密码	
TC8	系统登录—密码有效性校验	输入用户名，输入密码与用户名不一致，单击登录按钮	系统登录失败，并提示：错误的密码	
TC9	系统登录—输入有效性校验	输入不存在的用户名、密码，单击登录按钮	系统登录失败，并提示：用户名不存在	
TC10	系统登录—安全校验	连续 3 次未成功	系统提示：您没有使用该系统的权限，请与管理员联系！	
…	…		…	…

【例 5.3】下面是一个程序段（C 语言），试设计基本路径测试的测试用例，设计出的测试用例要保证每一个基本独立路径至少要执行一次。

函数说明：当i_flag=0；返回 i_count+100

当i_flag=1；返回 i_count*10

否则 返回 i_count*20

输入参数：int i_count int i_flag

输出参数： int i_return;

程序代码如下：

```
1  int Test(int i_count, int i_flag)
2      {
3          int i_temp = 0;
4          while (i_count>0)
5          {
6            if (0 == i_flag)
7            {
8              i_temp = i_count + 100;
9              break;
10           }
11           else
12           {
13             if (1 == i_flag)
14             {
15               i_temp = i_temp + 10;
16             }
17             else
18             {
19               i_temp = i_temp + 20;
20             }
21           }
22           i_count--;
23         }
24       return i_temp;
25     }
```

解：（1）画出程序控制流程图，如图 5.1 所示

圈中的数字代表的是语句的行号，为什么选 4,6,13,8……作为结点？第2行、第3行为什么不是结点？因为选择结点是有规律的。第2行、第3行是按顺序执行下来的，直到第4行才出现了循环操作。而第2行、第3行没有判断、选择等分支操作，所以把第2行、第3行、第4行全部合并成一个结点，其他结点的选择也是照这个规则合并。

（2）计算程序环路复杂性

从图中可以看到：

$V(G)$ =10 条边-8 结点+2=4

$V(G)$ =3 个判定结点+1=4

程序环路复杂性是 4，这个结果表示，只要最多 4 个测试用例就可以达到基本路径覆盖。

（3）导出程序基本路径

在上面的流程图中，从结点 4 到 24 有以下 4 条路径。

① B（4，24）

② C，E，J（4，6，8，24）

③ C，D，F，H，A，B（4，6，13，15，22，4，24）

④ C，D，G，I，A，B（4，6，13，19，22，4，24）

上面的 4 条路径已经包括了所有的边。

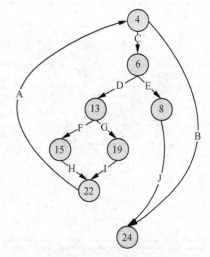

图 5.1 程序控制流程图

（4）设计测试用例

现在有了4条基本独立路径，根据独立路径可以设计测试的用例如下。

① B（4，24）

输入数据：i_flag=0，或者是i_flag<0的某一个值。

预期结果：i_temp=0。

② C，E，J（4，6，8，24）

输入数据：i_count =1;i_flag=0。

预期结果：i_temp=101。

③ C，D，F，H，A，B（4，6，13，15，22，4，24）

输入数据：i_count =1;i_flag=1。

预期结果：i_temp=10。

④ C，D，G，I，A，B（4，6，13，19，22，4，24）。

输入数据：i_count =1;i_flag=2。

预期结果：i_temp=20。

这里的输入数据是由路径和程序推论出来的，需要注意的是预期结果是从函数说明中导出，不能根据程序结构导出。

上面的测试用例还可以简化吗？答案是可以的。路径①B（4，24）和路径④C，D，G，I，A，B（4，6，13，19，22，4，24），路径①是路径④的真子集，所以路径①是可以不要的。上图的程序环路复杂性是4。这个结果有什么意义呢？它表示只要最多4个测试用例就可以达到基本路径覆盖。所以说程序环路复杂性标示的是最多的测试用例个数，不是一定要4个测试用例才可以。

【例 5.4】某程序规定："输入三个整数 a、b、c，分别作为三边的边长构成三角形。"通过程序判定所构成的三角形的类型，当此三角形为一般三角形、等腰三角形及等边三角形时，用等价类划分方法为该程序进行测试用例设计。(三角形问题的复杂之处在于输入与输出之间的关系比较复杂。)

解：程序读入3个整数，把这3个数值看作一个三角形的3条边的长度值。设三角形的3条边分别是A、B、C，如果它们能够构成三角形的3条边，必须满足以下条件。

- A>0，B>0，C>0，且 A+B>C，B+C>A，A+C>B；
- 如果是等腰的，还要判断 A=B，或 B=C，或 A=C；
- 如果是等边的，则需要判断是否 A=B，且 B=C，且 A=C。

这个程序要打印出信息，说明这个三角形是不等边的、是等腰的、还是等边的。

列出等价类表如表 5.5 所示。

表 5.5   等价类表

输入条件	有效等价类	无效等价类
是否三角形的3条边	A>0，（1）B>0，（2）C>0，（3）A+B>C，（4）B+C>A，（5）A+C>B，（6）	A≤0，（7）B≤0，（8）C≤0，（9）A+B≤C，（10）B+C≤A，（11）A+C≤B，（12）
是否等腰三角形	A=B，（13）B=C，（14）A=C，（15）	（A≠B）and（B≠C）and（A≠C），（16）
是否等边三角形	（A=B）and（B=C）and（A=C），（17）	（A≠B），（18）（B≠C），（19）（A≠C），（20）

设计测试用例：输入顺序是[A、B、C]，如表 5.6 所示。

表 5.6 测试用例

序号	[A、B、C]	覆盖等价类	输出
1	[3、4、5]	（1）、（2）、（3）、（4）、（5）、（6）	一般三角形
2	[0、1、2]	（7）	
3	[1、0、2]	（8）	
4	[1、2、0]	（9）	不能构成三角形
5	[1、2、3]	（10）	
6	[1、3、2]	（11）	
7	[3、1、2]	（12）	
8	[3、3、4]	（1）、（2）、（3）、（4）、（5）、（6）、（13）	等腰三角形
9	[3、4、4]	（1）、（2）、（3）、（4）、（5）、（6）、（14）	
10	[3、4、3]	（1）、（2）、（3）、（4）、（5）、（6）、（15）	
11	[3、4、5]	（1）、（2）、（3）、（4）、（5）、（6）、（16）	非等腰三角形
12	[3、3、3]	（1）、（2）、（3）、（4）、（5）、（6）、（17）	等边三角形
13	[3、4、4]	（1）、（2）、（3）、（4）、（5）、（6）、（14）、（18）	
14	[3、4、3]	（1）、（2）、（3）、（4）、（5）、（6）、（15）、（19）	非等边三角形
15	[3、3、4]	（1）、（2）、（3）、（4）、（5）、（6）、（13）、（20）	

等价分配的目标是把可能的测试用例组合缩减到仍然足以满足软件测试需求为止。因为，选择了不完全测试，就要冒一定的风险，所以必须仔细选择分类。这里的答案不是唯一的，测试同一个复杂程序的两个软件测试员，可能会制订出不同的等价区间，只要审查认为它们足以覆盖测试对象就可以了。

【例 5.5】有一个处理单价为 1 元 5 角钱的盒装饮料的自动售货机软件，若投入 1 元 5 角硬币，按下"可乐"、"雪碧"或"红茶"按钮，相应的饮料就送出来。若投入的是 2 元硬币，在送出饮料的同时退换 5 角硬币，试应用因果图法设计测试用例。

解：分析这一段说明，可以列出原因和结果。

原因：①投入 1 元 5 角硬币；②投入 2 元硬币；③按"可乐"按钮；④按"雪碧"按钮；⑤按"红茶"按钮。

中间状态：①已投币；②已按钮。

结果：①退还 5 角硬币；②送出"可乐"饮料；③送出"雪碧"饮料；④送出"红茶"饮料。

根据原因和结果，可以设计一个因果图，如图 5.2 所示。

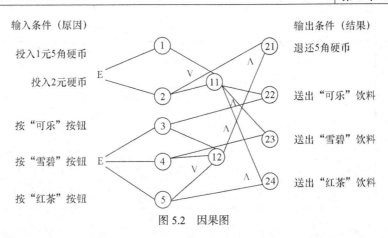

图 5.2　因果图

将因果图转换为判定表，如表 5.7 所示，每一列可作为确定测试用例的依据。

表 5.7　　　　　　　　　　　　　根据因果图所建立的判定表

			1	2	3	4	5	6	7	8	9	10	11
输入	投入 1 元 5 角硬币	（1）	1	1	1	1	0	0	0	0	0	0	0
	投入 2 元硬币	（2）	0	0	0	0	1	1	1	1	0	0	0
	按"可乐"按钮	（3）	1	0	0	0	1	0	0	0	1	0	0
	按"雪碧"按钮	（4）	0	1	0	0	0	1	0	0	0	1	0
	按"红茶"按钮	（5）	0	0	1	0	0	0	1	0	0	0	1
中间节点	已投币	（11）	1	1	1	1	1	1	1	1	0	0	0
	已按钮	（12）	1	1	1	0	1	1	1	0	1	1	1
输出	退还 5 角硬币	（21）	0	0	0	0	1	1	1	0	0	0	0
	送出"可乐"饮料	（22）	1	0	0	0	1	0	0	0	0	0	0
	送出"雪碧"饮料	（23）	0	1	0	0	0	1	0	0	0	0	0
	送出"红茶"饮料	（24）	0	0	1	0	0	0	1	0	0	0	0

【例 5.6】时间函数的边界值分析测试用例。

解：在函数中，隐含规定了变量 mouth 和变量 day 的取值范围为 1≤mouth≤12 和 1≤day≤31，并设定变量 year 的取值范围为 1912≤year≤2050。边界值分析测试用例如表 5.8 所示。

表 5.8　　　　　　　　　　　　边界值分析测试用例

测试用例	mouth	day	year	预期输出
Test1	6	15	1911	1911.6.15
Test2	6	15	1913	1913.6.15
Test3	6	15	2049	2049.6.15
Test4	6	15	2050	2050.6.15
Test5	6	15	2051	year 超出
Test6	6	−1	2001	day 超出[1…31]
Test7	6	1	2001	2001.6.1
Test8	6	30	2001	2001.6.30
Test9	6	31	2001	输入日期超界
Test10	6	32	2001	day 超出[1…31]

测试用例	mouth	day	year	预期输出
Test11	−1	15	2001	mouth 超出[1…12]
Test12	2	15	2001	2001.1.15
Test13	11	15	2001	2001.2.15
Test14	12	15	2001	2001.11.15
Test15	13	15	2001	mouth 超出[1…12]

【例 5.7】"……对功率大于 50 马力的机器、维修记录不全或已运行 10 年以上的机器，应给予优先的维修处理……"这里假定，"维修记录不全"和"优先维修处理"均已在别处有更严格的定义，请建立判定表。

解：① 确定规则的个数：这里有 3 个条件，每个条件有 2 个取值，故应有 2×2×2=8 种规则。

② 列出所有的条件茬和动作桩如下。

条件	功率大于 50 马力吗？
	维修记录不全吗？
	运行超过 10 年吗？
动作	进行优先处理
	做其他处理

③ 填入条件项。可从最后 1 行条件项开始，逐行向上填满。如第三行是：Y N Y N Y N Y N，第二行是：Y Y N N Y Y N N 等。

④ 填入动作桩和动作顶。这样便得到如表 5.9 所示的初始判定表。

表 5.9　　　　　　　　　　　　　初始判定表

		1	2	3	4	5	6	7	8
条件	功率大于 50 马力吗？	Y	Y	Y	Y	N	N	N	N
	维修记录不全吗？	Y	Y	N	N	Y	Y	N	N
	运行超过 10 年吗？	Y	N	Y	N	Y	N	Y	N
动作	进行优先处理	X	X	X		X		X	
	做其他处理				X		X		X

⑤ 化简。合并相似规则后得到表 5.10 所示的合并判定表。

表 5.10　　　　　　　　　　　　　合并判定表

		1	2	3	4	5
条件	功率大于 50 马力吗？	Y	Y	Y	N	N
	维修记录不全吗？	Y	N	N	—	—
	运行超过 10 年吗？	—	Y	N	Y	N
动作	进行优先处理	X	X		X	
	做其他处理			X		X

【例 5.8】应用场景法对 ATM 进行测试的实例，ATM 实例的操作流程如图 5.3 所示。

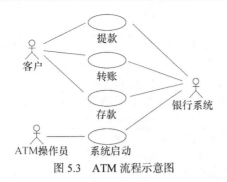

图 5.3　ATM 流程示意图

解：（1）描述出程序的基本流及各项备选流

表 5.11 中列出了图 5.3 所示提款用例的基本流和备选流。

表 5.11　　　　　　　　　　　　　　　　　基本流和备选流表

基本流	本用例的开端是 ATM 处于准备就绪状态
	准备提款：客户将银行卡插入 ATM 机的读卡机
	验证银行卡：ATM 机从银行卡的磁条中读取账户代码，并检查它是否属于可以接收的银行卡
	输入 PIN 码：ATM 要求客户输入 PIN 码（4 位）
	验证账户代码和 PIN：验证账户代码和 PIN 以确定该账户是否有效以及所输入的 PIN 对该账户来说是否正确。对于此事件流，账户是有效的而且 PIN 对此账户来说正确无误
	ATM 选项：ATM 显示在本机上可用的各种选项。在此事件流中，银行客户通常选择"提款"
	输入金额：要从 ATM 中提取的金额。对于此事件流，客户需选择预设的金额（10 美元、20 美元、50 美元或 100 美元）
	授权：ATM 通过将卡 ID、PIN、金额以及账户信息作为一笔交易发送给银行系统来启动验证过程。对于此事件流，银行系统处于联机状态，而且对授权请求给予答复，批准完成提款过程，并且据此更新账户余额
	出钞：提供现金
	返回银行卡：银行卡被返还
	收据：打印收据并提供给客户。ATM 还相应地更新内部记录
备选流 1—银行卡无效	在基本流步骤 2 中验证银行卡，如果卡是无效的，则卡被退回，同时会通知相关消息
备选流 2—ATM 内没有现金	在基本流步骤 5 中 ATM 选项，如果 ATM 内没有现金，则"提款"选项将无法使用
备选流 3 —ATM 内现金不足	在基本流步骤 6 中输入金额，如果 ATM 机内金额少于请求提取的金额，则将显示一则适当的消息，并且在步骤 6 输入金额处重新加入基本流
备选流 4—PIN 有误	在基本流步骤 4 中验证账户和 PIN 码，客户有三次机会输入 PIN 码。 如果 PIN 码输入有误，ATM 将显示适当的消息；如果还存在输入机会，则此事件流在步骤 3 输入 PIN 码处重新加入基本流。 如果最后一次尝试输入的 PIN 码仍然错误，则该卡将被 ATM 机保留，同时 ATM 返回到准备就绪状态，本用例终止
备选流 5—账户不存在	在基本流步骤 4 中验证账户和 PIN 码，如果银行系统返回的代码表明找不到该账户或禁止从该账户中提款，则 ATM 显示适当的消息并且在步骤 9 返回银行卡处重新加入基本流

备选流 6—账面金额不足	在基本流步骤 7 授权中，银行系统返回代码表明账户余额少于在基本流步骤 6 输入金额内输入的金额，则 ATM 显示适当的消息并且在步骤 6 输入金额处重新加入基本流
备选流 7—每日最大的提款金额	在基本流步骤 7 授权中，银行系统返回的代码表明包括本提款请求在内，客户已经或将超过在 24 小时内允许提取的最多金额，则 ATM 显示适当的消息并在步骤 6 输入金额上重新加入基本流
备选流 x —错误	如果在基本流步骤 10 收据中，记录无法更新，则 ATM 进入"安全模式"，在此模式下所有功能都将暂停使用。同时向银行系统发送一条适当的警报信息表明 ATM 已经暂停工作
备选流 y —退出	客户可随时决定终止交易（退出）。交易终止，银行卡随之退出
备选流 z — "翘起"	ATM 包含大量的传感器，用以监控各种功能，如电源检测器、不同的门和出入口处的测压器以及动作检测器等。在任一时刻，如果某个传感器被激活，则警报信号将发送给警方而且 ATM 进入"安全模式"，在此模式下所有功能都暂停使用，直到采取适当的重启/重新初始化的措施

在第一次迭代中，根据迭代计划，需要核实提款用例已经正确的实施。此时尚未实施整个用例，只实施了下面的事件流。

基本流——提取预设金额（10 美元、20 美元、50 美元、100 美元）；

备选流 2——ATM 内没有现金；

备选流 3——ATM 内现金不足；

备选流 4——PIN 有误；

备选流 5——账户不存在/账户类型有误；

备选流 6——账面金额不足。

（2）场景设计

表 5.12 所示是生成的场景。

表 5.12　　　　　　　　　　　　　　　　场景设计

场景 1—成功的提款	基本流	
场景 2—ATM 内没有现金	基本流	备选流 2
场景 3—ATM 内现金不足	基本流	备选流 3
场景 4—PIN 码有误（还有输入机会）	基本流	备选流 4
场景 5—PIN 码有误（不再有输入机会）	基本流	备选流 4
场景 6—账户不存在/账户类型有误	基本流	备选流 5
场景 7— 账户余额不足	基本流	备选流 6

注：为方便起见，备选流 3 和 6（场景 3 和 7）内的循环以及循环组合未列入上表。

（3）用例设计

对于这 7 个场景中的每一个场景都需要确定测试用例。可以采用矩阵或决策表来确定和管理测试用例。下面显示了一种通用格式，其中各行代表各个测试用例，而各列则代表测试用例的信息。本示例中，对于每个测试用例，存在一个测试用例 ID、条件（或说明）、测试用例中涉及的所有数据元素（作为输入或已经存在于数据库中）以及预期结果。

通过从确定执行用例场景所需的数据元素入手构建矩阵。然后，对于每个场景，至少要确定包含执行场景所需的适当条件的测试用例。例如，在下面的矩阵中，V（有效）用于表明这个条件必须是 VALID（有效的）才可执行基本流，而 I（无效）用于表明这种条件下将激活所需备选流。表 5.13 中使用的 "n/a"（不适用）表明这个条件不适用于测试用例。

在表 5.13 所示的矩阵中，6 个测试用例执行了 4 个场景。对于基本流，上述测试用例 CW1 称为正面测试用例，它一直沿着用例的基本流路径执行，未发生任何偏差。基本流的全面测试必须包括负面测试用例，以确保只有在符合条件的情况下才执行基本流。这些负面测试用例由 CW2～CW6 表示（阴影单元格表明这种条件下需要执行备选流）。虽然 CW2～CW6 对于基本流而言都是负面测试用例，但它们相对于备选流 2～备选流 4 而言是正面测试用例。而且对于这些备选流中的每一个而言，至少存在一个负面测试用例（CW1：基本流）。

每个场景只具有一个正面测试用例和负面测试用例是不充分的，场景 4 正是这样的一个示例。要全面地测试场景 4-PIN 有误，至少需要 3 个正面测试用例（以激活场景 4）：

① 输入了错误的 PIN 码，但仍存在输入机会，此备选流重新加入基本流中的步骤 3：输入 PIN 码；

② 输入了错误的 PIN 码，而且不再有输入机会，则此备选流将保留银行卡并终止用例；

③ 最后一次输入时输入了 "正确" 的 PIN 码，备选流在步骤 5 输入金额处重新加入基本流。

表 5.13　　　　　　　　　　　　　测试用例表

TC（测试用例）ID 号	场景/条件	PIN 码	账号	输入（或选择）的金额	账面金额	ATM 内的金额	预期结果
CW1	场景 1：成功的提款	V	V	V	V	V	成功的提款
CW2	场景 2：ATM 内没有现金	V	V	V	V	I	提款选项不可用，用例结束
CW3	场景 3：ATM 内现金不足	V	V	V	V	I	警告消息，返回基本流步骤 6——输入金额
CW4	场景 4：PIN 码有误（还有不止一次输入机会）	I	V	n/a	V	V	警告消息，返回基本流步骤 4，输入 PIN
CW5	场景 4：PIN 码有误（还有一次输入机会）	I	V	n/a	V	V	警告消息，返回基本流步骤 4，输入 PIN
CW6	场景 4：PIN 码有误（不再有输入机会）	I	V	n/a	V	V	警告消息，卡予以保留，用例结束

注：在上面的矩阵中，无需为条件（数据）输入任何实际的值。以这种方式创建测试用例矩阵的一个优点在于容易看到测试的是什么条件。由于只需要查看 V 和 I（或此处采用的阴影单元格），这种方式还易于判断是否已经确定了充足的测试用例。从上表中可发现存在几个条件不具备的阴影单元格，这表明测试用例还不完全，如场景 6 不存在的账户/账户类型有误和场景 7 账户余额不足就缺少测试用例。

（4）数据设计

一旦确定了所有的测试用例，则应对这些用例进行复审和验证以确保其准确且适度，并取消多余或等效的测试用例。

测试用例一经认可，就可以确定实际数据值（在测试用例实施矩阵中）并且设定测试数据，如表 5.14 所示。

表 5.14 测试用例表

TC（测试用例）ID 号	场景/条件	PIN 码	账号	输入（或选择）的金额（元）	账面金额（元）	ATM 内的金额（元）	预期结果
CW1	场景 1：成功的提款	4987	809-498	50	500	2000	成功的提款。账户余额被更新为 450
CW2	场景 2：ATM 内没有现金	4987	809-498	100	500	0	提款选项不可用，用例结束
CW3	场景 3：ATM 内现金不足	4987	809-498	100	500	70	警告消息，返回基本流步骤 6 输入金额
CW4	场景 4：PIN 码有误（还有不止一次输入机会）	4978	809-498	n/a	500	2000	警告消息，返回基本流步骤 4，输入 PIN 码
CW5	场景 4：PIN 码有误（还有一次输入机会）	4978	809-498	n/a	500	2000	警告消息，返回基本流步骤 4，输入 PIN 码
CW6	场景 4：PIN 码有误（不再有输入机会）	4978	809-498	n/a	500	2000	警告消息，卡予以保留，用例结束

以上测试用例只是在本次迭代中需要用来验证提款用例的一部分测试用例。需要的其他测试用例包括：

场景 6：账户不存在/账户类型有误，未找到账户或账户不可用；

场景 6：账户不存在/账户类型有误，禁止从该账户中提款；

场景 7：账户余额不足，请求的金额超出账面金额。

在将来的迭代中，当实施其他事件流时，在下列情况下将需要测试用例：

① 无效卡（所持卡为挂失卡、被盗卡、非承兑银行发卡、磁条损坏等）；

② 无法读卡（读卡机堵塞、脱机或出现故障）；

③ 账户已消户、冻结或由于其他方面原因而无法使用；

④ ATM 内的现金不足或不能提供所请求的金额（与 CW3 不同，在 CW3 中只是一种币值不足，而不是所有币值都不足）；

⑤ 无法联系银行系统以获得认可；

⑥ 银行网络离线或交易过程中断电。

在确定功能性测试用例时，确保满足下列条件：

① 已经为每个用例场景确定了充足的正面和负面测试用例；

② 测试用例可以处理用例所实施的所有业务规则，确保对于业务规则，无论是在内部、外部还是在边界条件/值上都存在测试用例；

③ 测试用例可以处理所有事件或动作排序（如在设计模型的序列图中确定的内容），还应能处理用户界面对象状态或条件；

④ 测试用例可以处理为用例所指定的任何特殊需求，如最佳/最差性能，有时这些特殊需求

会与用例执行过程中的最小/最大负载或数据容量组合在一起。

【例 5.9】用户界面测试用例的设计。

用户界面测试用例的设计相对而言是比较简单的，因为这类测试主要是对用户界面的各个部件的单独检验。目前软件用户界面广泛使用的是图形用户界面，图形用户界面主要由窗口、下拉菜单、工具栏、各种按钮、滚动条、文本框、列表框等组成，这些都是一般图形界面中最具有代表性的部件。在对各部件进行测试的时候，主要是对照规格说明书和设计说明书对各部件的描述，来检验部件能否完成规定的各项操作，以及各项功能是否能够实现。

（1）窗口界面测试用例的设计

在编写窗口界面测试用例的时候，要对照规格说明书和设计说明书对窗口界面的描述，对下面各项进行检验。

- 窗体大小，大小要合适，控件布局合理。
- 移动窗体，快速或慢速移动窗体，背景及窗体本身刷新必须正确。
- 缩放窗体，窗体上的控件应随窗体的大小变化而变化。
- 显示分辨率，必须在不同的分辨率的情况下测试程序的显示是否正常。
- 状态栏是否显示正确，工具栏的图标执行操作是否有效，是否与菜单栏中对应的操作一致。
- 错误提示信息内容是否正确、明确等。

（2）菜单界面测试用例的设计

在编写菜单界面测试用例的时候，要对照规格说明书和设计说明书对菜单界面的描述，对下面各项进行检验。

- 菜单的各项功能是否齐全，对应的功能能否正确执行。
- 下拉菜单是否根据菜单选项的含义进行分组。
- 菜单是否有快捷命令方式。
- 文本字体、大小和格式是否正确。
- 菜单功能是否随当前的窗口操作加亮或变灰。
- 菜单功能的名字是否具有自解释性。
- 菜单项是否有帮助。
- 右键快捷菜单是否采用与菜单相同的准则。
- 是否可以通过鼠标访问所有的菜单功能。
- 是否适当地列出了所有的菜单功能和下拉式子功能。
- 下拉式操作能否正常工作。
- 是否根据系统功能进行合理分类，将分项进行分组。
- 菜单标题是否简明、有意义。
- 各级菜单显示格式和操作方式是否一致等。

（3）命令按钮测试用例的设计

在编写命令按钮测试用例的时候，主要对下面各项进行检验。

- 单击按钮正确响应操作，如单击确定，正确执行操作；单击取消，退出窗口。
- 对非法的输入或操作给出足够的提示说明，如输入月工作天数为 32 时，单击"确定"后系统应提示：天数不能大于 31。
- 对可能造成数据无法恢复的操作必须给出确认信息，给用户放弃选择的机会。

（4）单选按钮测试用例的设计

在编写单选按钮测试用例的时候，主要对下面各项进行检验。

- 一组单选按钮不能同时选中，只能选中一个。
- 逐一执行每个单选按钮的功能，例如，分别选择了"男"、"女"后，保存到数据库的数据应该相应的分别为"男"、"女"。

　　◉ 一组执行同一功能的单选按钮在初始状态时必须有一个被默认选中，不能同时为空。

　（5）复选框测试用例的设计

　　在编写复选框测试用例的时候，主要对下面各项进行检验。

　　◉ 多个复选框可以被同时选中。

　　◉ 多个复选框可以被部分选中。

　　◉ 多个复选框可以都不被选中。

　　◉ 逐一执行每个复选框的功能。

　（6）列表框测试用例的设计

　　在编写列表框测试用例的时候，主要对下面各项进行检验。

　　◉ 条目内容正确，同组合列表框类似，根据需求说明书确定列表的各项内容正确，没有丢失或错误。

　　◉ 列表框的内容较多时要使用滚动条。

　　◉ 列表框允许多选时，要分别检查使用【Shift】键选中条目，按【Ctrl】键选中条目和直接用鼠标选中多项条目的情况。

　（7）组合列表框测试用例的设计

　　在编写组合列表框测试用例的时候，主要对下面各项进行检验。

　　◉ 条目内容正确，其详细条目内容可以根据需求说明确定。

　　◉ 逐一执行列表框中每个条目的功能。

　　◉ 检查能否向组合列表框输入数据。

　（8）文本框测试用例的设计

　　在测试文本框过程中所用到的数据如下。

　　◉ 输入合法数据。

　　◉ 输入非法数据。

　　◉ 输入默认值。

　　◉ 输入特殊字符集。

　　◉ 输入使缓冲区溢出的数据。

　　◉ 输入相同的文件名。

　　在编写文本框测试用例的时候，主要对下面各项进行检验。

　　◉ 输入正常的字母或数字。

　　◉ 输入已存在的文件的名称。

　　◉ 输入超长字符。例如在"名称"框中输入超过允许边界个数的字符，假设最多 255 个字符，尝试输入 256 个字符，检查程序能否正确处理。

　　◉ 输入默认值、空白、空格。

　　◉ 若只允许输入字母，尝试输入数字；反之，则尝试输入字母。

　　◉ 利用复制、粘贴等操作强制输入程序不允许的输入数据。

　　◉ 输入特殊字符集，例如，NULL 及 \n 等。

　　◉ 输入超过文本框长度的字符或文本，检查所输入的内容是否正常显示。

　　◉ 输入不符合格式的数据，检查程序是否正常校验，如，程序要求输入年月日格式为 yy/mm/dd，实际输入 yyyy/mm/dd，程序应该给出错误提示。

　（9）组合列表框测试用例的设计

　　在编写组合列表框测试用例的时候，主要对下面各项进行检验。

　　◉ 滚动条的长度根据显示信息的长度或宽度及时变换，这样有利于用户了解显示信息的位置和百分比，如文本编辑器中浏览 100 页文档，当浏览到 50 页时，滚动条位置应处于中间。

- 拖动滚动条，检查屏幕刷新情况，并查看是否有乱码。
- 单击滚动条。
- 用滚轮控制滚动条。
- 使用滚动条的上下按钮。

5.4　测试用例的执行与跟踪

测试用例设计完毕后，接下来的工作是执行与跟踪测试用例。执行与跟踪测试用例前，首先要搭建好测试环境，并定义测试用例的执行顺序，然后就可以执行与跟踪测试用例。

在测试用例执行过程中，搭建测试环境是第一步。一般来说，软件产品提交测试后，开发人员应该提交一份产品安装指导书，在指导书中详细指明软件产品运行的软、硬件环境，比如要求操作系统是 Windows 7 版本，数据库是 SQL Server 2012 等，以及相应的硬件要求和对网络环境的要求等。此外，应该给出被测试软件产品的详细安装指导书，包括安装的操作步骤、相关配置文件的配置方法等。对于复杂的软件产品，尤其是软件项目，如果没有安装指导书作为参考，在搭建测试环境过程中会遇到种种问题。所以，实际测试工作中，一定要以提供的相关安装指导书为基础，来搭建测试环境，在搭建测试中遇到问题的时候，测试人员可以要求开发人员协助完成。

在测试用例执行过程中，会发现每个测试用例都对测试环境有特殊的要求，或者对测试环境有特殊的影响。因此，定义测试用例的执行顺序，对测试的执行效率影响非常大。比如某些异常测试用例会导致服务器频繁重新启动，服务器的每次重新启动都会消耗大量的时间，导致这部分测试用例执行也消耗很多的时间。那么在编排测试用例执行顺序的时候，应该考虑把这部分测试用例放在最后执行，如果在测试进度很紧张的情况下，优先执行这部分消耗时间的异常测试用例，那么在测试执行时间过了大半的时候，测试用例执行的进度依然是缓慢的，这会影响到测试人员的心情，进而导致匆忙地测试后面的测试用例，这样测试用例的漏测、误测就不可避免，严重影响了软件测试的效果和进度。因此，合理地定义测试用例的执行顺序是很有必要的。

测试环境搭建之后，根据定义的测试用例执行顺序，可逐个执行测试用例。在实际测试工作中，执行与跟踪测试用例的过程一般都是紧张的，工作量很大，测试用例执行中应该注意以下几个问题。

（1）全方位地观察测试用例执行结果

测试执行过程中，当测试的实际输出结果与测试用例中的预期输出结果一致的时候，是否可以认为测试用例执行成功了？答案是否定的，即便实际测试结果与测试的预期结果一致，也要查看软件产品的操作日志、系统运行日志和系统资源使用情况，来判断测试用例是否执行成功了。全方位观察软件产品的输出可以发现很多隐蔽的问题。例如，测试某软件时，执行某一测试用例后，测试用例的实际输出与预期输出完全一致，不过在查询 CPU 占用率的时候，发现 CPU 占用率高达 90%，后来经过分析，软件运行的时候启动了若干个辅助功能，大量地消耗 CPU 资源，后来通过对辅助功能的调整，CPU 的占用率降为正常值。如果观察点单一，这个严重消耗资源的问题就无从发现了。

（2）加强测试过程记录

测试执行过程中，一定要加强测试过程记录。如果测试执行步骤与测试用例中的描述有差异，一定要记录下来，作为日后更新测试用例的依据；如果软件产品提供了日志功能，比如有软件运行日志、用户操作日志，一定在每个测试用例执行后记录相关的日志文件，作为测试过程记录，一旦日后发现问题，开发人员可以通过这些测试记录方便地定位问题。而不用测试人员重新搭建测试环境，为开发人员重现问题。

（3）及时确认发现的问题

测试执行过程中，如果确认发现了软件的缺陷，那么可以毫不犹豫地提交问题报告单。如果发现了可疑问题，又无法定位是否为软件缺陷，那么一定要保留现场，然后知会相关开发人员到现场定位问题。如果开发人员在短时间内可以确认是否为软件缺陷，测试人员应给予配合；如果开发人员定位问题需要花费很长的时间，测试人员千万不要因此耽误自己宝贵的测试执行时间，可以让开发人员记录问题的测试环境配置，然后，回到自己的开发环境上重现问题，继续定位问题。

（4）与开发人员良好的沟通

测试执行过程中，当测试人员提交了问题报告单后，可能被开发人员无情退回，拒绝修改。这时候，只能对开发人员晓之以理，做到有理、有据、有说服力。首先，要定义软件缺陷的标准原则，这个原则应该是开发人员和测试人员都认可的，如果没有共同认可的原则，那么开发人员与测试人员对问题的争执就不可避免了。

（5）及时更新测试用例

测试执行过程中，应该注意及时更新测试用例。往往在测试执行过程中，才发现遗漏了一些测试用例，这时候应该及时的补充；往往也会发现有些测试用例在具体的执行过程中根本无法操作，这时候应该删除这部分用例；也会发现若干个冗余的测试用例完全可以由某一个测试用例替代，那么就应该删除冗余的测试用例。总之，测试执行的过程中及时地更新测试用例是很好的习惯。不要打算在测试执行结束后，统一更新测试用例，如果这样，往往会遗漏很多本应该更新的测试用例。

（6）提交一份优秀的问题报告单

软件测试提交的问题报告单和测试日报一样，都是软件测试人员的工作输出，是测试人员绩效的集中体现。因此，提交一份优秀的问题报告单是很重要的。软件测试报告单最关键的域就是"问题描述"，这是开发人员重现问题、定位问题的依据。问题描述应该包括软件配置、硬件配置、测试用例输入、操作步骤、输出、当时输出设备的相关输出信息和相关的日志等。

● 软件配置：包括操作系统类型版本和补丁版本、当前被测试软件的版本和补丁版本、相关支撑软件，比如数据库软件的版本和补丁版本等。

● 硬件配置：计算机的配置情况，主要包括 CPU、内存和硬盘的相关参数，其他硬件参数根据测试用例的实际情况添加。如果测试中使用网络，那么还应包括网络的组网情况和网络的容量、流量等情况。硬件配置情况与被测试产品类型密切相关，需要根据当时的情况，准确翔实的记录硬件配置情况。

● 测试用例输入/操作步骤/输出：这部分内容可以根据测试用例的描述和测试用例的实际执行情况如实填写。

● 输出设备的相关输出信息：输出设备包括计算机显示器、打印机、磁带等，如果是显示器可以采用抓屏的方式获取当时的截图，其他的输出设备可以采用其他方法获取相关的输出，在问题报告单中提供描述。

● 日志信息：规范的软件产品都会提供软件的运行日志和用户、管理员的操作日志，测试人员应该把测试用例执行后的软件产品运行日志和操作日志作为附件，提交到问题报告单中。

（7）测试结果分析

软件测试执行结束后，测试活动还没有结束。测试结果分析是必不可少的重要环节，"编筐编篓，全在收口"，测试结果的分析对下一轮测试工作的开展有很大的借鉴意义。测试完成后，每一个测试人员应该分析自己发现的软件缺陷，对发现的缺陷分类，这时可能会发现自己提交的问题只有固定的几个类别。然后，再把一起完成测试执行工作的其他测试人员发现的问题也汇总起来。

通过收集缺陷，对比测试用例和缺陷数据库，分析确认是漏测还是缺陷复现。漏测反映了测试用例的不完善，应立即补充相应测试用例，最终达到逐步完善软件质量的目的。若已有相应测试用例，则反映测试用例的执行或变更处理存在问题。

完成测试实施后，需要对测试结果进行评估，并且编制测试报告。判断软件测试是否完成、衡量测试质量需要一些量化的结果。例如，测试覆盖率是多少、测试合格率是多少、重要测试合格率是多少等。采用测试用例作度量基准，使得对测试结果的评估更加准确、有效。

5.5　测试用例管理

软件测试是一个庞大的工程，做好计划、编好测试用例，并执行和跟踪好测试用例，是非常必要的。建立一个测试系统，测试的质量就比较有保障。然而，一个完整的测试系统并不是一下子就可以实现的，而是在测试的过程中不断改进，才可以一步一步地走向完善。与软件本身的生命周期一样，测试用例也需经过"设计"、"评审"、"修改"、"执行"、"版本管理"、"发布"、"维护"等一系列阶段。

对于测试部门以及具体的测试人员来说，测试用例的管理是十分重要的，并直接影响到测试工作的进行。在对测试用例进行管理过程中，建议采用工具，可以参照图 5.4 对用例进行控制和管理。

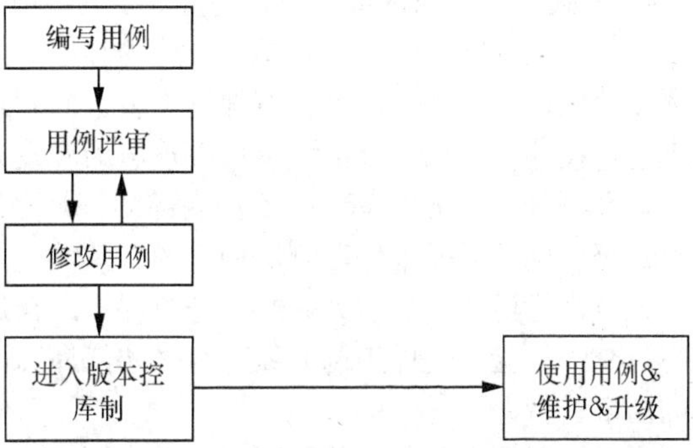

● 编写用例：测试工程师根据需求规约、概要设计、详细设计等文档编写测试用例。

● 用例评审：用例的评审，原则上如同程序一样，要经过评审来发现编写测试用例的问题。

● 用例修改：评审结束后，需要根据评审意见进行修改，修改后通常不再进行评审。建议如果在时间和人力资源比较充裕的情况下，对用例的评审要与开发部门的产品一样，要经过反复的评审和修改，然后正式投入使用，因为每次评审可能都有新的发现。

图 5.4　用例管理示意图

● 使用用例：在执行任务时版本控制库取出用例，执行用例时，建议要记录测试的结果，方便以后对软件缺陷的分析。

● 用例升级/维护：随着软件产品不断修改、升级，对应的用例也需要升级维护。针对同一个项目，可以根据需求的变更不断进行维护；如果是产品，用例的维护更加重要，要达到用例和产品的版本一一对应。

（1）测试用例的组织方式

在一个软件的测试过程中，可能涉及许多测试用例，为了方便测试工作的进行和提高测试工作的效率，需要将这些测试用例有效地组织起来。不同的测试部门有不同的做法，原则上，只要方便管理和跟踪，怎么组织都可以。通常情况下，使用以下几种方法来组织测试用例。

● 按照程序的功能块组织：应用程序的规格说明书一般是按照不同的功能块进行组织的，因此，按照功能块进行测试用例的组织是一种很好的方法。例如，查询功能模块的用例，可以组织在一起；打印模块的测试用例，也可以组织在一起。将属于不同模块的测试用例组织在一起，能够很好地覆盖所有测试的内容，准确地执行测试计划。

● 按照测试用例的类型组织：将不同类型的测试用例按照类型进行分类组织测试，也是一种常见的方法。例如，一个测试过程中可以将功能/逻辑测试、压力/负载测试、异常测试、兼容性测试等具有相同类型的用例组织成单独的测试单元或模块来测试。

● 按照测试用例的优先级组织：和软件错误相类似，测试用例拥有不同优先级，可以按照实际测试过程的需要，自己定义测试用例的优先级，从而使得测试过程有层次、有主次的进行。

在以上各种方式中，根据程序的功能块进行组织是最常用的方法，同时可以将3种方式混合起来灵活运用，例如可以先按照不同的程序功能块将测试用例分成若干个模块，再在不同的模块中划分出不同类型的测试用例，按照优先级顺序进行排列，这样就能形成一个完整而清晰的、基于测试用例进行组织的测试计划。

（2）测试用例的评审

测试用例在设计编制过程中要组织同级互查，完成编制后应组织专家评审，原则上用例像程序一样，要经过评审和多次的修改才可以通过，获得通过的测试用例才可以使用。评审委员会可由项目负责人和测试、编程、分析设计等有关人员组成，也可邀请客户代表参加。

用例评审在比较正规的公司更容易实施，同时软件开发团队必须在实际工作中对测试给予足够的重视，才可以把这项工作做好，否则就只是走走形式。有效的用例评审通常由下面两种形式组成。

● 测试部门外部评审：主要是由开发部、项目实施部、甚至销售人员参加的评审，目的主要是查找测试工程师编写的用例是否缺少内容等。外部评审是非常重要的，因为开发人员很容易发现测试用例遗漏了什么内容没有编制进去，同时还可以发现错误的用例，因为测试人员可能对需求理解存在偏差。用例外部评审可以理解为开发人员帮助查找测试用例的缺陷。

● 测试部门内部评审：是部门内部同行对测试策略的评审，中心是检验测试策略和用例编制思路是否正确，以此来保证测试用例的有效性。内部评审的主要工作方式是项目会议，由用例的设计人员进行讲解，然后大家共同进行评审。在评审中大家可以进行激烈的讨论，共同探讨用例编写、交流经验，这样用例的编写水平才能提高，同时可以进行一些创新。也可以把文档发给部门的同事进行评审。

通常情况下先执行内部评审，然后执行外部评审。很多时候，内部评审会被忽略，建议要进行内部评审。这样至少有两个好处：集思广益和提高测试小组输出文档的质量。

评审结束后，需要根据评审意见对测试用例进行修改，修改后通常不再进行评审。建议在时间和人力资源比较充裕的情况下，对用例的评审要像测试开发部门的产品一样，经过反复的评审和修改，然后正式投入使用，因为每次评审可能都有新的发现。

（3）测试用例的修改更新

测试用例在形成文档后也还需要不断维护和完善。通常情况下，测试用例需要修改更新的原因主要有以下几个方面。

● 在测试过程中发现设计测试用例时考虑不周，设计不全面或者不准确，需要完善。

● 在软件交付使用后反馈的软件缺陷中，部分软件缺陷未在测试中涵盖，这些缺陷是因测试用例存在漏洞造成的。

● 软件自身的新增功能以及软件版本的更新，测试用例也必须配套修改更新。随着软件产品的不断修改、升级，对应的用例也需要升级和维护。针对同一个项目，可以根据需求的变更不断进行维护；如果是产品，用例的维护则更加重要，要达到用例和产品的版本一一对应。

所有上面所列的可能性，都会导致测试结果与期望的结果不同。一般小的修改完善可在原测试用例文档上修改，但文档要有更改记录。软件的版本升级更新，测试用例一般也应随之编制升级更新版本。

（4）测试用例的管理软件

测试用例的管理是测试文件管理的一部分，为了有效地进行管理，需配备测试用例管理软件对测试用例进行管理。现在 Internet 上可以下载一些用来进行测试管理的软件，其中一些是免费的，如 TCM（Test Case Manager）就可以用来做测试用例的管理。

TCM 可用于测试用例的存储和测试结果的记录。在这个系统中，所有的测试用例可按不同的要求来划分组别，如按功能划分、按类型划分等。TCM 还有一个很好的功能就是可以计算测试的覆盖率，无论采用哪种方案将测试分类，它都能计算出测试的覆盖率。它的主要功能有以下 3 个。

- 能将测试用例文档的关键内容（如编号、名称等），自动导入管理数据库，形成与测试用例文档完全对应的记录。TCM 将所有的测试用例及相关的资料以 Microsoft Access 数据库的形式存储起来，因此管理和使用测试用例会很方便。
- 可供测试实施时及时输入测试情况。
- 最终实现自动生成测试结果文档，包含各测试度量值、测试覆盖率表和测试通过或不通过的测试用例清单列表。

在使用 TCM 的过程中，工作量比较大的工作就是要把测试用例逐一输入到系统中，不过一旦完成这一过程，以后的测试工作就比较系统化，也容易管理，测试人员无论是编写每日的测试工作日志、还是撰写软件测试报告，都会变得很方便。

习　题　5

1．什么是测试用例？
2．测试用例有什么作用？
3．测试设计说明书主要包括哪些内容？
4．一个优秀的测试用例应该包含哪些要素？
5．什么是测试用例优先级？划分测试用例优先级有什么作用？
6．编写测试用例所依据和参考的文档和资料有哪些？
7．测试用例设计的基本原则是什么？
8．设计测试用例应注意哪些问题？
9．在编写测试用例的时候，可以怎样对测试用例进行分类？
10．在不同测试阶段，都采用哪些类型的测试用例？
11．测试用例执行中应该注意哪些问题？
12．通常情况下，使用哪几种方法来组织测试用例？
13．如何进行测试用例的评审？　测试用例的评审有什么作用？
14．为什么需要对测试用例进行维护和更新？
15．采用测试用例管理软件对测试用例进行管理有什么好处？
16．城市的电话号码由两部分组成。这两部分的名称和内容分别是：
（1）地区码：以 0 开头的三位或者四位数字（包括 0）；
（2）电话号码：以非 0、非 1 开头的七位或者八位数字。

假定被调试的程序能接受一切符合上述规定的电话号码，拒绝所有不符合规定的号码，请使用等价分类法来设计它的测试用例。

17．有一个处理单价为 5 角钱的饮料的自动售货机，若投入 5 角钱或 1 元钱的硬币，压下〖橙汁〗或〖啤酒〗的按钮，则相应的饮料就送出来。若售货机没有零钱找，则一个显示〖零钱找完〗的红灯亮，这时在投入 1 元硬币并押下按钮后，饮料不送出来而且 1 元硬币也退出来；若有零钱找，则显示〖零钱找完〗的红灯灭，在送出饮料的同时退还 5 角硬币。
（1）列出原因和结果，画出因果图；

（2）根据因果图，建立判定表；

（3）根据判定表设计测试用例数据 。

18．为以下所示的程序段设计一组测试用例，要求分别满足语句覆盖、判定覆盖、条件覆盖、判定/条件覆盖、组合覆盖和路径覆盖，并画出相应的程序流程图。

```
void  DoWork (int x,int y,int z)
{
 int  k=0,j=0;
 if ((x>3)&&(z<10) )  {k=x*y-1;
     j=sqrt(k);  //语句块 1
 }                          if ( (x==4)||(y>5) )    {
j=x*y+10;
 }            //语句块 2    j=j%3;      //语句块 3}
```

19．有函数 f(x,y,x)，其中 x∈[1900,2100]，y∈[1,12]，z∈[1,31]的。请写出该函数采用边界值分析法设计的测试用例。

第6章
测试报告与测试评测

软件测试的目的是为了保证软件产品的最终质量，一个软件项目的测试工作，除了应严格按照软件测试流程来计划测试、设计测试、实施测试之外，根据测试情况撰写测试报告和测试评测，对测试进行评估和质量分析，同样是一项关键的工作。测试报告主要是报告发现的软件缺陷，测试评测主要包括覆盖评价以及质量和性能评测。覆盖评价是对测试完全程度的评测；质量和性能评测是对测试的软件对象的性能、稳定性以及可靠性的评测。

本章主要介绍如何报告发现的软件缺陷，以及有关软件测试评测的相关知识。

6.1　软件缺陷和软件缺陷种类

6.1.1　软件缺陷的定义和描述

软件缺陷简单说就是存在于软件（文档、数据、程序）之中的那些不希望，或不可接受的偏差，而导致软件产生质量问题。但是，以软件测试的观点对软件缺陷的定义是比较宽泛，按照一般的定义，只要符合下面5个规则中的一条，就叫做软件缺陷。

- 软件未达到软件规格说明书中规定的功能。
- 软件超出软件规格说明书中指明的范围。
- 软件未达到软件规格说明书中指出的应达到的目标。
- 软件运行出现错误。
- 软件测试人员认为软件难于理解，不易使用，运行速度慢，或者最终用户认为软件使用效果不好。

如果在软件系统的执行过程中遇到一个软件缺陷，可能引起软件系统的失效。那么准确、有效地定义和描述软件缺陷，可以使软件缺陷得以快速修复，节约软件测试项目的成本和资源，提高软件产品的质量。

软件缺陷的基本描述是报告软件缺陷的基础部分，一个好的描述需要使用简单、准确、专业的语言来抓住软件缺陷的本质，若描述的信息含糊不清，可能会误导开发人员。以下是软件缺陷的有效描述规则。

- 单一准确：每个报告只针对一个软件缺陷。
- 可以再现：提供出现这个缺陷的精确步骤，使开发人员看懂，可以再现并修复缺陷。
- 完整统一：提供完整，前后统一的软件缺陷的修复步骤和信息，如图片信息，log 文件等。
- 短小简练：通过使用关键词，使软件缺陷的标题描述短小简练，又能准确解释产生缺陷的现象。

● 特定条件：软件缺陷描述不要忽视那些看似细节但又必要的特定条件（如特定的操作系统，浏览器），这些特定条件能提供帮助开发人员找到产生缺陷原因的线索。

● 补充完善：从发现软件缺陷开始，测试人员的责任就是保证他被正确的报告，并得到应有的重视，继续监视其修复的全过程。

● 不作评价：软件缺陷报告是针对软件产品的，因此软件缺陷描述不要带有个人观点，不要对开发人员进行评价。

6.1.2　软件缺陷的种类

在软件测试过程中如何判断软件缺陷，软件缺陷都有那些种类？许多资历较浅，经验不足的测试人员对软件缺陷的认定往往会没有把握，这里指出的软件缺陷种类有 15 种，包括：功能不正常、软件在使用上不方便、软件的结构来做良好规划、功能不充分、与软件操作者的互动不良、使用性能不佳、未做好错误处理、边界错误、计算错误、使用一段时间所产生的错误、控制流程的错误、在大数据量压力之下所产生的错误、不同硬设备所导致的错误、版本控制不良所产生的错误和软件文档错误等。以软件测试的角度来定义软件缺陷是比较广义的，可是界定的出发点相当简单，就是从使用者的角度进行判断。下面分别进行说明：

（1）功能不正常

简单地说就是所应提供的功能，在使用上并不符合设计规格说明书中规定的功能，或是根本无法使用。这个错误常常会发生在测试过程的初期和中期，有许多在设计规格说明书中规定的功能无法运行，或是运行结果达不到预期设计。最明显的例子就是在用户接口上所提供的选项及动作，使用者在操作后毫无反应。例如，有一个简单的软件测试实例，软件让使用者输入所想要保留信息的数量及天数，测试人员发现输入数量没有问题，但是如果输入天数则没有作用。经过查证之后发现，开发人员忘记加了输入选项的判断式，所以无论使用者的选择什么输入，程序都是以输入保留信息的数量进行运算。这个问题对开发人员来说是一个很简单的小问题，可是如果测试人员未做好把关的工作，这个问题对用户来说就是一个很大错误。

（2）软件在使用上不方便

只要是不知如何使用或难以使用的软件，在设计上一定是出了问题。所谓好用的软件就是使用上尽量方便，使用户易于操作。例如，微软所推出的软件，用户接口及使用操作上确实是下了一番功夫。有许多的软件公司推出的软件，在彼此的使用接口上完全不同，这样的做法其实只会增加使用者的学习难度，另一方面也凸显了这些软件公司的集成能力的不足。

从用户接口上很容易判断一家软件公司到底是否很专业化。这里提供最基本的三点判断法。首先你可以在激活程序后按［F1］键，此时 Help 对话框应当马上出现，另外一个就是观察是否提供了热键或快捷键，最后一个就是试一下 Tab Order 是否按照顺序排列。这 3 点是最基本的要求，如果都未达到，这家软件公司在这方面是需要多多加强了，因为连一些市面上的共享软件或免费软件，在使用接口方面都做得很完善。

（3）软件的结构来做良好规划

这里主要指的是软件是以自顶向下的方式开发，还是以自底向上的方式开发的。如果是以自顶向下的结构或方法所开发的软件，在功能的规划及组织上比较完整，相反的以自底向上的组合式开发出来的软件功能较为分散。举例来说，假设有一个软件提供了 3 个扫描的功能：实时扫描、手动扫描和扫描。就功能方面而言，这 3 种功能应该放到同一个扫描选项内。若实时扫描是后来增加的，而且提供了立即编辑的功能，因此它被独立出来成为另一个单独选项。这样将造成的结果是使许多的使用者误以为在实时扫描所做的立即编辑设置，应该可以适用于其他两种扫描功能上。

（4）所提供的功能不充分

这个问题与功能不正常是不一样的。这里所指的是软件所提供的功能在运作上是正常的，可是对使用者而言却是不完整的。即使软件的功能运作结果符合设计规格的要求，系统测试人员在测试结果的判断上，它一定要从使用者的角度进行思考。这里举一个例子，假设所测试的软件提供了数据处理功能，但是采用的是封闭式的 CodeBase 数据库。对开发人员来说，采用 CodeBase 的数据库对程序编写来说比较容易，经过测试之后也未发生其他的问题。可是在用户的环境下进行测试之后才发现，用户要求提供支持 SQL 数据库的功能，因为他们希望能够统一管理所有的信息。在这种情况下，系统测试人员必须将这个问题呈现出来，虽然现在要求增加这个需求已经太晚了，不过可以建议提供另一种解决方法，例如提供一个信息转换工具等。测试人员要随时对所进行测试的功能保持一个存疑的态度，因为这样的问题如果出现在开发的后期，所能提供的解决方式很有限，所以早一点发现这样的问题对提高整个开发质量的帮助很大。通常这样的问题大都是由经验较丰富的测试人员发现的。

（5）与软件操作者的互动不良

一个好的软件必须与操作者之间正常互动。在操作者使用软件的过程中，软件必须很好地响应操作者。例如，在网络中浏览网页时，假设操作者正在某一个网页填写信息，但是所填写的信息不足或是有误。当操作者单击了【确定】按钮之后，网页此时响应操作者所填写的信息有错，可是并未指出错误在哪里，操作者只好回到上一页后重新填写一次，或是直接放弃离开。这个问题就是软件对操作互动方面，未做完整的设计。对于属于窗口类型的软件，这一点也常常被忽略，例如当操作者做任何更新或删除动作的前后，软件是否提供相应的信息给使用者？或对所执行的动作做确认？如提供确认窗口等。与操作者的互动原则就是所有的动作必须伴随着适当的响应。

（6）使用性能不佳

所测试的软件功能正常，但是使用性能不佳，这样算不算问题呢？使用性能不佳，当然是一个问题，这样的问题通常是由于开发人员采用了错误的解决方案，或是运用了不适用的算法所导致的。在实际测试中发现有不少错误都是因为采用了错误的解决方法。例如有一个软件属于 Client / Server 的企业软件，Server 端将 Client 传递上来的信息做好分类处理。由于信息所包含的种类相当多，于是开发人员将它分别存入不同的信息文件内，例如 Client A 送给 Server 的信息的种类有 A1～A10，而 Server 就分别将信息存到 10 个不同的信息文件内。这样做的结果是造成使用者在做信息查询时速度很慢，因为 Server 会逐一查找 10 个不同的信息文件内容来作对比。类似的例子相当多，寻根究底是因为未做好基础审核及设计审核，大都是在进行系统测试或性能测试时才凸显出问题的严重性。

（7）未做好错误处理

软件除了避免出错之外，还要做好错误处理，许多软件之所以会产生错误是因为程序本身不知道如何处理所遇到的错误。例如，所测试的软件读取外部的信息文件并已做一些分类整理，可是刚好读取的外部信息文件的内容已被损毁。当程序读取这个损毁的信息文件时，程序发现问题，这时候操作系统不知如何处理这个状况，为了保护自己只好中断程序。由此可见应设立错误处理机制。如上述所诉的例子，程序在读取外部信息文件之前，应该先检查外部信息文件是否毁损，这样的方法才比较保险。

（8）边界错误

缓冲区溢出问题在这几年来已成为网络攻击的常用方式，而这个错误就属于边界错误的一种。简单地说，程序本身无法处理超越边界所导致的错误。这个问题除了编程语言所提供的函数有问题之外，有许多的情形是开发人员在声明变量，或是使用边界范围时不小心引起的。下面是一个典型的缓冲区溢出的边界错误：

```
Void func(void) {
    {
    int I;
    char buffer[256]; 'Buffer定义为256
    for (I=0;I<512;I++) '越界
        buffer[I]='t';
    return
    }
```

（9）计算错误

只要是计算机程序就免不了包括数学计算。软件之所以会出现计算错误，大部分出错的原因在于采用了错误的数学运算公式或未将累加器初始化为0。

（10）使用一段时间所产生的错误

这个问题就是程序刚开始运行时很正常，但在运行了一段时间后却出现问题。最典型的例子就是数据库的查找功能。有一些软件在刚开始使用时，所提供的信息查找功能运作良好，可是在使用了一段时间后却发现，进行信息查找所需的时间越来越长了。结果发现，程序采用的信息查找方式是顺序查找的方法，随着数据库信息的增加，查找的时间当然会越来越长。还有一个例子是一个软件提供组件更新的功能，程序会通过因特网来下载最新的组件，之后程序会以新的组件取代旧的组件。开发人员在设计中忘了将状态标志恢复到原来的状态，这个更新程序做第一次更新动作的时候是正确运作，可是如果再做第二次更新动作就毫无作用了。

（11）控制流程的错误

控制流程的好与环，考验着开发人员对软件开发的态度及设计的程序是否严谨。软件在状态间的转变是否合理，要依据流程进行控制。例如，用软件安装程序解释这样的问题是最容易的。用户在进行软件安装时，在输入用户名及一些其他信息后，软件就直接进行安装了，可是用户希望将软件安装在不同的磁盘驱动器或不同的目录之下，问题就出在安装程序并未为用户提供可以选择安装目的地的状态。这就是软件控制流程不完整的错误问题。

（12）在大数据量压力之下所产生的错误

程序在处于大数据量状态下如果运作不正常的话，就是属于这种软件错误。大数据量压力测试对于 Server 级的软件是必须要进行的一项测试，因为 Server 级的软件对稳定度的要求远比其他的软件高。通常一连串的大数据量压力测试是必须实施的。例如，让程序处理超过 10 万笔的信息，然后再来观察程序运行的结果。

（13）在不同硬件环境下产生的错误

顾名思义就是问题的产生与硬件环境的不同有关。如果所开发的软件与硬件设备有直接的关系，这样的问题就会相当多，例如，有的软件在特殊品牌的服务器上运行约就会出错。

（14）版本控制不良所产生的错误

出现这样的问题属于项目管理的疏忽，当然测试人员未善尽职守也是原因之一。例如，一个软件被反应有安全上的漏洞，后来软件公司也很快将这个问题的修改版提供给用户。但是在一年后他们在推出新版本时，却忘记将这个已解决掉的问题加入新版本内。所以对用户来说，原本的问题已经解决了，可是想不到将版本升级之后，问题却又出现了。试问这些用户会如何看待这个软件的质量？其实这样的问题发生的概率不小。有一些用户对这种情况所采用的态度就是，尽量不去变更已经相当稳定的软件，就算软件公司提供新的版本或修正版，他们也是先采取按兵不动的方法。这个方式虽然安全但是也带来新的危机。2003 年 1 月 24 日针对微软 SQL Server 漏洞的计算机蠕虫病毒，导致了大规模的计算机网络瘫痪。它之所以会造成这样大的伤害，是因为有许多用户没有及时安装微软所提供补钉程序。

（15）软件文档的错误

最后这个错误是软件文档错误。这里所提及的错误除了软件所附带的使用手册、说明文档、以及其他相关的软件文档内容错误之外，同时还包括了软件使用接口上的错误文字和错误用语。错误的软件文档内容除了降低质量之外，最主要的问题是会误导用户。

以上这些软件缺陷类型，必须通过软件测试工作来仔细识别。

6.1.3　软件缺陷的属性

认识软件缺陷，首先要了解软件缺陷的概念、软件缺陷的基本描述方法，其次就是了解软件缺陷的属性了。开发人员需要去修复每一个软件缺陷，但是不是每个软件缺陷都需要开发人员紧急修复呢？这需要定义软件缺陷属性，以提供开发人员作为参考，按照软件缺陷优先等级、严重程度去修复软件缺陷，不至于遗漏严重的软件缺陷。对于测试人员，利用软件缺陷属性可以跟踪软件缺陷，保证软件产品的质量。

软件缺陷的属性包括缺陷标识、缺陷类型、缺陷严重程度、缺陷产生可能性、缺陷优先级、缺陷状态、缺陷起源、缺陷来源、缺陷原因等。下面详细介绍一下以上这些属性：

（1）缺陷标识：是标记某个缺陷的唯一标识，可以用数字序号表示，一般由软件缺陷追踪管理系统自动生成。

（2）缺陷描述与缺陷注释：指对缺陷的发现过程所进行的详细描述和对缺陷的一些辅助说明信息。

（3）缺陷类型：指根据缺陷的自然属性划分的缺陷类型，一般包括功能缺陷、用户界面缺陷、文档缺陷、软件配置缺陷、性能缺陷、系统/模块接口缺陷等。

- 功能缺陷：影响了各种软件系统功能、逻辑的缺陷。
- 用户界面缺陷：影响了用户界面、人机交互特性，包括屏幕格式、用户输入灵活性、结果输入格式等方面的缺陷等。
- 文档缺陷：指文档影响了软件的发布和维护，包括注释、用户手册、设计文档等。
- 软件配置缺陷：由于软件配置库、变更管理或版本控制引起的错误。
- 性能缺陷：不满足系统可测量的属性值，如执行时间、事务处理速率等。
- 系统/模块接口缺陷：与其他组件、模块或设备驱动程序、调用参数、控制块或参数列表等不匹配、冲突等。

（4）缺陷严重程度：严重性表示软件缺陷对软件质量的破坏程度，反映其对产品和用户的影响，即此软件缺陷的存在将对软件的功能和性能产生怎样的影响。软件缺陷的严重性的判断应该从软件最终用户的观点做出判断，即判断缺陷的严重性要为用户考虑，考虑缺陷对用户使用造成的恶劣后果的严重性。

一般分为：致命（Fatal）、严重（Critical）、一般（Major）、较小（Minor）。

- 致命：系统任何一个主要功能完全丧失，用户数据受到破坏，系统崩溃、悬挂、死机或者危及人身安全。
- 严重：系统的主要功能部分丧失，数据不能保存，系统的次要功能完全丧失，系统所提供的功能或服务受到明显的影响。
- 一般：系统的次要功能没有完全实现，但不影响用户的正常使用。例如：提示信息不太准确或用户界面差、操作时间长等一些问题。
- 较小：使操作者不方便或遇到麻烦，但它不影响功能过的操作和执行，如个别不影响产品理解的错别字、文字排列不整齐等一些小问题。

一般在每一个软件测试过程中，由于时间、人力、财力等原因，都必须对进行软件缺陷取舍，要承担一定的风险。通常要根据缺陷严重程度，以决定哪些软件缺陷需要修复，哪些不需要修复，哪些推迟到软件的以后的版本中解决。

（5）缺陷产生可能性：指某缺陷发生的频率，一般分为：总是、通常、有时、很少等。

- 总是：总是产生这个软件缺陷，其产生的频率是 100%。
- 通常：按照测试用例，通常情况下会产生这个软件缺陷，其产生的频率大概是 80%~90%。
- 有时：按照测试用例，有时候产生这个软件缺陷，其产生的频率大概是 30%~50%。
- 很少：按照测试用例，很少产生这个软件缺陷，其产生的频率大概是 1%~5%。

（6）缺陷的优先级：优先级表示修复缺陷的重要程度和应该何时修复，是表示处理和修正软件缺陷的先后顺序的指标，即哪些缺陷需要优先修正，哪些缺陷可以稍后修正。确定软件缺陷优先级，更多的是站在软件开发工程师的角度考虑问题，因为缺陷的修正顺序是个复杂的过程，有些不是纯粹技术问题，而且开发人员更熟悉软件代码，能够比测试工程师更清楚修正缺陷的难度和风险。一般分为：高优先级、高优先级、正常排队、低优先级等。

- 最高优先级：指的是一些关键性错误，缺陷导致系统几乎不能使用或者测试不能继续，需立即修复。
- 高优先级：缺陷严重，影响测试，需要优先考虑修复。
- 正常排队：缺陷需要正常排队等待修复，在产品发布之前必须修复。
- 低优先级：缺陷可以在开发人员有时间的时候被纠正。

软件缺陷的优先级在项目期间是会发生变化的。例如，原来标记为优先级 2 的软件缺陷随着时间的推移，以及软件发布日期临近，可能变为优先级 3。作为发现该软件缺陷的测试人员，需要继续监视缺陷的状态，确保自己可以同意对其所做的变动，并提供进一步测试数据来说服修复人员使其得以修复。

（7）缺陷状态：用于描述缺陷通过一个跟踪修复过程的进展情况。一般分为：激活或打开、已修正或修复、关闭或非激活、重新打开、推迟、保留、不能重现、需要更多信息等。

- 激活或打开：问题还没有解决，存在源代码中，确认"提交的缺陷"，等待处理，如新报的缺陷。
- 已修正或修复：已被开发人员检查、修复过的缺陷，通过单元测试，认为已经解决但还没有被测试人员验证。
- 关闭或非激活：测试人员验证后，确认缺陷不存在之后的状态。
- 重新打开：测试人员验证后，确认缺陷不存在之后的状态。
- 推迟：这个软件缺陷可以在下一个版本中解决。
- 保留：由于技术原因或第三者软件的缺陷，开发人员不能修复的缺陷。
- 不能重现：开发不能再现这个软件缺陷，需要测试人员检查缺陷再现的步骤。
- 需要更多信息：开发能再现这个软件缺陷，但开发人员需要一些信息，例如缺陷的日志文件、图片等。

（8）软件缺陷的起源：指缺陷引起的故障或事件第一次被检测到的阶段。分为：需求、构架、设计、编码、测试、用户等。

- 需求：在需求阶段发现的软件缺陷。
- 设计：在详细设计阶段发现的软件缺陷。
- 编码：在编码阶段发现的软件缺陷。
- 测试：在测试阶段发现的软件缺陷。
- 用户：在用户使用阶段发现的软件缺陷。

在软件生命周期中，软件缺陷占的比例一般为：需求和构架设计阶段占 54%、设计阶段占 25%、编码阶段占 15%、其他占 6%。

（9）软件缺陷的来源：指引起软件缺陷发生的地方。分为：需求说明书、设计文档、系统集成接口、数据流（库）、程序代码等。

  ○ 需求说明书：需求说明书的错误或不清楚引起的问题。
  ○ 设计文档：设计文档描述不准确。和需求说明书不一致的问题。
  ○ 系统集成接口：系统各模块参数不匹配、开发组之间缺乏协调引起的缺陷。
  ○ 数据流（库）：由于数据字典、数据库中的错误引起的缺陷。
  ○ 程序代码：纯粹在编码中的问题所引起的缺陷。

（10）缺陷根源：指产生软件缺陷的根本因素，以便进一步寻求对软件开发流程的改进和管理水平的提高。一般为：测试策略，过程、工具和方法，团队/人，缺乏组织和通信，硬件，软件，工作环境等。

  ○ 测试策略：错误的测试范围，误解测试目标，超越测试能力等。
  ○ 过程、工具和方法：无效的需求收集过程，果实的风险管理过程，不使用的项目管理方法，没有估算规程，无效的变更控制过程等。
  ○ 团队/人：项目团队职责交叉，缺乏培训。没有经验的项目团队，缺乏士气和动机不纯等。
  ○ 缺乏组织和通信：缺乏用户参与，职责不明确、管理失败等。
  ○ 硬件：硬件配置不对、缺乏、或处理器缺陷导致算术精度丢失，内存溢出等。
  ○ 软件：软件设置不对、缺乏，或操作系统错误导致无法释放资源，工具软件的错误，编译器的错误等。

  工作环境：组织机构调整，预算改变，工作环境恶劣等。

6.2　软件缺陷的生命周期

　　软件缺陷从被测试人员发现一直到被修复，软件的缺陷要经历一组非常严格的状态，即也经历了一个特有的生命周期的阶段。软件缺陷的生命周期指的是一个软件缺陷被发现、报告到这个缺陷被修复、验证直至最后关闭的完整过程。下面是一个最简单的软件缺陷生命周期的情况，系统地表示软件缺陷从被发现起经历生存的各个阶段：

（1）发现——打开：测试人员找到软件缺陷并将软件缺陷提交给开发人员。

（2）打开——修复：开发人员再现、修复缺陷，然后提交测试人员去验证。

（3）修复——关闭：测试人员验证修复过的软件关闭已不存在的缺陷。

　　当软件缺陷首先被软件测试人员发现时，被测试人员登记下来并指定程序员修复，该状态称为打开状态。一旦程序修复人员修复了代码，指定回到测试人员手中，软件缺陷就进入了解决状态。然后测试人员执行回归测试，确认软件缺陷是否得以修复，如果验证已经修复，就把软件缺陷关掉，软件缺陷进入最后的关闭状态。

　　在一些情况下，软件缺陷生命周期的复杂程度仅为软件缺陷被打开、解决和关闭。然而，但是这是一种理想的状态，在实际的工作中是很难有这样的顺利的，需要考虑的各种情况都还是非常多的，在有些情况下，生命周期变得更复杂一些，如图 6.1 所示。

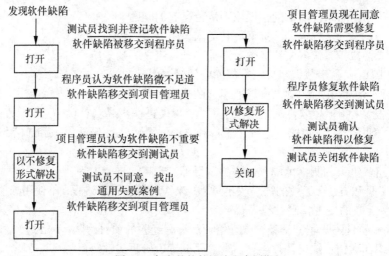

图 6.1 复杂的软件缺陷生命周期

在这种情况下，生命周期同样以测试人员打开软件缺陷并交给程序员开始，但是程序修复人员不修复它，他认为该软件缺陷没有达到非修复不可的地步，交给项目管理员来决定。项目管理员同意程序修复人员的看法，把软件缺陷以"不要修复"的形式放到解决状态。测试人员不同意，查找并找出更明显、更通用的测试用例演示软件缺陷，重新打开它，交给项目管理员。项目管理员看到新的信息时，表示同意，并指定程序修复人员修复。于是，程序修复人员修复软件缺陷，完成后进入解决状态，并交给测试人员。测试人员确认修复结果，关闭软件缺陷。

可以看到，软件缺陷可能在生命周期中经历数次改动和重审，有时反复循环。图 6.1 所示的情况，在实际测试工作中有相当的普遍性。通常，软件缺陷生命周期有两个附加状态：

① 审查状态

审查状态是指项目管理员或者委员会（有时称为变动控制委员会）决定软件缺陷是否应该修复。在某些项目中，这个过程直到项目行将结束时才发生，甚至根本不发生。注意，从审查状态可以直接进入关闭状态。如果审查发现软件缺陷太小，决定软件缺陷不应该修复，不是真正的问题或者属于测试失误，就会进入关闭状态。

② 推迟状态

审查可能认定软件缺陷应该在将来的同一时间考虑修复，但是在该版本软件中不修复。

推迟修复的软件缺陷以后也可能证实很严重，要立即修复。此时，软件缺陷就重新被打开，再次启动整个过程。

大多数项目小组采用规则来约束由谁来改变软件缺陷的状态，或者交给其他人来处理软件缺陷。例如，只有项目管理员可以决定推迟软件缺陷修复，或者只有测试人员允许关闭软件缺陷。重要的是一旦登记了软件缺陷，就要跟踪其生命周期，不要跟丢了，并且提供必要信息驱使其得到修复和关闭。

软件缺陷生命周期中的不同阶段是测试人员、开发人员和管理人员一起参与、协同测试的过程。软件缺陷一旦发现，便进入测试人员、开发人员、管理人员严格监控之中，直至软件缺陷的生命周期终结，这样可保证在较短的时间内高效率的关闭所有缺陷，缩短软件测试的进程，提高软件质量，同时减少开发和维护成本。

6.3　分离和再现软件缺陷

测试人员要想有效地分离和再现软件缺陷，就要清楚和准确地描述产生软件缺陷的条件和具体步骤。在许多情况下这很容易做到，对测试人员有利的情况是，若建立起绝对相同的输入条件时，软件缺陷就会再次出现，不存在随机的软件缺陷。例如，有一个画图程序的简单测试用例，检查绘画可以使用的所有颜色。如果每次选择红色，程序部用绿色绘画，这就是明显的和可再现的软件缺陷。但是，对测试人员不利的情况是，若验明和建立起绝对相同输入条件的话，要求技巧性非常高，而且非常耗时，当不知道输入条件时，就很难再现软件缺陷。在这些情况下分离和再现软件缺陷的条件、环境、技术等要求非常高，而且非常浪费资源。如上面的画图程序，如果这个颜色错误的软件缺陷仅在执行一些其他测试用例之后出现，而在启动机器之后直接执行专门的测试用例时不出现，对于这样随机出现的软件缺陷的分离和再现就比较困难。

分离和再现软件缺陷是充分发挥软件测试人员侦探才能的地方，测试人员应该设法找出缩小问题范围的具体步骤。某些测试人员擅长分离和再现软件缺陷。他们可以非常迅速地找出缩小问题范围的具体步骤和条件，找到软件缺陷。而对于其他测试人员而言，这种技巧要经过寻找和报告各种类型软件缺陷的锻炼才能获得，测试人员要抓住每一个机会去分离和再现软件缺陷，来锻炼、培养这种技巧。

如果找到的软件缺陷要采取繁杂的步骤才能再现，或者根本无法再现，碰到这种情况，可采取如下的方法来分离和再现软件缺陷，实践证明这些方法对测试人员是有所帮助的。

（1）确保所有的步骤都被记录

测试人员应该记下测试过程中所做的每一件事：每一个步骤、每一次停顿、每一件工作。如果在测试过程中无意间丢掉一个步骤，或者增加一个多余步骤可能导致无法再现软件缺陷。如果有必要，也可以使用摄像机记录测试画面。所有这一切工作的目标就是确保导致软件缺陷所需的全部细节再现。

（2）注意时间和运行条件上的因素

软件缺陷是否仅在某个特定时刻出现？也许它取决于输入的速度，或者使用的是慢速的软盘还是高速的硬盘来保存数据；测试工作中看到软件缺陷时网络是否繁忙；在较慢和较快的硬件上尝试测试用例；测试的时序等。这些时间和运行条件上的因素，将直接影响软件缺陷的分离和再现。

（3）注意软件的边界条件、内存容量和数据溢出的问题

在测试过程中一些与边界条件相关的软件缺陷，内存容量不足和数据溢出等问题也许慢慢会自己无意间显露出来。例如，执行某个测试可能导致数据覆盖，但是只有在试图使用该数据时才会发现，也许在后面的测试中不会再出现同样的软件缺陷；当重新启动计算机后软件缺陷就消失了，而仅在执行其他测试之后又出现了软件缺陷，便属于这一类。如果发生这种现象，就要利用一些动态的白盒子技术查看前面进行的测试，以确定软件缺陷是否在无意间发生了。

（4）注意事件发生次序导致的软件缺陷

状态缺陷仅在某些特定软件状态中才能够显示出来。例如，软件缺陷仅第一次运行，或者第一次运行之后出现；软件缺陷可能出现在保存数据之后，或者接任何键之前发生。这样的软件缺陷看起来很像与时间和运行条件相关，其实仔细分析就会发现这类软件缺陷主要是与事件发生的次序相关，而不是事件发生的时间。

（5）考虑资源依赖性和内存、网络、硬件共享的相互作用

在测试过程中注意观察软件缺陷是否在运行其他软件时，或与其他硬件通信的"繁忙"系统上出现？审视软件对资源依赖性和内存、网络、硬件共享的相互作用，考虑这些影响有利于分离

软件缺陷。

（6）不要忽视硬件

在测试过程中应注意硬件对软件的影响。例如，硬件性能的下降、不按预定方式工作、板卡松动、内存条损坏，或者 CPU 过热等，导致软件运行不正常。从现象上看起来像是软件缺陷，但事实上并不是。测试人员必须设法在不同硬件上运行软件，看十分能够再现软件缺陷。这在执行配置，或者兼容性测试时特别重要。测试人员应该知道软件缺陷是在一个硬件系统环境下还是在多个硬件系统环境上显现。

如果测试人员尽了最大努力分离软件缺陷，也无法制作简明的再现步骤，那么仍然要记录软件缺陷，以免跟丢了。也许程序员利用测试人员提供的信息，很容易就能够找出问题所在。由于程序员熟悉代码，因此看到症状、测试用例步骤，特别是努力分离问题的过程时，可能就发现查找软件缺陷的线索。当然，程序员不应该，也不必对发现的每一个软件缺陷都这样做。一个软件缺陷的分离和再现有时需要测试小组的集体智慧，当遇到那些难以分离和再现软件缺陷的问题时，就需要测试小组的共同努力。

6.4　软件测试人员需正确面对软件缺陷

软件测试人员的职责是根据一定的方法和逻辑，寻找或者发现软件中的缺陷，通过这个过程来证明软件的质量是优秀的，还是低劣的。所以，往往发现缺陷，成为很多测试人员关注的焦点。在软件测试过程中，软件测试人员一般须确保测试过程发现的软件缺陷得以关闭。但是，事实上在实际测试工作中，软件测试人员需要从综合的角度考虑软件的质量问题，对找出的软件缺陷保持一种平常心态：

（1）并不是测试人员辛苦找出的每个软件缺陷都是必须修复的

测试是为了证明程序有错，而不能保证程序没有错误。不管测试计划和执行测试多么努力，也不是所有软件缺陷发现了就能修复。有些软件缺陷可能会完全忽略，还有一些可能推迟到软件后续版本中修复。不修复软件缺陷的原因是：

① 没有足够的时间

在任何一个项目中，通常是软件功能较多，而程序设计人员和软件测试人员较少，并且可能在项目进度中没有为编制和测试留出足够的时间。在实际开发过程中，经常出现用户对软件的完成提出一个最后期限，在最后期限之前，必须按时完成软件。

② 不算真正的软件缺陷

在某些特殊场合，错误理解、测试错误，或者说明书变更，会使软件测试人员把一些软件缺陷不当作缺陷来对待。

③ 修复的风险太大

这种情形比较常见。软件本身是脆弱的、难以理清头绪，有点像一团乱麻。修复一个软件缺陷可能导致其他软件缺陷出现。在紧迫的产品发布进度压力之外，修改软件缺陷将冒很大的风险。不去理睬已知软件缺陷，以避免出现未知新缺陷的做法也许是安全的办法。

④ 不值得修复

虽然听起来有些不中听，但这却是真实的。不常出现的软件缺陷和在不常用功能中出现的软件缺陷可以放过；可以躲过，或者用户有办法预防，这样的软件缺陷通常不用修复。这些都要归结为商业风险决策。

（2）发现的缺陷的数量说明不了软件的质量

软件中不可能没有缺陷，发现很多的缺陷对于测试工作来说，是件很正常的事。缺陷的数量大，只能说明测试的方法很好，思路很全面，测试工作有成效。但是，以此来否认软件的质量，还比较的武断。

例如，如果测试中发现的这些缺陷，绝大多数都是属于提示性错误、文字错误等，错误的等级很低，而且这些缺陷的修改几乎不会影响到执行指令的部分，而软件的基本功能或者是性能，发现很少的缺陷，很多时候，这样的测试证明的是"软件的质量是稳定的"，因而它属于优秀的软件的范畴。这样的软件，只要处理好发现的缺陷，基本就可以发行使用了；进行完整的回归，就是增加软件的成本，浪费商机和时间。

反过来，如果在测试中发现的缺陷比较少，但是这些缺陷都集中在功能没有实现，性能没有达标，动不动就引起死机、系统崩溃等现象，而且，在大多数的用户在使用的过程中都会发现这样的问题，这样的软件不会有人轻言"发布"的，因为承担的风险太大了。

虽然，这两个例子都比较的极端，在实际的测试中，几乎不会发生，但是，提出来，是希望测试人员不要把工作集中在发现缺陷数量的问题上。

（3）不要指望找出软件中所有的缺陷

很多人都知道这个道理，但是却不明白这个规则给软件测试工作的意义。软件中的缺陷既然是不可能全部发现的，就不要指望找出软件中全部的缺陷，当它足够少（各公司的定义是不同的）的时候，就应该停止测试了。

虽然软件测试人员需要对自己找出的软件缺陷保持一种平常心态，但同时又必须坚持有始有终的原则，跟踪每一个软件缺陷的处理结果，确保软件缺陷得以关闭。关闭软件缺陷的前提是缺陷得以修复，或决定不做修复。而缺陷是否需要修复的最终决定权在软件的项目负责人，但软件使得缺陷得以关闭的责任在测试人员。

6.5　报告软件缺陷

一般人可能会这样认为：报告发现的软件缺陷是软件测试过程中最简单的环节，与制定测试计划和实际测试工作，以及有效寻找软件缺陷必备的技巧相比，宣布发现某些错误可能是省时、省力的工作。但是事实并非如此，报告发现的软件缺陷实际上也许是软件测试人员要完成的最重要的。也可能是最困难的工作。

6.5.1　报告软件缺陷的基本原则

在软件测试过程中，对于发现的大多数软件缺陷，要求测试人员简捷、清晰地把发现的问题报告给判断是否进行修复的小组，使其得到所需要的全部信息，然后才能决定怎么做。但是，由于软件开发模式不同和修复小组的不固定性，将决定究竟怎样的修复或不修复的决定过程，运用于每一个具体小组或者项目是不可能的。在许多情况下，决定权在项目管理员手上。还有一些情况，决定权在程序员手里，还有的留在会议上决定。一般地，有一些专门人员，或者团队来审查发现的软件缺陷，判定是否修复。但是，无论什么情况，软件测试提供描述软件缺陷的信息对于做决定，是十分重要的。若软件测试人员对软件缺陷描述不清楚，报告不够及时、有效，没有建立足够强大的用例来证明指定的软件缺陷必须修复，其结果可能使软件缺陷被误以为不是软件缺陷，或者被认为软件缺陷不够严重，不值得修复，或者认为修复风险太大等，产生各种误解。报告软件测试错误的目的是为了保证修复错误的人员可以重复报告的错误，从而有利于分析错误产生的原因，定位错误，然后修正之。因此，报告软件测试错误的基本要求是准确、简洁、完整、规范。测试人员在报告软件缺陷方面要狠下工夫。报告软件缺陷的基本原则如下：

（1）尽快报告软件缺陷

软件缺陷发现得越早，留下的修复时间就越多。例如，在软件发布之前几个月从帮助软件文档中找出错别字，该软件缺陷被修复的可能性就很高。图 6.2 在图形上显示了时间和缺陷之间的关系。

（2）有效地描述软件缺陷

软件缺陷的基本描述是软件缺陷报告中测试人员对问题陈述的一部分，并且是软件缺陷报告的基础部分。一个好的描述需要使用简单、准确、专业的语言来抓住软件缺陷的本质，若描述的信息含糊不清，可能会误导开发人员。应当按照前面

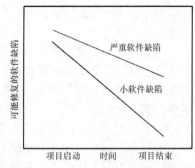

图 6.2　时间和缺陷之间的关系

6.1 节给出的软件缺陷的有效描述规则：单一准确、可以再现、完整统一、短小简练、必要的特定条件、补充完善、不作评价等几个方面，对于测试工作中发现的软件缺陷，简洁、清晰、准确、完整、有效地描述出来。描述要准确反映错误的本质内容，简短明了地揭示错误实质，传达给修复小组，使得其得到所需要的全部信息，这样才能便于修复小组判断报告的软件缺陷是否应该立即进行修复。

通常，使用展示软件缺陷特例的复杂步骤描述的软件缺陷，得到修复的机会较小，而使用简单与短小、容易看懂的步骤描述的软件缺陷，该缺陷得到修复机会较大。所以，应尽量使用短语和短句，避免复杂句型句式。报告软件错误的目的是便于定位错误，要求客观的描述操作步骤，不需要修饰性的词汇和复杂的句型，只解释事实和报告、描述软件缺陷必经的细节，增强可读性。例如，一个程序开发人员接到测试人员的一个下述报告："无论何时在登入对话框中输入一串随机字符，软件就开始乱。"这样的描述在没有说明随机字符是什么、一个字符有多长、产生什么奇怪现象的前提下，程序开发人员是不能开始修复这个软件缺陷的。为了便于寻找指定的测试错误，应记录缺陷或错误出现的位置，出现错误的前提和具体条件，要给出说明问题的一系列明确步骤，如果不止一组输入或者操作导致软件缺陷，就应该引出一个例子，特别是给出能够帮助程序员找到原因的例子和线索。

还要根据错误的现象，分析判断错误，明确指明错误的类型。例如，布局错误、判断条件错误、功能错误、字节错误等。应尽量使用 IT 界惯用的表达术语和表达方法，保证表达准确，体现专业化。

每一个报告只针对一个软件缺陷。如果在一个报告中报告多个软件缺陷，最容易出现的结果是，一般只有第一个软件缺陷受到注意和修复，而其他软件缺陷被忘记或者忽视。分别跟踪在同一报告中列出的多个软件缺陷也是不可能的。软件缺陷应该分别报告，而不是堆在一起，这说起来容易，但是做起来就不那么简单。例如，一个软件缺陷报告如下："联机帮助软件文档中下述 5 个单词拼写错误：……"显然，应该报告 5 个单独的软件缺陷。对于"登录对话拒不接受大写字母的口令或者登录 ID"？这是一个还是两个软件缺陷呢？从用户角度看，像是两个软件缺陷，一个针对口令，另外一个针对登录 ID。但是在代码级，这可能是一个问题，程序员没有正确地对大写字母进行处理。当出现疑问时，就要报告单个软件缺陷。虽然有时几个软件缺陷可能最终查明是同一个原因，但是在软件缺陷修复之前，我们并不知道导致该缺陷的原因，单独报告软件缺陷即使有错，也比延误或者忘记修复软件缺陷要好。

在报告软件缺陷时不要做任何评价。在软件测试过程中，因为测试人员是在寻找程序错误，所以测试人员和程序员之间很容易形成对立关系。软件缺陷报告可能以软件测试人员工作"成绩报告单"的形式由程序员或者开发小组其他人员审查，因此软件缺陷报告中应不带有倾向性，以及个人的观点。例如，"你控制打印机的代码很糟糕，根本无法工作。我相信你在送来测试之前一点也没有检查"的报告是让人无法接受的。所以，软件缺陷报告应该针对产品本身，而不是针对具体的人。只陈述事实，不对人进行评价，避免幸灾乐祸、哗众取宠、个人倾向、自负、责怪。

对于软件测试人员来说，得体和委婉是报告软件缺陷的关键。但是，必要时可以附加特殊文档和个人建议和注解。例如，　如果打开某个特殊的文档而产生的缺陷或错误，则必须附加该文档，从而可以迅速再现缺陷或错误。有时，为了使缺陷或错误修正者进一步明确缺陷或错误的表现，可以附加个人的修改建议或注解。

比没有找到重要软件缺陷更糟糕的情况是，测试人员发现了一个软件缺陷，并对它做了报告，然后把它忘掉了或者跟丢了。大家知道，测试软件是一件艰苦的工作，因此不要让自己的劳动成果-即找到的软件缺陷被忽视。从发现软件缺陷的那一刻起测试人员应该进行正确地报告，并且得到应有的重视。良好的测试人员发现并随时记录许多软件缺陷。优秀测试人员发现并记录了大量软件缺陷之后，应继续监视其修复的全过程。

以上概括了报告测试错误的规范要求，测试人员应该牢记上面这些关于报告软件缺陷的原则。这些原则几乎可以运用到任何交流活动中，尽管有时难以做到，然而，如果希望卓有效地报告软件缺陷，并使其得以修复，这些是测试人员要遵循的基本原则。随着软件的测试要求不同，测试者经过长期测试，积累了相应的测试经验，将会逐渐养成良好的专业习惯，不断补充新的规范书写要求。此外，经常阅读、学习高级测试工程师的测试错误报告，结合自己以前的测试错误报告进行对比和思考，可以不断提高技巧。

6.5.2　IEEE 软件缺陷报告模板

ANS/IEEE829—1998 标准定义了一个称为软件缺陷报告的文档，用于报告"在测试过程期间发生的任何异常事件"。简言之，就是用于登记软件缺陷。模板标准如图 6.3 所示，可作为报告软件缺陷时参考。

IEEE829—1998软件测试文档编制标准
软件缺陷报告模板
目录
1．软件缺陷报告标识符
2．软件缺陷总结
3．软件缺陷描述
　3.1 输入
　3.2 期望得到的结果
　3.3 实际结果
　3.4 异常情况
　3.5 日期和时间
　3.6 软件缺陷发生步骤
　3.7 测试环境
　3.8 再现测试
　3.9 测试人员
　3.10 见证人
4．影响

图 6.3　IEEE 软件缺陷报告模板

（1）软件缺陷报告标识符
指定软件缺陷报告的唯一 ID，用于定位和引用。
（2）软件缺陷总结
简明扼要地陈述事实，总结软件缺陷。给出所测试软件的版本引用信息、相关的测试用例和测试说明等信息。对于任何已确定的软件缺陷，都要给出相关的测试用例，如果某一个软件缺陷是意外发现的，也应该编写一个能发现这个意外软件缺陷的测试用例。

（3）软件缺陷描述

软件缺陷报告的编写人员应该在报告中提供足够多的信息，一般修复人员能够理解和再现事件的发生过程。下面是软件缺陷描述中的各个内容。

- 输入

描述实际测试时采用的输入（例如，文件、按键等）。

- 期望得到的结果

此结果来自于发生事件时，正在运行的测试用例的设计结果。

- 实际结果

将实际运行结果记录在这里。

- 异常情况

指的是实际结果与预期结果的差异有多大。也记录一些其他数据（如果这数据显得非常重要的话），例如，有关系统数据量过小或者过大，一个月的最后一天等。

- 日期和时间

软件缺陷发生的日期和时间。

- 规程步骤

软件缺陷发生的步骤。如果使用的是很长的、复杂的测试规程，这一项就特别重要。

- 测试环境

所采用的环境。例如，系统测试环境、验收测试环境、客户的测试环境、 测试场所等。

- 再现尝试

为了再现这次测试，做了多少次尝试。

- 测试人员

进行这次测试的人员情况。

- 见证人

了解此次测试的其他人员情况。

（4）影响

软件缺陷报告的"影响"是指出了软件缺陷对用户造成的潜在影响。在报告软件缺陷时，测试人员要对软件缺陷分类，以简明扼要的方式指出其影响。经常使用的方法是给软件缺陷划分严重性和优先级。当然，具体方法各个公司不尽相同，但是通用原则是一样的。测试实际经验表明，虽然可能永远都不能彻底克服在确定严重性和优先级过程中所存在的不精确性，但是通过在定义等级过程中对较小、较大和严重等主要特征进行描述，完全可以把这种不精确性减少到一定程度。

6.6　软件缺陷的跟踪管理

6.6.1　软件缺陷跟踪管理系统

软件缺陷报告过程是很复杂的，需要大量信息、详尽的细节和很好的组织工作，才能会所成效。在实际软件测试工作中，为了更高效地记录发现的软件缺陷，并在软件缺陷的整个生命周期中对其进行监控，常常运用软件缺陷跟踪管理系统。

软件缺陷跟踪管理系统（ Defect Tracking System）是用于集中管理软件测试过程中所发现

缺陷的数据库程序，可以通过添加、修改、排序、查寻、存储操作来管理软件缺陷。利用软件缺陷跟踪管理系统便于查找和跟踪缺陷，因为对于大中型软件的测试过程而言，报告的缺陷总数可能会有成千上万个，如果没有缺陷跟踪管理系统的支持，要求查找某个错误，其难度和效率可想而知。

（1）软件缺陷管理系统的作用

在测试工作中应用软件缺陷管理系统具有以下优点：

① 保持高效率的测试过程

由于软件缺陷跟踪管理系统一般都通过测试组内部局域网运行，因此打开和操作速度快。软件测试人员随时向内部数据库添加新发现的缺陷，而且如果遗漏某项缺陷的内容，数据库系统将会及时给出提示，保证软件缺陷报告的完整性和一致性。软件缺陷验证工程师将主要精力验证数据库中新报告的缺陷，保证了效率。

② 提高软件缺陷报告的质量

软件缺陷报告的一致性和正确性是衡量软件测试公司测试专业程度的指标之一。通过正确和完整填写软件缺陷数据库的各项内容，可以保证测试工程师的缺陷报告格式统一。同时，引入软件缺陷跟踪管理系统可以从测试工具和测试流程上，保证不同测试技术背景的测试成员书写结构一致的软件缺陷报告。为了提高报告的效率，缺陷数据库的很多字段内容可以直接选择，而不必每次都手工输入。

③ 实施实时管理，安全控制

软件缺陷查询、筛选、排序、添加、修改、保存、权限控制是数据库管理的基本功能和主要优势。通过方便的数据库查询和分类筛选，便于迅速定位缺陷和统计缺陷的类型。通过权限设置，保证只有适当权限的人才能修改或删除软件缺陷，保证了测试的质量。最后它还有利于跟踪和监控错误的处理过程和方法，可以方便地检查处理方法是否正确，跟踪处理者的姓名和处理时间，作为工作量的统计和业绩考核的参考。

④ 利用该系统还有利于项目组成员间协同工作

缺陷跟踪管理系统可以作为测试人员、开发人员、项目负责人、缺陷评审人员协同工作的平台，同时也便于及时掌握各缺陷的当前状态，进而完成对应状态的测试工作。

（2）缺陷跟踪管理的实现原理

软件缺陷跟踪管理系统可以通过添加、修改、排序、查寻、存储操作来管理软件缺陷。目前市场上已经出现了一些通用缺陷跟踪管理软件，这些软件在功能上各有特点，可以根据实际情况直接购买使用；也可以根据测试项目的实际需要，开发专用的缺陷跟踪系统。

缺陷跟踪管理系统在实现技术层面上来看是一个数据库应用程序。它包括前台用户界面、后台缺陷数据库以及中间数据处理层。目前，不少缺陷跟踪管理系统是采用 B/S 结构来实现的，相应地，采用的编程语言是 ASP 或 JSP。这类系统的用户界面所显示的信息一般应根据用户的角色不同而略有差异，因为各个角色使用该系统完成的任务各不相同。如测试人员用于报告缺陷或确认缺陷是否可以关闭；开发人员用于了解哪些缺陷需要他去处理以及缺陷经过处理后是否被关闭；而项目负责人需要及时了解当前有哪些新的缺陷，哪些必须及时修正等。另外，不同角色所拥有的数据操作权限也不尽相同。例如开发人员无权通过其用户界面往数据库中填写新的缺陷信息，也无权关闭某个已知缺陷；而测试人员无权决定分配谁去修正某已知缺陷也无权决定是否要修正某个缺陷。

图 6.4 所示是一个软件缺陷管理系统。

图 6.4　软件缺陷管理系统

在图 6.4 的上面列表框中显示了记录的软件缺陷。每个软件缺陷包含其 ID 号、缺陷名称、优先级、严重性和解决方法。关于所选定的软件缺陷的详细信息显示在屏幕的下端。还可以滚动查看软件缺陷在其生命周期中的细节。在屏幕的顶端是工具栏的一系列选项按钮，通过单击它们可以输入、打开、编辑、查询、关闭、重新激活（重新打开）软件缺陷等操作。

软件缺陷跟踪数据库最常用的功能，除了输入软件缺陷之外，就是通过执行查询来获得需要的软件缺陷清单。软件缺陷数据库可能存放了成千上万的软件缺陷，在如此大型的清单中手工排序是不可能的。在数据库中存放软件缺陷的好处是使查询成为简单工作。这个软件缺陷数据库的查询构造器和其他大多数的同类一样，利用逻辑与、逻辑或和括号构建具体要求。从查询的软件缺陷清单中可以看到缺陷 ID 号、缺陷名称、状态、优先级、严重性、解决方法和产品名称等查询结果。在大多数情况下，这些就是所需的全部信息，但是在另一些情况下，可能希望细节再多一些或者少一些，在软件缺陷数据库中还通过使用导出窗口可以挑选希望存入文件的字段。例如，如果只想获得简单的软件缺陷列表，就可以导出只有软件缺陷 ID 号以及标题的简易清单；如果要参加讨论软件缺陷的会议，就应该保存软件缺陷 ID 号、缺陷名称、优先级、严重性以及指定的人员等字段。

总之，通过使用软件缺陷跟踪系统，不但可以进行查询，还可以找出发现的软件缺陷类型，发现软件缺陷的速度，以及多少软件缺陷已经得到了修复，能够提取各种实用和关心的数据，可以显示测试工作的成效和项目的进展情况。测试人员或者项目管理员可以看出数据中是否有趋势显示需要增加测试的区域，或者测试工作是否符合预先所制定的测试计划的进程等。

引入缺陷跟踪管理系统属于软件公司创建测试组织的基础性工作，可以满足现在和今后软件测试业务不断发展的需要。这种基础工作做好了，可以使初期的测试项目顺利实施，也为今后大型测试项目的实施打下良好的基础。

6.6.2　手工报告和跟踪软件缺陷

显然，在软件测试工作中，每个测试用例的结果都必须进行记录。如果使用上面软件缺陷数据库跟踪系统，那么测试工具将自动记录软件缺陷的相关信息。如果测试是采用手工记录和跟踪软件缺陷，那么有关软件缺陷的信息可以直接记录在相应的文档中。图 6.5 是根据 ANS/IEEE829 −1998 标准设计的软件缺陷报告文档。

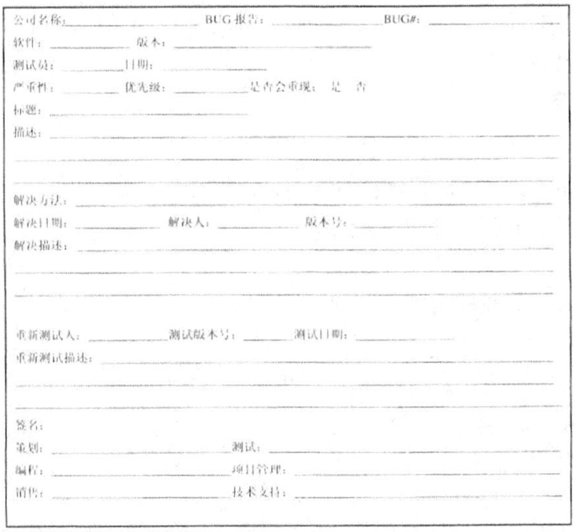

公司名称：______ BUG 报告：______ BUG#：______

软件：______ 版本：______

测试员：______ 日期：______

严重性：______ 优先级：______ 是否会重现：是　否

标题：______

描述：______

解决方法：______

解决日期：______ 解决人：______ 版本号：______

解决描述：______

重新测试人：______ 测试版本号：______ 测试日期：______

重新测试描述：______

签名：

策划：______ 测试：______

编程：______ 项目管理：______

销售：______ 技术文档：______

图 6.5　软件缺陷报告文档

这是个只有一页的表单，可以容纳标识和描述软件缺陷的各种必要的信息。它还了包括用于在生命周期中跟踪软件缺陷的项目。表单一旦由测试人员填好，就可以交给软件缺陷修复人员进行修复了。软件缺陷修复人员可填写关于修复的信息的项目，包括可能的解决方案的选择等内容。还有一个项目，一旦解决了软件缺陷，软件测试人员可以在此提供重新测试和关掉软件缺陷所做工作的信息。表单底端是签名区，在许多行业中，当缺陷被满意地解决时就要在这一行签上软件测试人员的名字。对于一些小型的项目，此类表单完全可以胜任。对于任务严格的大型项目，也可以根据需要增加相关信息，以满足各自的特殊需求。

6.7　软件测试的评测

为什么要进行软件测试的评测呢？软件测试的评测主要有两个目的：一是量化测试进程，判断软件测试进行的状态，决定什么时候软件测试可以结束；二是为最后的测试或软件质量分析报告生成所需的量化数据，如缺陷清除率、测试覆盖率等。软件测试评测是软件测试的一个阶段性结论，是用所生成的软件测试评测报告来确定软件测试是否达到完全和成功的标准。软件测试评测可以说贯穿整个软件测试过程，可以在测试的每个阶段结束前进行，也可以在测试过程中某一个时间进行。

软件测试的评测主要方法包括覆盖评测和质量评测。测试覆盖评测是对测试完全程度的评测，它建立在测试覆盖基础上，测试覆盖是由测试需求和测试用例的覆盖或已执行代码的覆盖表示的。质量评测是对测试对象的可靠性、稳定性以及性能的评测。质量建立在对测试结果的评估和对测试过程中确定的缺陷及缺陷修复的分析基础上。

6.7.1　覆盖评测

覆盖评测指标是用来度量软件测试的完全程度的，所以可以将覆盖用做测试有效性的一个度量。最常用的覆盖评测是基于需求的测试覆盖和基于代码的测试覆盖，它们分别是指针对需求（基于需求的）或代码的设计/实施标准（基于代码的）而言的完全程度评测。

系统的测试活动应建立在一个测试覆盖策略基础上。如果需求已经完全分类，则基于需求的覆盖策略可能足以生成测试完全程度的可计量评测。例如，若已经确定了所有性能测试需求，则可以引用测试结果来得到评测，如已经核实了 75% 的性能测试需求；如果应用基于代码的覆盖，则测试策略是根据测试已经执行的源代码的多少来表示的。两种评测都可以手工计算得到，或通过测试自动化工具计算得到。

1. 基于需求的测试覆盖

基于需求的测试覆盖在测试过程中要评测多次，并在测试过程中，每一个测试阶段结束时给出测试覆盖的度量。例如，计划的测试覆盖、已实施的测试覆盖、已执行成功的测试覆盖等。

基于需求的测试覆盖率通过以下公式计算：

> 测试覆盖率 = $T^{(p,i,x,s)}$ / RfT%
>
> 其中：
> T 是用测试过程或测试用例表示的已计划的、已实施的或成功的测试需求数。
> RfT 是测试需求的总数。

在制定测试计划活动中，将计算计划的测试覆盖，其计算方法如下：

> 计划的测试覆盖率= T^p/RfT%
>
> 其中：
> T^p是用测试过程或测试用例表示的计划测试需求数。
> RfT是测试需求的总数。

在实施测试过程中，由于测试过程正在实施中，在计算测试覆盖时使用以下公式：

> 已执行的测试覆盖率 = T^i/RfT%
>
> 其中：
> T^i是用测试过程或测试用例表示的已执行的测试需求数。
> RfT 是测试需求的总数。

在执行测试活动中，确定成功的测试覆盖率（即执行时未出现失败的测试，如没有出现缺陷或意外结果的测试）评测通过以下公式计算：

> 成功的测试覆盖率=T^s/RfT%
>
> 其中：
> T^s 是用完全成功、没有缺陷的测试过程或测试用例表示的已执行测试需求数。
> RfT 是测试需求的总数。

在执行测试过程中，经常使用的两个测试覆盖度量指标，一个是确定已执行的测试覆盖率，另一个是确定成功的测试覆盖率，即执行时未出现失败的测试覆盖率。例如，没有出现缺陷，或意外结果的测试，所计算出的测试覆盖率。这个测试覆盖的指标是很有意义的，可以将其与已定义的成功标准进行对比。如果不符合该标准，则该指标可成为预测剩余测试工作量的基础。

2. 基于代码的测试覆盖

基于代码的测试覆盖评测是测试过程中已经执行的代码的多少，与之相对应的是将要执行测试的剩余代码的多少。代码覆盖可以建立在控制流（语句、分支或路径），或者数据流的基础上。控制流覆盖的目的是测试代码行、分支条件、代码中的路径，或者软件控制流的其他元素等。数据流覆盖的目的是通过对软件的操作，来测试数据状态是否有效，例如，数据元素在使用之前是否已作定义等。许多测试专家认为，一个测试小组在测试工作中所要做的最为重要的事情之一就是度量代码的覆盖情况。

基于代码的测试覆盖率通过以下公式计算：

$$基于代码的测试覆盖率 = I^e / TIic \%$$

其中：

I^e 是用代码语句、代码分支、代码路径、数据状态判定点或数据元素名表示的已执行代码数。

$TIic$ 是代码的总数。

基于代码的测试覆盖评测也可以使用代码覆盖工具来实现，如今这些工具的用户界面友好，操作十分方便。这些工具可以度量语句、分支，或路径的覆盖情况，提示开发人员或测试人员，测试用例已经或者还未执行过哪些语句、路径或分支。

很明显，在软件测试工作中，进行基于代码的测试覆盖评测这项工作是极有意义，因为任何未经测试的代码都是一个潜在的不利因素。在一般情况下，代码覆盖运用于较低的测试等级（例如单元和集成级）时最为有效。这些测试等级通常是由开发人员来进行的（这是一个不错的选择，因为对代码中未测试到的部分进行分析的工作，最好是由对代码最了解的人来完成）。即使是在使用了代码覆盖工具的情况下，也应该在根据代码本身来设计测试用例之前，首先设计单元测试用例，以覆盖程序规格说明的所有属性。

在很多软件公司中，都把代码覆盖当成首要的度量。有些公司可能会不惜花费很大的成本，努力将覆盖率（比如）从 85% 提高到 90%，不可否认这种做法不是坏事。但是，保证已经测试过的这 90% 代码的"正确性"才是至关重要的。也就是说，即使是使用代码覆盖度量，也需要我们采用某种类型的基于风险的方法。即使代码覆盖率达到了 100% 的指标，也同样需要这样做，因为首先对关键构件进行测试，并修复其中存在的各种软件缺陷，是非常有益的。在实际测试过程中，能够看到覆盖率从 50% 上升到了 90% 无疑是一条有用的信息，但是覆盖率从 50% 上升到 51% 的情况到底有多大的价值，却不甚明了。换句话说，如果使用了基于风险的技术，保证风险最高的构件能够首先得到测试，那么，覆盖率的每一次上升都具有或多或少的"可知"价值。如果测试不是建立在风险的基础之上，就更难了解覆盖率的一次上升所蕴涵的意义。还有这样一个有趣的现象：使覆盖率从 95% 上升到 100% 所付出的代价，比使覆盖率从 50% 上升到 55% 所付出的代价要高。如果使用了基于风险的技术，那么最后这一点收益就不会让测试工作花费太多的成本，影响最后测试的这 5% 也是风险最低的 5%。也许，这只是在根据建立和运行这部分增加的测试所需要的资源，来权衡这些测试的价值。但是，无论如何都要坚持到最后，这就是关于测试的基本准则。

对于一个软件测试项目，仅仅凭借执行了所有的代码，并不能为软件质量提供保证。也就是说，即使所有的代码都在测试中得到执行，并不能担保代码是按照客户、需求和设计的要求去做了。

在一个极为典型的软件开发过程中，用户的要求被记录下来作为需求规格说明，而需求规格说明随后被用来进行设计，并且在设计的基础上编写代码。通过对代码进行测试，可以了解代码是否与设计相匹配，但却不能证明设计是否满足需求。而基于需求的测试用例就能够显示需求是否得到了满足，设计是否与需求相匹配。所以，归根结底最重要的是要根据代码、设计和需求来构造测试用例。很明显，只是使用了基于代码的测试覆盖评测，并不能说明软件满足了需求。

6.7.2 质量评测

测试覆盖的评测提供了对测试完全程度的评价，而在测试过程中对已发现缺陷的评测提供了最佳的软件质量指标。因为质量是软件与需求相符程度的指标，所以在这种环境中，缺陷被标识为一种更改请求，在此更改请求中的测试对象是与需求不符的。

缺陷评测可能建立在各种方法上，这些方法种类繁多，从简单的缺陷计数到严格的统计建模不一而足。

常用的测试有效性度量是围绕缺陷分析来构造的。缺陷分析就是分析缺陷在与缺陷相关联的一个，或者多个参数值上的分布。缺陷分析提供了一个软件可靠性指标，这些分析为揭示软件可靠性的缺陷趋势，或缺陷分布提供了判断依据。

对于缺陷分析，常用的主要缺陷参数有四个。

- 状态：缺陷的当前状态（打开的、正在修复或关闭的等）。
- 优先级：表示修复缺陷的重要程度和应该何时修复。
- 严重性：表示软件缺陷的恶劣程度，反映其对产品和用户的影响等。
- 起源：导致缺陷的原因及其位置，或排除该缺陷需要修复的构件。

缺陷分析通常以 4 类形式的度量提供缺陷评测：

- 缺陷发现率。
- 缺陷潜伏期。
- 缺陷密度。
- 整体软件缺陷清除率。

对软件缺陷生成的这些评测，将评估当前软件的可靠性，并且可以预测继续进行测试并排除缺陷时，可靠性是如何增加的。

（1）缺陷发现率

缺陷发现率是将发现的缺陷数量作为时间的函数来评测，即创建缺陷趋势图。在该趋势图中，时间显示在 X 轴上，而在此期间发现的软件缺陷数目显示在 Y 轴上，图中的曲线显示发现的软件缺陷，如何随着时间的推移而变化，如图 6.6 所示。

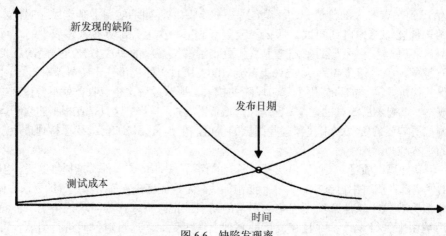

图 6.6　缺陷发现率

许多软件公司都把缺陷发现率当作确定一个软件产品发布的重要度量。如果缺陷发现率降到规定水平以下，通常都会推定产品已经做好了发布准备。在实际工作中，当发现率呈下降趋势时，一般都是一个不错的信息，但是，必须提防其他可能导致发现率下降的因素，例如，工作量减少、没有新的测试用例，等等。所以，重要决策往往要依据不止一个支撑性度量。

在图 6.6 中可以看到，在测试工作中，缺陷趋势遵循着一种比较好预测的模式。在测试的初期，缺陷率增长很快，在达到顶峰后，就随时间增加以较慢的速率下降。当发现的新缺陷的数量呈下降趋势时，如果假设工作量是恒定的，那么每发现一个缺陷所消耗的成本也会呈现出上升的趋势。所以，到某一个点以后，继续进行测试，需要的成本将会增加。此时的工作就是对出现这种情况的时间进行估计，当缺陷发现率将随着测试进度和修复进度而最终减少时，可以设定一个阈值，在缺陷发现率低于该阈值时，即可以对软件产品分布。

但是，因为未发现的缺陷的性质、其严重程度等还是不可知的。在测试工作中，如果采用基于风险的技术，可以在一定程度上弥补其中的不足。诚然，时间或预算的耗尽可能是终止测试的一个十分现实的原因，但是，在实际软件开发中，并不是一定要追求产品的完美实现，往往仅是要让产品风险达到可以接受的范围内。有时候，由于竞争，或现有系统的失效等因素，交付一个尽善尽美产品的风险，可能会大于交付一个有一点瑕疵的产品的风险。实际上，还使用另一个非常有用的度量来确定系统是否能够发布，即评测测试中所发现缺陷的严重程度的趋势。如果采用基于风险的技术，那么我们不但能够期待缺陷发现率下降，而且还能够期望发现缺陷的严重程度也下降。如果没有观察到这种趋势，则说明系统还不能交付使用。

（2）缺陷潜伏期

测试有效性的另外一个有用的度量是缺陷潜伏期，通常也称为阶段潜伏期。缺陷潜伏期是一种特殊类型的缺陷分布度量。在实际测试工作中，发现缺陷的时间越晚，这个缺陷所带来的损害就越大，修复这个缺陷所耗费的成本就越多。所以，在一项有效的测试工作中，发现缺陷的时间往往都会比一项低效的测试工作要早。表 6.1 显示了一个项目的缺陷潜伏期的度量。在一个实际项目中，可能需要对这个度量进行适当的调整，以反映特定的软件开发生命周期的各个阶段、各个测试等级的数量和名称。例如，在总体设计的评审过程中发现的需求缺陷，其阶段潜伏期可以指定为 1。如果一个缺陷在对产品进行试运行之前都没被发现，就可以将它的阶段潜伏期指定为 8。

表 6.1　　　　　　　　　　　　　　　一个项目的缺陷潜伏期的度量

缺陷造成阶段	发现阶段									
	需求	总体设计	详细设计	编码	单元测试	集成测试	系统测试	验收测试	试运行产品	发布产品
需求	0	1	2	3	4	5	6	7	8	9
总体设计		0	1	2	3	4	5	6	7	8
详细设计			0	1	2	3	4	5	6	7
编码				0	1	2	3	4	5	6
总计										

表 6.2 显示了一个项目的缺陷分布情况（按缺陷造成阶段和缺陷发现阶段）。在这个例子中，在总体设计、详细设计、编码、系统测试、验收测试、试点产品和产品中分别发现了 8 个、4 个、1 个、5 个、6 个、2 个和 1 个需求缺陷。如果从来没有通过分析缺陷，来确定缺陷的引入时间，那么，从这个统计表可以看出，统计一个项目的缺陷分布情况是一项很细致的工作。

表6.2   一个项目的缺陷分布情况

缺陷造成阶段	发现阶段										缺陷总量
	需求	总体设计	详细设计	编码	单元测试	集成测试	系统测试	验收测试	试运行产品	发布产品	
需求	0	8	4	1	0	0	5	6	2	1	27
总体设计		0	9	3	0	1	3	1	2	1	20
详细设计			0	3	4	0	0	1	8		31
编码				0	62	16	6	2	3	20	9
总计	0	8	13	19	65	21	14	9	8	30	187

按照缺陷产生的阶段和缺陷发现阶段，统计了一个项目的缺陷分布情况后，根据软件开发生命周期的各个阶段缺陷潜伏期度量的加权值，可以对缺陷的发现过程越有效性和修复软件缺陷所耗费的成本等进行评测。这里采用了一个缺陷损耗的概念，缺陷损耗是使用阶段潜伏期和缺陷分布来度量缺陷消除活动的有效性的一种度量。缺陷消耗可使用下面公式计算：

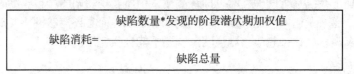

$$缺陷消耗=\frac{缺陷数量*发现的阶段潜伏期加权值}{缺陷总量}$$

表 6.3 显示了一个项目的各个缺陷损耗值，它们依据的是经过缺陷潜伏期加权的已发现的缺陷数。例如，在验收测试期间，发现了9个缺陷。在这9个缺陷中，有6个缺陷是在项目的需求阶段造成的。因为在验收测试期间发现的这些缺陷可以在此前的7个阶段中的任何一个阶段被发现，所以，我们将在验收测试阶段之前，一直保持隐藏状态的需求缺陷加权值为7。这样，在验收测试期间发现的需求缺陷的加权数值为42（即，6×7=42）。

表6.3   一个项目的各个缺陷损耗值

缺陷造成阶段	发现阶段										缺陷损耗
	需求	总体设计	详细设计	编码	单元测试	集成测试	系统测试	验收测试	试运行产品	发布产品	
需求	0	8	8	3	0	0	30	42	16	9	4.3
总体设计		0	9	6	0	4	15	6	14	8	2.1
详细设计			0	15	6	12	0	0	6	42	2.6
编码				0	62	32	18	8	15	120	2.7
总计											2.7

一般而言，缺陷损耗的数值越低，则说明缺陷的发现过程越有效（最理想的数值应该为1）。作为一个绝对值，缺陷损耗几乎没有任何意义，但是，当用缺陷损耗来度量测试有效性的长期趋势时，它就会显示出自己的价值。

（3）缺陷密度

软件缺陷密度是一种以平均值估算法来计算出软件缺陷分布的密度值。程序代码通常是以千行为单位的，软件缺陷密度是用下面公式计算的：

$$软件缺陷密度 = \frac{软件缺陷数量}{代码行或功能点的数量}$$

例如，某个项目有 200 千行代码，软件测试小组在测试工作中共找出 900 个软件缺陷，其软件缺陷密度计算出来是 4.5（900 ÷ 200），也就是说每千行的程序代码内，就会产生 4.5 个缺陷。

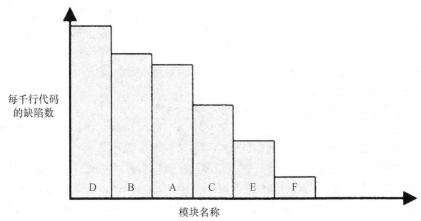

图 6.7　各个模块中每千行代码的缺陷密度

图 6.7 显示了一个项目的各个模块中每千行代码的缺陷密度。从图中可以看出，模块 D 的缺陷密集度较高。经验告诉我们，在一个系统中曾经发现过大量的缺陷的那些部分，即使是经过测试的初始阶段，并对缺陷进行修复之后，也会继续存在大量的缺陷。因此，这个缺陷密度信息，将有助于测试人员把更多的注意力集中到系统中存在问题的（也即易于发生错误的）那些部分。

但是，在实际评测中，缺陷密度这种度量方法是极不完善，度量本身是不充分的。一些测试人员试图将测试中发现的缺陷数量，当作测试有效性的一个度量，这里边存在的主要问题是：所有的缺陷并不都是均等构造的。各个软件缺陷的恶劣程度，及其对产品和用户的影响的严重程度，以及修复缺陷的重要程度有很大差别的，有必要对缺陷进行"分级、加权"处理，给出软件缺陷在各严重性级别，或优先级上的分布作为补充度量，这样，将使这种评测更加充分，更有实际应用价值。因为在测试工作中，大多数的缺陷都记录了它的严重程度的等级和优先级，所以这个问题通常都能够很好解决。例如，下面图 6.8 的缺陷分布图，表示软件缺陷在各优先级上所应体现的分布方式。

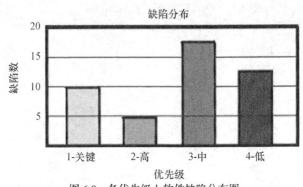

图 6.8　各优先级上软件缺陷分布图

（4）软件缺陷清除率的估算方法

为了估算软件缺陷清除率，首先需引入几个变量，F 为描述软件规模用的功能点，D1 为软件开发过程中发现的所有软件缺陷数，D2 为软件分布后发现的软件缺陷数，D 为发现的总软件缺陷数。由此可得到 D=D1+D2 的关系。

对于一个软件项目，则可用如下的几个公式，从不同角度来估算软件的质量：

① 质量（每个功能点的缺陷数）=D2/F

② 软件缺陷注入率=D/F

③ 整体软件缺陷清除率=D1/D

例如，假设有 100 个功能点，即 F=100，而在软件开发过程中发现 20 个软件缺陷，提交后又发现了 3 个软件缺陷，则 D1=20，D2=3，D=D1+D2=23。下面应用以上的几个公式，从不同角度来估算软件的质量：

① 质量（每个功能点的缺陷数）=D2/F=3/100=0.03=3%

② 软件缺陷注入率=D/F=20/100=0.20=20%

③ 整体软件缺陷清除率=D1/D=20/23=0.8696=86.96%

目前有资料统计，美国的软件公司的平均整体软件缺陷清除率达到 85%，而一向有着良好管理的著名软件公司，其主流软件产品的整体软件缺陷清除率可以达到 98%。

软件缺陷评测用来度量测试的有效性，以及通过生成的各种度量来评估当前软件的可靠性，并且在预测继续测试并排除缺陷时可靠性如何增长是有效的。但是，这些度量本身是不充分的，在评测中需要用覆盖评测度量作补充，当与测试覆盖评测结合起来时，缺陷分析可提供出色的评估，测试完成的标准也可以建立在此评估基础上。

6.8　测试总结报告

测试总结报告的目的是总结测试活动的结果，并根据这些结果对测试进行评价。这种报告是测试人员对测试工作进行总结，并识别出软件的局限性和发生失效的可能性。在测试执行阶段的末期，应该为每个测试计划准备一份相应的测试总结报告。本质上讲，测试总结报告是测试计划的扩展，起着对测试计划"封闭回路"的作用。应该说，完成测试总结报告并不需要投入大量的时间，实际上，包含在报告中的信息绝大多数都是测试人员在整个软件测试过程中需要不断收集和分析的信息。图 6.9 所示的是符合 IEEE 标准 829—1998 软件测试文档编制标准的测试总结报告模板。

```
IEEE标准829—1998软件测试文档编制标准
测试总结报告模板
目录
1．测试总结报告标识符
2．总结
3．差异
4．综合评估
5．结果总结
   5.1已解决的意外事件
   5.2未解决的意外事件
6．评价
7．建议
8．活动总结
9．审批
```

图 6.9　测试总结报告模板

（1）测试总结报告标识符

报告标识符是一个标识报告的唯一 ID，用来使测试总结报告管理、定位和引用。

（2）概述

这部分内容主要概要说明发生了哪些测试活动，包括软件的版本的发布、环境，等等。这部分内容通常还包括：测试计划、测试设计规格说明、测试规程和测试用例提供的参考信息。

（3）差异

这部分内容主要是描述计划的测试工作与真实发生的测试之间存在的所有差异。对于测试人员来说，这部分内容相当重要，因为，它有助于测试人员掌握各种变更情况，并使测试人员对今后如何改进测试计划过程有更深的认识。

（4）综合评估

在这一部分中，应该对照在测试计划中规定的准则，对测试过程的全面性进行评价。这些准则是建立在测试清单、需求、设计、代码覆盖，或这些因素的综合结果基础之上的。在这里，需要指出那些覆盖不充分的特征，或者特征集合，也包括对任何新出现的风险进行讨论。在这部分内容里，还需要对所采用的测试有效性的所有度量进行报告和说明。

（5）测试结果总结

这部分内容用于总结测试结果。应该标识出所有已经解决的软件缺陷，并总结这些软件缺陷的解决方法；还要标识出所有未解决的软件缺陷。这部分内容还包括与缺陷及其分布相关的度量。

（6）评价

在这一部分中，应该对每个测试项，包括各个测试项的局限性进行总体评价。例如，对于可能存在的局限性，可以用这样一些语句来描述："系统不能同时支持 100 名以上的用户"，或者"如果吞吐量超出一定的范围，性能将会降至……"。这部分内容可能还会包括：根据系统在测试期间所表现出的稳定性、可靠性，或对测试期间观察到的失效的分析，对失效可能性进行的讨论。

（7）测试活动总结

总结主要的测试活动和事件。总结资源消耗数据，比如，人员配置的总体水平、总的机器时间，以及花在每一项主要测试活动上的时间。这部分内容对于测试人员来说十分重要，因为这里记录的数据，可提供估计今后的测试工作量所需信息。

（8）审批

在这一部分，列出对这个报告享有审批权的所有人员的名字和职务。留出用于署名和填写日期的空间。理想情况下，我们希望审批这个报告的人员与审批相应的测试计划的人员相同，因为测试总结报告是对相应的计划所勾勒的所有活动的总结。通过签署这份文档，这些审批人员表明自己对报告中所陈述的结果持肯定态度，这份报告代表所有审批人的一致意见。如果有些评审人对这份报告的看法存有细微的分歧，他们也会签署这份文档，并可在文档中注明出自己与他人存在的分歧意见。

习 题 6

1. 什么是软件缺陷？如何描述软件缺陷？
2. 软件缺陷有哪些类型？
3. 软件缺陷有哪些属性？
4. 为什么不是所有软件缺陷发现了就能修复？
5. 软件测试人员需如何正确面对软件缺陷？
6. 试说明什么是软件缺陷的生命周期。
7. 软件缺陷的严重性和优先级级别各有哪些？

8．报告软件缺陷的基本原则是什么？

9．软件缺陷数据库跟踪系统作用是什么？

10．简述缺陷跟踪管理的实现原理。

11．可采取哪些方法来分离和再现软件缺陷？

12．什么是覆盖评测？覆盖评测类型有哪些？

13．基于需求的测试覆盖率如何计算？

14．基于代码的测试覆盖率如何计算？

15．对于缺陷分析，常用的主要缺陷参数有哪几个？

16．缺陷分析通常以哪些形式的度量提供缺陷评测？

17．什么是缺陷发现率？

18．什么是缺陷潜伏期？

19．什么是缺陷密度？如何计算缺陷密度？

20．如何计算整体软件缺陷清除率？

21．在实际评测中，缺陷密度这种度量方法为什么是不完善的？

22．主要的性能评测有哪些？分别详细予以说明。

23．测试总结报告的目的是什么？一般测试总结报告包括哪些内容？

第7章
软件测试项目管理

软件测试在软件生命周期中占有非常重要的地位，是保证软件质量的重要手段。为保证软件项目按时、保质地在预算范围内完成，加强对测试工作的组织和科学管理就显得尤为重要。在项目管理领域内，项目管理的理论体系很多，对项目管理的理解也各不相同，各种组织的最佳实践模型更是数不胜数。那么，对一个具体的软件测试项目来说，需要哪些管理工作才能让项目可控，并且朝着成功的方向走近呢？本章将分别介绍和讨论软件测试项目的基本特征、项目管理的思想、基本原则、方法和技巧。

7.1 软件测试项目管理概述

7.1.1 软件测试项目与软件测试项目管理

1. 测试项目

测试项目是在一定的组织机构内，利用有限的人力和财力等资源，在指定的环境和要求下，对特定软件完成特定测试目标的阶段性任务，该任务应满足一定质量、数量和技术指标等要求。测试项目一般具有如下一些基本特性。

（1）项目的独特性

每个测试项目都有属于自己的一个或几个预定的、明确的目标，都有明确的时间期限、费用、质量和技术指标等方面的要求。

（2）项目的组织性

测试项目的完成需要一定数量的人员参与。在测试项目过程中，参与的人员可以有多种类型，但必须按照一定的规律进行组织和分工。在测试项目完成后，该项目的组织将会自动解散。

（3）测试项目的生命期

测试项目存在一个从开始到结束的过程，称为测试项目的生命周期。通常将项目的生命周期分成若干阶段，即测试项目启动阶段、计划阶段、实施阶段和收尾阶段。

（4）测试项目的资源消耗特性

测试项目的完成需要一定的资源，这些资源的类型是多种多样的，包括人力资源、经费、硬件设施、软件工具以及执行项目过程中所需要使用的其他资源。

（5）测试项目的目标冲突性

每个测试项目都会在实施的范围、时间、成本等方面受到一定的制约，这种制约被称为三约束——为了取得测试项目的成功，必须同时考虑范围、时间、成本等三个主要因素。而这些目标并不总是一致的，往往会出现冲突，如何取得彼此之间的平衡，也是影响测试是否能成功完成的重要因素。

（6）具有智力密集、劳动密集的特点

软件测试项目具有智力密集、劳动密集的特点，受人力资源影响最大，项目成员的结构、责任心、能力和稳定性对测试执行和产品质量有很大的影响。

（7）测试项目结果的不确定因素

每个测试项目都是唯一的，但有时很难确切定义测试项目的目标、准确的质量标准、任务的边界以及如何确定什么时候软件测试可以结束等，对于软件测试所需要的时间和经费也很难准确地作出估算。还有在测试项目过程中遇见的技术、规模等方面的因素，这些都会给测试项目实施带来一定的风险，使测试项目存在失败的可能。

由于测试项目存在以上这些特点，尤其是存在失败的风险，因此，优秀的测试人员和科学的管理是测试项目成功的关键。

2．测试项目管理

测试项目管理就是以测试项目为管理对象，通过一个临时性的专门的测试组织，运用专门的软件测试知识、技能、工具和方法，对测试项目进行计划、组织、执行和控制，并在时间成本、软件测试质量等方面进行分析和管理活动。测试项目管理贯穿整个测试项目的生命周期，是对测试项目的全过程进行管理。

测试项目管理有以下基本特征。

（1）系统工程的思想贯穿测试项目管理的全过程

测试项目管理将测试项目看成一个完整的有生命周期的系统，可以将软件系统测试分散为几个阶段，每个阶段有不同的任务、特点和方法，分别按要求完成，任何阶段或部分任务的失败可能会对整个测试项目的结果产生影响。为此，测试管理需有相应的管理策略。

（2）测试项目管理的组织有一定的特殊性

测试组是围绕测试项目本身来组织人力资源的，测试组是临时性的，是直接为该测试项目的执行服务的，测试项目的结束即意味着测试组的终结。另外，测试组又是柔性的，可以根据测试项目生命周期中各阶段的需要而重组和调配。测试组强调协调控制和沟通的职能，以保证测试项目目标的实现。

（3）创造和保持一个使测试工作顺利进行的环境

测试项目管理的要点是创造和保持一个使测试工作顺利进行的环境，使置身于这个环境中的人员能在集体中协调工作以完成预定的目标。软件测试项目管理能否成功，受到三个核心层面的影响，即项目组内环境、项目所处的组织环境、整个开发流程所控制的全局环境。这三个环境要素直接关系到软件项目的可控性。项目组管理与项目过程模型、组织支撑环境和项目管理接口是上述三个环境中各自的核心要素。

（4）测试项目管理的方法、工具和技术手段具有先进性

测试项目管理采用科学的、先进的管理理论和方法，如采用目标管理、全面质量管理、技术经济分析、先进的测试工具、测试综合跟踪数据库系统等方法进行目标和成本控制。

3．测试项目管理的基本原则

软件测试项目管理应先于任何测试活动之前开始，且持续贯穿于整个测试项目的定义、计划和测试之中。为了保证测试项目过程的成功管理，坚持下列的测试项目管理的基本原则是非常必要的。

（1）始终能够把质量放在第一位

测试工作的根本目标在于保证产品的质量，应该在测试小组中建立起"质量是生存之本"的观念，建立一套与之相适应的质量责任制度。

（2）可靠的需求

做好测试工作的根本就是要正确理解需求定义，所以应当有一个经各方一致同意的、清楚的、完整的、详细的和切实可行的需求定义。测试人员充分理解了软件的需求定义之后，包括纸面上的或者默认的规范，才能够制订好测试策略、有计划地安排工作、制订系统的解决方案、制订合理的时间表。

（3）尽量留出足够的时间

经验表明，随着系统分析、设计和实施的进展，客户的需求不断地被激发，需求不断变化，导致项目进度、系统设计、程序代码和相关文档的变化和修改，而且在修改过程中又可能产生新的问题，结果受影响最大的是软件测试。因为程序设计和实现被拖延，同时最后的时间期限又被控制很严，结果造成测试时间被严重挤压。所以，应当为测试计划、测试用例设计、测试执行（特别是系统测试）以及它们的评审等留出足够的时间，不应使用突击的办法来完成项目的测试工作。

（4）足够重视测试计划

在测试计划里应该清楚地描述测试目标、测试范围、测试风险、测试手段和测试环境等。项目计划中要为改错、再测试、变更留出足够时间。

（5）要适当地引入测试自动化或测试工具

现代项目管理工具提供了项目管理理念和方法，可以使测试人员方便地完成项目管理的过程控制以及进度、费用跟踪。软件测试工具在适合的项目中，可以大大减小工作量，并保证测试结果的准确性。测试工作有一个特点，就是"重复"。前期准备工作要充分，不能盲目，要为测试工作建立一个支撑平台。首先起码应当有一个测试用例管理工具，用来存储测试用例以及执行信息。其次，应当有一个软件缺陷管理工具，全程跟踪缺陷状态，及时对缺陷状态进行分析、清理。最后，应当有一个测试报告工具，用来统计、分析测试数据。

（6）建立独立的测试环境

对测试环境不能掉以轻心，要和有关人员审查环境的软、硬件配置。环境有大有小，财力不足的，几台计算机也是一个测试环境，但是重要的是"独立"，在这个测试环境只做测试，不做其他任何工作。不能拿开发人员的计算机来做测试工作，否则测试环境的混乱必然会影响测试结果。

（7）通用项目管理原则

通用项目管理原则包括流畅的有效沟通、文档的一致性和及时性、项目的风险管理等。对测试的风险需要细心对待，需要有更及时的应对措施。在软件测试项目中，最大的威胁就是沟通的失败。软件测试项目成功的三个主要因素是用户的积极参与、与开发项目组的协调配合和管理层的大力支持。三要素全部依赖于良好的沟通技巧。沟通管理的目标是及时并适当地创建、收集、发送、储存和处理项目的信息。有效的沟通管理能够创建一个良好的风气，让项目成员对准确的报告项目的状态感到安全，让项目在准确的、基于数据的事实基础上运行。

7.1.2　软件测试项目的范围管理

测试项目范围管理就是界定项目所必须包含且只需要包含的全部工作，并对其他的测试项目管理工作起指导作用，以确保测试工作顺利完成。这里的"必须包含且只需要包含"意味着在项目中有最基本的工作，但也不做额外的工作。这样的策略才能确保测试耗费最低的成本和最短的时间。

项目目标确定后，下一步过程就是确定需要执行哪些工作或者活动来完成项目的目标，这就是要确定一个包含项目所有活动在内的一览表。准备这样的一览表通常有两种方法：一种是让测试小组利用"头脑风暴法"根据经验总结并集思广益来形成，这种方法比较适合小型测试项目；另一种是对更大更复杂的项目建立一个工作分解结构（WBS）和任务一览表。

工作分解结构是将一个软件测试项目分解成易于管理的更多部分或细目，所有这些细目构成了整个软件测试项目的工作范围。工作分解结构是进行范围规划时所使用的重要工具和技术之一，它是测试项目团队在项目期间要完成或生产出的最终细目的等级树，它组织并定义了整个测试项目的范围，未列入工作分解结构的工作将排除在项目范围之外。进行工作分解是非常重要的工作，它在很大程度上决定了项目能否成功。对于细分的所有项目要素需要统一编码，并按规范化进行要求。这样，WBS 的应用将给所有的项目管理人员提供一个一致的基准，即使项目人员变动时，也有一个互相可以理解和交流沟通的平台。

7.2　软件测试文档

测试文档是对要执行的软件测试及测试的结果进行描述、定义、规定和报告的任何书面或图示信息。由于软件测试是一个很复杂的过程，同时也涉及软件开发中其他一些阶段的工作，软件测试对于保证软件的质量和软件的正常运行有着重要意义。因此，必须把对软件测试的要求、规划、测试过程等有关信息和测试的结果以及对测试结果的分析、评价等内容以正式的文档形式给出。测试文档不只是在测试阶段才考虑的，它应在软件开发初期的需求分析阶段就开始着手，因为测试文档与用户有着密切的关系。用户协助编制测试文档将有助于他们了解开发过程。如果用户能够协助准备测试条件，并将其写成文档，他们就将对开发的应用系统有较好的理解。同时，也有助于用户澄清他们一些可能模糊的认识。如果对应用系统如何工作的细节并不了解，那就不可能给出测试条件并根据这些条件取得预期的结果。项目小组对测试条件的评价有利于认清用户的需求。

在设计阶段的一些设计方案也应在测试文档中得到反映，以利于设计的检验。测试文档对于测试阶段工作的指导与评价作用更是非常明显的。需要特别指出的是，在已开发的软件投入运行的维护阶段，常常还要进行再测试或回归测试，这时还会用到测试文档。测试文档的编写是测试管理的一个重要组成部分。

7.2.1　软件测试文档的作用

测试文档的重要作用可从以下几个方面看出。

（1）促进项目组成员之间的交流沟通

基本上，测试文档的编写和建立主要是进行一些标准认证的基本工作，它是测试小组成员之间相互交流的基础和依据，以此测试小组成员之间进行交流和沟通可以事半功倍。一个软件的开发过程需要相当多的开发步骤和许多各类人员共同运作才能完成。当软件开发进入测试阶段，对软件整体部分（包括系统功能、问题原因和解决方法等）最清楚的是测试人员，项目组成员之间的交流沟通以文档的形式进行交接是方便、省时、省力的方式。

（2）便于对测试项目的管理

测试文档可为项目管理者提供项目计划、预算、进度等各方面的信息，编写测试文档已是质量标准化的一项例行基本工作。

（3）决定测试的有效性

完成测试后，把测试结果写入文档，这对分析测试的有效性、甚至整个软件的可用性提供了必要的依据。有了文档化的测试结果，就可以分析软件系统是否完善。

（4）检验测试资源

测试文档不仅用文档的形式把测试过程以及要完成的任务规定下来，还应说明测试工作必不可少的资源，进而检验这些资源是否可以得到，即它的可用性如何。如果某个测试计划已经开发出来，但所需资源还是不能落实，那就必须及早解决。

（5）明确任务的风险

记录和了解测试任务的风险有助于测试小组对潜在的、可能出现的问题，事先作好思想上和物质上的准备。

（6）评价测试结果

软件测试的目的是为了保证软件产品的最终质量，在软件开发的过程中，需要对软件产品进行质量控制。一般来说，对测试数据进行记录，并根据测试情况撰写测试报告，是软件测试人员要完成的最重要的工作。这种报告有助于测试人员对测试工作进行总结，并识别出软件的局限性和发生失效的可能性。完成测试后，将测试结果与预期结果进行比较，便可对已测试软件提出评价意见。

（7）方便再测试

测试文档中规定和说明的部分内容，在后期的维护阶段往往由于各种原因需要进行修改完善，凡是修改完善后的内容都需要进行重新测试（可能包括某些接口），有了测试文档，就可以在维护阶段进行重复测试，测试文档在维护过程中对于管理测试和复用测试都非常重要。

（8）验证需求的正确性

测试文档中规定了用以验证软件需求的测试条件，研究这些测试条件对弄清用户需求的意图是十分有益的。

测试文档记录了测试的完成过程以及测试的结果，文档是测试过程必要的组成部分，测试文档的编写也是测试工作规范化的一个组成部分。在测试中，应该坚持按照软件系统文档标准编写和使用测试文档。

7.2.2　软件测试文档的类型

根据测试文档所起的不同作用，通常把它分成两类，即前置作业文档和后置作业文档。测试计划及测试用例的文档属于前置作业文档。测试计划详细规定了测试的要求，包括测试的目的、内容、方法、步骤以及评价测试的准则等。由于要测试的内容可能涉及软件的需求和软件的设计，因此必须及早开始测试计划的编写，测试计划的编写应从需求分析阶段开始。

测试用例就是将软件测试的行为和活动做一个科学化的组织和归纳，测试用例的好坏决定着测试工作的成功和效率，选定测试用例是做好测试工作的关键一步。在软件测试过程中，软件测试行为必须能够加以量化，这样才能进一步让管理层掌握所需要的测试进程，测试用例就是将测试行为和活动具体量化的方法之一，而测试用例文档是为了将软件测试行为和活动转换为可管理的模式，在测试文档编制过程中，按照规定的要求精心设计测试用例有着重要意义。前置作业文档可以使接下来将要进行的软件测试流程更加流畅和规范。

后置作业文档是在测试完成后提交的，主要包括软件缺陷报告和分析总结报告。在软件测试过程中，对于发现的大多数软件缺陷，要求测试人员简捷、清晰地把发现的问题以文档形式报告给管理层和判断是否进行修复的小组，使其得到所需要的全部信息，然后决定是否对软件缺陷进行修复。测试分析报告应说明对测试结果的分析情况，经过测试证实了软件具有的功能以及它的欠缺和限制，并给出评价的结论性意见。这个意见既是对软件质量的评价，又是决定该软件能否交付用户使用的一个依据。

根据测试文档编制的不同方法，它又有手工编制和自动编制两种。所谓自动编制，其特点在于，编制过程得到文档编制软件的支持，并可将编好的文档记录在机器可读的介质上。借助于有力的工具和手段，更容易完成信息的查找、比较、修改等操作。常用的各种文字编辑软件都可用于测试文档的编制。

7.2.3　主要软件测试文档

在实际测试工作中，许多测试项目的文档写得比较粗糙，很难读懂，或者不完整。虽然这种情形在不断改善，但许多组织仍然没有把足够的注意力放在编制高质量的测试文档上。测试文档的质量与测试的质量一样重要。软件测试文档标准是保证文档质量的基础，根据一定的标准编写文档，可以有一致的外观、结构和质量等。为了使用方便，在这里给出 IEEE 所有软件测试文档模板，在实际应用中可根据实际测试工作对模板增删和部分修改。

（1）软件测试文档

IEEE 829—1998 给出了软件测试主要文档的类型。

IEEE 829—1998软件测试文档编制标准
软件测试文档模板
目录

测试计划

测试设计规格说明

测试用例说明

测试规程规格说明

测试日志

测试缺陷报告

测试总结报告

（2）测试计划模板

测试计划主要对软件测试项目、所需要进行的测试工作、测试人员所应该负责的测试工作、测试过程，测试所需的时间资源，以及测试风险等做出预先的计划和安排。

IEEE 829—1998软件测试文档编制标准
软件测试计划文档模板
目录

1. 测试计划标识符
2. 介绍
3. 测试项
4. 需要测试的功能
5. 方法（策略）
6. 不需要测试的功能
7. 测试项通过/失败的标准
8. 测试中断和恢复的规定
9. 测试完成所提交的材料
10. 测试任务
11. 环境需求
12. 职责
13. 人员安排与培训需求
14. 进度表
15. 潜在的问题和风险
16. 审批

（3）测试设计规格说明

测试设计规格说明用于每个测试等级，以指定测试集的体系结构和覆盖跟踪。

```
        IEEE 829—1998软件测试文档编制标准
           软件测试设计规格说明文档模板
                    目录
        测试设计规格说明标识符
        待测试特征
        方法细化
        测试标识
        通过/失败准则
```

（4）软件测试用例规格说明文档模板

软件测试用例规格说明用于描述测试用例。

```
        IEEE 829—1998软件测试文档编制标准
           软件测试用例规格说明文档模板
                    目录
        测试用例规格说明标识符
        测试项
        输入规格说明
        输出规格说明
        环境要求
        特殊规程需求
        用例之间的相关性
```

（5）测试规程

测试规程用于指定执行一个测试用例集的步骤。

```
            IEEE 829—1998软件测试文档编制标准
                   测试规则模板
                     目录
    1. 测试规程规格说明标识符
       为这个测试规程指定唯一的标识符，提供一个到相应的测试设计规格说明的引用。
    2. 目的
       描述规程的目的，并应用到被执行的测试用例中。
    3. 特殊需求
       描述各种特殊的需求，比如环境需求、技能水平培训等。
    4. 规程步骤
       这是测试规程的核心部分。IEEE描述了如下几个步骤。
    4.1 记录
       描述记录测试执行结果、观察到的意外事件以及其他与测试相关的事件所用
    的各种特定方法和格式。
```

> 4.2 准备
>
> 描述执行这个规程需要准备的一系列活动。
>
> 4.3 开始
>
> 描述开始执行这个规程需要的各种活动。
>
> 4.4 进行
>
> 描述在这个规程的执行期间需要的所有活动。
>
> 4.4.1 步骤1
>
> 4.4.2 步骤2
>
> 4.4.3 步骤3
>
> 4.5 度量
>
> 描述如何进行测试的度量。
>
> 4.6 中止
>
> 描述发生非计划事件时暂停测试需要采取的活动。
>
> 4.7 重新开始
>
> 指明规程中各个重新开始的位置，并描述从这些位置重新开始所需的步骤。
>
> 4.8 停止
>
> 描述正常停止执行所需的各种活动。
>
> 4.9 完成描述恢复环境所需要的活动
>
> 4.10 应急措施
>
> 描述处理执行过程中发生的异常和其他事件所需要的各种活动。

（6）测试日志

测试日志用于记录测试的执行情况，可根据需要选用。

> IEEE 829—1998软件测试文档编制标准
>
> 测试日志模板
>
> 目录
>
> 测试日志的标识符
>
> 描述
>
> 活动和事件条目

（7）软件缺陷报告

软件缺陷报告用来描述出现在测试过程或软件中的异常情况，这些异常情况可能存在于需求、设计、代码、文档或测试用例中。

> IEEE 829—1998软件测试文档编制标准
>
> 软件缺陷报告模板
>
> 目录
>
> 1. 软件缺陷报告标识符
>
> 2. 软件缺陷总结
>
> 3. 软件缺陷描述
>
> 3.1 输入
>
> 3.2 期望得到的结果

> 3.3 实际结果
> 3.4 异常情况
> 3.5 日期和时间
> 3.6 软件缺陷发生步骤
> 3.7 测试环境
> 3.8 再现测试
> 3.9 测试人员
> 3.10 见证人
> 4．影响

（8）测试总结报告

测试总结报告用于报告某个测试项目完成情况。

> IEEE 829—1998软件测试文档编制标准
> 测试总结报告模板
> **目录**
> 1．测试总结报告标识符
> 2．总结
> 3．差异
> 4．综合评估
> 5．结果总结
> 　5.1 已解决的意外事件
> 　5.2 未解决的意外事件
> 6．评价
> 7．建议
> 8．活动总结
> 9．审批

7.3　软件测试的组织与人员管理

7.3.1　软件测试的组织与人员管理概述

测试项目成功完成的关键因素之一就是要有高素质的软件测试人员，并将他们有效地组织起来，使他们分工合作，形成一支精干的队伍，发挥出最大的工作效率。测试的组织与人员管理是测试项目不可缺少的管理职能，也是最难的一项，将会直接影响软件测试工作的效率和软件产品的质量。在管理人员的经验中，常常有这样的情况：如果问题是属于技术方面的，应对的方法就是多做一些研究工作，来寻找解决方案；如果问题是属于时间上的，最坏的打算就是向后推迟时间；如果问题是属于资源的，就想办法调整资源。但是，如果问题是出在"人"的问题上的话，这几乎是没有标准答案可以提供的。"人"的问题会出现在各个层次以及各个方面，但不少问题是出现在人员的组织和管理上。那么，什么是测试的组织与人员管理？它的任务是什么？测试的组织与人员管理应注意什么样的原则呢？

测试的组织与人员管理就是对测试项目相关人员在组织形式、人员组成与职责方面所做的规划和安排。

测试的组织与人员管理的任务如下。

- 为测试项目选择合适的组织结构模式。
- 确定项目组内部的组织形式。
- 合理配备人员，明确分工和责任。
- 对项目成员的思想、心理和行为进行有效的管理，充分发挥他们的主观能动性，使他们密切配合实现项目的目标。

测试的组织与人员管理应注意的原则如下。

（1）尽快落实责任

从软件的生存周期看，测试往往指对程序的测试，但是，由于测试的依据是规格说明书、设计文档和使用说明书，如果设计有错误，测试的质量就难以保证。实际上，测试的准备工作在分析和设计阶段就开始了，在软件项目的开始就要尽早指定专人负责，让他有权去落实与测试有关的各项事宜。

（2）减少接口

要尽可能地减少项目组内人与人之间的层次关系，缩短通信的路径，方便人员之间的沟通，提高工作效率。

（3）责任明确、均衡

项目组成员都必须明确自己在项目组中的地位、角色和职责，各成员所负的责任不应比委任的权力大，反之亦然。

7.3.2　软件测试人员的组织结构

组织结构是指用一定的模式对责任、权威和关系进行安排，直至通过这种结构发挥功能。测试组织结构设计时主要考虑以下因素。

- 垂直还是平缓：垂直的组织结构是在管理者与低级测试人员之间设立许多层次，平缓的垂直组织结构设立很少的几个层次。平缓的组织结构的测试工作效率较高。
- 集中还是分散：组织可以是集中的，也可以是分散的。这对于测试组织是比较关键的，为保证测试的独立性，一般测试组织要相对集中。
- 分级还是分散：可以将组织按权力和级别一层一层地分级，也可以分散排列开。在软件开发小组内的测试常使用这种分散的方式，测试小组在开发小组内，可以是专职测试人员，或者以测试人员角色的形式组成。
- 专业人员还是工作人员：测试组织应拥有一定比例的专业测试人员和工作人员。
- 功能还是项目：测试组织可以面向功能，也可以面向项目。

组织设计因素可以组成不同的组织方案，在实际中软件开发机构和测试机构也都建立了不同结构的测试组织形式。选择合理高效的测试组织结构方案的准则如下。

- 提供软件测试的快速决策能力。
- 利于合作，尤其是产品开发与测试开发之间的合作。
- 能够独立、规范、不带偏见地运作并具有精干的人员配置。
- 有利于满足软件测试与质量管理的关系。
- 有利于满足软件测试过程管理要求。
- 有利于为测试技术提供专有技术。
- 充分利用现有测试资源，特别是人。
- 对测试者的职业道德和事业产生积极的影响。

进行软件测试的测试组织结构形式很多，测试组织结构形式的确没有正确或错误之说。事实上，某种测试组织结构形式在一些公司实践中是成功的，而在其他公司却是失败的，这很大程度上取决于政策、企业文化、管理水平、成员的技术和知识水平以及软件产品的风险等。目前常见的测试组织结构有独立的测试小组和集成的测试小组两种形式。

（1）独立测试小组

测试组织是一种资源或一系列的资源，专门从事测试活动。随着软件企业规模的不断增大，必须建立独立专门的测试队伍。独立的测试小组，即主要工作是进行测试的小组，他们专门从事软件的测试工作。测试组设组长一名，负责整个测试的计划、组织工作。测试组的其他成员由具有一定的分析、设计和测试经验的专业人员组成，人数根据具体情况可多可少，一般 3～5 人为宜。测试组长与开发组长在项目中的地位是同级、平等的关系。

独立测试小组的形式在 20 世纪 80 年代后得以广泛推行。在独立测试小组建立以前，测试大多由程序员完成，有人误认为开发人员完成测试与他们做开发一样好。但是，由于不顾后果地尽快地推出软件产品，使得交付的软件往往不能满足用户的需求，甚至根本无法使用。有由于曾经遭受的挫折，独立测试小组的出现越来越普遍。独立测试小组的出现使得软件测试被提升为软件工程中的一个独立分支，测试技术、测试标准和测试方法也越来越成熟和完善，一些人也成为专职的软件测试人员。独立测试小组组织形式的好处是独立测试小组会客观地对待被测试的软件，只有不持偏见的人才能提供不持偏见的度量，测试、评价软件的质量才真正有效。独立测试小组面临的问题是，如何在软件产品的生命周期中尽早开始工作。通常软件开发设计人员会阻碍测试人员早早地介入，因为他们担心测试人员会影响他们的进度。这也就意味着测试人员可能会在软件产品的生命周期的最后阶段才进行测试，这样，如果设计有错误，测试的质量就难以保证了。

（2）集成测试小组

集成测试小组是将测试与基本设计因素组合起来构成的测试组织结构。这是与独立测试有关的一种集成测试组织形式，即集成测试小组是由需要向同一个项目经理汇报工作的测试人员和开发人员组成。最近，集成测试小组的组织结构越来越多的被一些软件公司采用。这种方式的优点是软件立项后，由测试人员与软件开发人员并肩作战，一起工作，可以减少软件开发人员与测试人员合作时的不利因素，会极大地方便交流和沟通。和"独立测试小组"方式一样，进行测试的集成测试小组成员也是（或者应该是）专业的测试人员。

7.3.3　软件测试人员

软件测试是一项独立的、富有创造性的工作，虽然测试人员在测试小组中，每个人都在相对独立地进行工作、完成自己承担的软件测试任务，但是，各个成员要有共同的工作目标并协同进行工作。因此，测试人员的能力应包括以下几项。

- 一般能力：包括表达、交流、协调、管理、质量意识、过程方法、软件工程等。
- 测试技能及方法：包括测试基本概念及方法、测试工具及环境、专业测试标准、工作成绩评估等。
- 测试规划能力：包括风险分析及防范、软件放行/接收准则制定、测试目标及计划、测试计划和设计的评审方法等。
- 测试执行能力：包括测试数据/脚本/用例、测试比较及分析、缺陷记录及处理、自动化工具。
- 测试分析、报告和改进能力：包括测试度量、统计技术、测试报告、过程监测及持续改进。

测试组织管理者的工作能力在很大程度上决定测试工作的成功与否，测试管理是很困难的，测试组织的管理者必须具备以下能力。

- 了解与评价软件测试政策、标准、过程、工具、培训和度量的能力。
- 领导一个测试组织的能力，该组织必须坚强有力、独立自主、办事规范、没有偏见。

- 吸引并留住杰出测试专业人才的能力。
- 领导、沟通、支持和控制的能力。
- 有提出解决问题方案的能力。
- 对测试时间、质量和成本进行控制的能力。

7.3.4 软件测试人员的通信方式

在测试组织中，测试人员要花许多时间来与其他成员进行交流，一个项目小组不仅需要工作上的沟通，还需要一些"生活"上的沟通，有些交流非常必要，因为这可以帮助大家建立信任和友情，对工作能起促进作用。人员的沟通、交流方式主要有以下几种。

- 正式非个人方式，如正式会议等。
- 正式个人之间交流，如成员之间的正式讨论等（一般不形成决议）。
- 非正式个人之间交流，如个人之间的自由交流等。
- 电子通讯，如 E-mail（电子邮件）、BBS（电子公告板系统）等。
- 成员网络，如成员与小组之外或公司之外有经验的相关人员进行交流。

7.3.5 软件测试人员管理的激励机制

激励，简单地说就是调动人的工作积极性，把潜力充分发挥出来。在管理学中，激励是指管理者促进、诱导下属形成动机，并引导其行为指向特定目标的活动过程。激励机制在测试组织建设中十分重要，测试组织的管理者不仅把测试人员组织在一起、团结在一起工作，更重要的是要善于调动测试人员的工作热情，激励每个成员都努力工作，实现项目的目标。测试人员管理的激励机制的关键点如下。

- 管理者习惯用对自己有效的因素激励测试人员，很可能发现无效。
- 过多行使权力、资金或处罚手段很可能导致项目失败。
- 注意采取卓有成效的非货币形式的激励措施。
- 在项目进行过程中而不仅是在项目结束时实施激励措施。
- 奖励应该在工作获得认同后尽快兑现。
- 对项目成员的工作表现出真诚的兴趣，是对他们最好的奖励。
- 已经满足的需要很可能不再成为激励因素。

激励因素是影响个人行为的东西，是因人而异、因时而异的。因此，管理者必须明确各种激励的方式，并合理使用。

作为测试人员，测试工件的 7 条效率原则如下。

- 主动思考，积极行动。
- 一开始就牢记目标，不迷失方向。
- 重要的事情放在首位（但常常把紧急的事情放在首位）。
- 先理解人，后被人理解。
- 寻求双赢。
- 互相合作，追求 1+1＞2。
- 终生学习，自我更新，不断进步。

7.3.6 软件测试人员的培训

如今，计算机软、硬件技术发展十分迅速，测试人员必须有足够的能力来适应这些变化。而另一方面，测试工作本身是一门需要技术的学问，它包含了众多的理论和实践。缺乏这些知识和经验，测试的深度和广度就不够，测试的质量就无法保证。从测试管理的角度来说，为了高效地实现测试工作的目标，需要不断地帮助测试人员进行知识的更新和技术能力的提升，这些就需要通过培训来达到。

（1）软件测试培训内容

软件测试培训主要包括以下培训内容。

- 测试基础知识和技能培训。
- 测试设计培训、测试工具培训。
- 测试对象——软件产品培训。
- 测试过程培训。
- 测试管理培训。

（2）制订测试人员培训计划

测试人员培训计划是测试计划的一个重要组成部分，制订测试人员培训计划要注意以下问题。

- 需要管理层的重视，在时间和资源上予以保证。
- 认真调查和分析测试人员的培训需求。
- 将培训活动安排在测试任务开始前。
- "边干边学"模式很可能牺牲质量和效率。
- 软件测试实习活动要在整个培训中占较大比例。
- 鼓励合作学习，团队演练。
- 对培训效果要及时评价，对发现的不足进行改进。

7.3.7　软件测试的组织与人员管理中的风险管理

在进行测试的组织与人员管理时，我们往往重视招聘、培训、考评、薪资等各个具体内容的操作，而忽视了其中的风险管理问题。其实，每个公司在人事管理中都可能遇到风险，如招聘失败、新政策引起员工不满、技术骨干突然离职等，这些事件会影响公司的正常运转，甚至会对公司造成致命的打击。为了避免或降低风险事先要做好风险管理计划，并还要制订一些应急的处理方案。总之，如何防范这些风险的发生，是管理者应该研究的问题。特别是高新技术企业，由于对人的依赖更大，所以更需要重视测试的组织与人员管理中的风险管理。

7.4　软件测试过程管理

众所周知，采用先进的标准、方法和工具对于软件测试是十分重要的，但是成功的软件测试是离不开对测试过程的管理的，没有过程控制的测试是注定要失败的。一个软件的测试工作，不是一次简单的测试活动，它与软件开发一样，是属于软件工程项目的一部分，因此，软件测试的过程管理是软件项目成功的重要保证。开发过程的质量决定了软件的质量，同样地，测试过程的质量决定了软件测试的质量和有效性。软件测试过程的管理是保证测试过程质量、控制和减少测试风险的重要活动。

7.4.1　软件项目的跟踪与质量控制

软件测试和软件开发一样，都遵循软件工程的原理，有它自己的生命周期。软件的测试过程管理基于广泛采用的 V 模型，V 模型支持系统测试周期的任何阶段。基于 V 模型，左边是设计和分析，是软件设计实现的过程，同时伴随着质量保证活动——审核的过程，也就是静态的测试过程；右边是对左边结果的验证，是动态测试的过程，即对设计和分析的结果进行测试，以确认是否满足用户的需求。在软件开发周期中的每个阶段都有相关的测试阶段相对应。

- 测试可以在需求分析阶段就及早开始，在做需求分析、产品功能设计的同时，测试人员就可以阅读、审查需求分析的结果，创建测试的准则。

- 当系统设计人员在做系统设计时，测试人员可以了解系统是如何实现的，基于什么样的平台，这样可以设计系统的测试方案和测试计划，并事先准备系统的测试环境。

- 当设计人员在做在做详细设计时，测试人员可以参与设计，对设计进行评审，找出设计的缺陷，同时设计功能、新特性等各方面的测试用例，完善测试计划。

- 在编程的同时进行单元测试，是一种很有效的办法，可以尽快找出程序中的错误，充分的单元测试可以大幅度提高程序质量、减少成本。

可以看出，V 模型能清楚地看到软件测试活动与项目同时展开，项目一启动，软件测试的工作也就启动了。每个阶段都存在质量控制点，对每个阶段的任务、输入和输出都有明确的规定，以便对整个测试过程进行质量控制和质量管理。

7.4.2　软件测试项目的过程管理

软件测试项目的过程管理主要集中在软件测试项目的启动、测试计划、测试用例设计、测试执行、测试结果的审查和分析以及如何开发或使用测试过程管理工具。

（1）测试项目启动

首先要确定项目组长，只有把项目组织确定下来以后，才可以组建整个测试小组，并可以和开发组等部门开展工作，接着参加有关项目计划、分析和设计的会议，获得必要的需求分析、系统设计文档以及相关产品/技术知识的培训等。

（2）测试计划阶段

确定测试范围、测试策略和方法，并对风险、日程表、资源等进行分析和估计。如何组织和管理计划阶段？测试项目的计划不可能一气呵成，而是要经过计划初期、起草、讨论、审查等不同阶段，才能将计划制订好。而且，不同的测试阶段（集成测试、系统测试、验收测试等）或不同的测试任务（安全性测试、性能测试、可靠性测试等）都可能要有具体的测试计划。

测试项目过程管理的基础是软件测试计划。根据质量管理中 PDCA 质量环的思想，需要对软件测试过程进行跟踪、检查，并与测试计划进行对比。测试计划中描述了如何实施和管理软件的测试过程，测试计划经批准生效后，将被用来作为对测试过程跟踪与监控的依据。

测试项目的跟踪与监控的主要方法是选定软件测试的某个时刻，比较实际测试工作的工作量、投入、成本、进度、测试风险等与计划的差距。若计划未完成，则选取以下的纠正措施。

- 修改测试计划以反映实际进度。

- 重新计划剩余部分工作的实施。

- 采取相应提高效率的措施。

（3）测试设计阶段

制订测试的技术方案、设计测试用例、选择测试工具、写测试脚本等。测试用例设计要在做好各项准备后才开始进行，最后还要让其他部门审查测试用例。

软件测试设计中，要考虑的要点主要如下。

- 所设计的测试技术方案是否可行、是否有效、是否能达到预期的测试目标？

- 所设计的测试用例是否完整、边界条件是否考虑、其覆盖率能达到多高？

- 所设计的测试环境是否和用户的实际使用环境比较接近？

测试设计的关键是做好测试设计前的知识传递，将设计/开发人员已经掌握的技术、产品、设计等知识传递给测试人员；同时，要做好测试用例的审查工作，不仅要通过测试人员的审查，还要通过设计/开发人员的审查。

（4）测试执行阶段

建立或设置相关的测试环境，准备测试数据，执行测试用例，对发现的软件缺陷进行报告、分析、跟踪等，测试执行没有很高的技术性，但却是测试的基础，直接关系到测试的可靠性、客观性和准确性。

（5）测试结果的审查和分析

当测试执行结束后，对测试结果要进行整体的综合分析，以确定软件产品质量的当前状态，为产品的改进或发布提供数据和依据。从管理上讲，要做好测试结果的审查和分析会议，并做好测试报告或质量报告的写作、审查，主要内容如下。

● 审查测试全过程：在原来跟踪的基础上，要对测试项目全过程、全方位的审视一遍，检查测试计划、测试用例是否得到执行，检查测试是否有漏洞。

● 对当前状态的审查：包括产品和过程中没解决的各类问题。对产品目前存在的缺陷进行逐个的分析，了解对产品质量影响的程度，从而决定产品的测试能否告一段落。

● 结束标志：根据上述两项的审查进行评估，如果所有测试内容完成、测试的覆盖率达到要求、产品质量达到已定义的标准，就可以定稿测试报告，并发送出去。

● 项目总结：通过对项目中的问题分析，找出流程、技术或管理中所存在的根源，避免今后发生，并获得项目成功经验。

在具体的测试项目的过程管理中，可以采用周报、日报、例会以及里程碑评审会等方式来了解测试项目的进展情况，建立、收集和分析项目的实际状态数据，对项目进行跟踪与监控，达到项目管理的目的。基于可靠的信息，明智的和有意义的决策可以很好地管理测试过程，在测试过程的每个阶段，测试项目管理人员应特别注意需要弄清楚以下问题。

● 系统现在是否做好测试准备？

● 如果系统开始测试会有什么样的风险？

● 当前测试所达到的覆盖率是怎样的？

● 到目前为止取得了哪些成功？

● 还有哪些测试要做？

● 怎么证明系统已经经过了有效的测试？

● 有哪些变更？哪些部分必须重新测试？

注意弄清楚这些问题可以使项目管理人员对项目的状态有清楚的认识和正确的理解，帮助他们监控项目的发展趋势，发现潜在的问题，从而达到控制成本、降低风险、提高测试工作质量的目的。

7.5　软件测试的配置管理

随着软件系统的日益复杂化和用户需求、软件更新的频繁化，配置管理逐渐成为软件生命周期中的重要控制过程，在软件开发过程中扮演着越来越重要的角色。配置管理是在团队开发中标识、控制和管理软件变更的一种管理。配置管理同软件开发过程紧密相关，配置管理的目的是建立和维护在软件生命周期中软件产品的完整性和一致性，软件测试过程的配置管理和软件开发过程的配置管理是一样的。在软件开发过程中，测试活动的配置管理属于整个软件项目配置管理的一部分，独立的测试组织应建立专门的配置管理系统。一般来说，软件测试配置管理包括以下5个最基本的活动。

● 配置标识。

○ 版本控制。

○ 变更控制。

○ 配置状态报告。

○ 配置审计。

（1）配置标识

配置标识是配置管理的基础。为了在不严重阻碍合理变化的情况下来控制变化，在配置管理中引入了基线的概念。IEEE 对基线的定义是这样的："已经正式通过审核批准的某规约或者产品，它因此可作为进一步开发的基础，并且只能通过正式的变化控制过程的改变。"根据这个定义，在软件测试过程中，可把所有需要加以控制的配置项分为基线配置项和非基线配置项两类。对所有配置项的操作权限都应当严格管理，其基本原则是所有基线配置项向测试人员开放读取权限；而非基线配置项向测试组长、项目经理及相关人员开放。

配置标识主要是标识测试样品、测试标准、测试工具、测试文档（包括测试用例）、测试报告等配置项的名称和类型。所有配置项都应按照相关规定统一编号，按照相应的模板生成，并在文档中的规定部分记录对象的标识信息，标识各配置项的所有者及存储位置，指出何时基准化配置项（置于基线控制之下），这样使得测试相关人员能方便地知道每个配置项的内容和状态。

（2）版本控制

在项目开发过程中，绝大部分的配置项都要经过多次的修改才能最终确定下来。对配置项的任何修改都将产生新的版本。由于不能保证新版本一定比老版本"好"，所以不能抛弃老版本。版本控制的目的是按照一定的规则保存配置项的所有版本，避免发生版本丢失或混淆等现象，并且可以快速准确地查找到配置项的任何版本。

（3）变更控制

变更控制的目的并不是控制和限制变更的发生，而是对变更进行有效的管理，确保变更有序地进行。变更的起源有两种：功能变更和缺陷修补。功能变更是为了增加或者删除某些功能，缺陷修补则是对已存在的缺陷进行修补。变更控制成功的关键是成立变更控制小组，确定变更控制委员会的人员组成、职能（包括变更授权、确认与批准）、工作程序。变更控制主要包括以下内容。

○ 规定测试基线，对每个基线必须描述：每个基线的项（包括文档、样品和工具等），与每个基线有关的评审、批准事项以及验收标准。

○ 规定何时何人创立新的基线，如何创立。

○ 确定变更请求的处理程序和终止条件。

○ 确定变更请求的处理过程中各测试人员执行变更的职能。

○ 确定变更请求和所产生结果的对应机制。

○ 确定配置项提取和存入的控制机制与方式。

（4）配置状态报告

配置状态报告就是根据配置项操作数据库中的记录，来向管理者报告软件测试工作的进展情况。这样的报告应该是定期进行的，用数据库中的客观数据来真实地反映各配置项的情况。配置状态报告应着重反映当前基线配置项的状态，以作为对测试进度报告的参照。同时也能从中根据测试人员对配置项的操作记录来发现各成员之间的工作关系。配置状态报告应该包括以下主要内容。

○ 定义配置状态报告形式、内容和提交方式。

○ 确认过程记录和跟踪问题报告，更改请求，更改次序等。

○ 确定测试报告提交的时间与方式。

（5）配置审计

配置审计的主要作用是作为变更控制的补充手段，来确保某一变更需求已被切实地执行和实现。配置审计包括以下主要内容。

- 确定审计执行人员和执行时机。
- 确定审计的内容与方式。
- 定发现问题的处理方法。

配置管理是管理和调整变更的关键，对于一个参与人员较多、变更较大的项目，它是至关重要的。软件测试配置管理概念相对比较简单，但实际操作却常常十分复杂。配置管理为测试项目管理提供了各种监控测试项目进展的视角，为掌握测试项目进程提供了保证。

7.6　软件测试风险管理

1. 风险的基本概念

风险可定义为"伤害、损坏或损失的可能性；一种危险的可能，或一种冒险事件"。风险涉及一个事件发生的可能性，涉及该事件产生的不良后果或影响。软件风险是指开发不成功引起损失的可能性，这种不成功事件会导致公司商业上的失败。风险分析是对软件中潜在的问题进行识别、估计和评价的过程。软件测试中的风险分析就是根据待测软件可能出现的风险，制订软件测试计划，并排列优先等级。

软件风险分析的目的是确定测试对象、测试优先级以及测试的深度，有时还包括确定可以忽略的测试对象。通过风险分析，测试人员识别软件中高风险的部分，并进行严格彻底的测试；确定潜在的隐患软件构件，对其进行重点测试。在制订测试计划的过程中，可以将风险分析的结果用来确定软件测试的优先级与测试深度。

软件风险分析工作应由各部门的专家组成，一般包括项目经理、开发人员、测试人员、用户、客户以及销售人员。

对所有的软件项目进行风险分析是必不可少的。如果软件本身的缺陷与错误能够导致灾难性后果，如造成严重的经济损失或生命危害，这样的软件称为安全性重要软件，安全性重要软件在开发过程中的各个阶段都应进行安全性分析。

即使是非重要软件，在项目的初期进行风险分析，也有助于识别潜在的问题。这些问题可能会引发严重的后果，因此项目经理和开发人员在开发中要特别注意，以便预防风险。

测试人员可利用风险分析的结果选择最关键的测试，大部分的测试资源应该用在控制最高级别的商业风险上，而最低级别的商业风险应该占用尽可能少的测试资源。只有这样，软件测试人员才能制订合理的策略，控制软件开发的风险。

2. 软件测试与商业风险

软件公司的管理者在制定整个软件开发战略时，使用"计划——执行——检查——改进（PDCA）"循环理念，战略性的策略可以转为商业上的主动。在 PDCA 循环中，计划和执行往往更被人们所重视，然而，检测部分才是用来处理商业风险的关键过程。

软件测试是一种用来尽可能降低软件风险的控制措施。软件测试是检测软件开发是否符合计划、是否达到预期的结果的测试。如果检测表明软件的实现没有按照计划执行，或与预期目标不符，就要采取必要的改进行动。因此，公司的管理者应该依靠软件测试之类的措施来帮助自己实现商业目标。

软件测试人员必须明白他们的任务之一就是通过测试来评估产品的商业风险，并将结果报告给公司管理者。从这个角度看来，测试人员首先要理解什么是商业风险，并且要以这些风险为重点来制订测试策略。

3. 软件风险分析

风险分析是一个对潜在问题识别和评估的过程，即对测试的对象进行优先级划分。风险分析包括以下两个部分。

- 发生的可能性：发生问题的可能性有多大？
- 影响的严重性：如果问题发生了会有什么后果？

风险分析由以下几个步骤组成：首先列出潜在问题，然后对标识的每个潜在问题发生的可能性和影响严重性赋值，进行风险测定，测试人员根据测试分析结果的排列，关注潜在问题，设计与选择测试用例。

通常风险分析采用两种方法：表格分析法和矩阵分析法。通用的风险分析表包括以下几项内容。

- 风险标识：表示风险事件的唯一标识。
- 风险问题：风险问题发生现象的简单描述。
- 发生可能性：风险发生可能性的级别（1-10）。
- 影响的严重性：风险影响的严重性的级别（1-10）。
- 风险预测值：风险发生可能性与风险影响的严重性的乘积。
- 风险优先级：风险预测值从高向低的排序。

软件风险分析表的例子如表 7.1 所示。

表 7.1　　　　　　　　　　　　　　　软件风险分析表

标识	风险问题	可能性	严重性	预测值	优先级	测试用例
A	非法用户访问	6	8	48	2	TC-1-1
B	非法数据输入	7	10	70	1	TC-1-2
C	数据库更新不同步	4	10	40	4	TC-2-1
D	并发用户少	5	9	45	3	TC-3-1
E	用户文档不清晰	9	1	9	5	TC-4-1

可能性与严重性的乘积产生的风险预测值，决定了风险优先级的排序。预测值越高，优先级别越高，针对该问题的测试就越重要。根据表 7.1 的计算结果，风险问题的排列为 B、A、D、C、E。在风险计算过程中，可能出现具有相同预测值的情况，这时可以通过将可能性和严重性分别加权计算来进行进一步的分析。

风险分析的可能性值和严重性值的范围推荐使用 1~10，有些公司可能使用值的范围为 1~100，或者是 0~1 之间的小数，也有的公司使用高、中、低等级来表示。至于使用哪种等级表示并不是很重要，只要这些值在分析过程中的使用是一致的，分析的效果都是一样的。

风险矩阵是风险分析的另一种有效的方法，测试人员可根据需要，对风险潜在问题的可能性和严重性采用高（1）、中（2）、低（3）等级来表示，形成一个二维风险矩阵，而风险优先级可用二者值之和表示。这样，可能存在五个风险等级（即 6、5、4、3、2）。

总之，风险优先级是由软件潜在问题影响的严重性确定的，是个相对值，而潜在问题的影响严重性是根据问题的可能性来评定的。风险优先级的确定是使用可能性和严重性等级值相加，但是，如果使用两者值相乘，将会扩大有风险的区域。

综上所述，软件风险分析的目的是：确定测试对象、优先级以及测试深度。在测试计划阶段，可以用风险分析的结果来确定软件测试的优先级。对每个测试项和测试用例赋予优先代码，将测试分为高、中和低的优先级类型，这样可以在有限的资源和时间条件下合理安排测试的覆盖度与深度。

4. 软件测试风险

软件测试风险是指软件测试过程出现的或潜在的问题,这些问题会给软件测试工作带来损失。风险产生的原因主要是测试计划的不充分、测试方法有误或测试过程的偏离,造成测试的补充以及结果不准确。IEEE829—1998《软件测试文档编制》标准中,在测试计划的模板中有一项为"风险与应急措施",这表明软件测试风险管理是很重要的工作。"风险与应急措施"主要是对测试计划执行的风险进行分析,制订要采取的应急措施,降低软件测试产生的风险造成的危害。

软件测试项目存在着风险,在测试项目管理中,预先重视风险评估,并对可能出现的风险有所防范,就可以最大限度地减少风险的发生或降低风险所代来的损失。风险管理的基本内容有两项:风险评估和风险控制。

（1）风险评估

对风险的评估主要依据 3 个因素:风险描述、风险概率和风险影响。从成本、进度及性能 3 个方面对风险进行评估,风险的评估是建立在风险识别和分析的基础上。

在风险管理中,首先要将风险识别出来,特别是确定哪些是可避免的风险,哪些是不可避免的,对可避免的风险要尽量采取措施去避免,所以风险识别是第一步,也是很重要的一步。风险识别的有效方法是建立风险项目检查表,按风险内容进行分项检查,逐项检查。然后,对识别出来的风险进行分析,主要从下列 4 个方面进行分析。

● 发生的可能性（风险概率）分析:建立一个尺度表示风险可能性（如,极罕见、罕见、普通、可能、极可能）。

● 分析和描述发生的结果或风险带来的后果,即估计风险发生后对产品和测试结果的影响、可造成的损失等。

● 确定风险评估的正确性,要对每个风险的表现、范围、时间做出尽量准确的判断。

● 根据损失（影响）和风险概率的乘积,来确定风险的度优先队列。方法可以采用 FMEA（失效模型和效果分析）法。

（2）风险的控制

风险的控制是建立在上述风险评估的结果上,主要工作如下。

● 采取措施避免那些可以避免的风险,如测试环境设置不对,可以通过事先列出要检查的所有条目,在测试环境设置好后,由其他人员按已列出条目逐条检查。

● 风险转移,有些风险可能带来的后果非常严重,能否通过一些方法,将它转换为其他一些不会引起严重后果的低风险。如产品发布前夕发现某个不是很重要的新功能,给原有的功能带来一个严重风险,这时处理这个所带来的风险的风险就很大,对策是去掉那个新功能,转移这种风险。

● 有些风险不可避免,就设法降低风险,如"程序中未发现的缺陷"这种风险总是存在,我们就要通过提高测试用例的覆盖率（如达到 99.9%）来降低这种风险。

● 为了避免、转移或降低风险,事先要做好风险管理计划,包括单个风险的处理和所有风险综合处理的管理计划。

● 对风险的处理还要制订一些应急的、有效的处理方案。

控制风险还有一些其他策略,主要如下。

● 在做计划时,对资源、时间、预算等的估算,要留有余地,不要用到 100%。

● 在项目开始前,把一些环节或边界上的有变化、难以控制的因素列入风险管理计划中。

● 为每个关键性技术人员培养后备人员,做好人员流动的准备,采取一些措施确保人员一旦离开公司,项目不会受到严重影响,仍能可以继续下去。

● 制订文档标准,并建立一种机制,保证文档及时产生。

● 对所有工作多进行互相审查,及时发现问题。

测试计划的风险一般指测试进度滞后或出现非计划事件，对于计划风险分析就是找出针对计划好的测试工作造成消极影响的所有因素，以及制订风险发生时应采取的应急措施。一些常见的计划风险包括：交付日期、测试需求、测试范围、测试资源、人员能力、测试预算、测试环境、测试支持、劣质组件、测试工具。

其中，交付日期的风险是主要风险之一。测试未按计划完成，发布日期推迟，影响对客户提交产品的承诺，管理的可信度和公司的信誉都要受到考验，同时也受到竞争对手的威胁。交付日期的滞后，也可能是已经耗尽了所有的资源。计划风险分析所做的工作重点不在于分析风险产生的原因，重点应放在提前制订应急措施来应对风险发生。当测试计划风险发生时，可能采用的应急措施有：缩小范围、增加资源、减少过程等措施。例如，当用户在软件开发接近尾声时，提出了重要需求变动，此时，将采用的应急措施如下。

- 应急措施 1：增加资源。请求用户团队为测试工作提供更多的用户支持。
- 应急措施 2：缩小范围。决定在后续的发布中，实现较低优先级的特性。
- 应急措施 3：减少质量过程。在风险分析过程中，确定某些风险级别低的特征测试，减少测试。

上述列举的应急措施要涉及有关方面的妥协，如果没有测试计划风险分析和应急措施处理风险，开发者和测试人员采取的措施就比较匆忙，将不利于将风险的损失控制到最小。因此，软件风险分析和测试计划风险分析与应急措施是相辅相成的。由上面分析可以看出，计划风险、软件风险、重点测试、不测试，甚至整个软件的测试与应急措施都是围绕"用风险来确定测试工作优先级"这样的原则来构造的。软件测试存在着风险，如果提前重视风险，并且有所防范，就可以最大限度减少风险的发生。在项目过程中，风险管理的成功取决于如何计划、执行与检验每一个步骤。遗漏任何一点，风险管理都不会成功。

7.7　软件测试的成本管理

进行软件测试可以提高软件项目的控制水平，在软件测试领域多一分投入，带来的回报就相应增加一分。具体来说，在项目早期，测试有助于发现缺陷，降低系统修复成本。再者，测试可以缩短项目周期，节约时间成本和项目开发成本。测试可以将因软件质量问题造成的风险降到最低。有效的测试可以识别软件缺陷和评价软件的各种风险，有助于实现软件产品目标。

7.7.1　软件测试成本管理概述

软件测试成本管理就是根据企业的情况和软件测试项目的具体要求，利用公司既定的资源，在保证软件测试项目的进度、质量达到客户满意的情况下，对软件测试成本进行有效的组织、实施、控制、跟踪、分析和考核等一系列管理活动，最大限度地降低软件测试成本，提高项目利润。软件测试成本的管理基本上可以用估算和控制来概括，首先对软件的成本进行估算，然后形成管理计划，在软件测试过程中，对软件测试项目施加控制，使其按照计划进行。软件测试成本管理计划是成本控制的标准，不合理的计划可能使测试项目失去控制，超出预算。因此成本估算是整个软件测试项目成本管理过程中的基础，成本控制是使软件测试项目的成本在测试过程中控制在预算范围之内。成本管理的过程包括以下几个方面。

- 资源计划：包括决定为实施软件测试项目需要使用什么资源（人员、设备和物资）以及每种资源的用量。其主要输出是一个资源需求清单。
- 成本估算：包括估计完成软件测试项目所需资源成本的近似值。其主要输出是成本管理计划。

○ 成本预算：包括将整个成本估算配置到各单项工作，以建立一个衡量绩效的基准计划。其主要输出是成本基准计划。

○ 成本控制：包括控制软件测试项目预算的变化，其主要输出修正的成本估算、更新预算、纠正行动和取得的教训。

7.7.2　软件测试成本管理的一些基本概念

对于一般项目，项目的成本主要有项目直接成本、管理费用和期间费用等构成。项目直接成本是指与项目有直接关系的成本费用，是与项目直接对应的，包括直接人工费用、直接材料费用（包括硬件设备、软件工具和数据资源）和其他直接费用。项目管理费用是指为了组织、管理和控制项目所发生的费用，项目管理费用一般是项目的间接费用。期间费用与项目的完成没有直接关系，费用的发生基本上不受项目业务量增减所影响。例如，日常行政管理费用、医疗保险费用等，这些费用一般已经不再是项目费用的一部分，而是作为期间费用纳入公司的当期损益。

1. 测试费用有效性

风险承受的确定，从经济学的角度考虑就是确定需要完成多少测试以及进行什么类型的测试。经济学所做的判断，确定了软件存在的缺陷是否可以接受，如果可以，能承受多少？测试的策略不再主要由软件人员和测试人员来确定，而是由商业的经济利益来决定的。

"太少的测试是犯罪，而太多的测试是浪费。"对风险测试得过少，会造成软件的缺陷和系统的瘫痪；而对风险测试得过多，就会对本来没有缺陷的系统进行没有必要的测试，或者是对只有轻微缺陷的系统所花费的测试费用远远大于它们给系统造成的损失。

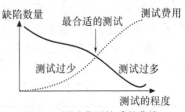

图 7.1　测试费用的质量曲线

测试费用的有效性，可以用测试费用的质量曲线来表示，如图 7.1 所示。随着测试费用的增加，发现的缺陷也会越多，两线相交的地方是过多测试开始的地方，这时，排除缺陷的测试费用超过了缺陷给系统造成的损失费用。

2. 测试成本控制

测试成本控制也称为项目费用控制，就是在整个测试项目的实施过程中，定期收集项目的实际成本数据，并与成本的计划值进行对比分析，然后进行成本预测，及时发现并纠正偏差，使项目的成本目标尽可能好地实现。项目成本管理的主要目的就是项目的成本控制，将项目运作成本控制在预算的范围内，或者控制在可以接受的范围内，以便在项目失控之前就及时采取措施予以纠正。

在实际的软件测试中，资源条件是有限的，想要完成所有测试是不可能的。要么缺时间，要么缺钱和人，往往不知道实际测试成本有多少，也不知道怎样系统地降低成本。

测试工作的主要目标是使测试产能最大化，也就是要使通过测试找出错误的能力最大化，而检测次数最小化。测试的成本控制目标是使测试开发成本、测试实施成本和测试维护成本最小化。

在软件产品测试过程中，测试实施成本主要包括：测试准备成本、测试执行成本和测试结束成本。

（1）测试准备成本控制

测试准备成本控制的目标是使时间消耗总量、劳动力总量（尤其是准备工作所需的熟练劳动力总量）最小化。准备工作一般包括硬件配置，软件配置、测试环境建立以及测试环境的确定等。

（2）测试执行成本控制

测试执行成本控制的目标是使总执行时间和所需的测试专用设备尽可能地减少。执行时间要求用户进行手工操作执行测试的时间应尽量减少，同时对劳动力和所需的技能也要尽量减少。如果需要重新测试，不同的选择会有不同的成本控制效果，重新测试的决策是在成本与风险的矛盾中进行的。

- 完全重新测试：将测试全部重新执行一遍，将风险降至最低，但加大了测试执行的成本。
- 部分重新测试：有选择地重新执行部分测试，能减少执行成本，但同时加大了风险。

对部分重新测试进行合理的选择，将风险降至最低，而成本同样会很高，必须将其与测试执行成本进行比较，权衡利弊。利用测试自动化，进行重新测试，其成本效益是较好的。部分重新测试的选择方法有两种。

- 对由于程序变化而受到影响的每一部分进行重新测试。
- 对与变化有密切和直接关系的部分进行重新测试。

其中，第一种办法风险要小一些，而第二种办法是一种主观制定的办法，是建立在对软件产品十分了解的基础上的。一般地，选择重新测试的策略建立在软件测试错误的多少（即软件风险的大小）与测试的时间、人力、资源投入成本的大小之间的折衷基础上。

（3）测试结束成本控制

测试结束成本的控制是进行测试结果分析和测试报告编制、测试环境的消除与恢复原环境所需的成本，使所需的时间和熟练劳动力总量减小到最低限度。

（4）降低测试实施成本

测试准备环境的配置是十分重要的，要求与软件的运行环境相一致。测试环境应建立在固定的测试专用软硬件及网络环境中，尽可能使用软件和测试环境配置自动化。测试实施尽可能采用自动化的测试工具，减少手工辅助测试。当测试结束编写测试报告时，测试结果与预期结果的比较采用自动化方法，以降低分析比较成本。

测试自动化的方法主要有：使用测试工具；测试用例的自动化执行；测试文档编制的模板自动化生成。

（5）降低测试维护成本

降低测试维护成本，与软件开发过程一样，加强软件测试的配置管理，所有测试的软件样品、测试文档（测试计划、测试说明、测试用例、测试记录、测试报告）都应置于配置管理系统控制之下。降低测试维护工作成本主要考虑以下几个方面。

- 对于测试中出现的偏差要增加测试。
- 采用渐进式测试，以适应新变化的测试。
- 定期检查维护所有测试用例，以获得测试效果的连续性。

保持测试用例效果的连续性是重要的措施，有以下几个方面。

- 每一个测试用例都是可执行的，即被测产品在功能上不应有任何变化。
- 基于需求和功能的测试都应是适合的，若产品需求和功能发生小的变化，不应使测试用例无效。
- 每一个测试用例不断增加使用价值，即每一个测试用例不应是完全冗余的，连续使用应是成本效益高的。

3. 质量成本

企业为了获得利润，需花费大量的资金进行测试。在质量方面的投资会产生利润，例如，提高产品质量会提高公司的声誉，使产品交付之后的维护成本减少，避免用户的抱怨。测试是一种带有风险性的管理活动，可以使企业避免因为软件产品质量低劣而花费不必要的成本。

（1）质量成本要素

质量成本要素主要包括一致性成本和非一致性成本。一致性成本是指用于保证软件质量的支出，包括预防成本和测试预算，如测试计划、测试开发、测试实施费用。非一致成本是由出现的软件错误和测试过程故障（如延期、劣质的发布）引起的。这些问题会导致返工、补测、延迟。追加测试时间和资金就是一种由于内部故障引起的非一致成本。非一致成本还包括外部故障（软件遗留错误影响客户）引起的部分。一般情况下，外部故障非一致成本要大于一致性成本与内部故障非一致成本之和。

（2）质量成本计算

质量成本一般按下式计算。

$$质量成本＝一致性成本＋非一致性成本$$

4．缺陷探测率

缺陷探测率是另一个衡量测试工作效率的软件质量成本的指标，一般按下式计算。

$$缺陷探测率＝测试发现的软件缺陷数÷（测试发现的软件缺陷数＋$$
$$客户发现并反馈技术支持人员进行修复的软件缺陷数）$$

缺陷探测率越高，也就意味着测试发现的错误多，发布后客户发现的错误就越少，降低了外部故障不一致成本，达到了节约总成本的目的，可获得较高的测试投资回报率。因此，缺陷探测率是衡量测试投资回报的一个重要指标。测试投资回报率可按下式计算。

$$投资回报率＝（节约的成本－利润）÷测试投资×100\%$$

下面，通过一个例子来说明质量成本的概念。假设对一个客户管理软件（CRM）进行测试。属于质量预防方面的一致性成本只考虑软件测试的投资，把发布之前、之后发现及修改的错误看成非一致性成本，假设发现的错误为 300 个，故障成本已知，测试过程的估算如下。

各阶段花费在发现及修改错误的成本假设如下。

- 在开发过程单元测试阶段，软件开发人员发现及修改一个错误需要 50 元。
- 建立独立的测试进行集成和系统测试，测试人员发现错误，开发人员修改后，测试人员再确认，一个错误需要花费 300 元。
- 在产品发布后，由客户发现，报告技术支持人员，相关开发人员修改，测试组再进行回归测试，一个错误需要花费 2000 元。

第 1 种情况：开发单位未建立独立测试队伍，由开发人员进行测试，发现 100 个错误，而产品发布后客户发现错误 200 个，只存在故障成本构成的总成本为 405000 元，缺陷探测率为 33.3%。

第 2 种情况：开发单位建立了独立测试队伍，进行手工测试。投资预算人员费用为 60000 元，测试环境使用费为 8000 元，测试投资（一致性成本）为 68000 元。除了开发过程中开发人员发现并修改 100 个错误外，测试过程中测试人员发现错误 150 个，而产品发布后客户发现 50 个错误。总质量成本下降到 218000 元，手工测试总质量成本节约了 187000 元，即为利润。投资回报率为 275%，缺陷探测率为 83.3%，具体计算如下。

$$投资回报率＝（节约的成本－利润）÷测试投资×100\%$$
$$＝（405000－218000）÷68000×100\%$$
$$＝275\%$$

$$缺陷探测率＝测试发现的软件缺陷数÷（测试发现的软件缺陷数＋$$
$$客户发现并反馈技术支持人员进行修复的软件缺陷数）$$
$$＝（100＋190）÷（100＋190＋10）×100\%$$
$$＝83.3\%$$

第 3 种情况：开发单位在独立测试中，采用自动测试工具，投资中增加 10000 元的工具使用费，测试投资为（一致性成本）78000 元。由于使用测试工具，测试人员在测试中发现错误增加到 190 个，在产品发布后，客户发现错误下降到 10 个。总质量成本下降到 160000 元，比未建立独立测试前节约了 245000 元。投资回报率为 314%，缺陷探测率为 96.7%，具体计算如下。

$$投资回报率=（节约的成本-利润）\div 测试投资 \times 100\%$$
$$=（405000-160000）\div 78000 \times 100\%$$
$$=314\%$$

$$缺陷探测率=测试发现的软件缺陷数\div（测试发现的软件缺陷数+$$
$$客户发现并反馈技术支持人员进行修复的软件缺陷数）$$
$$=（100+190）\div（100+190+10）\times 100\%$$
$$=96.7\%$$

可以看出，建立独立的软件测试组织，选择好的测试方案，不但软件缺陷的探测率高，还能有效地控制软件的风险，提高软件质量，而且降低了软件的质量成本，测试的投资回报率也将随着明显提高。

7.7.3 软件测试成本管理的基本原则和措施

当一个测试项目开始后，就会发生一些不确定的事件。测试项目的管理者一般都在一种不能够完全确定的环境下管理项目，项目的成本费用可能出现难以预料的情况，因此，必须有一些可行的措施和办法，来帮助测试项目的管理者进行项目成本管理，实施整个软件测试项目生命周期内的成本度量和控制。

1. 软件测试项目成本的控制原则

（1）坚持成本最低化原则

软件测试项目成本控制的根本目的，在于通过成本管理的各种手段，不断降低软件测试项目成本，以达到可能实现最低的目标成本的要求。从实际出发，通过主观努力可能达到合理的最低成本水平。

（2）坚持全面成本控制原则

全面成本管理是整个测试团队、全体测试人员和测试全过程的管理，亦称"三全"管理。软件测试项目成本的全过程控制，要求成本控制工作要随着软件测试过程进展的各个阶段连续进行。

（3）坚持动态控制原则

软件测试项目是一次性的，成本控制应强调项目的中间控制，即动态控制。因为软件测试准备阶段的成本控制只是为今后的成本控制作好准备，而测试完成阶段的成本控制，由于成本盈亏已基本定局，即使发生了纠差，也已来不及纠正。

（4）坚持项目目标管理原则

目标管理的内容包括目标的设定和分解，目标的责任到位和执行，检查目标的执行结果，评价目标和修正目标，形成目标管理的计划、实施、检查、处理循环，即 PDCA 循环。

（5）坚持责、权、利相结合的原则

在软件测试施工过程中，软件测试项目负责人和各测试人员在肩负成本控制责任的同时，享有成本控制的权力，同时要对成本控制中的业绩进行定期的检查和考评，实行有奖有罚。只有真正做好责、权、利相结合的成本控制，才能收到预期的效果。

2. 软件测试项目成本控制措施

（1）组织措施

软件测试项目负责人是项目成本管理的第一责任人，全面组织软件测试项目的成本管理工作，应及时掌握和分析盈亏状况，并迅速采取有效措施；负责技术工作的测试人员应在保证质量、按期完成任务的前提下尽可能采取先进技术，以降低工程成本；负责财务工作的人员应及时分析项目的财务收支情况，合理调度资金。

（2）技术措施

一是制订先进的、经济合理的测试方案，以达到缩短工期、提高质量、降低成本的目的。二是在软件测试过程中努力寻求各种降低消耗、提高工效的新工艺、新技术等降低成本的技术措施。三是严把质量关，杜绝返工现象，缩短验收时间，节省费用开支。

（3）经济措施

一是人工费控制管理。主要是改善劳动组织，减少窝工浪费；实行合理的奖惩制度；加强技术教育和培训工作；加强劳动纪律，严格控制非测试人员比例。二是材料费控制管理，减少各个环节的损耗，节约费用。三是软件测试工具费控制管理，主要是正确选配和合理利用软件测试工具，提高利用率和测试效率。四是间接费及其他直接费控制。

软件测试项目成本管理的目的就是确保在批准的预算范围内完成软件测试项目所需的各个过程。成本管理是软件测试项目管理的一个主要内容，就目前来看，成本管理是软件测试项目管理中一个比较薄弱的方面，许多软件测试项目由于成本管理不善，造成了整个软件造价的成本上升，软件质量得不到保证。因此，在软件实际测试过程中，应当有效地加强软件测试项目的成本管理，以进一步节约成本，提高经济效益。

习 题 7

1. 什么是测试项目与测试项目管理？
2. 测试项目管理有哪些基本特征？
3. 测试文档有哪些作用？
4. 主要软件测试文档有哪些？
5. 制订测试计划的目的是什么？
6. 制订测试计划时要面对哪些问题？
7. IEEE 软件测试计划文档模板规定了哪些测试相关内容？
8. 测试的组织与人员管理的任务是什么？
9. 测试的组织与人员管理应注意的原则是什么？
10. 选择合理高效的测试组织结构方案的准则是什么？
11. 目前常见的测试组织结构有哪些形式？
12. 测试人员的能力应包括哪些？
13. 测试组织的管理者必须具备哪些能力？
14. 制订测试人员培训计划要注意什么问题？
15. 测试人员管理的激励机制的关键点是什么？
16. 测试项目的跟踪与监控的主要方法有哪些？
17. 什么是测试的配置管理？
18. 软件测试配置管理包括哪些最基本的活动？
19. 变更控制主要包括哪些内容？
20. 软件风险分析的目的是什么？
21. 什么是软件测试的风险？
22. 怎样分析测试费用有效性？
23. 什么是测试成本控制？
24. 质量成本要素有哪些？质量成本如何计算？

第8章
面向对象软件测试

面向对象技术在软件工程中的推广使用，使得传统的测试技术和方法受到了极大的冲击。对面向对象技术所引入的新特点，传统的测试技术已经无法有效地对软件进行测试，因此，必须针对面向对象程序的特点，研究新的测试方法和测试策略。本章将对面向对象软件测试的特点、测试模型和基本技术分别进行详细地介绍。

8.1 面向对象软件的特点及其对测试的影响

面向对象技术是一种全新的软件开发技术，正逐渐代替被广泛使用的面向过程开发方法。面向对象技术可以使软件具有更好的系统结构，更规范的编程风格，极大地优化了数据使用的安全性，提高了程序代码的重用。

面向对象程序设计的核心是对象。在面向对象程序设计中，对象是实现世界中各种实体的抽象表示，它是数据和代码的组合，有自己的状态和行为。具体来说，对象的状态用数据来表示，称为对象的属性，而对象的行为用代码来实现，称为对象的方法，不同的对象会有不同的属性和方法。

类是定义了具有相同数据类型和相同操作的一组对象的类型，它是对具有相同属性和行为的一组相似对象的抽象。例如，不同种类的汽车尽管在某些具体特征上有所区别，但是它们在主要特征方面是相同的，比如它们都有方向盘、发动机、汽车轮子，并且都能够在路上行驶。这样，可以把它们的共同特征抽象出来，形成一个汽车类。类描述了属于该类型的所有对象的特征和行为信息，是生成对象的蓝图和模板。类通过设定该类中每个对象都具有的属性和方法，来提供对象的定义，也就是说有关对象的属性、方法和事件是在定义类时被指定的。每一个属于某个类的特定对象称为该类的一个实例。创建了一个类后，可以创建所需的任何数量的对象。对于类和对象的关系有许多比喻，其中最常见的一个是用造房子的图纸和房子来比喻比较贴切。在这样的比喻中，类就是造房子的图纸，而房子本身就是一个对象。很多房子可以根据同样的图纸来建造，而很多对象可以根据同样的类来创建。每个由类创建的对象是这个类的一个实例。

面向对象程序与传统程序的一个主要区别在于：面向过程的程序鼓励过程的自治，但不鼓励过程间交互；面向对象的程序则不鼓励过程的自治，并且将过程（即方法）封装在类中，而类的对象的执行则主要体现在这些过程的交互上。即传统程序执行的路径是在程序开发时定义好的，程序执行的过程是主动的，其流程可以用一个控制流图从头至尾地表示；而面向对象程序中方法的执行通常不是主动的，程序的执行路径也是在运行过程中动态地确定的，因此描述它的行为往往需要动态的模型。与传统的程序相比较，面向对象程序主要具有封装性、继承性、多态性等几大特性。

1. 封装性

在面向对象程序设计中，封装是指将对象的数据和操作包装在一起，从而使对象具有包含和隐藏信息（如内部数据和代码）的能力。这样可将操作对象的内部复杂性与应用程序的其他部分隔离开来。

在以往的模块化程序设计中，将大的程序分割成多个模块，而每个模块只是简单地将相关的代码组织在一起。在面向对象程序设计中，不但将相关的代码组织在一起，而且将这些代码操纵的数据也组织在一起。通过将相关的代码和它们操纵的数据封装到对象中，并创建一个与外界交换信息的接口，这样只要接口保持不变，应用程序就可以与对象交互。封装实际上是分离实现方法和接口的一个概念，封装隐藏了类内部的实现，当在程序设计中使用一个对象时就不必关心对象的类是如何实现的。

在面向对象程序设计中，应深刻理解封装的概念和作用。首先，通过封装对象的方法和属性，使其与外界分割，可以有效地防止外界对封装的数据和代码的破坏，也避免了程序各部分之间数据的滥用。其次，把不需要外界知道的数据和函数定义为私有，隐藏了其内部的复杂性，而每一个对象仅有一个接口为应用程序所使用。最后，通过把数据和相关函数封装于一体，使两者密切联系，一致性好。

封装性限制了对象属性对外的可见性和外界对它们的使用权限，在一定程度上简化了类的使用，避免了不合理的操作并能有效地阻止错误的扩散。但是封装使得类的一些属性和状态对外部来说是不可见的，这就给测试用例（尤其是预期结果）的生成带来了一定的困难。为了能够观察到这些属性和状态，以确定程序执行的结果是否正确，往往要在类定义中增添一些专门的函数。例如，在一个堆栈类 Stack 中，其成员变量 h 代表了栈顶的高度，当堆栈不满时，每执行一次 push(x)，h 加 1，当堆栈不为空时，每执行一次 pop()，h 减 1，但 h 是私有成员，对外界不可见，如何能够了解到程序执行后，h 的值是否正确地得到了改变呢？可以设计一个成员函数 ReH()，让它返回 h 的值，这样便能观察到程序的执行结果了。这种做法的缺点是增加了测试的工作量，并在一定程度上破坏了封装性。

2. 继承性

继承性是面向对象程序设计中的一个关键概念。继承性是指基于现有的类（称为父类或基类）创建新类（称为子类或派生类）的机制。子类继承基类的所有属性、方法和事件，并可以附加新属性和方法，以进行优化。每个新创建的子类继承它的基类的所有特性，并加上它自己的个性紧密结合而成。

继承是生物学上的名词。例如狗是犬科动物，而犬科动物又是哺乳动物。因此，作为犬科动物，狗继承了哺乳动物所有的属性和行为，这就是生物学上的继承。在面向对象程序设计中，借用了继承这个词，两者具有许多相同之处。继承性是一种子类延用基类特征的能力。在面向对象程序设计中，通过继承可以创建新类，子类可以继承或者扩展基类的属性、方法和事件等，如果基类特征发生改变，则子类将继承这些新特征。继承性可以使得在一个类上所做的改动，能够自动反映到它的所有子类中。

在传统的结构化程序设计中，如果需要复制和重复使用代码，必须自行生成代码的物理拷贝，然后将其粘贴到程序中，但是在面向对象程序中，程序设计人员不必从代码的第一行一直编到程序的最后一行，而是考虑如何利用继承性创建新类，无需复制源代码，大大提高了代码的可重用性，从而有效地简化了程序设计的难度和工作量。

继承给程序开发人员带来了很多方便，然而对于测试人员来说，问题却并未简化。由于父类和子类的运行环境是不同的，对父类进行充分的测试未必能保证子类继承的特征的正确性。同时，多重继承会显著地增加派生类的复杂程度，导致一些难以发现的隐含错误。

3. 多态性

多态性是指类为方法提供不同的实现方式，但能够以相同名称调用的功能。多态性允许对类的某个方法进行调用，而无需考虑方法所提供的特定实现。

多态性是面向对象方法的关键特性之一。多态的概念是指同一消息可以根据发送消息对象的不同而采用多种不同的行为方式。多态性有两个方面的含义，一种是将同一个消息发送给同一个对象，但由于消息的参数不同，对象也表现出不同的行为（这种多态性是通过重载来实现的）。另一种是将同一个消息发送给不同的对象，各对象表现出的行为各不相同（这种多态是通过重写来实现的）。例如，有类 A、类 B 和类 C 3 个类，类 B 继承类 A，类 C 又继承类 B。成员函数 a () 分别存在于这 3 个类中，但在每个类中的具体实现不同。同时在程序中存在一个函数 fn ()，该函数在形参中创建了一个类 A 的实例 st，并在函数中调用了方法 a ()。程序运行时相当于执行了一个多路分支的 switch () 语句，首先判定传递过来的实参的类型(类 A 或类 B 或类 C)，然后再确定究竟执行哪一个类中的方法 a ()。利用多态性，在程序设计中可以解决很多兼容性的问题，这也是面向对象程序设计的一个显著优点，而在测试时，就必须为上面的每一个分支生成测试用例。由此可见，多态性和动态绑定为程序的执行带来了不确定性，并且增加了系统运行中可能的执行路径，加大了测试用例选取的难度和数量。多态性为软件测试带来的问题目前仍然是研究的重点及难点之一。

面向对象系统与面向过程系统的测试有着许多类似之处，例如，它们都具有相同的目标，即保证软件系统的正确性，不仅保证代码的正确性，也要保证系统能够完成规定的功能；它们也具有相似的过程，例如测试用例的设计、测试用例的运行、实际结果与预期结果的比较等。虽然传统测试的理论与方法有不少都可用于面向对象的测试中，但毕竟面向对象软件的开发技术和运行方式与传统的软件有着较大的区别。面向对象开发技术与传统的开发技术相比，新增了多态、继承、封装等特点，这些新特点使得开发出来的程序，具有更好的结构、更规范的编程风格，极大地优化了数据使用的安全性，提高了代码的重用率。然而，另一方面，面向对象开发方法也影响了软件测试的方法和内容；增加了软件测试的难度；带来了传统软件设计技术所不存在的错误；或者使得传统软件测试中的重点不再显得突出；或者使原来测试经验认为和实践证明的次要方面成为了主要问题。面向对象程序的结构不再是传统的功能模块结构，作为一个整体，原有集成测试所要求的逐步将开发的模块搭建在一起进行测试的方法已成为不可能。

面向对象技术在软件工程中的推广使用，使得传统的测试技术和方法受到了极大的冲击。对面向对象技术所引入的新特点，传统的测试技术已经无法有效地对软件进行测试，因此照搬传统的测试方法对于面向对象软件是不适宜的，必须针对面向对象程序的特点，研究新的测试方法和测试策略。

8.2　面向对象软件测试的不同层次及其特点

一般来说，面向对象软件的测试可分为 3 个层次或 4 个层次。这里主要取决于对单元的构成，若把单个操作和方法看作单元，则有 4 个层次：方法测试、类测试、类簇测试和系统测试。

- 方法测试：方法测试是指对类中的各个方法进行单独的测试。
- 类测试：类测试的重点是类内方法间的交互和其对象的各个状态。
- 类簇测试：类簇也叫子系统，由若干个类所组成，类簇测试的重点是测试一组协同操作类之间的相互作用。
- 系统测试：系统测试检验所有类和整个软件系统是否符合需求。

方法测试是指对类中的各个方法进行单独的测试，一般认为，以类的实例化为前提，并考虑到设置相应的对象状态，对各个方法进行相对独立的测试还是可行的，对独立方法的测试类似于对独立过程的测试。但实际上类中的方法是不能脱离类而单独存在的，况且类是面向对象软件组成和运行的基本单元，因此不少人反对将方法测试作为一个独立的层次来考虑，而主张将其看作类测试的一部分。

3 个层次方式以类为单元，这样对标识测试用例非常有利，同时使得集成测试有更清晰的目标。面向对象软件的测试一般分为 3 个层次，其中，面向对象单元测试主要就是对类成员函数以及类成员函数间的交互进行测试；面向对象集成测试主要对系统内部的相互服务进行测试，如成员函数间的相互作用、类间的消息传递等；面向对象系统测试是基于面向对象集成测试的最后阶段的测试，主要以用户需求为测试标准，检验整个软件系统是否符合需求。

1. 面向对象单元测试——类测试

类是面向对象软件组成和运行的基本单元，面向对象软件的内部实际上是各个类之间的相互作用，对它的测试也就显得更加举足轻重。在面向对象系统中，系统的基本构造模块是封装了数据和方法的类和对象，而不再是一个个能完成特定功能的功能模块。每个对象有自己的生存周期，有自己的状态。消息是对象之间相互请求或协作的途径，是外界使用对象方法及获取对象状态的唯一方式。对象的功能是在消息的触发下，由对象所属类中定义的方法与相关对象的合作共同完成，且在不同状态下对消息的响应可能完全不同。工作过程中对象的状态可能被改变，并产生新的状态。对象中的数据和方法是一个有机的整体，测试过程中不能仅仅检查输入数据产生的输出结果是否与预期的吻合，还要考虑对象的状态，因为在不同状态下对象对消息的响应可能完全不同。与传统软件相比，面向对象程序的子过程（方法）的结构趋于简单，而方法间的耦合程度却有了较大的提高，交互过程也变得复杂。对传统软件进行测试时，着眼的是程序的控制流或数据流，但对类进行测试时则必须考虑类的对象所具有的状态，着重考察一个对象接收到一个消息序列之后，是否达到了一个正确的状态。因此类测试的重点是类内方法间的交互和其对象的各个状态，类的测试用例主要是由方法序列集和相应的成员变量的取值所组成。

类测试是由那些与验证类的实现是否和该类的说明完全一致的相关联的活动组成的。类测试的对象主要是指能独立完成一定功能的原始类。如果类的实现正确，那么类的每一个实例的行为也应该是正确的。

（1）类测试的内容

对一个类进行测试就是检验这个类是否只做规定的事情，确保一个类的代码能够完全满足类的说明所描述的要求。在运行了各种类的测试后，如果代码的覆盖率不完整，这可能意味着该类设计过于复杂，需要简化成几个子类，或者需要增加更多的测试用例来进行测试。

（2）类测试的时间

类测试可以在开发过程中的不同位置进行。在递增的反复开发过程中，一个类的说明和实现在一个工程的进程中可能会发生变化，所以应该在软件的其他部分使用该类之前执行类的测试。每当一个类的实现发生变化时，就应该执行回归测试。如果变化是因发现代码中的缺陷（Bug）而引起的，那么就必须执行测试计划的检查，而且必须增加或改变测试用例以测试在未来的测试期间可能出现的那些缺陷。

类测试的开始时间一般在完全说明这个类、并且准备对其编码后不久，就开发一个测试计划（至少是确定测试用例的某种形式）。如果开发人员还负责该类的测试，那么尤其应该如此。因为确定早期测试用例有利于开发人员理解类说明，也有助于获得独立代码检查的反馈。

（3）类测试的测试人员

如同传统的单元测试一样，类测试通常由开发人员完成，由于开发人员对代码极其熟悉，可以方便使用基于执行的测试方法。由同一个开发者来测试，也有一定的缺点：开发人员对类说明的任何错误理解，都会影响到测试。因此，最好要求另一个类的开发人员编写测试计划，并且允许对代码进行对立检查，这样就可以避免这些潜在的问题了。

（4）类测试的方法

类测试的方法主要有代码检查和执行测试用例。在某些情况下，用代码检查代替基于执行的测试方法是可行的，但是，和基于执行的测试相比，代码检查有以下两个不利之处。

◎ 代码检查易受人为因素影响。

◎ 代码检查在回归测试方面明显需要更多的工作量，常常和原始测试差不多。

尽管基于执行的测试方法克服了以上的缺点，但是确定测试用例和开发测试驱动程序也需要很大的工作量。在某些情况下，构造一个测试驱动程序比开发这个类的工作量还多。一旦确定了一个类的可执行测试用例，就必须执行测试驱动程序来运行每一个测试用例，并给出每一个测试用例的结果。

传统的单元测试是针对程序的函数、过程或完成某个功能的程序块。沿用单元测试的概念，实际测试类成员函数，一些传统的测试方法在面向对象的单元测试中都可以使用，如等价类划分法、因果图法、边值分析法、逻辑覆盖法、路径分析法、程序插装法等。

（5）类测试程度

可以根据已经测试了多少类实现和多少类说明来衡量测试的充分性。对于类的测试，通常需要将这两者都考虑到，希望测试到操作和状态转换的各种组合情况。一个对象能维持自己的状态，而状态一般来说也会影响操作的含义。但要穷举所有组合是不可能的，而且是没有必要的。因此，就应该结合风险分析进行选择配对系列的组合，使用最重要的测试用例并抽取部分不太重要的测试用例。

（6）构建类测试用例

要对类进行测试，就必须先确定和构建类的测试用例，构建类的测试用例的方法有：根据类说明（用 OCL 表示）确定测试用例和根据类的状态转换图来构建类的测试用例。

◎ 根据类的说明确定测试用例。根据类的说明确定测试用例的基本思想是：用 OCL 表示的类的说明中描述了类的每一个限定条件条件，在 OCL 条件下分析每个逻辑关系，从而得到由这个条件的结构所对应的测试用例。这种确定类的测试用例的方法叫做根据前置条件和后置条件构建测试用例。其总体思想是为所有可能出现的组合情况确定测试用例需求。在这些可能出现的组合情况下，可满足前置条件，也能够到达后置条件。根据这些需求，创建测试用例；创建拥有特定输入值（常见值和特殊值）的测试用例；确定它们的正确输出——预期输出值。

◎ 根据状态转换图构建测试用例。状态转换图以图例的形式说明了与一个类的实例相关联的行为。状态转换图可用来补充编写的类说明或者构成完整的类说明。状态图中的每一个转换都描述了一个或多个测试用例需求。因而，可以在转换的每一端选择有代表性的值和边界来满足这些需求。如果转换是受保护的，那么也应该为这些保护条件选择边界。状态的边界值取决于状态相关属性值的范围，可以根据属性值来定义每一个状态。

由此可见，与根据前置条件和后置条件创建类的测试用例相比，根据状态转换图创建类的测试用例有很大的优势。在类的状态图中，与类相关联的行为非常的明显和直观，测试用例的需求直接来自于状态转换，因而很容易确定测试用例的需求。不过基于状态图的方法也有其不利的方面。例如，要完全理解怎样根据属性值来定义状态；事件是如何在一个给定的状态内影响特定值等。这些都很难仅从简单的状态图中确定。因此，在使用基于状态转换图进行测试时，务必在生成测试用例时检查每个状态转换的边界值和预期值。

（7）类测试的充分性

类测试的充分性有 3 个标准：基于类状态的覆盖率、基于约束的覆盖率、基于代码的覆盖率。

◎ 基于类状态的覆盖率，是以测试了状态转换图中多少个状态转换为依据。测试的充分性是指每个状态转换被执行了至少一次。在面向对象的程序设计技术中，可使用状态转换图描述一个类。

◎ 基于约束的覆盖率，是根据前置条件和后置条件被执行的程度来表示测试的充分性。可以用前置条件和后置条件来描述类的约束，这些约束有各种组合，测试的充分性就是指每种组合被执行了至少一次。

● 基于代码的覆盖率,是确定实现一个类的每一行代码或者代码通过的每一条路径被执行了至少一次。这一点与白盒的覆盖测试是一致的。但是,由于面向对象的程序设计技术带来的新特性,即使代码的覆盖率是 100%,也不一定能满足基于类状态的覆盖率或基于约束的覆盖率是 100%。

(8)构建测试驱动程序

测试驱动程序是一个运行可执行的测试用例并给出结果的程序。测试驱动程序的设计应简单、易于维护,并且测试驱动程序应能复用已存在的驱动程序。测试驱动程序一般有以下 3 种。

● 有条件编译的驱动程序。这种驱动程序有和类的代码近似的驱动程序代码,但不足的是需多个完全相同驱动程序来测试一个子类,很难复用其代码,需条件编译支持。

● 静态方法充当测试驱动程序。这种驱动程序类代码和测试驱动程序代码相似,易复用驱动程序以测试子类(继承),但必须注意要从交付使用的软件中删去这些驱动程序代码。

● 建立独立"tester"类。这种驱动程序易复用驱动程序代码来测试子类,生成代码尽可能少,生成代码尽可能快。但必须创建新类,必须注意反映测试中类的变化。

这 3 种设计都支持运行相同的测试用例和报告结果,推荐第 3 种设计,创建独立的"tester"类。一个具体的"tester"类的主要任务就是运行测试用例和给出结果。类接口的主要组成部分是建立测试用例的操作、分析测试用例结果的操作、执行测试用例的操作和创建用于运行测试用例的输出实例的操作。

(9)子类的测试

面向对象编程的特性使得对成员函数的测试,又不完全等同于传统的函数或过程测试。尤其是继承特性和多态特性,使子类继承或过载的父类成员函数出现了传统测试中未遇见的问题。继承作为代码复用的一种机制,可能是面向对象软件开发产生巨大吸引力的一个重要因素。面向对象程序设计通过规范的方式使用继承,为一个类确定的测试用例集对该类的子类也是有效的。有时候,子类中的某些部分可以不做执行测试,因为应用于父类中的测试用例所测试的代码被子类原封不动的继承,是同样的代码。那么,继承的成员函数是否都不需要测试呢?对父类中已经测试过的成员函数,在以下两种情况中需要在子类中重新测试。

● 继承的成员函数在子类中做了改动。

● 成员函数调用了改动过的成员函数的部分。

例如,假设父类 Bass 有 2 个成员函数:Inherited()和 Redefined(),子类 Derived 只对 Redefined()做了改动。

Derived::Redefined()显然需要重新测试。对于 Derived::Inherited(),如果它有调用 Redefined()的语句(如: x=x/Redefined()),就需要重新测试;反之,则无此必要。

对父类的测试是否能照搬到子类呢?

基于上面的假设,Base::Redefined()和 Derived::Redefined()已经是不同的成员函数,它们有不同的服务说明和执行。对此,照理应该对 Derived::Redefined()重新测试分析,设计测试用例。但由于面向对象的继承使得两个函数有相似性,故只需在 Base::Redefined()的测试要求和测试用例上添加对 Derived::Redefined()新的测试要求并增补相应的测试用例。例如,Base::Redefined()含有如下语句。

```
If (value<0) message ("less");
else if (value==0) message ("equal");
else message ("more");
//在 Derived::Redefined()中定义为
If (value<0) message ("less");
else if (value==0) message ("It is equal");
else
{message ("more");
if (value==88) message("luck");}
……
```

在原有的测试上，对 Derived::Redefined() 的测试只需做如下改动：将 value==0 的测试结果期望改动；增加 value==88 的测试。

从基类派生出派生类时，不必为那些未经变化的操作添加基于规范的测试用例，测试用例能够不加修改的复用。如果测试的操作没有以任何方式加以修改，就不必运行这些测试用例中的任何一个。但是，如果一个操作的方法被间接的修改了，不但需要重新运行那些操作的任何一个测试用例，还需要运行附加的测试用例。

2. 面向对象的集成测试

传统的集成测试，有两种方式通过集成完成的功能模块进行测试。一是自顶向下集成。自顶向下集成是构造程序结构的一种增量式方式，它从主控模块开始，按照软件的控制层次结构，以深度优先或广度优先的策略，逐步把各个模块集成在一起。二是自底向上集成。自底向上集成是由底向上通过集成完成的功能模块进行测试，一般可以在部分程序编译完成的情况下进行。而对于面向对象程序，相互调用的功能是散布在程序的不同类中，类通过消息相互作用，申请和提供服务。类的行为与它的状态密切相关，状态不仅仅是体现在类数据成员的值，也许还包括其他类中的状态信息。由此可见，类相互依赖极其紧密，根本无法在编译不完全的程序上对类进行测试。所以，传统的自顶向下和自底向上集成策略就没有意义，一次集成一个操作到类中（传统的增量集成方法）一般是不可能的，面向对象的集成测试通常需要在整个程序编译完成后进行。此外，面向对象程序具有动态特性，程序的控制流往往无法确定，因此也只能对整个编译后的程序做基于黑盒技术的集成测试。

面向对象的程序由若干对象组成，这些对象互相协作来解决某些问题。对象的协作方式决定了程序能做什么，决定了程序执行的正确性，程序中对象的正确交互对程序正确性是非常关键的。

交互测试的重点是确保对象（对象的类被测试过）的消息传送能正确进行。交互测试的执行可以使用嵌入到应用程序中的交互对象，或者在独立的测试工具（例如一个 tester 类）提供的环境中，交互测试通过使得该环境中的对象相互交互而执行。

（1）对象交互

对象交互是一个对象（发送者）向另一个对象（接收者）发出请求，请求接收者执行一个操作，而接收者进行的所有处理工作就是完成这个请求。类与类交互的方式（类接口）主要有以下几种。

- 公共操作将一个或多个类命名为正式参数的类型。
- 公共操作将一个或多个命名作为返回值的类型。
- 类的方法创建另一个类的实例。
- 类的方法引用某个类的全部实例。

在创建要测试的接口说明时，要清楚知道是否使用了保护性设计或约束性设计方法，这种方法会改变发送者和接收者交互的方式。

对象交互的测试根据类的类型可以分为原始类测试、汇集类测试和协作类测试。原始类测试使用类的单元测试技术，前面已经介绍，下面主要介绍汇集类测试和协作类测试。

① 汇集类测试

汇集类指的是这样的一种类：这些类在说明中使用对象，但是实际上从不和这些对象中的任何一个进行协作，即从不请求这些对象的服务。相反，汇集类会表现出以下的一个或多个行为。

- 存放这些对象的引用（或指针），通常表现程序中对象之间的一对多的关系。
- 创建这些对象的实例。
- 删除这些对象的实例。

可以使用测试原始类的方法来测试汇集类，测试驱动程序要创建一些实例，作为消息中的参数被传送给一个正在测试的集合。测试用例的中心目的主要是保证那些实例被正确加入集合并被正确地从集合中移出，而且测试用例说明的集合对其容量有所限制。因此，每个对象的准确的类（这些对象是用在汇集类的测试中）在确定汇集类的正确操作是不重要的，因为在一个集合实例和集合中的对象之间没有交互。假如在实际应用中可能要加入 40 ~ 50 条信息，那么生成的测试用例至少要增加 50 条信息。如果无法估计出一个有代表性的上限，就必须使用集合中大量的对象进行测试。

如果汇集类不能为增加的新元素分配内存，就应该测试这个汇集类的行为，或者是可变数组这一结构，往往一次就为若干条信息分配空间。在测试用例的执行期间，可以使用异常机制，帮助测试人员限制在测试用例执行期间可得到的内存容量的分配情况。如果已经使用了保护设计方法，那么，测试系列还应该包括否定系列。即当某些程序已拥有有限的制定容量，并且有实际的限制，则应该用超过指定的容量限制的测试用例进行测试。

② 协作类测试

凡不是汇集类的非原始类（原始类即一些简单的、独立的类，这些类可以用类测试方法进行测试）就是协作类。这种类在它们的一个或多个操作中使用其他的对象并将其作为它们的实现中不可缺少的一部分。当接口中的一个操作的某个后置条件引用了一个协作类的对象的实例状态，则说明那个对象的属性被使用或修改了。由此可见，协作类的测试的复杂性远远高于汇集类或者原始类测试。

（2）面向对象的集成测试的步骤

面向对象的集成测试能够检测出相对独立的单元测试无法检测出的那些类相互作用时才会产生的错误。基于单元测试对成员函数行为正确性的保证，集成测试只关注于系统的结构和内部的相互作用。面向对象的集成测试可以分成两步进行：先进行静态测试，再进行动态测试。

静态测试主要针对程序的结构进行，检测程序结构是否符合设计要求。现在流行的一些测试软件都能提供一种称为"可逆性工程"的功能，即通过源程序得到类关系图和函数功能调用关系图，检测程序结构和程序的实现是否有缺陷、是否达到了设计要求。

动态测试设计测试用例时，通常需要上述的功能调用结构图、类关系图或者实体关系图为参考，确定不需要被重复测试的部分，从而优化测试用例，减少测试工作量，使得进行的测试能够达到一定覆盖标准。测试所要达到的覆盖标准可以是：达到类所有的服务要求或服务提供的一定覆盖率；依据类间传递的消息，达到对所有执行线程的一定覆盖率；达到类的所有状态的一定覆盖率等。同时也可以考虑使用现有的一些测试工具来得到程序代码执行的覆盖率。

具体设计测试用例，可参考下列步骤。

● 先选定检测的类，仔细给出类的状态和相应的行为、类或成员函数间传递的消息、输入或输出的界定等。

● 确定覆盖标准。

● 利用结构关系图确定待测类的所有关联。

● 根据程序中类的对象构造测试用例，确认使用什么输入激发类的状态、使用类的服务和期望产生什么行为等。

　　　　设计测试用例时，不但要设计确认类功能满足的输入，还应该有意识地设计一些被禁止的例子，确认类是否有不合法的行为产生，如发送与类状态不相适应的消息，要求不相适应的服务等。根据具体情况，动态的集成测试有时也可以通过系统测试完成。

（3）面向对象的集成测试常用的测试技术

面向对象的集成测试除了要考虑对象交互特征而进行分类之外，还需要一些具体的测试技术去实现测试的要求。在测试中，希望运行所有可能出现的组合情况，而达到 100%的覆盖率，这就是穷举测试法。穷举测试法是一种可靠的测试方法，然而在许多的情况下，却没有办法实施，因为对象交互作用的组合数量太多了，没有足够的时间去构建和执行这些测试。所以人们希望使用更有效的测试技术：抽样测试和正交阵列测试。

① 抽样测试

抽样测试首先定义测试总体，然后定义一种方法，从测试用例总体中选择哪些被构建、哪些被执行。抽样方法是从一组可能的测试用例中选择一个测试系列，样本是基于某个概率分别选择总体的子集。

② 正交阵列测试

正交阵列测试提供了一种特殊的抽样方法。正交阵列矩阵中每一列代表一个因素，即一个变量代表软件系列中的一个特定的类族或类状态，特定的状态个数构成了级别。在正交阵列中将各个因素可能组合成配对方式。例如，如果 3 个因素 A、B、C，每个因素有 3 个级别 1、2、3，共有 27 种可能组合情况，即 A 的 3 种情况×B 的 3 种情况×C 的 3 种情况，一个给定级别仅出现 2 次，那么就只有如下配对组合方式（3 个因素，每个因素 3 种情况）。

3 个因素，每个因素 3 种情况的配对组合方式

	A	B	C
1	1	1	3
2	1	2	2
3	1	3	1
4	2	1	2
5	2	2	1
6	2	3	3
7	3	1	1
8	3	2	3
9	3	3	2

正交阵列测试使用平衡设计：一个因素的每个级别出现的次数和该因素其他级别的次数完全相等，每个配对级别仅出现一次（AB）（AC）（BC）。

3. 面向对象的系统测试

通过单元测试和集成测试，仅能保证软件开发的功能得以实现。但不能确认在实际运行时，它是否满足用户的需要，是否大量存在实际使用条件下会被诱发产生错误的隐患。为此，对完成开发的软件必须经过规范的系统测试。系统测试是测试整个系统以确定是否能够满足所有需求行为，测试的目的如下。

- 找出系统中存在的缺陷。
- 发现导致实际操作和系统需求之间存在差异的缺陷。

换个角度说，开发完成的软件仅仅是实际投入使用系统的一个组成部分，需要测试它与系统其他部分配套运行的表现，以保证在系统各部分协调工作的环境下也能正常工作。

系统测试应该尽量搭建与用户实际使用环境相同的测试平台，应该保证被测系统的完整性，对临时没有的系统设备部件，也应有相应的模拟手段。在进行系统测试时，对应描述的对象、属性和各种服务，检测软件是否能够完全"再现"问题空间。系统测试不仅是检测软件的整体行为表现，从另一个侧面看，也是对软件开发设计的再确认。由于系统测试不考虑内部结构和中间结果，因此面向对象软件的系统测试与传统软件的系统测试区别不大，系统测试的具体测试内容包括以下几个方面。

（1）功能测试

测试是否满足开发要求，是否能够提供设计所描述的功能，用户的需求是否都得到满足。功能测试是系统测试最常用和必须的测试，通常还会以正式的软件说明书为测试标准。

（2）强度测试

测试系统能力的最高实际限度，即软件在一些超负荷的情况下的功能实现情况。如要求软件某一行为的大量重复、输入大量的数据或大数值数据、对数据库进行大量复杂的查询等。

（3）性能测试

测试软件的运行性能。这种测试常常与强度测试结合进行，需要事先对被测软件提出性能指标，如传输连接的最长时限、传输的错误率、计算的精度、记录的精度、响应的时限和恢复时限等。

（4）安全测试

验证安装在系统内的保护机构确实能够对系统进行保护，使之不受各种非常的干扰。安全测试时需要设计一些测试用例试图突破系统的安全保密措施，检验系统是否有安全保密的漏洞。

（5）恢复测试

采用人工的干扰使软件出错，中断使用，检测系统的恢复能力，特别是通信系统。恢复测试时，应该参考性能测试的相关测试指标。

（6）可用性测试

测试用户是否能够满意使用。具体体现为操作是否方便，用户界面是否友好等。

（7）安装/卸载测试（Install/Uninstall Test）。

检验系统的安装/卸载功能是否符合需求。

系统测试需要结合需求分析对被测的软件做仔细的测试分析，建立测试用例，一般有以下两种方法建立系统的测试用例。

- 分析产品可能包含缺陷类型的测试用例。
- 确定用户如何使用系统，根据这些步骤创建测试用例。

8.3　面向对象软件测试模型

面向对象的开发模型突破了传统的瀑布模型，将开发分为面向对象分析（OOA）、面向对象设计（OOD）和面向对象编程（OOP）3 个阶段。分析阶段产生整个问题空间的抽象描述，在此基础上，进一步归纳出适用于面向对象编程语言的类和类结构，最后形成代码。由于面向对象开发的特点，采用这种开发模型能有效地将分析设计的文本或图表代码化，不断适应用户需求的变动。针对这种开发模型，结合传统的测试步骤的划分，可将面向对象的软件测试分为面向对象分析的测试、面向对象设计的测试和面向对象编程的测试。

面向对象分析的测试和面向对象设计的测试是对分析结果和设计结果的测试，主要是对分析设计产生的文本进行测试，是软件开发前期的关键性测试。面向对象编程的测试主要针对编程风格和程序代码实现进行测试,其主要的测试内容在面向对象单元测试和面向对象集成测试中体现。

1.　面向对象分析的测试（OOA Test）

传统的面向过程分析是一个功能分解的过程，是把一个系统看成可以分解的功能的集合。这种传统的功能分解分析法的着眼点在于一个系统需要什么样的信息处理方法和过程，以过程的抽象来对待系统的需要。而面向对象分析（OOA）是把 E-R 图和语义网络模型（即信息造型中的概念）与面向对象程序设计语言中的重要概念结合在一起而形成的分析方法，最后通常是得到问题空间的图表的形式描述。

OOA 直接映射问题空间，全面的将问题空间中实现功能的现实抽象化。将问题空间中的实例抽象为对象，用对象的结构反映问题空间的复杂实例和复杂关系，用属性和服务表示实例的特性和行为。对一个系统而言，与传统分析方法产生的结果相反，行为是相对稳定的，结构是相对不稳定的，这更充分反映了现实的特性。OOA 的结果是为后面阶段类的选定和实现、类层次结构的组织和实现提供平台。因此，OOA 对问题空间分析抽象的不完整，最终会影响软件的功能实现，导致软件开发后期大量可避免的修补工作；而一些冗余的对象或结构会影响类的选定、程序的整体结构，增加程序员不必要的工作量。因此，对 OOA 的测试重点在其完整性和冗余性。

OOA 的测试是一个不可分割的系统过程，对 OOA 阶段的测试可划分为以下 5 个方面。

- 对认定的对象的测试。
- 对认定的结构的测试。
- 对认定的主题的测试。
- 对定义的属性和实例关联的测试。
- 对定义的服务和消息关联的测试。

（1）对认定的对象的测试

OOA 中认定的对象是对问题空间中的结构、其他系统、设备、被记忆的事件、系统涉及的人员等实际实例的抽象。对它的测试可以从以下几个方面考虑。

- 认定的对象是否全面，问题空间中所有涉及的实例是否都反映在认定的抽象对象中。
- 认定的对象是否具有多个属性。只有一个属性的对象通常应看成其他对象的属性，而不是抽象为独立的对象。
- 对认定为同一对象的实例是否有共同的、区别于其他实例的共同属性。
- 对认定为同一对象的实例是否提供或需要相同的服务，如果服务随着不同的实例而变化，认定的对象就需要分解或利用继承性来分类表示。
- 如果系统没有必要始终保持对象代表的实例的信息、提供或者得到关于它的服务，认定的对象也无必要。
- 认定的对象的名称应该尽量准确、适用。

（2）对认定的结构的测试

在 Coad 方法中，认定的结构指的是多种对象的组织方式，用来反映问题空间中的复杂实例和复杂关系。认定的结构分为两种：分类结构和组装结构。分类结构体现了问题空间中实例的一般与特殊的关系，组装结构体现了问题空间中实例整体与局部的关系。对认定的分类结构的测试可从以下几个方面着手。

- 对于结构中的一种对象，尤其是处于高层的对象，是否在问题空间中含有不同于下一层对象的特殊可能性，即是否能派生出下一层对象。
- 对于结构中的一种对象，尤其是处于同一低层的对象，是否能抽象出在现实中有意义的更一般的上层对象。
- 对所有认定的对象，是否能在问题空间内向上层抽象出在现实中有意义的对象；
- 高层的对象的特性是否完全体现下层的共性。
- 低层的对象是否有高层特性基础上的特殊性。

对认定的组装结构的测试从以下几个方面入手。

- 整体（对象）和部件（对象）的组装关系是否符合现实的关系。
- 整体（对象）的部件（对象）是否在考虑的问题空间中有实际应用。
- 整体（对象）中是否遗漏了反映在问题空间中有用的部件（对象）。
- 部件（对象）是否能够在问题空间中组装新的有现实意义的整体（对象）。

（3）对认定的主题的测试

主题是在对象和结构的基础上更高一层的抽象，是为了提供 OOA 结果的可见性，如同文章对各部分内容的概要。对主题层的测试应该考虑以下几个方面。

- 贯彻"7+原则，如果主题个数超过 7 个，就要求对有较密切属性和服务的主题进行归并。
- 主题所反映的一组对象和结构是否具有相同和相近的属性以及服务。
- 认定的主题是否是对象和结构更高层的抽象，是否便于理解 OOA 结果的概貌。
- 主题间的消息联系（抽象）是否代表了主题所反映的对象和结构之间的所有关联。

（4）对定义的属性和实例关联的测试

属性是用来描述对象或结构所反映的实例的特性，而实例关联是反映实例集合间的映射关系。对属性和实例关联的测试从如下方面考虑。

- 定义的属性是否对相应的对象和分类结构的每个现实实例都适用。
- 定义的属性在现实世界是否与这种实例关系密切。
- 定义的属性在问题空间是否与这种实例关系密切。
- 定义的属性是否能够不依赖于其他属性被独立理解。
- 定义的属性在分类结构中的位置是否恰当，低层对象的共有属性是否在上层对象属性体现。
- 在问题空间中每个对象的属性是否定义完整。
- 定义的实例关联是否符合现实。
- 在问题空间中实例关联是否定义完整，特别需要注意"1-多"和"多-多"的实例关联。

（5）对定义的服务和消息关联的测试

定义的服务，就是定义的每一种对象和结构在问题空间所要求的行为。由于问题空间中实例间必要的通信，在 OOA 中需要相应定义消息关联。对定义的服务和消息关联的测试从以下几个方面进行。

- 对象和结构在问题空间的不同状态是否定义了相应的服务。
- 对象或结构所需要的服务是否都定义了相应的消息关联。
- 定义的消息关联所指引的服务提供是否正确。
- 沿着消息关联执行的线程是否合理，是否符合现实过程。
- 定义的服务是否重复，是否定义了能够得到的服务。

2. 面向对象设计的测试（OOD Test）

通常的结构化的设计方法，用的是面向模块的设计方法，它把系统分解以后，提出一组模块，这些模块是以过程实现系统的基础构造，把问题域的分析转化为求解域的设计，分析的结果是设计阶段的输入。

而面向对象设计（OOD）采用"造型的观点"，以 OOA 为基础归纳出类，并建立类结构或进一步构造成类库，实现分析结果对问题空间的抽象。OOD 归纳的类，可以是对象简单的延续，可以是不同对象的相同或相似的服务。由此可见，OOD 是对 OOA 的进一步细化和更高层的抽象。所以，OOD 与 OOA 的界限通常是难以严格区分的。OOD 确定类和类结构不仅是满足当前需求分析的要求，更重要的是通过重新组合或加以适当的补充，能方便实现功能的重用和扩增，以不断适应用户的要求。因此，针对功能的实现和重用以及对 OOA 结果的拓展，对 OOD 的测试从如下 3 方面考虑。

- 对认定的类的测试。
- 对构造的类层次结构的测试。
- 对类库的支持的测试。

（1）对认定的类的测试

OOD 认定的类可以是 OOA 中认定的对象，也可以是对象所需要的服务的抽象和对象所具有的属性的抽象。认定的类原则上应该尽量基础性，这样才便于维护和重用。参考前面所提出的一些准则，测试认定的类主要考虑以下几个方面。

- 是否含盖了 OOA 中所有认定的对象。
- 是否能体现 OOA 中定义的属性。
- 是否能实现 OOA 中定义的服务。
- 是否对应着一个含义明确的数据抽象。
- 是否尽可能少地依赖其他类。
- 类中的方法是否只有单用途。

（2）对构造的类层次结构的测试

为能充分发挥面向对象的继承共享特性，OOD 的类层次结构，通常基于 OOA 中产生的分类结构的原则来组织，着重体现父类和子类间的一般性和特殊性。在当前的问题空间，对类层次结构的主要要求是能在空间构造实现全部功能的结构框架。为此，应主要测试以下几个方面。

- 类层次结构是否含盖了所有定义的类。
- 是否能体现 OOA 中所定义的实例关联。
- 是否能实现 OOA 中所定义的消息关联。
- 子类是否具有父类没有的新特性。
- 子类间的共同特性是否完全在父类中得以体现。

（3）对类库支持的测试

对类库的支持虽然也属于类层次结构的组织问题，但其强调的重点是再次软件开发的重用。由于它并不直接影响当前软件的开发和功能实现，因此，将其单独提出进行测试，也可作为对高质量类层次结构的评估，对类库支持的测试点如下。

- 一组子类中关于某种含义相同或基本相同的操作，是否有相同的接口（包括名字和参数表）。
- 类中方法功能是否较单纯，相应的代码行是否较少。
- 类的层次结构是否是深度大、宽度小。

3. 面向对象编程的测试（OOP Test）

典型的面向对象程序具有继承、封装和多态的新特性，这使得传统的测试策略必须有所改变。封装是对数据的隐藏，外界只能通过被提供的操作来访问或修改数据，这样降低了数据被任意修改和读写的可能性，降低了传统程序中对数据非法操作的测试。继承是面向对象程序的重要特点，继承使得代码的重用率提高，同时也使错误传播的概率提高。多态使得面向对象程序对外呈现出强大的处理能力，但同时却使得程序内"同一"函数的行为复杂化，测试时不得不考虑不同类型具体执行的代码和产生的行为。

面向对象程序是把功能的实现分布在类中。能正确实现功能的类，通过消息传递来协同实现设计要求的功能。正是这种面向对象程序风格，将出现的错误能精确地确定在某一具体的类。因此，在面向对象编程（OOP）阶段，忽略类功能实现的细则，将测试的目光集中在类功能的实现和相应的面向对象程序风格，主要体现为以下两个方面。

- 数据成员是否满足数据封装的要求。
- 类是否实现了要求的功能。

（1）数据成员是否满足数据封装的要求

数据封装是数据和与数据有关的操作的集合。检查数据成员是否满足数据封装的要求，基本原则是数据成员是否被外界（数据成员所属的类或子类以外的调用）直接调用。更直观地说，当改编数据成员的结构时，是否影响了类的对外接口，是否会导致相应外界必须改动。注意，有时强制的类型转换会破坏数据的封装特性，例如：

```
class Hidden
 {
 private:
 int a=1;
 char *p= "hidden";
 }
class Visible
 {
 public:
  int b=2;
  char *s= "visible";
 }
…
Hidden pp;
Visible *qq=(Visible *)&pp;
```

在上面的程序段中，pp 的数据成员可以通过 qq 被随意访问。

（2）类是否实现了要求的功能

类所实现的功能，都是通过类的成员函数执行。在测试类的功能实现时，应该首先保证类成员函数的正确性。单独的看待类的成员函数，与面向过程程序中的函数或过程没有本质的区别，几乎所有传统的单元测试中所使用的方法，都可在面向对象的单元测试中使用。具体的测试方法在面向对象的单元测试中介绍。类函数成员的正确行为只是类能够实现要求的功能的基础，类成员函数间的作用和类之间的服务调用是单元测试无法确定的。因此，需要进行面向对象的集成测试。具体的测试方法在面向对象的集成测试中介绍。需要着重声明：测试类的功能，不能仅满足于代码能无错运行或被测试类能提供的功能无错，而是应该以所做的 OOD 结果为依据，检测类提供的功能是否满足设计的要求、是否有缺陷。必要时（如通过 OOD 仍不清楚明确的地方）还应该参照 OOA 的结果，以之为最终标准。

习 题 8

1. 什么是对象？什么是类？
2. 面向对象程序与传统程序的一个主要区别是什么？
3. 试解释面向对象程序具有的封装性、继承性、多态性等几大特性。
4. 面向对象系统与面向过程系统的测试有着哪些类似之处？
5. 面向对象软件的测试可分为哪 3 个层次或 4 个层次？
6. 类测试的内容有哪些？
7. 类测试有哪些方法？
8. 类测试充分性的三个标准是什么？
9. 对父类中已经测试过的成员函数，哪两种情况需要在子类中重新测试？
10. 什么是面向对象的集成测试？
11. 面向对象的集成测试常用哪些测试技术？
12. 什么是对象交互？
13. 什么是汇集类测试？什么是协作类的测试？
14. 什么是面向对象的系统测试？系统测试具体测试内容包括哪些？
15. 结合开发模型可将面向对象的软件测试分为哪几种测试？
16. 面向对象分析的测试可划分为哪几个方面？
17. 面向对象设计的测试从哪几个方面考虑？
18. 面向对象编程的测试主要体现哪几个方面？

第 9 章
Web 应用测试

Web 应用测试是 Web 应用程序在开发过程中，以及开发完毕后进行的测试，测试的目标是：保证程序开发的正确性和有效性。本章主要对有关 Web 应用测试方面的内容进行介绍。

9.1　Web 应用测试概述

随着互联网技术的快速发展，Web 应用越来越广泛，现在各种应用的架构都以 B/S 及 Web 应用为主，Web 应用程序已经和我们的生活息息相关，小到我们的博客空间，大到各种大型网站，如电子商务中的 C2C、B2B 等网站，都给我们生活、工作带来了很大的方便。

Web 全称为 World Wide Web（又称为万维网、WWW 或者 3W）。Web 是 Internet 提供的一种服务，Web 是由遍及全球的信息资源组成的系统，这些信息资源包含的内容可以是文本、表格、图像、视频、音频等。Web 是一种超文本信息系统，Web 是分布式的、具有新闻性、动态性、交互性等特点。

Web 的工作基于客户机/服务器计算模型，由 Web 浏览器（客户机）和 Web 服务器（服务器）构成，采用 Internet 网络协议的体系结构，是一种基于 Internet 的超文本信息系统，它涉及 Web 的许多技术，包括客户端器技术和服务端技术。

Web 浏览器（客户机）和 Web 服务器（服务器）两者之间采用超文本传送协议（HTTP）进行通信。HTTP 协议是基于 TCP/IP 之上的协议，是 Web 浏览器和 Web 服务器之间的应用层协议，是通用的、无状态的、面向对象的协议。HTTP 协议的作用原理包括四个步骤：连接，请求，应答，关闭。

连接：Web 浏览器与 Web 服务器建立连接，打开一个称为 socket（套接字）的虚拟文件，此文件的建立标志着连接建立成功。

请求：Web 浏览器通过 socket 向 Web 服务器提交请求。HTTP 的请求一般是 GET 或 POST 命令（POST 用于 FORM 参数的传递）。

应答：Web 浏览器提交请求后，通过 HTTP 协议传送给 Web 服务器。Web 服务器接到后，进行事务处理，处理结果又通过 HTTP 传回给 Web 浏览器，从而在 Web 浏览器上显示出所请求的页面。

关闭连接：当应答结束后，Web 浏览器与 Web 服务器必须断开，以保证其他 Web 浏览器能够与 Web 服务器建立连接。

由于 Web 应用越来越广泛，现在的 Web 应用系统必须能够安全及时地服务大量的客户端用户，又能够长时间安全稳定地运行，因此，Web 应用软件的正确性、有效性和对 Web 服务器等方面都提出了越来越高的性能要求，Web 项目的功能和性能都必须经过可靠的验证，这就要求对 Web 项目的全面测试。Web 应用程序测试流程与其他任何一种类型的应用程序测试相比没有太大差别，一般为：项目需求设计文档 → 明确测试任务 → 制定测试计划 → 设计测试用例 → 执行测试 → 提交缺陷报告 → 编制测试报告 → 测试评审。与一般软件测试一样，在 Web 应用程序测试过程中，测试人员应准确描述发现的问题，并具体阐明是在何种情况下测试发现的问题，包括测试的环境、输入的数据、发现问题的类型、问题的严重程度等情况。然后，测试人员协同开发人员一起去分析 Bug 产生的原因，找出软件的缺陷所在。最后，测试人员根据解决的情况进行分类汇总，以便日后进行 Web 应用程序设计的时候提供参考，避免以后出现类似软件缺陷。

但是，一般的 Web 测试和以往的应用程序的测试的侧重点不完全相同，它不但需要检查和验证是否按照设计的要求运行，而且还要测试系统在不同用户的浏览器端的显示是否合适。重要的是，还要从最终用户的角度进行安全性和可用性测试。然而，Internet 和 Web 媒体的不可预见性使得基于 Web 系统测试变得困难。

Web 应用测试基本包括以下几个方面：性能测试、功能测试、界面测试、安全测试等。

9.2　Web 应用的性能测试

Web 性能测试是通过模拟多种正常负载、峰值以及异常负载条件同时访问 Web 服务器，来对系统的各项性能指标进行测试，获得系统的性能数据。

性能测试是 Web 应用系统的一项重要质量保证措施。Web 应用程序性能测试相对于软件测试有其自身的特殊性和难点，尤其是面对业务复杂、用户数多的大型系统，怎样使其性能达到符合用户要求，Web 性能测试具有很强的实际意义。在现实中，很多 Web 性能测试项目由于性能测试需求定义不合理或不明确，导致性能测试项目不能达到预期目标。另一方面，当 Web 应用的数据量和访问用户量日益增加，系统不得不面临性能和可靠性方面的挑战。在很多性能测试项目中，由于不能合理定义系统的性能测试需求，不能建立和真实环境相符的负载模型，不能科学分析性能测试结果，导致性能测试项目持续时间很长或不能真正评价系统性能并提出性能改进措施。因此，无论是 Web 应用系统的开发商或最终用户，都要求在上线前对系统进行性能测试，以便对 Web 应用系统性能进行科学、准确的评估，从而降低系统上线后的性能风险。

9.2.1　Web 性能测试的主要术语和性能指标

在进行 Web 性能测试的时候，首先需要知道了解一些 Web 性能测试的术语和有效的性能指标，下面列出一些主要术语和的性能指标：

1．主要术语

并发用户：并发一般分为 2 种情况。一种是严格意义上的并发，即所有的用户在同一时刻做同一件事情或者操作，这种操作一般指做同一类型的业务。比如在信用卡审批业务中，一定数目的用户在同一时刻对已经完成的审批业务进行提交；还有一种特例，即所有用户进行完全一样的操作，例如在信用卡审批业务中，所有的用户可以一起申请业务，或者修改同一条记录。另外一种并发是广义范围的并发。这种并发与前一种并发的区别是，尽管多个用户对系统发出了请求或者进行了操作，但是这些请求或者操作可以是相同的，也可以是不同的。对整个系统而言，仍然是有很多用户同时对系统进行操作，因此也属于并发的范畴。

可以看出，后一种并发是包含前一种并发的。而且后一种并发更接近用户的实际使用情况，因此对于大多数的系统，只有数量很少的用户进行"严格意义上的并发"。对于 Web 性能测试而言，这 2 种并发情况一般都需要进行测试，通常做法是先进行严格意义上的并发测试。严格意义上的用户并发一般发生在使用比较频繁的模块中，尽管发生的概率不是很大，但是一旦发生性能问题，后果很可能是致命的。严格意义上的并发测试往往和功能测试关联起来，因为并发功能遇到异常通常都是程序问题，这种测试也是健壮性和稳定性测试的一部分。

用户并发数量：关于用户并发的数量，有2种常见的错误观点。一种错误观点是把并发用户数量理解为使用系统的全部用户的数量，理由是这些用户可能同时使用系统；另一种比较接近正确的观点是把在线用户数量理解为并发用户数量。实际上在线用户也不一定会和其他用户发生并发，例如正在浏览网页的用户，对服务器没有任何影响，但是，在线用户数量是计算并发用户数量的主要依据之一。

请求响应时间：指的是客户端发出请求到得到响应的整个过程的时间。在某些工具中，请求响应时间通常会被成为"TLLB"，即"Time to last byte"，意思是从发起一个请求开始，到客户端接收到最后一个字节的响应时间所耗费的时间。请求响应时间过程的单位一般为"秒"或者"毫秒"。

事务响应时间：事务可能由一系列请求组成，事务的响应时间主要是针对用户而言，属于宏观上的概念，是为了向用户说明业务响应时间而提出的。例如：跨行取款事务的响应时间就是由一系列的请求组成的。事务响应时间和后面的业务吞吐率都是直接衡量系统性能的参数。

吞吐量：指的是在一次性能测试过程中网络上传输的数据量的总和。吞吐量/传输时间，就是吞吐率。

TPS：每秒钟系统能够处理的交易或者事务的数量。它是衡量系统处理能力的重要指标。

点击率：每秒钟用户向 Web 服务器提交的 HTTP 请求数。这个指标是 Web 应用特有的一个指标，Web 应用是"请求-响应"模式，用户发出一次申请，服务器就要处理一次，所以点击是 Web 应用能够处理的交易的最小单位。如果把每次点击定义为一个交易，点击率和 TPS 就是一个概念。容易看出，点击率越大，对服务器的压力越大。点击率只是一个性能参考指标，重要的是分析点击时产生的影响。需要注意的是，这里的点击并非指鼠标的一次单击操作，因为在一次单击操作中，客户端可能向服务器发出多个 HTTP 请求。

资源利用率：指的是对不同的系统资源的使用程度，例如服务器的 CPU 利用率，磁盘利用率等。资源利用率是分析系统性能指标进而改善性能的主要依据，因此是 Web 性能测试工作的重点。资源利用率主要针对 Web 服务器，操作系统，数据库服务器，网络等，是测试和分析瓶颈的主要参考。在 Web 性能测试中，根据需要采集相应的参数进行分析。

虚拟用户：模拟浏览器向 Web 服务器发送请求并接收响应的一个进程或线程。

请求成功率：Web 服务器正确处理的请求数量和接收到的请求数量的比。

2. 性能通用指标

Processor Time：指服务器 CPU 占用率，一般平均达到 70%时，服务就接近饱和。

Memory Available Mbyte：指可用内存数，测试时若发现内存有变化情况要注意，如果是内存泄露则比较严重。

Physicsdisk Time：物理磁盘读写时间情况。

3. Web 服务器指标

Avg Rps：平均每秒钟响应次数＝总请求时间/秒数。

Avg time to last byte per terstion（mstes）：平均每秒业务角本的迭代次数。

Successful Rounds：成功的请求。

Failed Rounds：失败的请求。

Successful Hits：成功的点击次数。

Failed Hits：失败的点击次数。

Hits Per Second：每秒点击次数。

Successful Hits Per Second：每秒成功的点击次数。

Failed Hits Per Second：每秒失败的点击次数。

Attempted Connections：尝试链接数。

4. 数据库服务器指标

User 0 Connections ：用户连接数，也就是数据库的连接数量。

Number of deadlocks：数据库死锁。

Butter Cache hit：数据库 Cache 的命中情况。

9.2.2　Web 性能测试的目标和测试策略

1．Web 性能测试目标

性能测试目标就是找出 Web 应用系统可能存在的性能瓶颈或者软件缺陷，确认其是否可以达到用户的使用需求，收集测试结果并分析产生缺陷原因，提交总结报告，让软件开发方对 Web 应用进行性能改进。

性能测试具体目标又可以分为：

（1）确定 Web 应用系统的总体性能参数，包括所支持的最大并发用户数、事务处理成功率、请求相应的往返延迟等。

（2）确定在各个级别的负载及压力测试下服务器输出的具体性能参数。

这些测试目标驱动了整个测试过程的进行，因而在 Web 性能测试中起着至为关键的核心作用，因此在软件性能测试之前一定要有一份《软件性能测试需求规格说明书》，用于定义详细的测试目标，这是检查软件性能是否符合要求的基本依据。

2．Web 性能测试策略

性能测试策略一般从需求设计阶段开始讨论如何定制，它决定着性能测试工作要投入多少资源，什么时间开始实施等后续工作的安排；其制定的主要依据是软件自身的特点和用户对性能的关注程度，其中软件自身的特点起决定性的作用。

Web 应用类软件分为特殊类应用和一般类应用，特殊类应用主要有银行，电信，电力，保险，医疗，安全等领域软件，这类软件使用频繁，用户较多，也需要较早进行性能测试；一般类主要是指一些普通类应用如 OA，MIS 等一般类软件根据实际情况制订性能测试策略，受用户因素影响较大。

（1）特殊应用软件：从设计阶段就开始针对系统架构，数据库设计等方面进行讨论，从根源来提高性能，系统类软件一般从单元测试阶段开始性能测试实施工作，主要是测试一些和性能相关的算法和模块。

（2）一般应用软件：与使用用户的重视程度有关，用户高度重视时，设计阶段开始进行一些讨论工作，主要在系统测试阶段开始进行性能测试实施；用户一般重视时，可以在系统测试阶段的功能测试结束后进行性能测试；用户不怎么重视时，可以在软件发布前进行性能测试，提交测试报告即可。

9.2.3　Web 应用系统性能测试人员应具有的能力

Web 应用系统在给用户带来方便的同时，也对开发和测试人员提出了新的要求。性能测试对测试人员素质要求很高，不但要求测试人员有较强的技术能力，还要具备综合分析问题的能力。Web 应用系统性能测试人员应具有的能力如下：

（1）掌握常见自动化测试工具的使用。

（2）具备一定的编程能力。

（3）掌握常见的数据库知识。

（4）掌握常见的操作系统知识。

（5）掌握一些 Web 应用服务器例如 IIS，Tomcat 等的使用。

（6）具有综合分析问题的能力，例如通过综合分析测试结果来确定系统瓶颈。

在具有上述各项能力的同时，测试人员还要制定出适合的性能测试策略及性能测试方案，再按方案对系统进行全面的测试和分析，才有可能很好完成 Web 应用系统性能测试工作。

9.2.4　Web 应用系统性能测试的种类

性能测试中包含以下测试类型。

1. 压力测试

进行压力测试是指实际破坏一个 Web 应用系统，测试系统的反映。压力测试是测试系统的限制和故障恢复能力，也就是测试 Web 应用系统会不会崩溃，在什么情况下会崩溃。由于压力测试是通过应用很大的工作负载来使软件超负荷运转，如果压力测试通过对产品保持高强度的使用（但不超过性能统计数字确定的限制）能有效地执行，那么它就能够发现许多隐蔽的错误，而这些错误用任何其他技术都是发现不了的（这些错误也经常是最难修复的）。

2. 负载测试

负载测试是为了测量 Web 系统在某一负载级别上的性能，以保证 Web 系统在需求范围内能正常工作。负载级别可以是某个时刻同时访问 Web 系统的用户数量，也可以是在线数据处理的数量。例如：Web 应用系统能允许多少个用户同时在线？如果超过了这个数量，会出现什么现象？Web 应用系统能否处理大量用户对同一个页面的请求？负载测试的目标是确定并确保系统在超出最大预期工作量的情况下仍能正常运行，此外，负载测试还要评估性能特征，例如，响应时间、事务处理速率和其他与时间相关的方面。例如，在 B/S 结构中用户并发量测试就是属于负载测试的用户，可以使用 WebLoad 工具，模拟上百人客户同时访问网站，看系统响应时间、处理速度如何。

3. 强度测试

强度测试也是一种性能测试，核实测试对象性能行为在异常或极端条件（如资源减少或用户数过多）之下的可接受性。这类测试往往可以验证系统要求的软硬件水平要求。实施和执行此类测试的目的是找出因资源不足或资源争用而导致的错误。如果内存或磁盘空间不足，测试对象就可能会表现出一些在正常条件下并不明显的缺陷。而其他缺陷则可能由于争用共享资源（如数据库锁或网络带宽）而造成的。所以强度测试可确定系统资源特别低的情况下软件系统运行情况，还可用于确定测试对象能够处理的最大工作量。例如：一个系统在内存 366M 下可以正常运行，但是降低到 358M 下不可以运行，显示内存不足，这个系统对内存的要求就是 366M。

4. 数据库容量测试

数据库容量测试指通过存储过程往数据库表中插入一定数量的数据，看看相关页面是否能够及时显示数据。

数据库容量测试还将确定测试对象在给定时间内能够持续处理的最大负载或工作量。例如，如果测试对象正在为生成一份报表而处理一组数据库记录，那么容量测试就会使用一个大型的数据测试数据库，检验该软件是否正常运行并生成了正确的报表。做这种测试通常通过写存储过程向数据库某个表中插入一定数量的记录，计算相关页面的调用时间。

5．预期指标的性能测试

系统在需求分析和设计阶段都会提出一些性能指标，完成这些指标的相关的测试是性能测试的首要工作之一。这些指标主要如"系统可以支持并发用户 200 个"、"系统响应时间不得超过 20 秒"等。对这种预先确定的性能要求，需要首先进行测试验证。

6．独立业务性能测试

独立业务实际是指一些核心业务模块对应的业务，这些模块通常具有功能比较复杂，使用比较频繁，属于核心业务等特点。

用户并发测试是核心业务模块的重点测试内容，并发的主要内容是指模拟一定数量的用户同时使用某一核心的相同或者不同的功能，并且持续一段时间。对相同的功能进行并发测试分为两种类型，一类是在同一时刻进行完全一样的操作。另外一类是在同一时刻使用完全一样的功能。

7．组合业务性能测试

通常不会所有的用户只使用一个或者几个核心业务模块，一个应用系统的每个功能模块都可能被使用到，所以 Web 性能测试既要模拟多用户的相同操作，又要模拟多用户的不同操作。组合业务性能测试是最接近用户实际使用情况的测试，是性能测试的核心内容。通常按照用户的实际使用人数比例来模拟各个模版的组合并发情况。组合性能测试往往和服务器性能测试结合起来，在通过工具模拟用户操作的同时，还通过测试工具的监控功能采集服务器的计数器信息，进而全面分析系统瓶颈。

用户并发测试是组合业务性能测试的核心内容。组合并发的突出特点是根据用户使用系统的情况分成不同的用户组进行并发，每组的用户比例要根据实际情况来匹配。

8．疲劳强度性能测试

疲劳强度测试是指在系统稳定运行的情况下，以一定的负载压力来长时间运行系统的测试，其主要目的是确定系统长时间处理较大业务量时的性能，通过疲劳强度测试基本可以判定系统运行一段时间后是否稳定。

9．网络性能测试

旨在准确展示带宽、延迟、负载和端口的变化是如何影响用户的响应时间的。主要是测试应用系统的用户数目与网络带宽的关系。调整性能最好的办法就是软硬件相结合。

10．大数据量测试

针对对数据库有特殊要求的系统进行的测试，主要分为三种类型。

（1）实时大数据量：模拟用户工作时的实时大数据量，主要目的是测试用户较多或者某些业务产生较大数据量时，系统能否稳定地运行。

（2）极限状态下的测试：主要是测试系统使用一段时间即系统累积一定量的数据时，能否正常地运行业务。

（3）前面两种的结合：测试系统已经累积较大数据量时，一些实时产生较大数据量的模块能否稳定地工作。

11．服务器性能测试

性能测试的主要目的是在软件功能良好的前提下，发现系统瓶颈并解决，而软件和服务器是产生瓶颈的两大来源，因此在进行用户并发性能测试，疲劳强度与大数据量性能测试时，完成对服务器性能的监控，并对服务器性能进行评估。服务器性能测试用例设计就是确定要采集的性能计数器，并将其与前面的测试关联起来。

初级服务器性能测试主要是指在业务系统工作或者进行前面其他种类性能测试的时候，监控服务器的一些计数器信息，通过这些计数器对服务器进行综合性能分析，为调优或提高系统性能提供依据。

高级服务器性能测试一般由专门的系统管理员来进行如数据库服务器由专门的 DBA 来进行测试和调优。

12. 一些特殊的测试

主要是指配置测试，内存泄露测试的一些特殊的 Web 性能测试。

9.2.5 Web 应用系统性能测试规划与设计

性能测试规划与设计决定着整个 Web 应用系统性能测试工作的开展，与软件开发流程中需求分析与架构设计一样重要。因此，在项目立项阶段就应该开始分析系统性能需求，进而确定性能测试策略与目标以及将要投入的资源等。

1. 性能测试需求分析

通过和项目联系人进行沟通以及一些项目文档来确定性能测试范围、性能测试策略等，与一般测试的需求分析没有太大区别。

（1）需求信息的来源：

① 软件开发的相关文档如项目开发计划书、需求规格说明书、设计说明书、测试计划等文档。

② 与性能测试需求相关的项目相关人员（包括：客户代表、项目经理、需求分析员、架构设计师、产品经理、销售经理等）沟通，采集相关的测试信息。

（2）确定性能测试测试目标：需要对测试目标进行分析，同时需要考虑可以利用的人力资源与时间资源。

（3）确定性能测试范围：由于全面性能测试需要投入很高的成本，所以在具体的项目中通常不会执行真正意义上的全面性能测试，而是通过对测试项或测试需求进行打分，根据综合评分确定性能测试工作包含哪些测试内容。评分要素包含客户关注度、性能风险、测试的成本等，通常会把客户关注度高和性能风险较高的测试需求划分到测试范围内。

（4）目标系统的业务分析：深入了解系统，确定系统的核心业务与一般业务，进而对系统进行分解。

用户及场景分析：通常，Web 应用系统的性能测试需求有如下两种描述方法。

① 基于在线用户的性能测试需求

该需求描述方法主要基于 Web 应用系统的在线用户和响应时间来度量系统性能。当 Web 应用系统在上线后所支持的在线用户数以及操作习惯（包括操作和请求之间的延迟）很容易获得，如企业的内部应用系统，通常采用基于在线用户的方式来描述性能测试需求。以提供网上购物的 Web 应用系统为例，基于在线用户的性能测试需求可描述为：10 个在线用户按正常操作速度访问网上购物系统的下定单功能，下定单交易的成功率是 100%，而且 90%的下定单请求响应时间不大于 8 秒；当 90%的请求响应时间不大于用户的最大容忍时间 20 秒时，系统能支持 50 个在线用户。

② 基于吞吐量的性能测试需求

该需求描述方法主要基于 Web 应用系统的吞吐量和响应时间来度量系统性能。当 Web 应用在上线后所支持的在线用户无法确定，如基于 Internet 的网上购物系统，可通过每天下定单的业务量直接计算其吞吐量，从而采取基于吞吐量的方式来描述性能测试需求。以网上购物系统为例，基于吞吐量的性能测试需求可描述为：网上购物系统在每分钟内需处理 10 笔下定单操作，交易成功率为 100%，而且 90%的请求响应时间不大于 8 秒。

2. 性能测试整体规划

性能测试规划的重点是时间、质量、成本等项目管理要素，主要是面向成本的规划，包括对测试环境、测试工具、人力资源等进行规划。

（1）测试环境规划：包含网络环境设计、操作系统环境规划、数据库环境规划、Web 服务器环境规划及硬件资源环境设计规划。

（2）测试工具规划：性能测试工具较多（如：LoadRunner、Rational Performance、QALOAD、WebLoad 等），测试工具的选择主要从工具特性、工具核心功能及购买价格三个方面来考虑，选出能够完成任务且价格相对合适的测试工具。在有些项目中，测试工具未必能够适用，这时需要测试团队根据测试需求来开发专用性能测试程序，由于自己开发的成本投入较大，所以应该进行全面的分析后再决定是否自己开发性能测试程序。

（3）人力资源规划：主要是指对性能测试团队的规划。包含确定团队角色与落实人员等工作。

3. 性能测试计划制定

性能测试计划的制定以性能测试需求分析和整体规划为基础，所以制定测试计划一相对简单的一项工作。性能测试计划通常包含以下内容：

（1）明确性能测试策略和测试范围，即要明确测试的具体内容，还要明确这些内容在什么阶段进行测试。

（2）通过性能测试需求分析确定性能测试目标、方法、环境、工具，有利于测试工具的采购与测试人员的学习、培训。

（3）确定性能测试团队成员及其职责，可以给一个成员安排多种角色，使团队中各个成员充分发挥自己的能力，节约测试成本。

（4）确定时间进度安排：时间进行安排和人员的角色与职责相关。

（5）确定性能测试执行标准：所有的项目计划都应该有启动、终止、结束标准，性能测试计划也不例外。

（6）测试技能培训：主要指系统使用各测试工具技能的培训，对于一些后期介入的性能测试工作应该在计划中明确什么时间对测试人员进行系统使用培训，而测试工具的使用培训主要指对刚刚购买的新工具进行使用方面的培训，有关这方面的安排应该在测试计划中明确。

（7）确定性能测试中的风险：性能测试过程中包含很多不确定因素，是风险很大的一项测试工作。在制定性能测试计划时，要认真分析项目中的风险以及防范措施，以保证测试工作的顺利进行。

性能测试项目的最后阶段还需向相关人员提交性能测试报告，汇报性能测试结果。在向相关人员汇报性能测试结果时，并不是性能测试报告越丰富、性能数据越多越好。好的性能测试报告是能准确、简单地传递性能测试结论，而不需太多的技术细节。

9.2.6　Web 应用系统全面性能测试模型

1. Web 全面性能测试模型简介

从前面的内容可以看出性能测试的很多内容都是关联的，所以在 Web 性能测试过程中，可以按照层次，由浅入深地对系统进行测试，进而减少不必要的工作量，以实现节约测试成本的目的。

在"web 全面性能测试模型"中，把 Web 性能测试分为八个类别，然后结合测试工具把性能测试用例分为五类。下面先介绍八个性能测试类别的主要内容。

（1）预期指标的性能测试：系统在需求分析和设计阶段都会提出一些性能指标，完成和这些指标相关的测试是性能测试的首要工作之一。本模型把针对预先确定的一些性能指标进行的测试称为预期指标的性能测试。

（2）独立业务性能测试：指一些核心业务模块对应的业务，这些模块通常具有功能比较复杂、使用比较频繁、属于核心业务等特点。这类业务模块始终都是性能测试的重点。核心业务模块在需求阶段就可以确定，通常从单元测试阶段就开始进行测试，并在后继的集成测试、系统测试、验收测试中进一步进行测试，以保证性能的稳定性。

（3）组合业务性能测试：一个应用系统的每个功能都可能被使用到。所以 Web 性能测试既要模拟多用户对同一功能的操作，又要模拟多用户同时对一个或多个模块的不同功能进行操作，对多个业务进行组合性能测试。组合业务性能测试是最接近用户实际使用情况的测试，也是性能测试的核心内容。通常按照用户的实际使用人数比例来模拟各个模板的组全并发情况。

（4）疲劳强度性能测试：指在系统稳定运行的情况下，以一定的负载压力来长时间运行系统的测试，其主要目的是确定系统长时间处理较大业务量时的性能。通过该测试基本可以判断系统运行一段时间后是否稳定。

（5）大数据量性能测试：可以理解为特定条件下的核心业务或者组合业务测试。一般在投产环境下进行测试，通常和疲劳强度测试放在一起，在整个性能测试的后期进行。

（6）网络性能测试：该测试是为了准确展示带宽、延迟、负载和端口的变化是如何影响用户的响应时间的。在实际的软件项目中，主要是测试应用系统的用户数目与网络带宽的关系。

（7）服务器性能测试：分为初级和高级两种形式。（1）初级服务器性能测试，用于监控业务系统工作或进行其他测试时的一些计数器信息，通过对这些计数器对服务器进行综合性能分析，找出系统瓶颈，为调优或者提高性能提供依据。（2）高级服务器性能测试，由专门的系统管理员来对服务器进行测试和调优。

（8）特殊测试：主要指配置测试、内在泄漏测试等特殊的 Web 性能测试。

"Web 全面性能测试模型"是基于以上八种测试分类和总结而提出的，概括来说主要包含 3 个部分的内容。

（1）Web 性能测试策略模型，是整个模型的基础。结合软件类型和用户对性能重视程度来讨论 Web 性能测试策略制定的基本原则和方法。

（2）Web 性能测试用例设计模型，是模型的核心部分。结合测试工具，把八大测试分类进一步归纳，形成五类测试用例：①预期指标的性能测试；②并发用户的性能测试；③疲劳强度和大数据量的性能测试；④服务器性能测试；⑤网络性能测试。

（3）模型使用方法，主要讨论如何在工作中使用"Web 全面性能测试模型"。

2. Web 性能测试用例设计模型

性能测试用例是一个迭代和不断完善的过程。即便在使用过程中，也不会完全按照设计好的测试用例来执行，而要根据测试要素的变化对进行调整和修改。"Web 性能测试用例测试模型"应该是一个内容全面、比较容易组织和调整的模型架构。下面对八大测试分类归纳形成的五类测试用例所包含的内容及设计方法进行介绍。

（1）预期性能指标测试用例

预期性能指标是指一些十分明确的、在系统需求设计阶段预告提出的、期望系统达到的或者向用户保证的性能指标，是性能测试首要任务之一。针对每个指标都要编写一个或多个测试用例来验证系统是否达到要求，如果达不到，则根据测试结果来改进系统的性能。

预期指标的用例设计主要参考需求和设计文档，对里面十分明确的性能要求进行提取，指标中通常以单用户为主，如果涉及并发用户内容，则归并到并发用户测试用例中进行设计，遇到其他部分内容也采用同样的处理办法。

（2）用户并发性能测试用例

通过逐渐增加用户数量来加重系统负担，并通过测试工具对应用系统、各种服务器资源进行监控，最后通过这些测试结果来分析系统性能。用户并发性能测试是性能测试的核心部分，要求选择具有代表性的、关键的业务来设计测试用例，以便更有效地评测系统性能。用户并发测试用例文档按照系统的体系结构进行编写，而不会像功能测试那样进行明确的分类。用户并发性能测试分类如图 9.1 所示。

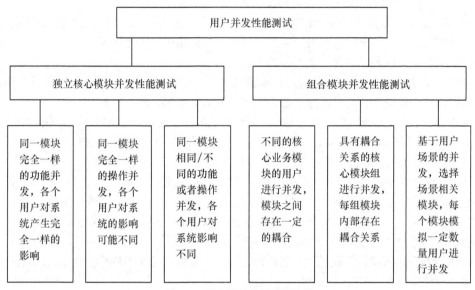

图 9.1　用户并发性能测试分类

下面对图中的用户并发测试分类进行介绍。

① 核心模块用户并发性能的测试用例设计

核心模块用户并发性能测试的重点是测试一些系统重要模块独立运行的情况，只有这些系统性能的核心模块性能稳定，后面的性能测试才有意义。因此，它是整个性能测试工作的基础。其主要任务有以下几个：

● 发现一些核心算法或者功能方面的问题。通过模拟多用户的并发操作，对一些多线程、同步并发算法进行验证，保证这些算法的正确和稳定。

● 尽早发现性能问题以降低修复缺陷的成本。由于缺陷发现的越早，修复的成本越低，而性能问题的修复成本还要远远高于一般缺陷，甚至有些不可能修复的性能问题会导致整个项目工作回到起点，所以尽早进行"单元性能测试"仍然是十分合算必要。

核心模块的性能测试通常包含三方面的内容。

● 完全一样功能的并发测试。这类测试主要用于检查系统的健壮性，从技术角度讲就是检查

● 程序对同一时刻并发操作的处理。一般通过测试工具或者编程实现。

● 完全一样操作的并发测试。要求在同一时刻进行完全一样的操作，主要用于验证核心模块在大量用户使用同一功能时是否正常工作。

● 相同或不同的子功能并发。通过让每个不同的子功能都模拟一定的用户数量，通过工具来控制并发情况。在编写核心模块的性能测试用例时，首先要确定系统中哪些是核心模块，然后分别编写每个模块的测试用例。设计用例时，可以把的功能划分成更小的"事务"进行测试，便于定位问题出现在哪里。

② 组合模块用户并发性能测试的用户设计

组合模块用户并发性能测试是最能反映用户实际使用情况的测试。通过模拟实际用户较常见的场景，尽可能真实地反映用户使用系统的情况，进而发现系统的瓶颈和其他一些性能问题。因此，用户场景的分析成为组合模块用户并发测试用例设计的重要内容。典型用户场景的获取方法：

● 需求、设计文档：大多数的系统设计文档中都会涉及系统的组织结构管理或权限管理，根据这些资料可以设计各个模块的用户分类。

● 现场调查：通过和用户进行正式的交流来获取所需的信息。

● 通过系统来采集数据：适用于系统试运行或者投产阶段的性能测试，通过分析系统日志可以得到用户使用系统的情况，进而确定用户使用各个业务模块的实际情况。

组合模块并发性能测试包含三个方面的内容。

● 具有耦合关系的核心模块进行组合并发测试。主要测试在多用户并发条件下，一些存在耦合或者数据接口的模块是否正常运行。这类用例至少两个模块，甚至更多。

● 彼此独立的、内部具有耦合关系的核心模块组成的并发测试。是具有耦合关系模块并发测试的进一步深入，从用户角度进行考虑，比较接近用户的使用情况。在编写相关的测试用例时，可以直接把具有耦合关系的核心模块的并发测度的一些用例进行组合，然后考虑下用户的场景即可。

● 基于用户场景的并发测试。选择用户的一些场景进行测试，测试对象可以是核心模块，也可以是非核心模块，还可以是两种类型模块的组合。基于用户场景的并发测试是接近用户实际使用情况的测试，要求用例编写要充分考虑实际场景，选择最接近实际的场景进行设计。

组合模块的用户并发性能测试即关注"功能"测试，又关注"性能"测试，通过发现一些接口和综合性能方面的问题，使系统更加稳定地运行。编写组合模块用户并发性能测试用例时，不但要考虑用户使用场景，还要注意并发点的运用。

（3）疲劳强度与大数据量测试

长时间对目标测试系统加压是疲劳强度测试的主要特点，其目的是为了测试系统的稳定性。在前面的测试内容中，通常对系统施加压力的时间都不会很长，而疲劳强度测试的时间一般在 1 个小时以上，甚至以"天"为单位。属于用户并发测试的延续，因此，测试内容仍然是"核心模块用户并发"和"组合模块用户并发"。在实际工作中，一般通过工具模拟用户的一些核心或者典型的业务，然后长时间地运行系统，以检测系统是否稳定。

疲劳强度测试的目的就是检验系统长时间运行后的性能，因此设计用例时，需要编写不同参数或者负载条件下的多个测试用例，对服务器、软件、网络进行不同条件下的综合测试分析。疲劳强度的用例设计可以参考用户并发性能测试用例的设计内容，通常通过修改相应的参数就可以实现所需要的测试场景。

大数据量测试主要是针对那些对数据库有特殊要求的系统进行的测试，一般分为三种情况：

① 实时大数据量测试：模拟用户工作时的实时大数据量，主要目的是测试用户较多或者某些业务产生圈套数据量时，系统能否稳定地运行。

② 极限状态下的测试：主要是测试系统使用一段时间即系统累积一定量的数据时，能否正常地运行业务。

③ 实时大数据量测试与极限状态下测试的结合：测试系统已经累积圈套数据量时，一些实时产生圈套数据量的模块能否稳定地工作。

疲劳强度测试和大数据量测试是紧密相关的，因此在测试时才把两类测试用例结合起来设计，设计测试用例时要结合实际情况，不要生搬硬套。

（4）网络性能测试

网络性能测试的用例设计主要有基于硬件的测试与基于应用系统的测试两大类，基于硬件的测试主要是通过各种专用软件工具、仪器等来测试整个系统的网络运行环境，一般由专门的系统集成人员来负责。基于应用系统的测试主要测试用户数目与网络带宽的关系，通过测试工具准确展示带宽、延迟、负载和端口的变化是如何影响用户的响应时间。

网络性能测试的用例设计主要是针对基于应用系统的测试，即可以独立测试，也可以和用户并发性能测试、疲劳强度与大数据量性能测试结合起来，在原有的基础上采用工具来调整网络设置，从而达到监视网络性能的目的。

（5）服务器性能测试

服务器性能测试主要是对数据库、Web 服务器、操作系统的测试，目的是通过性能测试找出各种服务器的瓶颈，为系统扩展、优化提供相关的依据。服务器性能测试主要有两种类型：

① 高级服务器性能测试：主要是指在特定的硬件条件下，由数据库、Web 服务器、操作系统相应领域的专家进行的性能测试。

② 初级服务器性能测试：主要是在系统运行或进行前面的性能测试时，通过测试工具对数据库、Web 服务器、操作系统的使用情况时行监控，然后进行综合分析，进而发现系统的瓶颈。

性能测试的主要目的是在软件功能良好的前提下，发现系统瓶颈并解决，而软件和服务器是产生瓶颈的两在来源，因此服务器测试要和前面提到的测试结合起来进行。例如，在进行用户并发性能测试、疲劳强度与大数据量性能测试时，可以完成对服务器性能的监控，并对服务器性能进行评估。

3. Web 性能测试模型使用方法

"Web 全面性能测试模型"是针对 Web 性能测试而提出的一种方法，主要是为了比较全面地开展性能测试，使 Web 性能测试更容易组织和开展。包含了测试策略制定的通用方法和测试用例设计的通用方案，按照由浅入深的顺序对性能测试进行了合理的组织。该模型覆盖了应用软件、服务器、操作系统多方面的测试内容。"Web 全面性能测试模型"是一种经很多性能测试项目抽象出来的测试方法，主要用来指导测试，而不直接应用于某一具体的性能测试项目。

9.2.7　Web 应用系统性能测试流程

Web 应用系统的前端为浏览器，后台为 Web 服务器（如 Apache，Microsoft Internet Information Server），浏览器和 Web 服务器之间的交互基于 HTTP 协议。

标准的 Web 应用系统性能测试流程包括测试需求分析、测试计划制定与评审、测试用例设计与开发、测试执行与监控、测试经验总结。性能测试通常按照图 9.2 的流程来进行，即使在项目验收阶段，启动性能测试也不例外，不过根据项目的实际情况可能一些步骤会灵活使用。

（1）测试需求分析：是整个性能测试的基础，在这一阶段，测试负责人要和项目负责人进行沟通，收集各种项目资料，特别要搞清楚用户对待性能测试的态度。该阶段的主要任务是根据软件类型及用户对性能测试的态度来确定测试策略和根据测试策略和需求分析的结果来确定测试范围。

（2）测试计划制定与评审：本阶段的测试计划包括测试范围、测试环境、测试方案简介、风险分析等。

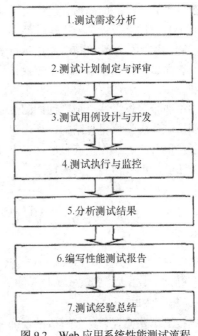

图 9.2　Web 应用系统性能测试流程

测试计划要进行评审后方可生效。

（3）测试用例设计与开发。本阶段包含测试用例的设计和测试脚本的开发。测试脚本开发主要指开发和用例相关的测试程序，测试脚本的开发通常使用 LoadRunner、WebLoad 等性能测试工具录制用户的操作，然后进行修改及参数化等工作。

（4）测试执行与监控。性能测试实施和监控包括实施性能测试和进度与变更控制。

性能测试实施主要包含搭建与维护测试环境、执行测试用例、监控测试执行场景、保存与分析测试结果等。严格来讲，性能测试应该按照测试环境的软件、硬件配置高低分为两个阶段，但由于开发阶段软件硬件配置相对较低，而用户现场的投产环境硬件配置较高，因此才把性能测试分为开发与用户现场两个测试阶段。

① 开发阶段的性能测试实施：主要指软件试运行前的性能测试，即团队内部的性能测试。通过开发阶段的性能测试可以发现一些核心算法问题，最大限度地排除由软件本身的瓶颈问题。

② 用户现场性能测试的实施：主要是为了验收与调整优化，是开发阶段性能测试工作的延续，基于投产环境，测试对象一般是即将投产的系统，甚至是已经投产的系统。

性能测试的进度与变更控制贯穿整个性能测试过程，但由于在测试实施过程中变化因素较多，所以进度与变更控制主要面向实施过程。性能测试的不确定性主要体现在开发团队解决性能缺陷的速度、测试过程需要的软硬件资源、性能测试中所采用的一些新技术、测试工具的执行能力、测试范围的变化等。

（5）分析测试结果。根据前面的测试数据来分析测试结果，为优化和调整系统提供依据。通过对测试结果的综合分析，准确定位系统的性能问题。

（6）编写性能测试报告。根据分析结果编写性能测试报告，包含测试过程记录、测试分析结果、系统调整建议等。

（7）测试经验总结。性能测试分析与经验总结主要关注性能测试规划与设计、测试用例设计、测试工具与技术、性能分析等方面。

（1）性能测试规划总结：包括测试环境规划是否合理、人力资源安排是否合理、测试工具规划是否合理，三个方面的内容。

（2）测试用例设计总结：是性能测试的核心工作之一，应认真对测试用例设计进行总结，主要侧重测试用例可用性总结、用例执行效果分析、用例执行时间分析三个部分。

（3）测试工具与技术总结：主要指工具使用方面的总结。通常从测试过程的一些技术方面的总结和测试工具的使用经验总结两个方面着手。

（4）瓶颈分析方法总结：性能测试的目的是发现系统瓶颈，进而提高性能，所以系统瓶颈是性能测试工作中最值得总结的一项内容。通常从应用系统瓶颈分析经验、数据库瓶颈分析经验、Web 服务器分析和操作系统及硬件等方面进行总结。不断总结工作经验是建立学习型团队的基础，使整个团队的能力得到更大的提高。

9.3　Web 应用的功能测试

功能测试主要用来测试 Web 应用软件是否履行了预期的功能，包括链接测试、表单测试、设计语言测试、数据库测试、Cookies 测试和相关性功能检查等。

1. 链接测试

链接测试要检查每一个链接是否都有对应的页面，并且页面之间切换正确。链接是 Web 应用系统的一个主要特征，它是在页面之间切换和指导用户去一些不知道地址的页面的主要手段。链接测试可分为三个方面。首先，测试所有链接是否按指示的那样确实链接到了该链接的页面；其次，测试所链接的页面是否存在；最后，保证 Web 应用系统上没有孤立的页面，所谓孤立页面是指没有链接指向该页面，只有知道正确的 URL 地址才能访问。链接测试可以自动进行，现在已经有许多工具可以采用。链接测试必须在整个 Web 应用系统的所有页面开发完成之后进行链接测试。

2．表单测试

表单：可以收集用户的信息和反馈意见，是网站管理者与浏览者之间沟通的桥梁。表单包括两个部分：一部分是 HTML 源代码用于描述表单（例如，域，标签和用户在页面上看见的按钮），另一部分是脚本或应用程序用于处理提交的信息（如 CGI 脚本）。不使用处理脚本就不能搜集表单数据。

表单通常是交由 CGI（公共网关接口）脚本处理。CGI 是一种在服务器和处理脚本之间传送信息的标准化方式。

表单由文本域、复选框、单选框、菜单、文件地址域、按钮等表单对象组成，所有的部分都包含在一个由标识符标志起来的表单结构中。表单的种类有注册表、留言簿、站点导航条、搜索引擎等。

当用户通过表单提交信息的时候，都希望表单能正常工作。

如果使用表单来进行在线注册，要确保提交按钮能正常工作，当注册完成后应返回注册成功的消息。如果使用表单收集配送信息，应确保程序能够正确处理这些数据，最后能让顾客能让客户收到包裹。要测试这些程序，需要验证服务器能正确保存这些数据，而且后台运行的程序能正确解释和使用这些信息。

当用户使用表单进行用户注册、登录、信息提交等操作时，必须测试提交操作的完整性，以校验提交给服务器的信息的正确性。例如：用户填写的出生日期与职业是否恰当，填写的所属省份与所在城市是否匹配等。如果使用了默认值，还要检验默认值的正确性。如果表单只能接受指定的某些值，则也要进行测试。例如：只能接受某些字符，测试时可以跳过这些字符，看系统是否会报错。

当用户给 Web 应用系统管理员提交信息时，就需要使用表单操作，例如用户注册、登录、信息提交等。在这种情况下，我们必须测试提交操作的完整性，以校验提交给服务器信息的正确性。例如：用户填写的出生日期与职业是否恰当，填写的所属省份与所在城市是否匹配等。如果使用了默认值，还要检验默认值的正确性。如果表单只能接受指定的某些值，则也要进行测试。例如：只能接受某些字符，测试时可以跳过这些字符，看系统是否会报错。

3．Cookies 测试

Cookies 通常用来存储用户信息和用户在某 Web 应用系统的操作，当一个用户使用 Cookies 访问了某一个应用系统时，Web 服务器将发送关于用户的信息，把该信息以 Cookies 的形式存储在客户端计算机上，这可用来创建动态和自定义页面或者存储登录等信息。如果 Web 应用系统使用了 Cookies，就必须检查 Cookies 是否能正常工作。测试的内容可包括 Cookies 是否起作用，是否按预定的时间进行保存，刷新对 Cookies 有什么影响等。

4．设计语言测试

Web 设计语言版本的不同会引起客户端或服务器端比较严重的问题，例如使用哪种版本的 HTML 等。当在分布式环境中开发时，开发人员都不在一起，这个问题就显得尤为重要。除了 HTML 的版本问题外，不同的脚本语言，例如 Java、JavaScript、ActiveX、VBScript 或 Perl 等也要进行验证。

5. 数据库测试

在 Web 应用技术中，数据库起着重要的作用，数据库为 Web 应用系统的管理、运行、查询和实现用户对数据存储的请求等提供空间。在 Web 应用中，最常用的数据库类型是关系型数据库，可以使用 SQL 对信息进行处理。在使用了数据库的 Web 应用系统中，一般情况下，可能发生两种错误，分别是数据一致性错误和输出错误。数据一致性错误主要是由于用户提交的表单信息不正确而造成的，而输出错误主要是由于网络速度或程序设计问题等引起的，针对这两种情况，可分别进行测试。

6. 相关性功能检查与测试

Web 功能测试要对产品的各功能进行验证，逐项测试，检查产品是否达到用户要求的功能。因此 Web 功能测试还包括相关性功能检查，这些检查包括：

（1）删除/增加一项会不会对其他项产生影响，如果产生影响，这些影响是否都正确，常见的情况是，增加某个数据记录以后，如果该数据记录某个字段内容较长，可能会在查询的时候让数据列表变形。

（2）列表默认值检查，如果某个列表的数据项依赖于其他模块中的数据，同样需要检查，比如，某个数据如果被禁用了，可能在引用该数据项的列表中不可见。

（3）检查按钮的功能是否正确：如新建、编辑、删除、关闭、返回、保存、导入，上一页，下一页，页面跳转，重置等功能是否正确。常见的错误会出现在重置按钮上，表现为功能失效。

（4）字符串长度检查：输入超出需求所说明的字符串长度的内容，看系统是否检查字符串长度。还要检查需求规定的字符串长度是否是正确的，有时候会出现，需求规定的字符串长度太短而无法输入业务数据。

（5）字符类型检查：在应该输入指定类型的内容的地方输入其他类型的内容（如在应该输入整型的地方输入其他字符类型），看系统是否检查字符类型。

（6）标点符号检查：输入内容包括各种标点符号，特别是空格，各种引号，Enter 键。看系统处理是否正确。常见的错误是系统对空格的处理，可能添加的时候，将空格当作一个字符，而在查询的时候空格被屏蔽，导致无法查询到添加的内容。

（7）特殊字符检查：输入特殊符号，如@、#、$、%、!等，看系统处理是否正确。常见的错误是出现在%、"、" 这几个特殊字符。

（8）中文字符处理：在可以输入中、英文的系统输入中文，看会否出现乱码或出错。

（9）检查信息的完整：在查看信息和更新信息时，查看所填写的信息是不是全部更新，更新信息和添加信息是否一致。要注意检查的时候每个字段都应该检查，有时候，会出现部分字段更新了而个别字段没有更新的情况。

（10）信息重复：在一些需要命名且名字应该唯一的信息处输入重复的名字或 ID，看系统有没有处理、会否报错，重名包括是否区分大小写，以及在输入内容的前后输入空格，系统是否做出正确处理。

（11）检查删除功能：在一些可以一次删除多个信息的地方，不选择任何信息，按 Delete 键，看系统如何处理、会否出错；然后选择一个和多个信息，进行删除，看是否正确处理。如果有多页，翻页选，看系统是否都正确删除，并且要注意，删除的时候是否有提示，让用户能够更正错误，不误删除。

（12）检查添加和修改是否一致：检查添加和修改信息的要求是否一致，例如添加要求必填的项，修改也应该必填；添加规定为整型的项，修改也必须为整型。

（13）检查修改重名：修改时把不能重名的项改为已存在的内容，看会否处理，报错。同时，也要注意，会不会报和自己重名的错。

（14）重复提交表单：一条已经成功提交的纪录，返回后再提交，看看系统是否做了处理。对于 Web 系统来说，可以通过浏览器返回键或者系统提供的返回功能。

（15）检查多次使用返回键的情况：在有返回键的地方，返回到原来页面，重复多次，看会否出错。

（16）搜索检查：有搜索功能的地方输入系统存在和不存在的内容，看搜索结果是否正确。如果可以输入多个搜索条件，可以同时添加合理和不合理的条件，看系统处理是否正确，搜索的时候同样要注意特殊字符，某些系统会在输入特殊字符的时候，将系统中所有的信息都搜索到。

（17）输入信息位置：注意在光标停留的地方输入信息时，光标和所输入的信息会否跳到别的地方。

（18）上传下载文件检查：上传下载文件的功能是否实现，上传文件是否能打开。对上传文件的格式有何规定，系统是否有解释信息，并检查系统是否能够做到。下载文件能否打开或者保存，下载的文件是否有格式要求，如需要特殊工具才可以打开等。上传文件测试同时应该测试，如果将不能上传的文件后缀名修改为可以上传文件的后缀名，看是否能够上传成功，并且，上传文件后，重新修改，看上传的文件是否存在。

（19）必填项检查：应该填写的项没有填写时系统是否都做了处理，对必填项是否有提示信息，如在必填项前加 "*"；对必填项提示返回后，焦点是否会自动定位到必填项。

（20）快捷键检查：是否支持常用快捷键，如 Ctrl+C 组合键、Ctrl+V 组合键、Backspace 键等，对一些不允许输入信息的字段，如选人，选日期对快捷方式是否也做了限制。

（21）Enter 键检查：在输入结束后直接按回车键，看系统处理如何，会否报错。这个地方很有可能会出现错误。

（22）刷新键检查：在 Web 系统中，使用浏览器的刷新键，看系统处理如何，会否报错。

（23）回退键检查：在 Web 系统中，使用浏览器的回退键，看系统处理如何，会否报错。对于需要用户验证的系统，在退出登录后，使用回退键，看系统处理如何；多次使用回退键，多次使用前进键，看系统如何处理。

（24）空格检查：在输入信息项中，输入一个或连串空格，查看系统如何处理。如对于要求输入整型、符点型变量的项中，输入空格，既不是空值，又不是标准输入。

（25）输入法半角全角检查：在输入信息项中，输入半角或全角的信息，查看系统如何处理。如对于要求输入符点型数据的项中，输入全角的小数点（"。"或"．"，如 4．5）；输入全角的空格等。

（26）密码检查：一些系统的加密方法采用对字符 ASCII 码移位的方式，处理密码加密相对较为简单，且安全性较高，对于局域网系统来说，此种方式完全可以起到加密的作用，但同时，会造成一些问题，即大于 128 的 ASCII 对应的字符在解密时无法解析，尝试使用 "uvwxyz" 等一些码值较大的字符作为密码，同时，密码尽可能的长，如 17 位密码等，造成加密后的密码出现无法解析的字符。

（27）用户检查：任何一个系统，都有各类不同的用户，同样具有一个或多个管理员用户，检查各个管理员之间是否可以相互管理，编辑、删除管理员用户。同时，对于一般用户，尝试删除，并重建同名的用户，检查该用户其他信息是否重现。同样，提供注销功能的系统，此用户再次注册时，是否作为一个新的用户。而且还要检查该用户的有效期，过了有效日期的用户是不能登录系统的。容易出现错误的情况是，可能有用户管理权限的非超级管理员，能够修改超级管理员的权限。

（28）系统数据检查：这是功能测试最重要的，如果系统数据计算不正确，那么功能测试肯定是通不过的。数据检查根据不同的系统，方法不同对于业务管理平台，数据随业务过程、状态的变化保持正确，不能因为某个过程出现垃圾数据，也不能因为某个过程而丢失数据。

（29）系统可恢复性检查：以各种方式把系统搞瘫，测试系统是否可正常迅速恢复。

（30）确认提示检查：系统中的更新、删除操作，是否提示用户确认更新或删除，操作是否可以回退（即是否可以选择取消操作），提示信息是否准确。事前或事后提示，对于 Update 或 Delete 操作，要求进行事前提示。

（31）数据注入检查：数据注入主要是对数据库的注入，通过输入一些特殊的字符，如 "'"，"/"，"-" 等或字符组合，完成对 SQL 语句的破坏，造成系统查询、插入、删除操作的 SQL 因为这些字符而改变原来的意图。如 select * from table where id = ' ' and name = ' '，通过在 id 输入框中输入 "12'-"，会造成查询语句把 name 条件注释掉，而只查询 id=12 的记录。同样，对于 update 和 delete 的操作，可能会造成误删除数据。当然还有其他一些 SQL 注入方法，具体可以参考《SQL 应用高级 SQL 注入.doc》，很多程序都是基于页面对输入字符进行控制的，可以尝试跳过界面直接向数据库中**数据，比如用 Jmeter，来完成数据注入检查。

（32）时间日期检查：时间、日期、时间验证是每个系统都必须的，对于管理、财务类系统尤为重要。日期检查还要检查日期范围是否符合实际的业务，对于不符合时间业务的日期，系统是否会有提示或者有限制。

（33）多浏览器验证：越来越多的各类浏览器的出现，用户访问 Web 程序不再单单依赖于 Microsoft Internet Explorer，而是有了更多的选择，如 380 浏览器、搜狗浏览器等，考虑使用多种浏览器访问系统，验证效果。

9.4　Web 应用的界面测试

现在每天上网都会接触各种各样的 Web 应用，从社交网络到博客、微博，从 OA 系统到信息管理系统，Web 页面正是构成这些应用的基本元素之一，一个好的 Web 界面不仅是让 Web 应用变得有个性有品味，还要让 Web 应用的操作变得舒适、简单、自由，充分体现 Web 应用的定位和特点，使 Web 页面不但增强了用户体验，更有利于信息的传递和表达。因此，Web 界面测试也有非常重要的意义。

每个 Web 系统的页面的组成部分基本相同，一般都包含 html 文件、JavaScript 文件、层叠样式表、图片等文件，而影响系统页面性能的正是这些文件或页面元素的编写不恰当、属性设置不正确、或使用方法有误造成的。因此，系统页面性能测试的内容与系统后台并发压力测试不一样，页面性能测试不是在多用户并发情况下去发现并定位系统的性能瓶颈，而是检查页面各文件或元素是否以最优的方式编写。

1. Web 界面测试的目标

Web 界面测试的目标如下：

（1）Web 界面的实现与设计需求、设计图保持一致，或者符合可接受标准。

（2）使用恰当的控件，各个控件及其属性符合标准。

（3）通过浏览测试对象可正确反映业务的功能和需求。

（4）如果有不同浏览器兼容性的需求，则需要满足在不同内核浏览器中实现效果相同的目标。

2. 界面测试主要元素

（1）页面元素的容错性列表：包括输入框、时间列表或日历等。

（2）页面元素清单：为实现功能，是否将所需要的元素全部都列出来了，如按钮、单选框、复选框、列表框、超连接、输入框等。

（3）页面元素的容错性是否存在、正确：输入非要求数据，确认其反应是否正确，出现异常情况。

（4）页面元素基本功能是否实现：关注文字特效、动画特效、按钮、超连接等。

（5）页面元素的外形、摆放位置：关注按钮、列表框、核选框、输入框、超连接等。

（6）页面元素是否显示正确：主要针对文字、图形、签章等。

（7）元素是否显示：确认元素是否存在。

3. Web 界面测试内容

针对 Web 应用的界面测试，可以从以下方面进行用户界面测试：整体界面测试、控件测试、多媒体测试、内容测试、容器测试、浏览器兼容性测试等，下面予以详细介绍。

（1）整体界面测试

整体界面是指整个 Web 应用系统的页面结构设计，是给用户的一个整体感。例如：当用户浏览 Web 应用系统时是否感到舒适，是否凭直觉就知道要找的信息在什么地方、整个 Web 应用系统的设计风格是否一致等。

（2）控件测试

在 Web 界面上有许多用以实现各种功能或者操作的控件，比如常见的按钮、单选框、复选框、下拉列表框等。最基本测试当然是测试每一个控件其功能是否达到使用要求，是否合适的使用，有状态属性的控件在进行多种操作之后，控件状态是否依然能够保持正确，界面信息是否显示正常等。

（3）多媒体测试

如今的 Web 应用中，主流的一些多媒体内容包括图片、GIF 动画、Flash、Silverlight 等。可以通过以下方面进行测试：

① 要确保图形有明确的用途，图片或动画排列有序并且目的明确。

② 图片按钮链接有效，并且链接的属性正确（比如是新建窗口打开还是在当前页面打开。

③ 背景图片应该与字体颜色和前景颜色相搭配。

④ 检查图片的大小和质量，一般采用 JPG、GIF、PNG 格式，并且在不影响图片质量的情况下能使图片的大小减小到 30KB 以下。

⑤ GIF 动画是否设置了正确的循环模式，其颜色是否显示正常。

⑥ Flash、Silverlight 元素是否显示正常。如果是控件类，功能是否能够实现。

（4）导航测试

主要测试站点地图和导航条位置、是否合理、是否可以导航等内容布局是否合理。在一个页面上放太多的信息往往起到与预期相反的效果。Web 应用系统的用户趋向于目的驱动，很快地扫描一个 Web 应用系统，看是否有满足自己需要的信息，如果没有，就会很快地离开。很少有用户愿意花时间去熟悉 Web 应用系统的结构，因此，Web 应用系统导航帮助要尽可能地准确。导航的另一个重要方面是 Web 应用系统的页面结构、导航、菜单、连接的风格是否一致。确保用户凭直觉就知道 Web 应用系统里面是否还有内容，内容在什么地方。Web 应用系统的层次一旦决定，就要着手测试用户导航功能。

（5）内容测试

内容测试用来检验 Web 应用系统提供信息的正确性、准确性和相关性：

① 验证所有页面字体的风格是否一致，包括字体，颜色，字号等方面。

② 导航是否直观，Web 应用的主要功能是否可通过主页索引。

③ 站点地图和导航功能位置、是否合理。

④ Web 页面结构、导航、菜单、超级链接的风格是否一致，比如指向超级链接，点击超级链接，访问后的超级链接是否都进行了处理。

⑤ 背景颜色应该与字体颜色和前景颜色相搭配。

⑥ 验证文字段落、图文排版是否正确，文字内容是否完整显示，图片是否按原有比例显示。

⑦ 检查是否有语法或拼写错误，文字表达是否恰当，超级链接引用是否正确。

⑧ 链接的形式、位置、是否易于理解。

（6）容器测试

DIV 和表格在页面布局上的基本作用都是作为一种容器。其中，表格测试分为两个方面，一方面是作为控件，需要检测其是否设置正确，每一栏的宽度是否足够宽，表格里的文字是否都有折行，是否有因为某一格的内容太多，而将整行的内容拉长等。另一方面，表格作为较早的网页布局方式，目前依然有很多的 Web 页使用该方式实现 Web 页设计，此时则需要考虑浏览器窗口尺寸变化、Web 页内容动态增加或者删除对 Web 界面的影响。

DIV+CSS（Web 设计标准，一种网页布局方法）测试则需要界面符合 W3C 的 Web 标准，W3C 提供了 CSS 验证服务，可以将用 DIV+CSS 布局的网站提交至 W3C，帮助 Web 设计者检查层叠样式表（CSS）。还需要测试，在调整浏览器窗口大小时，页面在窗口中的显示是否正确、美观，页面元素是否显示正确。

4. Web 页面测试的基本准则

Web 页面测试的基本准则是符合页面/界面设计的标准和规范，满足易用性、正确性、规范性、合理性、实用性、一致性等要求。

（1）易用性

易用性测试的基本准则为：

① 按钮名称应该易懂，用词准确，一定不要使用模棱两可的词汇；要与同一界面上的其他按钮易于区分，能望文知意最好。理想的情况是用户不用查阅帮助文档就能知道该界面的功能并进行相关的正确操作。

② 常用按钮要支持快捷方式。

③ 界面要支持键盘自动浏览按钮功能，即按 Tab 键的自动切换功能。Tab 键的顺序与控件排列顺序要一致，最好是总体从上到下，同时行间从左到右的方式。

④ 默认按钮要支持 Enter 键操作，即按 Enter 键后自动执行默认按钮对应操作。

⑤ 可写控件检测到非法输入后应给出说明并能自动获得焦点。

⑥复选框和单选框按选择几率的高低而先后排列。

⑦ 复选框和选项框根据需要设置默认选项，并支持 Tab 键选择。

⑧ 界面空间较小时使用下拉框而不用选项框；选项数较少时使用选项框，相反使用下拉列表框。

（2）规范性

通常界面设计都按 Windows 界面的规范来设计。界面遵循规范化的程度越高，则易用性相应地就越好。规范性测试的基本准则为：

① 常用菜单要有命令快捷方式。

② 菜单前的图标能直观的代表要完成的操作。

③ 某一操作需要的时间较长，需显示进度条和进程提示。

④ 每一个功能按钮要有及时提示信息。

（3）合理性

合理性测试的基本准则为：

① 屏幕对角线相交的位置是用户直视的地方，正上方四分之一处为易吸引用户注意力的位置，在测试窗体时要注意利用这两个位置。

② 重要的命令按钮与使用较频繁的按钮要放在界面上醒目的位置。

③ 错误使用容易引起界面退出或关闭的按钮不应该放在鼠标易点位置,横排开头或最后与竖排最后为易点位置。

④ 与正在进行的操作无关的按钮应该加以屏蔽（比如用灰色显示）。

⑤ 对可能造成数据无法恢复的操作必须提供确认信息，给用户选择放弃的机会。

⑥非法的输入或操作应有足够的提示说明。

⑦ 对运行过程中出现问题而引起错误的地方要有提示，让用户明白错误出处，避免形成无限期的等待。

⑧ 提示、警告、或错误说明应该清楚、明了、恰当。

（4）美观与协调性

美观与协调性性测试的基本准则为：

① 界面应该大小适合美学观点，感觉协调舒适，能在有效的范围内吸引用户的注意力。

② 布局合理，不宜过于密集，也不能过于空旷，合理的利用空间。

③ 按钮大小基本相近，忌用太长的名称，免得占用过多的界面位置。

④ 按钮的大小要与界面的大小和空间要协调，避免空旷的界面上放置很大的按钮。

⑤ 前景与背景色搭配合理协调，反差不宜太大，如果使用其他颜色，主色要柔和，具有亲和力与磁力。

⑥ 界面风格要保持一致，字的大小、颜色、字体要相同，除非是需要艺术处理或有特殊要求的地方。

（5）安全性

在界面上通过下列方式来控制出错几率，会大大减少系统因用户人为的错误引起的破坏。安全性测试的基本准则为：

① 最重要的是排除可能会使应用程序非正常中止的一切错误。

② 应当注意尽可能避免用户无意录入无效的数据。

③ 采用相关控件限制用户输入值的种类。

④ 对可能引起致命错误或系统出错的输入字符或动作要加限制或屏蔽。

⑤ 对可能发生严重后果的操作要有补救措施。通过补救用户可以回到原来的正确状态。

⑥ 对可能造成等待时间较长的操作应该提供取消功能。

⑦ 有些读入数据库的字段不支持中间有空格，但用户需要输入中间空格，这时要在程序中加以处理。

（6）帮助功能

Web 系统应该提供详尽而可靠的帮助文档，在用户使用产生问题时可以自己寻求解决方法。

帮助功能测试的基本准则为：

① 帮助文档中的性能介绍与说明要与系统性能配套一致。

② 打包新系统时，对作了修改的地方在帮助文档中要做相应的修改。

③ 操作时要提供及时调用系统帮助的功能。常用 F1 键。

④ 在界面上调用帮助时应该能够及时定位到与该操作相对的帮助位置。也就是说帮助要有即时针对性。

⑤ 最好提供目前流行的联机帮助格式或 HTML 帮助格式。

⑥ 用户可以用关键词在帮助索引中搜索所要的帮助，当然也应该提供帮助主题词。

⑦ 如果没有提供书面的帮助文档的话，最好有打印帮助的功能。

⑧ 在帮助中应该提供我们的技术支持方式，一旦用户难以自己解决可以方便的寻求新的帮助方式。

（7）菜单

菜单是界面上最重要的元素，菜单的安排是按照按功能来组织的。菜单测试的基本准则为：

① 菜单通常采用—常用—主要—次要—工具—帮助‖的位置排列，符合流行的 Windows 风格。

② 下拉菜单要根据菜单选项的含义进行分组，并且按照一定的规则进行排列，用横线隔开。

③ 一组菜单的使用有先后要求或有向导作用时，应该按先后次序排列。

④ 没有顺序要求的菜单项按使用频率和重要性排列，常用的放在开头，不常用的靠后放置；重要的放在开头，次要的放在后边。

⑤ 如果菜单选项较多，应该采用加长菜单的长度而减少深度的原则排列。菜单深度一般要求最多控制在三层以内。

（8）快捷方式的组合

在菜单及按钮中使用快捷键可以让喜欢使用键盘的用户操作得更快一些，一般软件中快捷键的使用大多是一致的。快捷方式的组合测试的基本准则为：

① 面向事务的快捷方式有： Ctrl-D 删除；Ctrl-F 寻找；Ctrl －H 替换；Ctrl-I 插入；Ctrl-N 新记录；Ctrl-S 保存 Ctrl-O 打开。

② 列表的快捷方式有：Ctrl-R ，Ctrl-G 定位；Ctrl-Tab 下一分页窗口或反序浏览同一页面控件。

③编辑的快捷方式有：Ctrl-A 全选；Ctrl-C 拷贝；Ctrl-V 粘贴；Ctrl-X 剪切；Ctrl-Z 撤销操作；Ctrl-Y 恢复操作。

④ 文件操作的快捷方式有：Ctrl-P 打印；Ctrl-W 关闭。

⑤ 系统菜单快捷方式有：Alt-A 文件；Alt-E 编辑；Alt-T 工具；Alt－W 窗口；Alt－H 帮助。

（9）多窗口的应用与系统资源

设计良好的软件不仅要有完备的功能，而且要尽可能的占用最底限度的资源。多窗口的应用与系统资源测试的基本准则为：

① 在多窗口系统中，有些界面要求必须保持在最顶层，避免用户在打开多个窗口时，不停的切换甚至最小化其他窗口来显示该窗口。

② 在主界面载入完毕后自动卸出内存，让出所占用的 Windows 系统资源。

③ 关闭所有窗体，系统退出后要释放所占的所有系统资源，除非是需要后台运行的系统。

5. 界面测试用例的设计

（1）窗体

测试窗体的方法如下：

① 窗体大小，大小要合适，控件布局合理。

② 移动窗体。快速或慢速移动窗体，背景及窗体本身刷新必须正确。

③ 缩放窗体，窗体上的控件应随窗体的大小变化而变化。

④ 显示分辨率。必须在不同的分辨率的情况下测试程序的显示是否正常。

进行测试时还要注意状态栏是否显示正确，工具栏的图标执行操作是否有效，是否与菜单栏中图标显示一致；错误信息内容是否正确、无错别字且明确等。

（2）控件

测试控件方法如下：

① 窗体或控件的字体和大小要一致。

② 注意全角、半角混合。

③ 无中英文混合。

（3）菜单

进行测试时应注意：

① 选择菜单是否可以正常工作、并与实际执行内容一致。

② 是否有错别字。

③ 快捷键是否重复。

④ 热键是否重复。

⑤ 快捷键与热键操作是否有效。

⑥ 是否存在中英文混合。

⑦ 菜单要与语境相关、如、不同权限的用户登录一个应用程序、不同级别的用户可以看到不同级别的菜单并使用不同级别的功能。

⑧ 鼠标右键为快捷菜单。

（4）查找替换操作

下面通过一个实例来说明查找替换操作：打开 Word 中的"替换"对话框。

测试本功能有通过测试和失败测试两种情况：

通过测试：

① 输入内容直接查找或查找全部。

② 在组合框中寻找已经查找过的内容、再次查找并确认文档的内容正确，如已经查找过"测试用例"、再次进入不用重新输入查找内容、直接在文档中搜寻即可。

失败测试：

① 输入过长或过短的查询字符串。如假设查询的字符串长度为 1 到 255，那么，输入 0、1、2、256、255 和 254 进行测试。

② 输入特殊字符集。如在 Word 中 ^g 代表图片、^代表分栏符、可以输入这类特殊字符测试；替换测试大体相同。

关于编辑操作窗口的功能测试的用例如下：

① 关闭查找替换窗口：不执行任何操作、直接退出。

② 附件和选项测试：假如设定"精确搜寻"、"向后"搜索等附件选项等等来测试。

③ 控件间的相互作用：如搜寻内容为空时、按钮"搜寻全部"、"搜寻"、"全部替换"、"替换"都为灰色。

④ 热键、Tab 键、回车键的使用。

（5）插入文件操作

插入文件操作测试的情况如下：

① 插入文件。

② 插入图像。

③ 在文档中插入文档本身。

④ 移除插入的源文件。

⑤ 更换插入的源文件的内容。

（6）链接文件操作

链接文件操作测试方法如下：

① 插入链接文件。

② 在文档中链接文档本身。

③ 移除插入的源文件。

④ 更换插入的源文件的内容。

（7）插入对象

插入对象测试的内容如下：

① 插入程序允许的对象，如在 Word 中插入 Excel 工作表。

② 修改所插入对象的内容。插入的对象仍能正确显示。

③ 卸载生成插入对象的程序、如在 Word 中插入 Excel 工作表后卸载 Excel、工作表仍正常使用。

（8）编辑操作

编辑操作包括剪切、复制、粘贴操作。

测试剪切操作的方法如下：

① 对文本、文本框、图文框进行剪切。

② 剪切图像。

③ 文本图像混合剪切。

复制操作方法与剪切类似，测试时主要是对粘贴操作的测试方法是：

① 粘贴剪切的文本、文本框及图文框。

② 粘贴所剪切的图像。

③ 剪切后，在不同的程序中粘贴。

④ 多次粘贴同一内容，如剪切后，在程序中连续粘贴 3 次。

⑤ 利用粘贴操作强制输入程序所不允许输入的数据。

（9）文本框的测试

文本框测试方法如下：

① 输入正常的字母或数字。

② 输入已存在的文件的名称。

③ 输入超长字符。例如在"名称"框中输入超过允许边界个数的字符，假设最多 255 个字符，尝试输入 256 个字符，检查程序能否正确处理。

④ 输入默认值，空白，空格。

⑤ 若只允许输入字母，尝试输入数字；反之，尝试输入字母。

⑥ 利用复制，粘贴等操作强制输入程序不允许的输入数据。

⑦ 输入特殊字符集，例如，NUL 及\n 等。

⑧ 输入超过文本框长度的字符或文本，检查所输入的内容是否正常显示。

⑨ 输入不符合格式的数据，检查程序是否正常校验，如程序要求输入年月日格式为 yy/mm/dd，实际输入 yyyy/mm/dd，程序应该给出错误提示。

在测试过程中所用到的测试方数据如下：

① 输入非法数据。

② 输入默认值。

③ 输入特殊字符集。

④ 输入使缓冲区溢出的数据。

⑤ 输入相同的文件名。

（10）命令按钮控件的测试

命令按钮控件测试方法如下：

① 单击按钮正确响应操作。如单击确定，正确执行操作；单击取消，退出窗口。

② 对非法的输入或操作给出足够的提示说明，如输入月工作天数为 32 时，单击"确定"后系统应提示：天数不能大于 31。

③ 对可能造成数据无法恢复的操作必须给出确认信息，给用户放弃选择的机会。

（11）单选按钮控件的测试

单选按钮控件的测试方法如下：

① 一组单选按钮不能同时选中，只能选中一个。

② 逐一执行每个单选按钮的功能。分别选择了"男"、"女"后，保存到数据库的数据应该相应地分别为"男"、"女"。

③ 一组执行同一功能的单选按钮在初始状态时必须有一个被默认选中，不能同时为空。

（12）up-down 控件文本框的测试

up-down 控件文本框测试方法如下：

① 直接输入数字或用上下箭头控制，如在"数目"中直接输入 10，或者单击向上的箭头，使数目变为 10。

② 利用上下箭头控制数字的自动循环，如当最多数字为 253 时，单击向上箭头，数目自动变为 1；反之亦适用。

③ 直接输入超边界值，系统应该提示重新输入。

④ 输入默认值，空白。如"插入"数目为默认值，单击"确定"按钮；或删除默认值，使内容为空，单击"确定"按钮进行测试。

⑤ 输入字符。此时系统应提示输入有误。

（13）组合列表框的测试

组合列表框的测试方法如下：

① 条目内容正确，其详细条目内容可以根据需求说明确定。

② 逐一执行列表框中每个条目的功能。

③ 检查能否向组合列表框输入数据。

（14）复选框的测试

复选框的测试方法如下：

① 多个复选框可以被同时选中。

② 多个复选框可以被部分选中。

③ 多个复选框可以都不被选中。

④ 逐一执行每个复选框的功能。

（15）列表框控件的测试

列表框控件测试方法如下：

① 条目内容正确：同组合列表框类似，根据需求说明书确定列表的各项内容正确，没有丢失或错误。

② 列表框的内容较多时要使用滚动条。

③ 列表框允许多选时，要分别检查 Shift 键选中条目，按 Ctrl 键选中条目和直接用鼠标选中多项条目的情况。

（16）滚动条控件的测试

滚动条控件的测试要注意一下几点：

① 滚动条的长度根据显示信息的长度或宽度及时变换,这样有利于用户了解显示信息的位置和百分比，如 Word 中浏览 100 页文档，浏览到 50 页时，滚动条位置应处于中间。

② 拖动滚动条，检查屏幕刷新情况，并查看是否有乱码。

③ 单击滚动条、用滚轮控制滚动条、滚动条的上下按钮。

（17）各种控件在窗体中混和使用时的测试

控件间的相互作用：

① Tab 键的顺序，一般是从上到下，从左到右。

② 热键的使用，逐一测试。

③ Enter 键和 Esc 键的使用。

在测试中，应遵循由简入繁的原则，先进行单个控件功能的测试，确保实现无误后，再进行多个控件的功能组合的测试。

9.5　Web 应用的客户端兼容性测试

1．平台测试

市场上有很多不同的操作系统类型，最常见的有 Windows、Unix、Macintosh、Linux 等。Web 应用系统的最终用户究竟使用哪一种操作系统，取决于用户系统的配置。这样，就可能会发生兼容性问题，同一个应用可能在某些操作系统下能正常运行，但在另外的操作系统下可能会运行失败。因此，在 Web 系统发布之前，需要在各种操作系统下对 Web 系统进行兼容性测试。

2．浏览器测试

浏览器是 Web 客户端最核心的构件，来自不同厂商的浏览器对 Java、JavaScript、ActiveX、plug-ins 或不同的 HTML 规格有不同的支持。例如，ActiveX 是 Microsoft 的产品，是为 Internet Explorer 而设计的，JavaScript 是 Netscape 的产品，Java 是 Sun 的产品，等等。另外，框架和层次结构风格在不同的浏览器中也有不同的显示，甚至根本不显示。不同的浏览器对安全性和 Java 的设置也不一样。 测试浏览器兼容性的一个方法是创建一个兼容性矩阵。在这个矩阵中，测试不同厂商、不同版本的浏览器对某些构件和设置的适应性。

9.6　Web 应用的安全性测试

9.6.1　Web 应用的安全性概述

部署在 Internet 上的 Web 应用毫无疑问每时每刻都在遭受着各种安全考验，有些是出自恶意的破坏者，有些是来自无心的攻击者，还有一些是来自系统内部的出于好奇或是有目的的恶意访问。对 Web 的安全性测试是一个很大的题目，首先取决于要达到怎样的安全程度。不要期望网站可以达到 100% 的安全，对于一般的用于实现业务的网站，达到下面这样的期望是比较合理的：

（1）能够对密码试探工具进行防范。

（2）能够防范对 cookie 攻击等常用攻击手段。

（3）敏感数据保证不用明文传输。

（4）能防范通过文件名猜测和查看 HTML 文件内容获取重要信息。

（5）能保证在网站收到工具后在给定时间内恢复，重要数据丢失不超过 1 小时。

　　一般来说，一个 Web 应用包括 Web 服务器运行的操作系统、Web 服务器、Web 应用逻辑数据库和 Web 浏览器等几个部分，其中任何一个部分出现安全漏洞，都会导致整个系统的安全性问题。

　　（1）对操作系统来说，操作系统体系结构本身就是不安全的，具体表现为：

　　● 动态联接。为了系统集成和系统扩充的需要，操作系统采用动态联接结构，系统的服务和 I/O 操作都可以补丁方式进行升级和动态联接。这种方式虽然为厂商和用户提供了方便，但同时也为黑客提供了入侵的方便（漏洞），这种动态联接也是计算机病毒产生的温床。

　　● 创建进程。操作系统可以创建进程，而且这些进程可在远程节点上被创建与激活，更加严重的是被创建的进程又可以继续创建其他进程。这样，若黑客在远程将"间谍"程序以补丁方式附在合法用户，特别是超级用户上，就能摆脱系统进程与作业监视程序的检测。

　　● 空口令和 RPC。操作系统为维护方便而预留的无口令入口和提供的远程过程调用（RPC）服务都是黑客进入系统的通道。

　　● 超级用户。操作系统的另一个安全漏洞就是存在超级用户，如果入侵者得到了超级用户口令，整个系统将完全受控于入侵者。

　　（2）对 Web 服务器来说，Web 服务器从早期仅提供对静态 HTML 和图片进行访问发展到现在对动态请求的支持，早已是非常庞大的系统，经常被发现安全漏洞的缺陷。

　　（3）对应用逻辑来说，根据其实现的语言不同、机制不同、由于编码、框架本身的漏洞或是业务设计时的不完善，都可能导致安全上的问题。

　　（4）对数据库来说，数据库注入攻击一直是数据库厂商和网站开发者最担心的。

　　由于数据集库管理系统对数据库的管理是建立在分级管理的概念上，因此，DBMS 的安全必须与操作系统的安全配套，这无疑是一个先天的不足之处。

　　黑客通过探访工具可强行登录或越权使用数据库数据，可能会带来巨大损失。数据加密往往与 DBMS 的功能发生冲突或影响数据库的运行效率。由于服务器/浏览器（B/S）结构中的应用程序直接对数据库进行操作，所以，使用 B/S 结构的网络应用程序的某些缺陷可能威胁数据库的安全。

　　国际通用的数据库如 Oracle、SQL Server、Mysql、DB2 存在大量的安全漏洞，以 Oracle 为例，仅 CVE 公布的数据库漏洞就有 2000 多个，同时在使用数据库的时候，存在补丁未升级、权限提升、缓冲区溢出等问题。

　　（5）浏览器的漏洞也可能会导致网站的不安全。

　　浏览器漏洞存在是由于编程人员的能力、经验和当时安全技术所限，在程序中难免会有不足之处。在设计时未考虑周全，当程序遇到一个看似合理，但实际无法处理的问题时，引发的不可预见的错误。

　　黑客们在进行网络攻击的时候主要针对的目标不是操作系统，攻击者紧盯的对象主要是在操作系统中使用的浏览器。黑客经常利用 IE 浏览器漏洞进行病毒攻击，使不少用户遭受损失。而目前很多浏览器都已经有了多种操作系统适用的版本，Windows 系统所用的浏览器同样也可被用在其他操作系统中，因此无论你使用的是哪一种操作系统，攻击者都能在浏览器那里找到突破口。因为目前所有 Web 浏览器都存在各种各样的漏洞，是黑客最易攻击的对象之一，"常见漏洞及风险"组织（CVE）公报的浏览器漏洞就超过 300 个，每个浏览器厂商的产品都有几十个漏洞。

　　除此之外，安全问题还存在于管理等各个方面，不完善的管理制度、缺乏安全意识的员工都会是内部的突破口，同样，一些开发工具生成的备份文件和注释也会成为 Cracker 发送攻击的参考资料。

9.6.2 Web 应用安全性测试

Web 应用系统的安全性从使用角度主要可以分为应用级的安全与传输级的安全，因此，安全性测试可以从这两方面入手。

1. 应用级的安全测试

应用级的安全测试的主要目的是查找 Web 系统自身程序设计中存在的安全隐患，主要测试区域如下。

（1）注册与登录：现在的 Web 应用系统基本采用先注册，后登录的方式。

① 必须测试有效和无效的用户名和密码。

② 要注意是否存在大小写敏感。

③ 可以尝试多少次的限制。

④ 是否可以不登录而直接浏览某个页面等。

（2）在线超时：Web 应用系统需要有是否超时的限制，应测试在用户长时间不作任何操作的时候，需要重新登录才能使用其功能。

（3）操作留痕：为了保证 Web 应用系统的安全性，日志文件是至关重要的。需要测试相关信息是否写入了日志文件，是否可追踪。例如 CPU 的占用率是否很高，是否有例外的进程占用，所有的事务处理是否被记录等。

（4）备份与恢复：为了防范系统的意外崩溃造成的数据丢失，备份与恢复手段是一个 Web 系统的必备功能。备份与恢复根据 Web 系统对安全性的要求可以采用多种手段，如数据库增量备份、数据库完全备份、系统完全备份等。出于更高的安全性要求，某些实时系统经常会采用双机热备或多机热备。除了对于这些备份与恢复方式进行验证测试以外，还要评估这种备份与恢复方式是否满足 Web 系统的安全性需求。

2. 传输级的安全测试

传输级的安全测试是考虑到 Web 系统的传输的特殊性，重点测试数据经客户端传送到服务器端可能存在的安全漏洞，以及服务器防范非法访问的能力。一般测试项目包括以下几个方面。

（1）HTTPS 和 SSL 测试：默认的情况下，安全 HTTP（Secure HTTP）通过安全套接字 SSL（Secure Sockets Layer）协议在端口 443 上使用普通的 HTTP。HTTPS 使用的公共密钥的加密长度决定的 HTTPS 的安全级别，但从某种意义上来说，安全性的保证是以损失性能为代价的。除了还要测试加密是否正确，检查信息的完整性和确认 HTTPS 的安全级别外，还要注意在此安全级别下，其性能是否达到要求。

（2）服务器端的脚本漏洞检查：存在于服务器端的脚本常常构成安全漏洞，这些漏洞又往往被黑客利用。所以，还要测试没有经过授权，就不能在服务器端放置和编辑脚本的问题。

（3）防火墙测试：防火墙是一种主要用于防护非法访问的路由器，在 Web 系统中是很常用的一种安全系统。防火墙测试是一个很大且专业的课题。这里所涉及的只是对防火墙功能、设置进行测试，以判断本 Web 系统的安全需求。

（4）数据加密测试：某些数据需要进行信息加密和过滤后才能进行数据传输，例如用户信用卡信息、用户登陆密码信息等。数据加密测试是对介入信息的传送，存取，处理人的身份和相关数据内容进行验证，检查达到保密的要求，数据加密在许多场合集中表现为密钥的应用，密钥测试包括密钥的产生，分配保存，更换于销毁等个环节上的测试。

习 题 9

1. 简述 Web 的工作原理，以及 HTTP 协议的工作的四个步骤。
2. Web 应用测试基本包括哪几个方面？
3. Web 性能测试有哪些术语和性能指标？
4. 简述 Web 应用系统的性能测试过程。
5. 简述 Web 性能测试的目标和测试策略。
6. 简述 Web 性能测试中包含的各测试类型。
7. 简述 Web 功能测试中包含的各测试类型。
8. 简述 Web 功能测试中相关性功能检查与测试有哪些。
9. 简述 Web 界面测试的目标和主要测试内容。
10. 简述 Web 页面测试的基本准则。
11. 如何对界面中各主要元素进行测试？
12. Web 应用的客户端兼容性测试有哪些？
13. 对于一般的用于实现业务的网站的安全，达到怎样的期望是比较合理的？
14. Web 应用系统的安全性从使用角度主要可以分为哪两类？
15. 简述 Web 应用系统的安全性测试包括哪些内容。
16. 简述 Web 全面性能测试模型的主要内容。
17. 用户并发性能测试如何分类？
18. 在"Web 全面性能测试模型"中，把 Web 性能测试分为哪八个类别？
19. Web 应用系统性能测试人员应具有哪些能力？
20. 简述 Web 应用系统性能测试流程。

第10章
软件测试自动化

软件测试自动化是软件测试技术的一个重要的组成部分，能够完成许多手工无法完成或者难以实现的一些测试工作。正确、合理地实施自动化测试，能够快速、全面地对软件进行测试，从而提高软件质量，节省经费，缩短产品发布周期。本章将介绍自动化测试的定义、自动化测试的作用、自动化测试工具的分类和自动化测试工具的应用等内容。

10.1　软件测试自动化基础

1. 软件测试自动化的产生

随着计算机日益广泛的应用，计算机软件越来越庞大和复杂，软件测试的工作量也越来越大。据统计，软件测试工作一般要占用整个工程 40%的开发时间，而一些可靠性要求非常高的软件测试时间甚至占到总开发时间的 60%。在整个测试工作中，手工测试往往占了绝大部分的时间，尤其是模块级的白盒测试和黑盒测试，遍历数据路径和测试各模块的功能，都需要通过手工测试来完成。但是有些测试工作却非常适合应用计算机来自动进行，其原因是测试的许多操作是重复性的、非智力创造性的、要求准确细致的工作，对于这样的工作计算机最适合代替人去完成。因此，随着人们对软件测试工作的重视，大量的软件测试自动化工具不断涌现出来，自动化测试能够满足软件公司想在最短的进度内充分测试其软件的需求。一些软件公司在这方面的投入，会对整个开发工作的质量、成本和周期带来非常明显的影响。

2. 什么是软件测试自动化

软件测试自动化就是通过测试工具或其他手段，按照测试人员的预定计划对软件产品进行自动的测试，它是软件测试的一个重要组成部分，能够完成许多手工无法完成或者难以实现的一些测试工作。正确、合理地实施自动化测试，能够快速、全面地对软件进行测试，从而提高软件质量，节省经费，缩短产品发布周期。

软件测试自动化涉及测试流程、测试体系、自动化编译以及自动化测试等方面的整合。也就是说，要让测试能够自动化，不仅是技术、工具的问题，更是一个公司和组织的文化问题。首先公司要从资金、管理上给予支持，其次要有专门的测试团队去建立适合自动化测试的测试流程和测试体系；最后才是把源代码从受控库中取出、编译、集成，并进行自动化的功能和性能等方面的测试。

自动化测试能够替代大量手工测试工作，避免重复测试，同时，它还能够完成大量手工无法完成的测试工作，如并发用户测试、大数据量测试、长时间运行可靠性测试等。特别是对于大型工程，或者持续的长期工程，采用自动测试的效果是非常明显的。因为对于一项工程，其功能部件可能很多，而且部件之间的关系也比较复杂，要采用人工的测试就需要投入很大的精力，而且当需要进行反复测试的时候，自动化测试的需求就逐渐明显。测试活动的自动化在下列情况下提供最大价值，即重复使用测试脚本，或测试脚本子程序生成后，被一些测试脚本反复调用。因为是长期的工程，学习一种测试工具使用方法的时间相对于工程建设的时间比例就很小，因此，在工程性软件的开发中，采用自动测试工具是很有意义的。但自动化测试在实际应用中也存在局限性，并不能完全替代手工测试。如定制型项目，这种项目专为客户定制，其中定制的还可能包括项目所采用的开发语言、运行环境等，这样的项目不适合做自动化测试。同样，对于小型项目，自动测试可能用处不大，不值得再花时间学习一种测试工具的使用方法。

10.2　软件测试自动化的作用和优势

"工欲善其事，必先利其器"，使用测试工具的目的就是要提高软件测试的效率和软件测试的质量。前面已经介绍过，最常见的软件测试分类是白盒测试与黑盒测试。一些研究报告指出，黑盒测试所找到的软件缺陷的数量与白盒测试找到的数量是差不多的，有些时候甚至比白盒测试所找到的问题还要严重。这是因为黑盒测试的方向是以测试的广度为主，所进行的测试范围与种类比白盒测试广，因为广度的关系，有时候所找到的问题及其影响范围也相对较大。进行白盒测试是确定程序代码的运行是否正确，而黑盒测试就类似一个把关的角色，白盒测试是前端作业，黑盒测试是后端验证。对软件测试来说，善于使用测试工具对软件测试可提供许多好处，但是，对于给定的需求，测试人员必须评估在项目中实施自动化测试是否是合适的。通常，自动化测试（与手工测试相对比）的好处有以下几点。

- 产生可靠的系统。
- 改进测试工作质量。
- 提高测试工作效率。

1. 产生可靠的系统

测试工作的主要目标，一是找出缺陷，从而减少应用中的错误；另一个是确保系统的性能满足用户的期望。为了有效地支持这些目标，在开发生存周期的需求定义阶段，当开发和细化需求时则应着手测试工作。

使用自动化测试可改进所有的测试领域，包括测试程序开发、测试执行、测试结果分析、分析故障状况和报告生成。它还支持所有的测试阶段，其中包括单元测试、集成测试、系统测试、验收测试与回归测试等。

软件测试如果只使用人工测试的话，所找的软件缺陷在质与量上都是有限的。在开发生存周期的所有领域中，假定自动化测试工具和方法被正确地实施，并且遵循定义的测试过程，自动化测试有助于建立可靠的系统。通过使用自动化测试获得的效果可归纳如下。

（1）需求定义的改进

可靠且节省成本的软件测试开始于需求阶段，目标是建立高度可靠的系统。如果需求是明确的，并且始终如一地以可测试格式描述测试人员需要的信息，那么需求则被看作是具备测试的或可测试的。目前，许多工具有助于生成可测试的需求，如一些工具使用面向语法的编辑程序，诸如 Lotus 之类形式语言编写，一些其他工具，可建立图形化的需求模式。

（2）性能测试的改进

手工进行性能测试的方法是属于劳动密集型工作。例如，在对某产品进行手工性能测试时，需一名测试人员手工执行测试，另一名测试人员坐在一旁用秒表计时，这样的测试极易出错，并且不能确保自动重复。目前，已有许多性能测试工具，这些工具可使测试人员自动完成系统性能测试，给出计时数目与图形，并查明系统的瓶颈与阈值。测试工程师不必坐在一边手握着秒表，而是启动测试脚本以便自动获取性能统计数据，这样，测试人员便可腾出手来干一些创造性的、富有智力挑战性的测试工作。

过去，需要许多不同型号的计算机以及各类人员一遍又一遍地执行大量的测试，以产生统计上有效的性能数值。新的自动性能测试工具可使测试人员利用文件或表格上读出数据的程序，或使用工具生成数据的程序，不管信息包含 1 行数据还是 100 行数据。

新一代测试工具可使测试人员无人值守地运行性能测试，因为他们可使测试执行时间预先设置，而后脚本自动开始，无需任何人工干预。许多自动性能测试工具可允许虚拟用户测试，在虚拟用户测试时，测试人员可仿真几十个、几百个或几千个执行各种测试脚本的用户。在性能测试中，可使用负载来预测性能，并使用经过控制与测量的负荷来测量响应时间，性能测试结果分析将有助于支持软件性能的调整。

（3）负载／压力测试的改进

支持性能测试的测试工具也支持压力测试。两种测试的差别仅在于如何执行测试。压力测试是使客户机在大容量情况下运行的过程，以查看应用将在何时、何处中断。在压力测试时，系统经受最大和最小的负载，以查明系统是否中断以及在何处中断，并确定哪一部分首先中断，以识别系统的薄弱环节。系统需求应定义这些阈值，并描述系统对过载的反应。压力测试有助于在系统最大负载时操作该系统，以验证它是否工作正常。

完全使用手工方法对应用进行充分的压力测试是一项耗资大、困难多、不准确且耗时长的工作。需要大量用户和工作站参与测试过程，并且各种资源之间的结合不一定和谐。采用自动化测试后，压力测试不再需要 10 个以上的测试人员来完成。压力测试自动化对各方都有好处。例如，某一大型项目有 20 名测试人员，在一个星期测试的最后日子，要求 20 名测试人员星期六全体加班，以进行压力测试工作。这样每一个测试人员都能够以很高的速度对系统进行操作，这将给系统造成一定的压力，每一个测试人员都在同一时间内执行系统的最复杂的功能。而采用自动压力测试工具，当进行压力测试时，测试人员可以向工具发出何时执行压力测试、运行哪一个测试以及模拟多少个用户这样的指令，所有这一切无需用户干预。这样，测试人员不需要额外的资源，自动化测试工具通过在有限数量的客户机和工作站上仿真许多用户与系统的交互作用，为压力测试提供了另一种高效的选择方案。

许多自动化测试工具包括负载仿真器，该仿真器可使测试人员同时模拟几百个或几千个使用目标应用程序的虚拟用户。测试脚本的运行可以无人照管。绝大多数工具产生一个测试日志输出，该输出列出测试结果。

（4）高质量测量与测试最佳化

自动化测试将产生高质量度量并实现测试最佳化。的确，自动化测试过程本身是可测量和可重复的。手工测试时，第 2 次测试期间，其操作的步骤不可能完全重复第 1 次测试操作的步骤。因此，手工测试很难产生任何类型一致的质量测量。而采用自动化测试技术，测试过程则是可重复且可测量的。测试人员对测量的质量分析，支持了测试工作最佳化，但只是在测试可重复情况下才能做到。如前所述，自动化可实现测试的可重复性。例如，在手工执行测试时，测试人员发现了某种错误的情况下，测试人员要力图重新建立测试，但有时难以获得成功。采用自动化测试，脚本可被回放，并且测试将是可重复且可测量的。另外，自动化测试可产生许多度量（通常生成测试日志）。

（5）改进系统开发生存周期

自动化测试可支持系统开发生存周期的每一个阶段。目前推出的若干自动化测试工具已支持开发生存周期的每一阶段，例如，在需求定义阶段有一些工具，这些工具可帮助生成具备测试条件的需求，以便减少测试工作量和测试成本。同样，支持设计阶段的工具，如建模工具，可记录测试用例内的需求。测试用例代表用户实施系统级的各种组合的操作，这些测试用例具有确定的起点、确定的用户（可能是人员或外部系统）、一组不连续的步骤以及确定的出口标准。

编程阶段也需要测试工具，如代码检查、度量报告、代码插装、基于产品的测试程序生成器。如果需求定义、软件设计和测试程序已经进行了适当的准备，那么，应用程序开发将会更高效地进行。在这些条件下，测试执行必定会更顺利。这些众多不同的测试工具，以一种方式或其他方式服务于整个系统开发生存周期，利于产生可靠系统。

（6）增加软件信任度

由于测试是自动执行的，所以不存在执行过程中的疏忽和错误，完全取决于测试的设计质量。一旦软件通过了强有力的自动测试后，软件的信任度自然会增加。

2. 改进测试工作质量

通过使用自动化测试工具，可增加测试的深度与广度，改进测试工作质量。其具体好处可归纳如下。

（1）改进多平台兼容性测试

使用自动化测试可以使得脚本重用，以支持从一个平台（硬件配置）到另一个平台的测试。计算机硬件、网络版本以及操作系统的变更可能给现有配置造成意外的兼容问题。在向大批用户展示产品的某个新应用之前，执行自动化测试可提供一种简捷的方法，确保这些变更不会对当前的应用程序与操作环境造成不利的影响。

（2）改进软件兼容性测试

推动多平台兼容性测试的原理，同样适用于软件配置测试。软件变更（如升级或新版本的施行）可给现有软件带来意外的兼容性问题。执行自动化测试脚本可提供一种简捷的方法，确保这些软件变更不会对当前的应用与操作环境造成不利影响。

（3）改进普通测试执行

自动化测试工具将消除重复测试的单调乏味。进行普通重复性测试时，测试人员可能厌烦一遍又一遍地测试同样单调的步骤。例如，一位测试人员负责完成 2000 年问题测试，他的测试脚本把几百个日期放在 50 个屏幕上，有各种循环日期以及一些必须重复执行的内容。唯一的不同是，在某一个循环内，他加上包含该日期的数据，在另一个循环内，他删除该数据；在其他循环内，他进行更新操作。此外，系统日期被重新设定以适应高风险的 2000 年日期问题。同样的步骤重复了一遍又一遍，当执行这些普通重复性测试时很快就疲惫了。如果在该测试人员的测试中实现了自动化，因为测试脚本不会在意是否必须一遍一遍地执行相同的单调步骤，并且能自动确认结果，测试工作就变得简单多了。

（4）更好地利用资源

将烦琐的任务自动化，可以提高准确性和测试人员的积极性，将测试技术人员解脱出来以投入更多精力设计更好的测试用例。有些测试不适合于自动测试，仅适合于手工测试，将可自动测试的测试工作自动化后，可以让测试人员专注于手工测试部分，提高手工测试的效率。自动化测试为在可允许的进度内更快速完成复杂测试提供了机会。也就是说，测试的自动建立使一些测试很快完成，同时也释放了测试资源，使测试人员将其创造力和工作转向更加复杂的问题与事务。

（5）执行手工测试无法完成的测试

软件系统与产品变得越来越复杂，有时手工测试不能支持全部所需的测试。目前许多类型的测试分析人工无法完成，例如，判定覆盖分析或复杂度度量收集。判定覆盖分析验证程序上的每一输入点和出口至少已经调用过一次，并且验证程序上的每一判定已经在所有可能的出口上被经过至少一次。复杂度是通过源代码对可能的路径分析得出的，它已成了 IEEE 可靠软件测量标准的一部分。对于任何大型应用，将需要花费很多时间来计算代码的复杂度。对于大量用户的测试，不可能同时让足够多的测试人员同时进行测试，但是却可以通过自动化测试模拟同时有许多用户，从而达到测试的目的。此外，使用手工测试方法几乎不可能进行内存泄漏测试。

（6）重现软件缺陷的能力

测试人员在进行手工测试期间发现的缺陷，有多少能够原封不动地重现？自动化测试则解决了这种问题。采用自动化测试工具，建立测试所采取的步骤被记录和存储在测试脚本中，脚本将回放早先执行的完全相同的顺序。为了进一步简化内容，测试人员可能把故障告诉相应的开发人员，开发人员可修改回放脚本的选项，以便直接产生软件错误的事件顺序。

3. 提高测试工作效率

善于使用测试工具来进行测试，其节省时间并加快测试工作进度的特点是毋庸置疑的，这也是自动化测试的主要优点。在前面的章节中，曾经介绍过回归测试的重要性，这样的测试所耗费的时间是相当惊人的。要进行类似的软件测试，就必须借助软件测试工具来缩减测试过程，例如，使用 GUI 的自动化测试软件来进行回归测试，就是一个很好的方式。有时使用自动化测试工具，测试人员并不可能马上就体会到测试工作量即刻或大量的减少，甚至以某些方式使用自动化测试工具，最初人们甚至会看到测试工作量增多的现象，这是因为需要完成一些任务建立。尽管测试工作量一开始可能增多，但在自动化测试工具实施的第一次重复之后，测试工具的投资回报将显现出来，因为测试人员的生产率提高了。

研究表明，使用自动化测试的总测试工作的人与小时数值的比值，仅为使用手工方法的 25%。

测试工作量的减少对测试施行期间的项目进度的加快可能影响最大。这一阶段的活动一般有测试执行、测试结果分析、缺陷纠正以及测试报告。表 10.1 列出了采用手工和自动化测试方式完成各测试步骤所需工作量的基准对比结果。该测试涉及 1750 个测试程序和 700 个错误。表 10.1 中的数字反映出通过测试自动化，测试工作总量减少 75%。

表 10.1　　　　　　　　　　　手工测试与自动化测试的情况比较

测试步骤	手工测试（h）	自动化测试（h）	改进百分率（使用工具）
测试计划制订	32	40	−25%
测试程序开发	262	117	55%
测试执行	466	23	95%
测试结果分析	117	58	50%
错误状态/纠正监视	117	23	80%
报告生成	96	16	83%
总持续时间	1090	277	75%

（1）测试计划制订——测试工作量增多

在做出引入自动化测试工具的决定之前，必须考虑测试过程的方方面面。应该进行计划中的被测应用需求的评审，以确定被测的应用是否与测试工具兼容。需要确认支持自动化测试的抽样数据的可用性，应该略述所需数据的类别与变量，制订获取或开发样本数据的计划。关于要重用的脚本，必须定义和遵循测试设计与开发标准。必须考虑模块化与测试脚本的重用。因此，自动化测试本身也需要开发工作，也具有自己的小型开发生存周期，这样将使测试计划工作量有所增加。

（2）测试程序开发——测试工作量减少

测试程序的开发是一个缓慢、耗资且劳动密集的过程。当软件需求或软件模块改变时，测试人员常常不得不重新开发现有的测试程序，并从头开始生成新的测试程序。然而，自动化测试工具允许使用图标单击选择和执行特定的测试程序。使用自动化测试相对于手工测试方法，测试过程生成与修订时间大大缩短，一些测试程序生成与修订工作只需几秒钟的时间。使用测试数据生成工具，促进了测试工作量的减轻。

（3）测试执行——测试工作量减少/进度加快

测试执行的手工实现是劳动密集型的、易出错的。测试工具可允许测试脚本在执行期间回放，人工干预最小。如果进行适当的设置，测试人员可简单地启动脚本，由工具自动执行测试，无人照管。必要时测试可进行多次，并且可在规定的时间开始，甚至通宵运行。这种无人照管的回放能力可使测试人员集中于另外的优先级工作。

（4）对程序的回归测试——更方便/进度加快

这可能是自动化测试最主要的任务，特别是在程序修改比较频繁时，效果是非常明显的。由于回归测试的动作和用例是完全设计好的，测试期望的结果也是完全可以预料的，将回归测试自动运行，可以极大提高测试效率，缩短回归测试时间。由于测试是自动执行的，每次测试的结果和执行的内容的一致性是可以得到保障的，从而达到测试的可重复的效果。

（5）测试结果分析——测试工作量减少/进度加快

自动化测试工具一般包括一些种类的测试结果报告日志，并能维护测试记录信息。某些工具产生颜色输出结果，例如，绿色输出表示测试合格，红色输出表示测试不合格等，绝大多数工具可判别测试合格或不合格。这种测试记录输出提高了测试分析的简便性。绝大多数工具还可允许故障数据与原始数据的对照，自动指出两者的差别，也提供了测试输出分析的简便性。

（6）错误状态/纠正监视——测试工作量减少/进度加快

目前，一些自动化测试工具可允许在测试脚本发现故障后对故障自动记录，只需很少的人工干预。以这种方式记录下的信息可能包括产生缺陷/错误的脚本的标识、正在运行的测试周期标识、缺陷/错误描述，以及出现错误的日期/时间。例如，工具 Test　Studio。通过简单的选择生成一个错误选项，只要脚本检测出有错误便生成错误报告，尔后便可自动且动态地将缺陷连接到测试需求上，从而简化了度量收集。

（7）报告生成——测试工作量减少/进度加快

许多自动化测试工具具有内置的报告编写程序，这可使用户生成和定制具体报告。甚至那些没有内部报告编写程序的测试工具，也可允许相关数据以所需的格式输入或输出，将测试工具输出数据与支持报告生成的数据库集成便成了一件简单的工作。

软件自动化测试是软件测试技术的一个重要的组成部分，引入自动化测试可以提高软件质量，节省经费，缩短产品发布周期。自动化测试可以进行基于功能、路径、数据流或控制流的覆盖测试，许多工作是手工测试所无法完成的。测试自动化如果实施正确的话，可以减小测试工作规模、加快测试进度、生产出可靠的产品以及增强测试过程质量。

10.3　软件测试自动化的引入条件

1.　实施软件自动化测试面临的主要问题

随着众多具有一定实施自动化测试经验的软件团队的陆续出现，也伴随着很多组织对这项工作依然认识不够。按实施的不同层次来说，当前软件行业实施或有意向实施测试自动化时面临的主要问题如下。

　● 一些小规模公司和企业由于人员、资金、资源都不足，干脆认为测试自动化是一件遥不可及的事情，认为不必实施测试自动化。

　● 一些公司和企业一时热血沸腾实施测试自动化，购买了工具，推行了新的测试流程。可是一段时间后，工具却放在那里成了闲置资源，测试流程又仍然依旧，回到原来的模式。

　● 一些公司和企业虽然实施了自动化测试，然而由于开发与测试之间，甚至与项目经理之间矛盾重重，出了事情不知如何追究责任，虽然还在勉强维持自动化测试，但实施的成本比手工测试增加了，工作量比从前更大了，从而造成项目团队人员怨声载道，更怀念起那段手工测试的岁月，很难发挥出自动化测试的优势。

● 一些公司和企业自动化测试实施相对比较成功，但或多或少还有些问题，比如工具选择不准确、培训不到位、文档不完备、人员分配不合理、脚本可维护度不高等，造成一种表面上的自动化测试流程，其实是一幅空架子，影响了测试质量和测试效率的提高。

2. 软件自动化测试的引入条件

测试工具本身的优势并不意味着使用测试工具就能成功，关键还是在于使用工具的人。很多刚拥有测试工具的人，经常过分夸大工具的功效，并投入太高的期望。但是，工具只是提供了解决问题的一种手段而已，成功的测试自动化需有下面几项关键的因素。

（1）管理层要充分意识到软件测试自动化的重要性

由于软件测试自动化在前期的投入要比手工测试的投入大得多，除了购买软件测试工具之外，还要进行大量的人员培训。因此，管理层对软件测试自动化有一个正确的认识，是非常重要的，若管理层对此持漠视态度，有效地开展软件测试自动化几乎是不可能的。

（2）对软件测试自动化有正确认识

自动化测试能大大降低手工测试工作，但决不能完全取代手工测试。完全的自动化测试只是一个理论上的目标，实际上想要达到 100% 的自动化测试，不仅代价相当昂贵，而且操作上也是几乎不可能实现。一般来说，一个 40% ~ 60% 的利用自动化的程度已经是非常好的了，达到这个级别以上将过大的增加测试相关的维护成本。测试自动化的引入有一定的标准，要经过综合的评估，绝对不能理解成测试工具简单的录制与回放过程。自动化测试能提高测试效率，但对于周期短、时间紧迫的项目不宜采用自动化测试。

（3）有一个很好的计划和稳定的应用行为

"凡事预则立，不预则废"，一个软件团队实施测试自动化，绝对不是"拍脑袋"说干就能干好的，它不仅涉及测试工作本身流程上、组织结构上的调整与改进，甚至也包括需求、设计、开发、维护及配置管理等其他方面的配合。测试自动化对于那些没有很好定义的应用，是无法进行的，即使一个相当稳定的应用，如果测试人员不了解它的行为和相关特定领域内的问题和需要，那么测试自动化也会充满问题。为了成功地进行测试自动化，测试人员需要理解并预知应用的行为，然后才能按测试计划的方式使用测试工具。只有在计划适当、测试工具合适、自动化测试过程定义明确的情况下，自动化测试所需的总测试工作量才能减少，并得到较高的测试质量。

（4）实施测试自动化必须进行多方面的培训

实施测试自动化必须进行多方面的培训，包括测试流程、缺陷管理、人员安排、测试工具使用等。如果测试过程是不合理的，引入自动化测试只会给软件组织或者项目团队带来更大的混乱；如果允许组织或者项目团队在没有关于应该如何做的任何知识的情况下实施自动化测试，那将肯定会以失败告终。

（5）具有一个专注的、有着丰富技能的测试团队，并且分配以足够的时间和资源

软件开发是团队工作，在这一领域要尤其注重以人为本，所以人员之间的配合、测试组织结构的设置非常重要，每个角色一定要将自己的责任完全担负起来。选用测试工具会依据所进行的软件测试项目的不同而不同，但是其使用的目的是基本相同的。测试人员平时就应该学习使用并搜集测试工具，因为要想在软件测试时充分发挥测试工具的功效，就必须非常熟悉如何使用工具以及使用工具的适当时机，一位优秀的测试人员会不断地学习新的专业知识。参加测试的人员必须熟悉正在测试的应用，并且必须具有有关平台、网络以及所使用的自动化测试工具方面的特定技能。

此外，测试自动化应当像其他独立的项目一样，被分配资源和时间，否则最终的结果将会导致失败。让测试人员在生存周期初期参与需求和设计评审，使他们了解业务需求，可提高需求可测试性并支持有效的测试设计与开发，在使用自动化测试工具时，这是一项必不可少的重要活动。

10.4　软件测试自动化的实施过程

为了实现软件测试自动化，首先要具备一套自动化测试的工具软件。但是，并不是有了这个工具软件就能把测试自动化做好。为了做好自动化测试，需要经历计划、实施及不断完善这样一个过程。在这个过程中要做以下一些工作。

（1）熟悉、分析测试用例

如果之前没有对测试用例进行手工测试，那么应按各用例的描写来执行手工测试，至少全部实现一遍，直到对这些用例的每一步及其判断准则都有了深入的了解。只有这样，在编写自动化测试程序时，才可以正确模拟手测的整个过程，编写起来也得心应手。

（2）把已有的测试用例归类，写成比较简单的测试自动化计划书

可以按照软件的功能来分，如用户登记、查询等。除此之外，还可以按照网页（网络软件类）来划分。有了自动化测试的计划书，在具体做这项工作时，就可以按计划系统地进行。

（3）开始自动化测试程序的编写

由于测试自动化计划书中已经将测试用例分类，可以让测试人员负责不同的部分，平衡作业，这样可以节省时间。

在测试工作中，一般都会用测试工具记录的功能，来按测试用例的步骤走一遍，然后再在由此产生的"记录"上进行编辑。由于各个自动测试工具有各自的特点，因而各自记录产生的结果都会不同，所以也很难一概而论来描述哪些地方需要进行改动，否则重复执行的时候会出现问题。因此这个问题需要在实践中去探索，找出结论。但是，所有的自动测试工具所生成的"记录"，都要按测试用例的不同需要进行编辑，这一点是肯定的。一般情况下，要加入说明（各步骤的目的）、各变量的赋值与定性、各种循环结构句、出错的判断语句及出错报告语句等。在编辑完毕后，还要对这个自测程序进行调试。

（4）尽量用"数据驱动"来将测试覆盖率提高

通常，光是测试用户新建档案这一功能就有几十种不同的数据组合需要用于测试。采用手工测要花很长时间，如果任务很紧，那会是一件头痛的事。做测试跟编程一样，经常需要赶时间，如果时间太紧迫，那么只能执行其中一部分。这样测试覆盖率就大打折扣了。但是，如果将所有的不同数据组合都放到一个编辑文件里（如记事本），各数据间用固定的符号或空格分开，每一组合占一行，这样就可以在原来编好的测试用户新建档案的自测程序里加入数据驱动部分，让其在执行时将存有数据组合的文件里的数据一行一行地读进，从而完成所有的组合测试。而测试人员可以在一边观察，或去做其他的事情，只要等到测试结束后检查测试报告就可以，这是非常方便的。

（5）将测试用例写成自动化测试程序

在建立了自动化测试的框架以后，所要做的就是不断地输送新的自动化测试程序，直到所有写成自动化测试程序的测试用例（也就是用所有自动化测试设计书中列出的自动化测试来取代的手测用例）都编成程序为止。

（6）不断地完善自动化测试系统

每当接到用户或是其他人报告发现软件缺陷时，测试人员应马上按报告描述的情况手测一次，看是否能重现报告的问题。当该缺陷被纠正后，应将这次手测自动化，用于日后的重复测试。这一类自动化测试的效率是很高的，因为在实际工作中，发现的缺陷虽被纠正，但常常会由于各种原因而又重新出现在软件中。最常见的原因之一就是软件编程人员在新版本中，忘记将已纠正的部分代替出错的部分放进将要编译的程序库中。

不断增加新的测试程序或对已有的测试程序进行修改，测试中的软件通常会有遇到新增加一

些功能的情况。这时，就要增加测试用例，并针对这些新增加的功能编写自动化测试程序。

同样，测试中的软件通常会因各种原因而做出一些修改，如功能方面的修改或网页排版上的修改等。在这种情况下，测试人员就要按照开发人员提供的情况，对相关的测试程序进行修改。

测试自动化是一项庞大的工程，因此在真正动手之前，必须尝试把所有的因素及可能性研究一遍，然后制订方案。这一步是绝对不可以忽略的，因为此方案一旦确定，日后的工作就要按规定去做。如果漏掉了一些重要的因素，以后才发现，那么对其改正就要付出代价，浪费许多时间和人力。因此，在制订方案时要反复推敲，尽可能把现有的、将来的因素都考虑在内。

这里反复强调制订一个好的全面方案的重要性，主要因为修改的过程会浪费大量的时间和人力。

10.5　主流软件测试工具

随着软件测试工作地位逐步提高，测试的重要性逐步显现，测试工具的应用已经成为了普遍的趋势。总的来说，自动化测试工具可以减少测试工作量，提高测试的质量和测试工作效率。但是在选择和使用测试工具的时候，应该看到，在测试过程中有了测试工具、并不等于测试工具真正能在测试中发挥作用。在实际应用中，首先要选择一个合适的且满足软件系统工程环境的自动化测试工具，因为不同的测试工具，其面向的测试对象是不一样的。软件测试工具的种类不少，有些以用途来分类，有些以价位来分类，有些则以使用特性来分类。基本上，分类只是一种归纳的方式，这里按照测试工具的主要用途和应用领域将软件测试工具做了一个整理归纳，目前用于测试的工具一般可分为白盒测试工具、黑盒测试工具、性能测试工具，另外还有用于测试管理（测试流程管理、缺陷跟踪管理、测试用例管理）的工具。

10.5.1　白盒测试工具

白盒测试工具一般针对代码进行测试，测试中发现的缺陷可以定位到代码级，根据测试工具原理的不同，又可以分为静态测试工具和动态测试工具。

● 静态测试工具：直接对代码进行分析，不需要运行代码，也不需要对代码编译链接、生成可执行文件。静态测试工具一般是对代码进行语法扫描，找出不符合编码规范的地方，根据某种质量模型评价代码的质量，生成系统的调用关系图等。

● 动态测试工具：动态测试工具与静态测试工具不同，动态测试工具一般采用"插桩"的方式，向代码生成的可执行文件中插入一些监测代码，用来统计程序运行时的数据。其与静态测试工具最大的不同就是动态测试工具要求被测系统实际运行。

目前，主要的白盒测试工具如表 10.2、表 10.3、表 10.4 所示。

表 10.2　　　　　　　　　　　　　Parasoft 白盒测试工具集

工具名	支持语言环境	简介
Jtest	Java	代码分析和动态类、组件测试
Jcontract	Java	实时性能监控以及分析优化
C++ Test	C，C++	代码分析和动态测试
CodeWizard	C，C++	代码静态分析
Insure++	C，C++	实时性能监控以及分析优化
.test	.Net	代码分析和动态测试

表 10.3　Compuware 白盒测试工具集

工具名	支持语言环境	简介
BoundsChecker	C++，Delphi	API 和 OLE 错误检查、指针和泄露错误检查、内存错误检查
TrueTime	C++，Java，Visual Basic	代码运行效率检查、组件性能的分析
FailSafe	Visual Basic	自动错误处理和恢复系统
Jcheck	M$ Visual J++	图形化的纯种和事件分析工具
TrueCoverage	C++，Java，Visual Basic	函数调用次数、所占比率统计以及稳定性跟踪
SmartCheck	Visual Basic	函数调用次数、所占比率统计以及稳定性跟踪
CodeReview	Visual Basic	自动源代码分析工具

表 10.4　XUnit 白盒测试工具集

工具名	支持语言环境	官方站点
Aunit	Ada	http://www.libre.act-europe.fr
CppUnit	C++	http://cppunit.sourceforge.net
ComUnit	VB,COM	http://comunit.sourceforge.net
Dunit	Delphi	http://dunit.sourceforge.net
DotUnit	.Net	http://dotunit.sourceforge.net
HttpUnit	Web	http://c2.com/cgi/wiki?HttpUnit
HtmlUnit	Web	http://htmlunit.sourceforge.net
Jtest	Java	http://www.junit.org
JsUnit（Hieatt）	Java*Script* 1.4 以上	http://www.jsunit.net
PhpUnit	Php	http://phpunit.sourceforge.net
PerlUnit	Perl	http://perlunit.sourceforge.net
XmlUnit	Xml	http://xmlunit.sourceforge.net

1. BoundsChecker

BoundsChecke 是用于 Visual C++开发环境所开发程序代码的一个很优秀的自动捕捉错误及调试工具。它最主要的功能是协助程序开发人员快速找出与内存及资源有关的错误，并且指出是哪一行程序代码所导致的。BoundsChecker 与微软的 Visual C++开发工具之间做了很好的使用接口上的结合，这对开发人员来说相当便利。Visual C++是很受欢迎的开发工具，而指针（Pointer）及内存堆栈（Stack Memory）是在 C 及 C++语言中相当容易出错的一环，但是它对这个部分的调试并未提供得很完整。图 10.1 所示是 BoundsChecker 的工作界面。

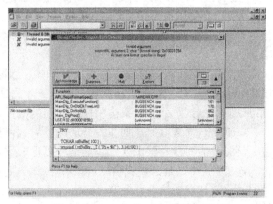

图 10.1　BoundsChecker 的工作界面

2. Jtest

Jtest 是 Parasoft 公司推出的一款针对 Java 语言的自动化白盒测试工具，它通过自动实现 Java

的单元测试和代码标准校验，来提高代码的可靠性。Jtest 先分析每个 Java 类，然后自动生成 JUnit 测试用例并执行用例，从而实现代码的最大覆盖，并将代码运行时未处理的异常暴露出来；另外，它还可以检查以 DbC（Design by Contract）规范开发的代码的正确性。用户还可以通过扩展测试用例的自动生成器来添加更多的 JUnit 用例。Jtest 还能按照现有的超过 350 个编码标准，来检查并自动纠正大多数常见的编码规则上的偏差，用户可自定义这些标准，通过简单的几个点击，就能预防类似于未处理异常、函数错误、内存泄漏、性能问题、安全隐患这样的代码问题。使用 Jtest 工具使预防代码错误成为可能，从而大大节约成本，提高软件质量和开发效率，并使得单元测试（包括白盒、黑盒以及回归测试）成为可能，也使代码规范检查和自动纠正成为可能，鼓励开发团队横向协作来预防代码错误。

Jtest 的基本特征和功能如下。

- 通过简单的点击，自动实现代码基本错误的预防，这包括单元测试和代码规范的检查。
- 生成并执行 JUnit 单元测试用例，对代码进行即时检查。
- 提供了进行黑盒测试、模型测试和系统测试的快速途径。
- 确认并阻止代码中不可捕获的异常、函数错误、内存泄漏、性能问题、安全弱点的问题。
- 监视测试的覆盖范围。
- 自动执行回归测试。
- 支持 DbC 编码规范。
- 检验超过 350 个来自 Java 专家的开发规范，自动纠正违反超过 160 个编码规范的错误。
- 允许用户通过图形方式或自动创建方式来自定义编码规范。
- 支持大型团队开发中测试设置和测试文件的共享。

3．JUnit

JUnit 是一个开源的 Java 测试框架，它是 XUint 测试体系架构的一种实现。在 JUnit 单元测试框架的设计时，设定了 3 个总体目标，第一个是简化测试的编写，这种简化包括测试框架的学习和实际测试单元的编写；第二个是使测试单元保持持久性；第三个则是可以利用既有的测试来编写相关的测试。JUnit 的基本特性和功能如下。

- JUnit 是完全 Free 的。
- 使用方便，JUnit 测试可以简单、快速地撰写程序。JUnit 可非常简单撰写、快速的撰写测试并检测程序代码，使用 JUnit 执行测试就像编译程序代码那么容易。
- JUnit 测试检验其结果并提供立即的回馈。JUnit 测试可以自动执行并且检查测试的结果。当执行测试时，可以获得简单且立即的回馈，比如测试是通过或失败，而不再需要人工检查测试结果的报告。
- JUnit 测试可以合成一个测试系列的层级架构。JUnit 可以把测试组织成测试系列，这个测试系列可以包含其他测试或测试系列。JUnit 测试的合成行为，允许组合多个测试并自动地回归，也可以执行测试系列层级架构中任何一层的测试。
- JUnit 测试可提升软件的稳定性。测试使得软件稳定并逐步累积信心，因为任何变动不会造成涟漪效应而漫及整个软件。测试可以形成软件的完整结构。
- JUnit 测试是开发者测试。JUnit 测试是高度区域性测试，用以改善开发者的生产力及程序代码品质。开发者撰写并拥有 JUnit 测试，每当一个开发反复完成，这个测试便包裹成为交付软件的一部分，提供一种沟通的方式。
- JUnit 测试是以 Java 写成的

使用 JUnit 测试 Java 软件形成一个介于测试及程序代码间的无缝边界。在测试的控制下测试变成整个软件的扩充，同时程序代码可以被重整。Java 编译器的单元测试静态语法检查可以帮助测试程序并且确认遵守软件接口的约定。

4. JCheck

JCheck 是用来分析 Java 执行过程与事件的工具，它可实时监控程序执行的状态。JCheck 的最大特点是能将 Java 语言的执行过程以图形化的方式表现出来。JCheck 提供的图形分析让开发人员能够更容易了解所开发程序的逻辑部署与控制流程。图 10.2 所示是 JCheck 的使用界面。

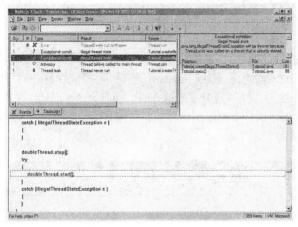

图 10.2　JCheck 的使用界面

5. .test

.test 是专为.NET 开发而推出的使用方便的自动化单元级测试与静态分析工具。使用超过 200 条的工业标准代码规则对所写代码自动执行静态分析。.test 非常智能，.test 能提取刚完成的代码，对其进行读取，并提出如何对这些代码进行单元测试，不需要任何的人为干涉。所有由.test 产生的单元测试都是可以用户自定义的。

10.5.2　黑盒测试工具

黑盒测试工具适用于黑盒测试的场合。黑盒测试工具的一般原理是利用脚本的录制（Record）/回放（Playback），模拟用户的操作，然后将被测系统的输出记录下来，同预先给定的标准结果比较。黑盒测试工具可以大大减少黑盒测试的工作量，在迭代开发的过程中，能够很好地进行回归测试。主流黑盒功能测试工具如表 10.5 所示。

表 10.5　　　　　　　　　　　　　　　主流黑盒功能测试工具集

工具名	公司名	官方站点
WinRunner	Mercury	http://www.mercuryinteractive.com
Astra Quicktest	Mercury	http://www.mercuryinteractive.com
Robot	IBM Rational	http://www.rational.com
QARun	Compuware	http://www.compuware.com
SilkTest	Segue	http://www.segue.com
e-Test	Empirix	http://www.empirix.com

1. WinRunner

WinRunner 是 Mercury Interactive 公司提供的一个企业级的功能检测工具。用于检测应用程序是否能够达到预期的功能及正常运行。通过自动录制、检测和回放用户的应用操作，WinRunner 能够有效地帮助测试人员对复杂的企业级应用的不同发布版本进行测试，提高测试人员的工作效率和质量，确保跨平台的、复杂的企业级应用无故障发布及长期稳定运行。WinRunner 的基本特性和功能如下。

（1）应用 WinRunner 可以轻松创建测试

在使用 WinRunner 创建一个测试时，只需要记录一个标准的业务流程，如下一张订单或建立一个新的企业账户。WinRunner 直观的记录流程能让任何人在 GUI 上单击鼠标就可建立完整的测试，即使对于技术知识有限的用户也很轻松。此外，还可以通过直接编辑测试指令来满足各种复杂测试的需求。

（2）插入检查点

在记录一个测试的过程中，用户可以插入检查点，从而在查找潜在错误的同时，比较预想的和实际的测试结果。在插入检查点后，WinRunner 会收集一套性能指标，在测试运行时对其进行验证。WinRunner 允许使用几种不同类型的检查点，包括文本、GUI、位图和数据库。例如采用一个位图检查点，就可以确认一个位图图像，如公司的图标是否出现在指定位置上。图 10.3 所示是 WinRunner 的脚本编辑界面。

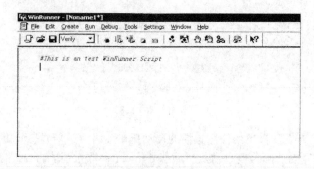

图 10.3　WinRunner 的脚本编辑界面

（3）检验数据

除了创立并运行测试，WinRunner 还能验证数据库的数值，从而确保交易的准确性。在创建测试时，可以设定哪些数据库表格和记录资料需要检测。在重放时，测试程序就会核对数据库内的实际数值与预想的数值。WinRunner 能自动显示检测结果，在有更新/修改、删除或插入的记录上会用突出标识，以引起注意。

（4）增强测试

为了彻底全面地测试一个应用程序，需要使用不同类型的数据来测试。使用 WinRunner 的数据驱动向导（Data Driver Wizard)，通过简单地点击几下鼠标，就可以把一个业务流程测试转化为数据驱动测试，从而反映多个用户各自独特且真实的行为。

WinRunner 还可以增加测试的功能，使用 Function Generator 可以从目录列表中选择一个功能增加到测试中，以提高测试能力。

（5）运行测试和报告测试结果

WinRunner 在测试执行过程中，会自动操作应用程序，就像一个真实用户根据记录流程执行着每一步的操作。WinRunner 还能够提供详尽、易读的测试报告，在测试中发现的差错和出错的位置都会被列出，用来帮助解释得到的测试结果。这些报告会对个测试运行中发生的重要事件进行描述，如出错内容和检查点等。

（6）维护测试

随着时间的推移，开发人员会对应用程序做进一步的修改，并需要增加另外的测试。使用 WinRunner，不必对程序的每一次改动都重新创建新的测试。WinRunner 可以创建在整个应用程序生命周期内都可以重复使用的测试，从而大大地节省时间和资源，充分利用测试投资。

2. QARun

QARun 组件主要用于客户/服务器模式下客户端的功能测试。在功能测试中主要包括对应用的 GUI（图形用户界面）的测试以及客户端事件逻辑的测试。

由于不断变化的需求将导致应用软件不同版本的产生，每一个版本都需要测试，而每一个被调整的内容往往最容易隐含错误，所以回归测试也是测试中最重要的阶段。回归测试通过手工方式是很难达到的，但利用功能测试工具 QARun 则可以大大提高测试的效率，使测试更具完整性。

QARun 组件的测试实现方式是：通过移动鼠标或按键盘来得到相应的测试脚本，并对该脚本进行编辑和调试。此外，在记录的过程中，可针对被测应用中所包含的功能点建立基线值。也就是说，可以在插入检查点的同时建立期望值。在这里，检查点是目标系统的一个特殊方面在某个特定点的期望状态。通常，检查点在 QARun 提示目标系统执行一系列事件之后被执行。检查点用于确定实际结果与期望结果是否相同。

3. Robot

IBM Rational Robot 是业界最顶尖的功能测试工具，它甚至可以在测试人员学习高级脚本技术之前帮助其进行成功的测试。它集成在测试人员的桌面 IBM Rational TestManager 上，在这里测试人员可以计划、组织、执行、管理和报告所有测试活动，包括手动测试报告。这种测试和管理的双重功能是自动化测试的理想开始。

IBM Rational Robot 是一种可扩展的、灵活的功能测试工具，经验丰富的测试人员可以用它来修改测试脚本，改进测试的深度。

IBM Rational Robot 可以捕获所有 HTML 和 DHTML 特征，包括链接目标和不可见数据 Rational Robot 为菜单、列表、字母数字字符及位图等对象提供了测试用例，测试人员可以创建用户定义的调用外部 DLL 或可执行构架的测试用例。它为特定环境的对象，例如 Java 控件、PowerBuilder DataWindows、ActiveX 控件、Special Oracle Forms 对象、OCXs、Visual Basic 对象和 VBXs 等，提供了特殊的测试用例。

4. SilkTest

SilkTest 是一种用于企业应用的先进的基于标准的测试平台，是用于对企业级应用进行功能测试的产品，它提供了用于测试的创建和定制的工作流设置、测试计划和管理、直接的数据库访问及校验等功能，使用户能够高效率地进行软件自动化测试。SilkTest 通过动态录制技术，录制用户的操作过程，快速生成测试脚本，并提供了独有的恢复系统，允许测试在全天候无人看管条件下运行。图 10.4 所示是 SilkTest 的使用界面。

图 10.4　SilkTest 的使用界面

10.5.3　性能测试工具

性能测试的主要手段是通过产生模拟真实业务的压力对被测系统进行加压，研究被测系统在不同压力情况下的表现，找出其潜在的瓶颈。因此，一个良好的性能测试工具必需能做到：提供产生压力的手段；能够对后台系统进行监控；对压力数据能够进行分析，快速找出被测系统的"瓶颈"。这类测试工具主要通过模拟成百上千直至上万用户并发执行关键业务，而完成对应用程序的测试，在实施并发负载过程中，通过实时性能监测来确认和查找问题，并根据所发现问题对系统性能进行优化，确保应用的成功部署。主流性能测试工具如表 10.6 所示。

表 10.6　　　　　　　　　　　　主流性能测试工具集

工具名	公司名	官方站点
WAS	M$	http://www.micro$oft.com
LoadRunner	Mercury	http://www.mercuryinteractive.com
Astra Quicktest	Mercury	http://www.mercuryinteractive.com
QALoad	Compuware	http://www.empirix.com
TeamTest:SiteLoad	IBM Rational	http://www.rational.com
Webload	Radview	http://www.radview.com
Silkperformer	Segue	http://www.segue.com
e-Load	Empirix	http://www.empirix.com
OpenSTA	OpenSTA	http://www.opensta.com

1. QALoad

QALoad 是支持企业级应用的负载测试工具，该工具支持的范围广，测试的内容多，可以帮助软件测试人员、开发人员和系统管理人员对分布式的应用进行有效的负载测试。负载测试能够模拟大批量用户的活动，从而发现大量用户负载对系统的影响。

在使用 QALoad 进行性能测试时，测试人员通过 QALoad 脚本开发平台很容易创建完整的功能脚本。QALoad 的测试脚本开发是由捕获会话、转换捕获会话到脚本以及修改和编译脚本等过程组成的。一旦脚本编译通过后，使用 QALoad 的组织分配功能，把脚本分配至测试环境中相应的机器上，模拟大量用户的并发操作，完成对应用软件的负载测试，从而在很大程度上减轻了测试工作的劳动强度，节省了测试时间，提高了测试效率。

QA Load 支持 DB2、DCOM、ODBC、Oracle、NETLoad、Corba、SAP、SQL Server、Sybase、Telnet、TUXEDO、UNIFACE、Winsock、WWW 等多种应用系统、数据库平台以及通信协议。

2. LoadRunner

LoadRunner 是 Mercury Interactive 公司开发的一种预测系统行为和性能的负载测试工具，它可以通过模拟成千上万个用户和实施，实时监测来确认和查找问题。对于有实力的大公司而言，这款软件可能比较适合，它的功能和 QALoad 相比不相上下，通过使用 LoadRunner，企业能够最大限度地缩短测试时间、优化性能并加速应用系统的发布周期。一些著名的公司，如 IBM、SUN、Oracle 等都用这个软件，但是它的价格也很贵。

LoadRunner 是一种适用于各种体系架构的自动负载测试工具，它能预测系统行为并优化系统性能。LoadRunner 的测试对象是整个企业的系统，它通过模拟实际用户的操作行为，实行实时性能监测，来帮助测试人员更快的查找和发现问题。此外，LoadRunner 能支持广泛的协议和技术，为特殊环境提供特殊的解决方案，LoadRunner 的基本特性和功能如下。

（1）轻松创建虚拟用户

　　使用 LoadRunner 的 Virtual User Generator，能很简便地创立起系统负载。该引擎能够生成虚拟用户，以虚拟用户的方式模拟真实用户的业务操作行为。它先记录下业务流程（如下订单或机票预订），然后将其转化为测试脚本。利用虚拟用户，可以在 Windows、Unix 或 Linux 机器上，同时产生成千上万个用户访问。所以 LoadRunner 能极大地减少负载测试所需的硬件和人力资源。

　　（2）提供很高的适应性

　　TurboLoad 可以产生每天几十万名在线用户和数以百万计的点击数的负载。用 Virtual User Generator 建立测试脚本后，可以对其进行参数化操作，这一操作能利用几套不同的实际发生数据，来测试应用程序，从而反映出系统的负载能力。

　　LoadRunner 通过它的 Data Wizard 来自动实现其测试数据的参数化。Data Wizard 直接连于数据库服务器，从中可以获取所需的数据（如订单号和用户名）并直接将其输入到测试脚本。这样避免了人工处理数据的需要，Data Wizard 可节省大量的时间。

　　（3）创建真实的负载

　　Virtual Users 建立起后，需要设定负载方案、业务流程组合和虚拟用户数量。用 LoadRunner 的 Controller，能很快组织起多用户的测试方案。Controller 的 Rendezvous 功能提供一个互动的环境，在其中既能建立起持续且循环的负载，又能管理和驱动负载测试方案。

　　而且，可以利用它的日程计划服务，来定义用户在什么时候访问系统以产生负载，能将测试过程自动化。同样，还可以用 Controller 来限定负载方案，在这个方案中所有的用户同时执行一个动作，如登录到一个库存应用程序来模拟峰值负载的情况。另外，还能监测系统架构中各个组件的性能，包括服务器、数据库、网络设备等，来帮助客户决定系统的配置。

　　LoadRunner 通过它的 AutoLoad 技术，可提供更多的测试灵活性。使用 AutoLoad，可以根据目前的用户人数，事先设定测试目标，优化测试流程。

　　（4）定位性能问题

　　LoadRunner 内含集成的实时监测器，在负载测试过程的任何时候，都可以观察到应用系统的运行性能。这些性能监测器可实时显示交易性能数据（如响应时间）和其他系统组件包括 Application Server、Web Server 以及网路设备、数据库等的实时性能。这样，就可以在测试过程中，从客户和服务器的双方面评估这些系统组件的运行性能，从而更快地发现问题。

　　另外，利用 LoadRunner 的 ContentCheck TM，可以判断负载下的应用程序功能正常与否。ContentCheck 在 Virtual Users 运行时，检测应用程序的网络数据包内容，从中确定是否有错误内容传送出去，它的实时浏览器可从终端用户角度观察程序性能状况。

　　（5）分析结果以精确定位问题所在

　　一旦测试完毕后，LoadRunner 收集汇总所有的测试数据，并提供高级的分析和报告工具，以便迅速查找到性能问题并追溯原因。使用 LoadRunner 的 Web 交易细节监测器，可以了解到将所有的图像、框架和文本下载到每一网页上所需的时间。另外，Web 交易细节监测器分解用于客户端、网络和服务器上端到端的反应时间，便于确认问题，定位查找真正出错的组件。通过使用 LoadRunner 的分析工具，能很快地查找到出错的位置和原因并做出相应的调整。

　　（6）重复测试保证系统发布的高性能

　　负载测试是一个重复过程。每次处理完一个出错情况，一般都需要对应用程序在相同的方案下，再进行一次负载测试，以此检验所做的修正是否改善了运行性能。

　　（7）Enterprise Java Beans 的测试

　　LoadRunner 完全支持 EJB 的负载测试。这些基于 Java 的组件运行在应用服务器上，提供广泛的应用服务。通过测试这些组件，可以在应用程序开发的早期就确认并解决可能产生的问题。

　　（8）支持 Media Stream 应用

　　LoadRunner 还能支持 Media Stream 应用。为了保证终端用户得到良好的操作体验和高质量

Media Stream，一般需要检测 Media Stream 应用程序。使用 LoadRunner，可以记录和重放任何流行的多媒体数据流格式来诊断系统的性能问题，查找原由并分析数据的质量。

3. QuickTest

QuickTest 是一种功能自动测试工具（简称 QTP）。使用 QTP 的目的是想用它来执行重复的手动测试，主要是用于回归测试和测试同一软件的新版本。因此在测试前要考虑好如何对应用程序进行测试，例如要测试那些功能、操作步骤、输入数据和期望的输出数据等。目前已经被惠普收购，正式名字为 HP QuickTest Professional software。HP QuickTest Professional 提供符合所有主要应用软件环境的性能测试和回归测试的自动化。QuickTest Professional 是新一代自动化测试解决方案，采用了关键词驱动（Keyword-Driven）测试的理念，能完全简化测试的创建和维护工作。QuickTest 关键词驱动方式独有之处在于，测试自动化专家可以通过一个整合的脚本和纠错环境，拥有对基础测试脚本和对象属性的完全访问权限，这些脚本和纠错环境与关键词视图（Keyword View）可以互为同步。测试者也可以通过提供的内置脚本和调试环境来取得对测试和对象属性的完全控制。

QuickTest Professional 同时满足了技术型和非技术型用户的需求，均有能力部署更高质量的应用，同时部署的速度更快，费用更低，风险也更小。QuickTest 操作界面如图 10.5 所示。

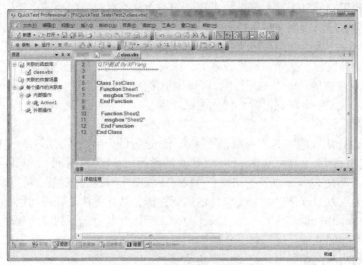

图 10.5　QuickTest 的使用界面

4. Performance Runner

Performance Runner（简称 PR）是性能测试工具，通过模拟高并发的客户端，通过协议和报文产生并发压力给服务器，测试整个系统的负载和压力承受能力，实现压力测试、性能测试、配置测试、峰值测试等。PR 功能如下：

（1）录制测试脚本

PR 通过兼听应用程序的协议和端口，录制应用程序的协议和报文，创建测试脚本。PR 采用 java 作为标准测试脚本，支持参数化、检查点等功能。

（2）关联与 session

对于应用程序，特别是 B/S 架构程序中的 session，通过"关联"来实现。用户只需要点击"关联"的按钮，PR 会自动扫描测试脚本，设置关联，实现有 session 的测试。

（3）集合点

PR 支持集合点，通过函数可以设置集合点。设置集合点能够保证在一个时间点上的并发压力达到预期的指标，使性能并发更真实可信。

（4）产生并发压力

性能脚本创建之后，通过创建项目，设置压力模型，就可以产生压力。PR 能够在单台机器上产生多大 5000 个并发的压力。

（5）应用场景支持

通过设置多项目脚本的压力曲线，可以实现应用场景测试。

（6）执行监控

在启动性能测试之后，系统会按照设定的场景产生压力。在执行过程中，需要观察脚本执行的情况，被测试系统的性能指标情况。PR 通过执行监控来查看这些信息。

（7）性能分析报表

一次性能测试执行完成，会创建各种性能分析报表，包括 CPU 相关、吞吐率、并发数等。

5. TeamTest

Rational TeamTest 提供一系列工具进行全方面的软件测试，包括测试规划和准备，自动生成测试脚本，缺陷追踪及更正，测试报告，测试结果制图和测试进度评估等。高端可伸缩的 Rational TeamTest 可以帮助测试人员隔离性能瓶颈的原因，应用 Rational TeamTest 测试人员可以分析商务事务处理，客户呼叫和系统资源等引起性能恶化的因素。 Rational TeamTest 包含：

（1）Rational Robot：业界领先的自动测试工具，可以生成，修改和运行功能，分布式功能，衰退等测试。

（2）Ration TestManger：可以从一个中心桌面计划，管理，组织，执行和报告所有类型的测试活动，无论手动还是自动。它将使得整个开发组更容易的共享测试结果和报告。

（3）Rational ClearQuest：一个功能强大且高度灵活的缺陷和变更跟踪系统，可以捕获，跟踪和管理所有类型的变更请求。Rational TeamTest 支持包括 Microsoft　 Visual Studio.NET 、Oracle、Developer/2000Delphi、PeopleSoft、PowerBuilder 在内的多种 IDE 和包括 ActiveX、Java、JavaScript、HTML/DHTML/XML、 Visual Basic/C++在内的多种语言。

6. WebLoad

WebLoad 是 RadView 公司开发的。WebLoad 性能测试分析工具旨在测试 Web 应用和 Web 服务的功能，性能，程序漏洞，兼容性，稳定性和抗攻击性，并且能够在测试的同时分析问题原因和定位故障点。WebLoad 专为测试在大量用户访问下的 Web 应用性能而设计，控制中心运载在 Windows 2000/XP/2003 系统上，负载发生模块（load machine）可在 Windows、Solaris 和 Linux 系统上运行，模拟出的用户流量支持.NET 和 J2EE 两种环境。WebLoad 的测试脚本采用 JavaScript 脚本语言实现，完全支持 DOM，在此基础上，WebLoad 可以将测试单元组织成树形结构，对 Web 应用进行遍历或者选择性测试。该工具的专利技术还可以让测试人员为系统设定最低可接受性能门限，采用自增用户数的循环方式进行测试以自动测得系统的最大用户容量。它还能通过直观的图形界面直接连接到数据库测试数据库性能,还可以测试多种 Internet 协议,如 FTP、Telnet、SMTP、POP 等的性能。WebLoad 还有一个特点就是它可以模拟 DDoS 攻击，该功能可以模拟诸如 Tfn、Tfn2K、Trinoo、Smurf、Flitz、Carko、Omega3 和 TCPFlood（SYN、ACK）、UDP Flood、ICMP Flood 等攻击测试 Web 系统在面临 DDoS 的时候可用性和反应时间的受影响情况。同时 WebLoad 提供有关 DDoS 攻击测试的详细报告，帮助用户分析系统漏洞和弱点，为加固系统提供依据。

10.5.4　测试管理工具

测试管理工具用于对测试进行管理。一般而言，测试管理工具对测试需求、测试计划、测试用例、测试实施进行管理，并且测试管理工具还包括对缺陷的跟踪管理。测试管理工具的代表有

QADirector、TestDirector、TestManager、TrackRecord、QC 等。

1. QADirector

QADirector 提供的应用系统管理框架，使开发者和 QA 工作组将所有测试阶段组合在一起，从而可以有效地使用现有测试资料、测试方法和应用测试工具。QADirector 能够自动地组织测试资料，建立测试过程，以便对多种情况和条件进行测试，并能够按正确的次序执行多个测试脚本，记录、跟踪、分析和记录测试结果，与多个并发用户共享测试信息。

2. TestDirector

TestDirector（见图 10.6）是 Mercury Interactive 公司开发的一款知名的测试管理工具，集成了测试管理的各个部分，包括需求管理、计划管理、实例管理、缺陷管理。具有强大的图表统计功能，会自动生成丰富的统计图表。TestDirector 是 B/S 结构的软件，只需要在服务器端安装软件，所有的客户端就可以通过浏览器来访问 TestDirector，方便测试人员的团队合作和沟通交流。

TestDirector 不仅可以很方便地管理测试过程，并具有强大的数据管理功能，在后台的数据库中集中管理测试需求、测试实例、测试步骤等资源，同时，TestDirector 也是一款功能强大的缺陷管理工具，可以对缺陷进行增删改查等操作。

应用 TestDirector 需要设立一个中央点来管理测试过程。一套基于 Web 的测试管理系统，提供了一个协同合作的环境和一个中央数据仓库。由于测试人员分布在各地，需要一个集中的测试管理系统，能让测试人员不管在何时何地都能参与整个测试过程。

TestDirector 能消除组织机构间、地域间的障碍。它能让测试人员、开发人员或其他 IT 人员通过一个中央数据仓库，在不同地方就能交互测试信息。TestDirector 将测试过程流水化，从测试需求管理到测试计划、测试日程安排，从测试执行到出错后的错误跟踪，仅在一个基于浏览器的应用中便可完成，而不需要每个客户端都安装一套客户端程序。TestDirector 的基本特性和功能如下。

（1）需求管理

程序的需求驱动整个测试过程。TestDirector 的 Web 界面简化了这些需求管理过程，以此可以验证应用软件的每一个特性功能是否正常。通过提供一个比较直观的机制将需求和测试用例、测试结果和报告的错误联系起来，从而确保能达到最高的测试覆盖率。

一般有两种方式可将需求和测试联系起来。其一，TestDirector 捕获并跟踪所有首次发生的应用需求，可以在这些需求基础上生成一份测试计划；其二，由于 Web 应用是不断更新和变化的，需求管理允许测试人员加减或修改需求，并确定目前的应用需求已拥有了一定的测试覆盖率。它们帮助决定一个应用软件的哪些部分需要测试，哪些测试需要开发，是否完成的应用软件满足了用户的要求。对于任何动态地改变 Web 应用，必须审阅测试计划是否准确，确保其符合最当前的应用要求。

（2）计划测试

测试计划的制订是测试过程中至关重要的环节。它为整个测试提供了一个结构框架。TestDirector 的 Test Plan Manager 在测试计划期间，为测试小组提供一个关键要点和 Web 界面来协调团队间的沟通。

Test Plan Manager 指导测试人员如何将应用需求转化为具体的测试计划。这种直观的结构能帮助定义如何测试应用软件，从而能组织起明确的任务和责任。Test Plan Manager 提供了多种方式来建立完整的测试计划。可以从草图上建立一份计划，或根据 Requirements Manager 所定义下的应用需求，通过 Test Plan Wizard 快捷地生成一份测试计划。如果已经将计划信息以文字处理文件形式，如 Microsoft Word 方式储存，可以再利用这些信息，将它导入到 Test Plan Manager。它把各种类型的测试汇总在一个可折叠式目录树内，可以在一个目录下查询到所有的测试计划。

Test Plan Manager 还能进一步完善测试设计并以文件形式描述每一个测试步骤，包括对每一项测试用户反应的顺序、检查点和预期的结果。TestDirector 还能为每一项测试添加附属文件，如 Word、Excel、HTML，用于更详尽地记录每次测试计划。

（3）测试维护

Web 网络应用日新月异，应用需求也随之不断改变。需要相应地更新测试计划，优化测试内容。即使频繁的更新，TestDirector 仍能简单地将应用需求与相关的测试对应起来。TestDirector 还可支持不同的测试方式来适应特殊的测试流程。

（4）自动化切换机制

多数的测试项目需要一个人工与自动测试的结合，包括健全、还原和系统测试。但即使符合自动测试要求的工具，在大部分情况下也需要人工的操作。启用一个演变性的而非革新性的自动化切换机制，能让测试人员决定哪些重复的人工测试可转变为自动脚本以提高测试速度。

TestDirector 还能简化将人工测试切换到自动测试脚本的转化过程，并可立即启动测试设计过程。

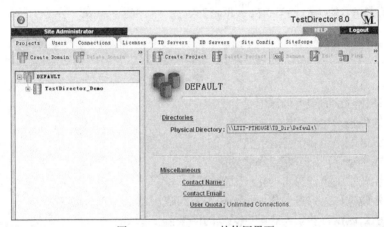

图 10.6　TestDirector 的使用界面

3. QC

Quality Center 是一个基于 Web 的测试管理工具，可以组织和管理应用程序测试流程的所有阶段，包括制定测试需求、计划测试、执行测试和跟踪缺陷。此外，通过 Quality Center 还可以创建报告和图来监控测试流程。

Quality Center 是一个强大的测试管理工具，合理的使用 Quality Center 可以提高测试的工作效率，节省时间，起到事半功倍的效果。QC 主要功能如下：

（1）制定可靠的部署决策。

（2）管理整个质量流程并使其标准化。

（3）降低应用程序部署风险。

（4）提高应用程序质量和可用性。

（5）通过手动和自动化功能测试管理应用程序变更影响。

（6）确保战略采购方案中的质量。

（7）存储重要应用程序质量项目数据。

（8）针对功能和性能测试面向服务的基础架构服务。

（9）确保支持所有环境，包括 J2EE、.NET、Oracle 和 SAP。

使用 QC 进行测试管理包括 4 部分。

（1）明确需求：对接收的需求进行分析，得出测试需求。

（2）测试计划：根据测试需求创建测试计划，分析测试要点及设计测试用例。

（3）执行测试：在你的测试运行平台上创建测试集或者调用测试计划中的测试用例执行。

（4）跟踪缺陷：报告在你的应用程序中的缺陷并且记录下整个缺陷的修复过程。

如前所述，测试工具的应用的确可以提高工作效率，但工作效率的提高和工作效果的改善，只依赖于测试工具的选择是不够的。因为，测试工具的学习、引入和使用，本身就是一个需要消耗大量资源的过程，而且对于工具的选择和引入工具时机的选择也是非常关键的，如果负责这项工作的人员不是一位在软件行业沉浸多年，有着丰富测试经验并熟知开发过程的资深人士，那么开发团队将为此承担巨大的风险。

在实际测试工作中，即使成功的引入了测试工具，工具本身可以带来的效率的提高也不是在短期内可以体现的。另一方面，如果认为只要使用了某种软件测试工具，就应该可以获取种种好处，这种想法也是错误的。因为，要想对一个软件或者模块进行有效的测试，首先该软件或者模块应该是可测试的。可测试性反映软件质量的一个内在属性，不会因为使用了某种测试工具进行了测试行为，就使得被测试的软件具有了可测试性。如果被测试的软件并不具备可测试性，那么使用多么昂贵的测试工具进行测试所能够带来的收益都是微乎其微的。

习 题 10

1. 软件自动化测试的产生的原因是什么？
2. 什么是软件自动化测试？
3. 自动化测试的作用和优势有哪些？
4. 通过使用自动化测试可获得哪些效果？
5. 试举例比较手工测试与自动化测试的情况。
6. 当前，实施软件测试自动化面临哪些主要问题？
7. 成功地引入测试自动化需有哪些关键的因素？
8. 试简述软件测试自动化的实施过程。
9. 按照测试工具的主要用途和应用领域可以将自动化测试工具分为哪些类型？
10. 为什么在实际测试工作中，测试工具带来的效率的提高不是在短期内可以体现的？
11. 在软件测试时要充分发挥测试工具的功效，在进行软件测试前，应提早做哪些准备？
12. 学习常用的软件测试工具，试说明它们的使用方法。
13. 试简述白盒测试工具软件有哪些。
14. 试简述黑盒测试工具软件有哪些。
15. 试简述性能测试工具软件有哪些。
16. 试简述管理测试工具软件有哪些。
17. 使用 QC 进行测试管理包括哪几部分？

第11章

测试实践——一个完整的 HIS 项目测试案例

软件测试概念、测试过程与测试技术，都是从测试实践中总结出的经验而来，并提升到理论层面。总结不是最终目的，方法论能够使经验更好地传播，其最终还是为了更好地指导实践。所谓"源于实践"，更要"用于实践"。本章将通过一个实际软件项目的测试案例，来加深对前面所学的理解，使理论的应用更清晰、更形象。

一个软件项目并不一定要经历所有的测试过程，通常也不会使用到所有的测试方法。行业差异、用户差异、时间差异、经费差异、功能要求差异、性能要求差异、管理差异等决定软件项目之间的测试很少有可比性。任何一个软件项目都不能盲目照搬其他项目的测试过程，但测试过程中的确应该多取他人之长，多看一些典型的测试实例。当储备了一定的理论知识后，再借来"他山之石"，将其用于自己的实践并从中积累经验，测试就不足为惧了。

本章介绍的被测试软件项目是一个医院信息管理系统（Hospital Information System，HIS）。HIS 是一个集成度很高的项目，因为行业的关系其中有一些词汇可能不被大家所了解，但这并不妨碍我们去理解它的测试过程。

本章要重点描述的测试过程是 HIS 的集成测试，该阶段的测试重点在功能测试上，当然也有必要的性能测试。本章同时依次给出了 HIS 集成测试阶段的测试计划、测试用例、缺陷（错误）报告、测试结果总结与分析等内容。测试用例将针对 HIS 的一个子系统——门诊挂号管理子系统来设计。该子系统不但包含了对数据库的应用，还对系统的并发性、安全性、准确性、高效性都有很高的要求。可谓"麻雀虽小，五脏俱全"，适合拿来剖析。

11.1　被测试软件项目介绍

11.1.1　HIS 项目背景

医院信息管理系统（HIS）包含门诊挂号、门诊收费、诊间医令、病房管理、病案管理、药房药库管理等 20 多个子系统，用于管理医院日常运作的整个过程。各子系统所处理的业务前后衔接，数据共享。

图 11.1 所示为医院信息管理系统的系统结构。系统的主要构成部分是医院的各业务处理子系统，分别用于处理医院运营过程中的主要业务，如门诊挂号、门诊收费等；另外，为确保业务处理子系统能够顺畅运行，还需要进行基础信息的维护和权限控制；业务处理子系统所产生的数据也需要呈现给医院相关管理人员和患者，所以按性质医院信息管理系统可分为业务处理、基础信

息管理和信息查询 3 部分。

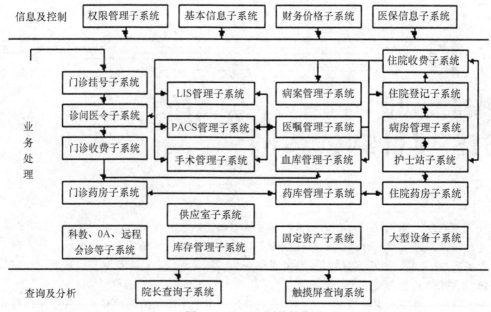

图 11.1　HIS 1.0 系统结构图

各业务处理子系统所处理的业务一般是前后衔接的，如患者在门诊挂号（对应挂号管理子系统）后到门诊科室就诊（对应诊间医令管理子系统），门诊医生能够看到该患者的挂号信息。医生开处方后，门诊收费处就能显示诊间医令子系统所保存的处方信息及费用信息。门诊收费管理子系统处理费用收取和打印发票业务，之后门诊药房就得到了发药通知（对应门诊药房管理子系统），或者相关科室得到检查化验通知（对应 LIS 管理子系统和 PACS 管理子系统）。最后患者再回到就诊医生处，医生可以读取相应的检查化验结果，并做进一步的诊治。

业务处理的连贯性要求相应的信息管理子系统必须实现信息共享，并保证信息的安全和准确，因此，在测试系统时就要求测试全面而充分，对某个子系统的测试不能仅局限于该子系统。

11.1.2　门诊挂号管理子系统介绍

挂号业务处于门诊业务流程的第 1 步，其后继业务是医生看诊。医院管理越完善，在信息系统开发过程中，业务处理系统所需要的功能越多。为了在有限篇幅中说明测试的问题，这里以只包含挂号、退号、挂号员日结功能的挂号系统为例，而且假定系统所接纳的均为持现金就诊的患者。

门诊挂号功能模块用于处理患者的挂号业务，包括记录患者的挂号信息，收取挂号费，以及打印挂号单等。患者就诊时每人分配一个就诊卡号（一般为病历本上的序号）作为该患者在这家医院就诊的唯一标识，患者初次来医院时挂号科室要录入患者的姓名、性别、年龄等信息，患者再次就诊时可以直接通过就诊卡号调出其相关信息，这样对患者的诊疗信息的分析将更准确、更方便。门诊挂号时可指定患者的就诊科室，选择号别（"普通号"、"专家号"、"老年号"等，不同的号别对应不同的挂号费）。门诊挂号管理模块的操作界面如图 11.2 所示，操作方式及相关约束条件参见后面的系统需求分析。

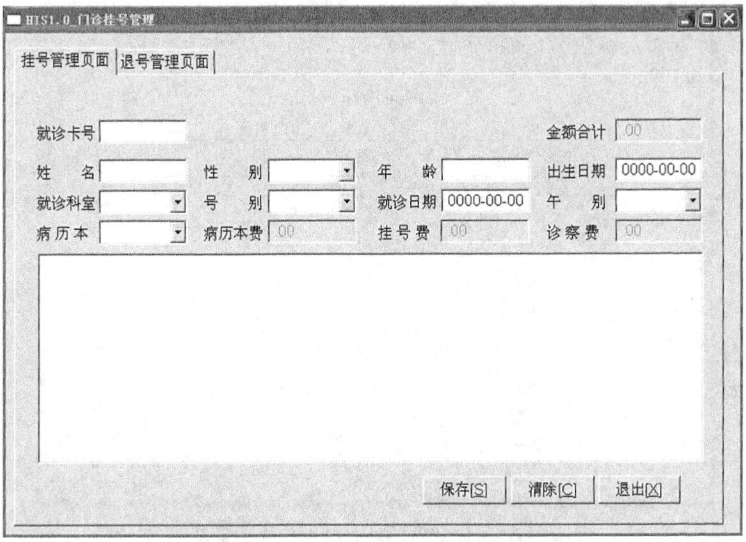

图 11.2　挂号管理模块操作界面

　　门诊退号管理模块处理门诊退号业务。系统根据患者就诊卡号可以找到该患者的所有有效（挂号后未就诊，时间没有超出有效期限制）挂号信息。挂号员可以选择其中一条，操作界面上方显示该患者及该号别的主要信息，不可更改。一次可退掉一条挂号记录，可以选择退掉病历本或不退病历本，系统给出应该退给患者的挂号费用提示，退号成功后该挂号记录变为无效。门诊退号的操作界面如图 11.3 所示。

　　挂号员结算管理模块完成挂号员的结算业务。挂号员结算是指挂号员向财务缴纳一段时间内该挂号员向患者收取的挂号费用总金额的过程。所以挂号员结算管理模块应该能够计算出挂号员自上次结算到本次结算这段时间内他（她）手中应该有的挂号费、诊察费等合计金额，并精确记录挂号员的结算时间，打印结算单。挂号员何时结算不受限制，但一旦结算则结算时间不可更改。每次结算后结算单可以再次打印，但两张单据要求完全一样，而且每次日结的时间前后衔接，各时间段不能重叠。挂号员的结算管理界面如图 11.4 所示。对该模块的具体要求参见后面的需求分析。

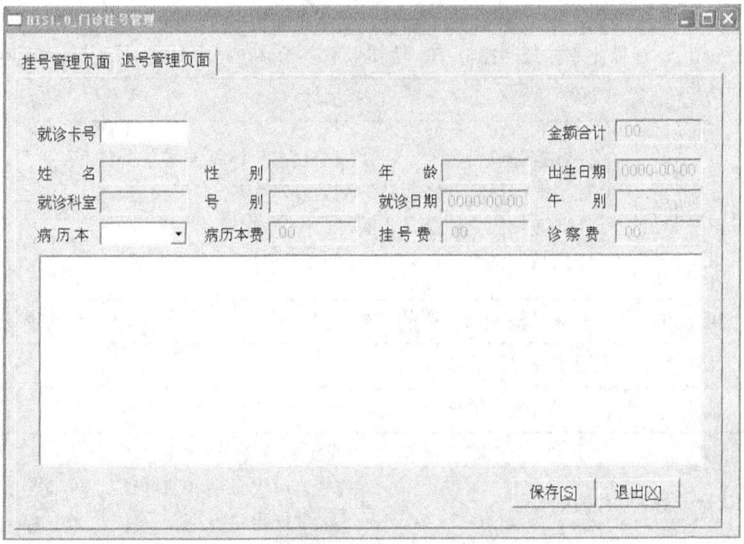

图 11.3　退号管理模块操作界面

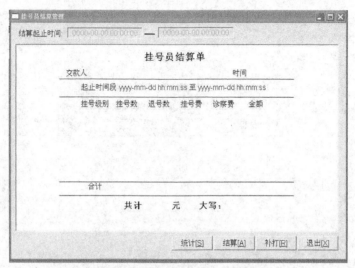

图 11.4　挂号员结算管理模块操作界面

11.1.3　门诊挂号管理子系统的功能需求分析

为了能更清楚地理解后面的测试用例，先给出门诊挂号子系统的功能需求。挂号管理子系统的功能需求分析包括挂号管理功能需求分析、退号管理功能需求分析和挂号员结算管理功能需求分析 3 部分，它们与后面 11.4 节的测试用例有关系。

无论是开发人员还是测试人员，都应该仔细阅读系统的需求分析文档。需求分析文档中包含了对系统的最基本的功能要求，这些要求将直接决定测试系统时的着眼点（无论对开发人员还是对测试人员均如此），也将直接影响测试用例的设计。

1. 挂号管理功能的需求分析

如表 11.1 所示。

表 11.1　　　　　　　　　　　　挂号管理功能的需求分析

功能需求编码	F01.01.00			
功能需求名称	挂号			
功能描述	完成门诊挂号业务，打印挂号单，使挂号患者能够在指定时间到指定科室就诊			
子功能编码	子功能名称	子功能描述		输出
F01.01.01	保存功能	做数据完整性检查，保存挂号信息；计算挂号总金额，根据科室、日期及午别信息产生就诊序号；操作时应给出"是否需要保存"、"操作成功"或"操作失败"的提示		操作确认提示；操作成功与否提示；挂号费用合计（挂号费、诊察费、病历费合计）；就诊序号；打印挂号单
F01.01.02	清除功能	清除已输入未保存的挂号信息		系统恢复到初始状态
F01.01.03	退出	退出挂号管理界面		
输入编码	输入内容	输入方式	输出	后继输入
F01.01.11	就诊卡号	扫描（录入）	若是老患者，显示该患者姓名、出生日期和家庭住址，根据出生日期计算年龄，相应控件不可操作	新患者，到 F01.01.12　老患者，到 F01.01.16

输入编码	输入内容	输入方式	输出	后继输入
F01.01.12	患者姓名	录入		F01.01.13
F01.01.13	性别	选择		F01.01.14
F01.1.14	患者年龄	录入	出生日期	F01.01.15
F01.01.15	出生日期	出生年份由年龄生成, 月日默认 01-01, 可以修改		F01.01.16
F01.01.16	就诊科室	选择		F01.01.17
F01.01.17	号别	选择	相应挂号费和诊察费	F01.01.18
F01.01.18	就诊日期	默认当日, 可以修改, 不能超出限挂天数		F01.01.19
F01.01.19	午别	可选"上午","中午","下午"和"晚班", 如果午别已过则限选	就诊序号（根据就诊科室、号别、就诊日期、午别和其他患者挂号情况决定）	F01.01.20
F01.01.20	病历本	选择	病历本费	F01.01.01

2. 退号管理功能的需求分析

如表 11.2 所示。

表 11.2　　　　　　　　　　　退号管理功能的需求分析

功能需求编码	F01.02.00			
功能需求名称	退号			
功能描述	完成门诊退号业务, 一次可退掉一条挂号信息; 退号前挂号信息有效, 退号后该挂号信息无效			
子功能编码	子功能名称	子功能描述		输出
F01.02.01	保存功能	退掉挂号, 记录并提示退号费用, 之前应给出是否退号的提示		显示退号金额
F01.02.02	退出功能	退出退号管理界面		
输入编码	输入内容	输入方式	输出	后继输入
F01.02.11	就诊卡号	扫描（录入）	该患者所有有效的挂号信息	F01.02.12
F01.02.12	挂号信息条目	选择	退号金额(挂号费与诊察费合计)	F01.02.13
F01.02.13	病历本	选择	如果选择退掉病历本, 退号金额为挂号费、诊察费和病历本三者合计	F01.02.01

3. 挂号员结算管理功能的需求分析

如表 11.3 所示。

表 11.3　　　　　　　　　　挂号员结算管理功能的需求分析

功能需求编码	F01.03.00
功能需求名称	挂号员结算管理
功能描述	完成挂号员的结算功能。计算挂号员应该向财务上缴的挂号费金额, 并精确记录挂号员的结算时间, 打印结算单; 每次结算后结算单可以再次打印, 但两张单据要求完全一样, 而且每次日结的时间前后衔接, 各时间段不能重叠

续表

子功能编码	子功能名称	子功能描述	输出
F01.03.01	统计	统计该挂号员上次结算后到当前时间的收费汇总	总金额（包括挂号费、诊察费和病历本费）
F01.03.02	结算	记录结算时间，统计并记录该挂号员上次结算后到当前的挂号费汇总，打印结算单	结算单；总金额（包括挂号费、诊察费和病历本费）；时间段
F01.03.03	重打	根据用户选定的日期调出以前的结算信息	
F01.03.04	打印	打印选定的结算信息	选定的结算信息
F01.03.05	退出	退出挂号结算管理界面	

输入编码	输入内容	输入方式	输出	后继输入
F01.03.11	结算日期（补打时选择）	选择	该日该挂号员的结算信息	F01.03.12
F01.03.12	结算信息	选择	该结算记录对应的结算清单	F01.03.04

11.1.4　门诊挂号管理子系统的性能及可用性要求

除了功能需求以外，每个系统都会有一些性能上、安全上及其他方面的具体要求，另外还有一些一般性的规定，它可能不是针对某个具体的模块，而是整个系统，要求软件的每个模块都能达到某种程度的需求，这些需求没有固定的模式，但一个具体的软件测试过程必须要考虑所测试软件项目的具体需求，并经过实际测试确定该软件在这些方面是否能够达到用户（或公司）的要求。

表 11.4 列出了 HIS 系统中除了功能以外的其他需求。其中，"安全性"和"性能"部分描述了对挂号管理子系统的性能及安全性要求；"运行环境"和"可用性"部分描述了对整个 HIS 的一般性要求。后面的测试用例也将围绕这些内容来设计。

表 11.4　　　　　　　　　　　　　其他需求

性质	对系统的要求	编码
可用性	要求界面格式统一，页面、按钮和提示的风格一致	S 01.01.001
	提示友好	S 01.01.002
	系统有危险操作预警	S 01.01.003
	操作过程中如果有错误产生，系统能给出简单明了的错误发生原因的描述，并给出解决办法建议	S 01.01.004
	光标初始位置和跳转状态合理	S 01.01.005
	系统有备份与恢复功能	S 01.01.006
	提交数据前校验	S 01.01.007
安全性	操作员的登录要有严格的身份限制，操作员登录后所做一切操作都应留有操作员和操作时间的记录	S 01.02.001
	挂号信息保存后不能删除，只能进行退号处理	S 01.02.002
	一人挂号他人可以做退号处理	S 01.02.003
	医生看诊后不能再退号	S 01.02.004

续表

性质	对系统的要求	编码
安全性	挂号员的结算处理应该严格按操作时间记录（精确到秒），结算在时间段上要前后衔接，并且不能重叠交叉	S 01.02.005
性能	满足门诊挂号科室 7 台机器同时运行，日门诊量 500 人，峰值在早上 8 点到 9 点之间，容量 200 人	S 01.03.001
运行环境	局域网环境，数据存储于中心服务器，服务器上的操作系统可以是 Unix、WIN NT（包括 Windows 2000 以上版本）；数据库为 Oracle 服务器版本；客户机上操作系统为 Windows 98 以上版本，安装 Oracle 客户端版本；客户机间并发操作	S 01.04.001

11.2　测试计划

测试计划一般由测试项目经理来制订。光有预算、人员安排和时间进度还远远不够，测试计划必须涉及许多测试工作的具体规划。很难想象，一个没有经过很好策划的测试项目能够顺利进展。

测试计划工作的成果是提交一份完整的测试计划报告。关于测试计划报告的模板，不必千篇一律，它会随软件的应用行业、软件功能及性能要求、管理规范性要求等的不同而不同。但一个完整的测试计划一般均包括被测试项目的背景、测试目标、测试的范围、方式、资源、进度安排、测试人员组织以及与测试有关的风险等方面。下面给出医院信息管理系统 1.0 版集成测试的测试计划报告。

11.2.1　概述

本测试项目拟对医院信息管理系统（HIS）1.0 进行测试。

医院信息管理系统包含门诊挂号、门诊收费、诊间医令、病房管理、病案管理、药房药库管理等 20 多个子系统，用于管理医院日常运作的整个过程，各子系统所处理的业务前后衔接，数据共享。

测试的目标是要找出影响医院信息管理系统正常运行的错误，分别在功能、性能、安全等方面检验系统是否达到相关要求。

本次集成测试采用黑盒和白盒测试技术（重点在黑盒测试）。测试手段为手工与自动测试相结合（主要依靠手工进行功能测试，依靠自动测试工具进行性能测试）。

本测试计划面向相关项目管理人员、测试人员和开发人员。

11.2.2　定义

● 质量风险：被测试系统不能实现所描述的产品需求或系统不能达到用户的期望的行为，即系统可能存在的错误。

● 测试用例：为了查找被测试软件中的错误而设计的一系列的操作数据和执行步骤，即一系列测试条件的组合。

● 测试工具：应用于测试用例的硬件/软件系统，用于安装或撤销测试环境、创造测试条件，执行测试，或者度量测试结果等工作。测试工具独立于测试用例本身。

● 进入标准：一套决策的指导方针，用于决定项目是否准备好进入特定的测试阶段。在集成测试和系统测试阶段，进入标准会很苛刻。

● 退出标准：一套标准，用于决定项目是否可以退出当前的测试阶段，或者可以进入下一个测试阶段或结束项目。与进入标准相同，测试过程的后几个阶段退出标准一般很苛刻。

● 功能测试：集中于功能正确性方面的测试。功能测试必须和其他测试方法一起处理潜在的重要的质量风险，比如性能、负荷、容积和容量等。

11.2.3　质量风险摘要

质量风险如表 11.5 所示。

表 11.5　　　　　　　　　　质量风险摘要表

风险编号	潜在的故障模式	故障的潜在效果	危险性	影响	优先级	测试策略
1	业务流程不能顺利进行	不能完成各业务处理的基本过程	4	5	5	手工
2	数据处理	费用计算不准确，数据处理不一致，时间记录不精确或没有记录等	5	4	5	手工
		相关报表无统计结果或统计报表不准确	3	3	3	手工
3	打印	打印不了或不能正确打印相关单据，如挂号单、门诊收费发票、住院结算发票等	1	3	4	手工
		打印不了或不能正确打印相关报表，如门诊收入月报表、住院收入月报表等	1	3	1	手工
4	并发控制	多台终端同时操作时，系统出现错误或系统处理速度低于限定标准	5	3	4	自动
5	错误处理	不能阻止错误发生，错误发生后处理不当	4	3	4	手工
6	界面不友好	没有必要的提示，操作不方便	1	5	2	手工
7	系统响应速度慢	对用户提交信息响应、处理速度慢	1	5	3	手工
……	……	……	……	……	……	……

危险性：表示故障对系统影响的大小。5—致命；4—严重；3——般，2—轻微，1—无。

影响：表示错误波及（影响）用户操作的程度。5——定影响所有用户；4—可能影响一些用户；3—对有些用户可能影响；2—对少数用户有影响，但影响有限；1—影响在实际使用中难以觉察。

优先级：表示风险可以被接受的程度。5—很紧急，必须马上纠正；4—不影响进一步测试，但必须修复；3—系统发布前必须修复；2—如果时间允许应该修复；1—最好修复。

11.2.4　测试进度计划

测试进度计划如表 11.6 所示。

表 11.6　　　　　　　　　　　　　测试进度计划表

阶段	任务号	任务名称	前序任务号	工时（人日）	提交结果
测试计划	1	制订测试计划		3	测试计划
测试系统开发与配置	2	人员安排	1	0.5	任务分配
	3	测试环境配置　开发问题记录工具，建立问题记录数据库（BugList）	1，2	3	可运行系统的环境，问题记录工具，问题记录数据库
	4	测试用例设计，测试数据恢复工具设计开发	1，2	30	测试用例、数据恢复工具
测试执行	5	第 1 阶段测试通过	1，2，3，4	30	测试结果记录
	6	第 2 阶段测试通过	5	20	测试结果记录
	7	第 3 阶段测试通过	6	10	测试结果记录
测试总结分析	8	退出系统测试	7	4	测试分析报告

11.2.5　进入标准

- “测试小组”配置好软硬件环境，并且可以正确访问这些环境。
- “开发小组”已完成所有特性和错误修复并完成修复之后的单元测试。
- “测试小组”完成“冒烟测试”——程序包能打开，随机的测试操作正确完成。

11.2.6　退出标准

- “开发小组”完成了所有必须修复的错误。
- “测试小组”完成了所有计划的测试。没有优先级为 3 以上的错误。优先级为 2 以下的错误少于 5 个。
- “项目管理小组”认为产品实现稳定性和可靠性。

11.2.7　测试配置和环境

- 服务器 1 台：惠普 PIII550，1GB 内存，8.4GB 硬盘；软件环境是 Windows NT/Oracle。
- 客户机 10 台：Pentium MMX166，1.2GB 硬盘，32MB 内存；软件环境是客户端安装 Oracle。
- 打印机 1 台：Panasonic KX-P1131。
- 地点：58 号楼 101 室。

11.2.8　测试开发

- 设计测试用例以进行手工测试。
- 准备使用 MI LoadRunner，以检测系统对并发性的控制和系统的健壮性。
- 设计开发问题记录及交互工具，包括问题存取控制系统及所对应的数据库，以便很好地记录测试结果并提供相关测试和开发人员的交互平台。

11.2.9　预算

测试预算如表 11.7 所示。

表 11.7　测试预算表

阶段	项目	工作量（人日）	费用预算（人民币）
测试计划	人员开支	3	**
测试系统配置与开发	人员开支（测试系统配置，开发，测试用例设计）	33.7	**
	硬件系统		**
	自动测试工具		**
测试执行	人员开支（测试执行）	60	**
测试总结评估	人员开支（测试总结评估）	4	
合计（人民币）		*****	

11.2.10　关键参与者

- 测试经理：宋欣欣（制订测试计划及部署、监督相关工作）。
- 测试人员：蔡亮，邱实，崔进，赫北松，洪怡，武刚，沙盼盼，王军妹（负责相关子系统测试）。
- 开发人员：王铁全，李云帆，夏淼，张铁（及时解决影响测试进行的系统问题）。
- 项目管理人员：王斌（跟踪项目进展）。

11.2.11　参考文档

参考文档如表 11.8 所示。

表 11.8　参考文档

编号	资料名称	出版单位	作者	备注
1	《医院信息管理系统 1.0 系统需求说明书》		医疗卫生开发部	
2	《医院信息管理系统 1.0 用户手册》		医疗卫生开发部	
	《医院信息管理系统 1.0 系统设计报告》		医疗卫生开发部	
3	《医院信息管理系统基本功能规范》	中华人民共和国卫生部		
4	《软件测试》	****出版社	Ron Patton 著，周予滨等译	
5	《软件测试过程管理》	****出版社	Rex Black 著，龚波等译	

11.3　HIS 测试过程概述

广义地说，测试工作贯穿一个软件项目开发过程的始终，从项目的策划和相关文档生成开始直到软件通过用户的验收。通常所说的测试是指运行软件系统（或单个的模块）以检验其是否满足用户要求的过程。

HIS 的测试按照一般测试过程，将其分为单元测试、集成测试、系统测试和验收测试 4 个阶段。对于测试开发人员来说，关注的是前 3 个阶段的测试过程，因此本节详细描述前 3 个阶段的测试过程，并且在后续小节中给出集成测试阶段所涉及的相关设计和分析。

11.3.1　单元测试

单元测试，又叫模块测试，是对源程序中每一个程序单元进行测试，检查各个模块是否正确实现了规定的功能，从而发现模块在编码或算法中的错误。该阶段涉及编码和详细设计的文档，由系统开发人员自己来承担。单元测试应对模块内所有重要的控制路径设计测试用例，以便发现模块内部的错误。单元测试多采用白盒测试技术。

测试用例的设计应根据设计信息选取测试数据，以增大发现各类错误的可能性。在确定测试用例的同时，应给出期望结果。在实际工程项目的开发中，由于开发人员的主要精力集中在系统开发上，在单元测试阶段常常没有时间去做精心的测试用例设计，那么开发人员至少应该有思路清晰的测试构思和测试大纲。

单元测试常常是动态测试和静态测试两种方式并举的。动态测试可由开发人员去运行局部功能或模块以发现系统潜藏的错误，也可以借助测试工具去测试。静态测试即是代码审查。审查的内容包括代码规则和风格、程序设计和结构、业务逻辑等。

HIS 中涉及许多的费用计算问题，逻辑性很强，需要程序结构也很复杂。面对复杂的业务流程，面对管理各异的用户需求，没有白盒测试是不可想象的。最简单的例子：HIS 要处理很多类的患者，如普通患者、医保患者、内部职工、公费患者等，每类患者的费用处理流程和计算方法都不相同，开发人员就要严格地依照系统设计去检查代码的逻辑结构，选取有代表性的测试用例去测试相关的模块。又如医嘱分解、药房摆药等，必须知道系统的详细设计和程序的逻辑结构才能设计好测试用例。

在单元测试中，由于被测试的模块往往不是独立的程序，它处于整个软件结构的某一层上，被其他模块调用或调用其他模块，其本身不能单独运行，因此在单元测试时，应为测试模块开发一个驱动模块或若干个桩模块。在 HIS 中医保患者在医院发生的费用需要通过医保中心的身份验证并向医保中心传递费用。在没有医保接口软件的情况下，测试医院端的程序就需要编制一个桩模块代替医保接口模块。当然这个模块要比真正的医保软件简单许多，只是提供一个信息接收及信息传入的功能，但这在单元测试中是必不可少的。

11.3.2　集成测试

集成测试（有时被分为集成测试和确认测试两个阶段）是指将各模块组装起来进行测试，以检查与设计相关的软件体系结构的有关问题，并确认软件是否满足需求规格说明书中确定的各种需求。

HIS 的集成测试是指开发人员完成了所有系统模块的开发并通过了单元测试后，将编译好的软件交付给测试部门进行测试的过程。因为所有模块都已完成，所以没有附加的桩模块和驱动模块。

这个阶段的测试需要一个完备的测试管理过程。集成测试过程可以分为测试准备、测试计划、测试设计、测试执行和测试总结 5 个阶段。

测试准备阶段是指测试人员准备测试资源、熟悉系统的过程。

测试计划阶段包含制订测试策略、资源分配、风险预警和进度安排等内容，此项工作由测试负责人来做。测试计划的模板各不相同，这取决于软件的特殊性和管理的规范性。

测试设计阶段包括设计测试用例及相关管理工具的设计。11.4 节将给出 HIS 集成测试过程中挂号管理子系统部分的主要测试用例，侧重于系统的功能和性能测试。测试用例设计之前一般要有一份测试用例的设计大纲。

如果没有现成的缺陷记录和交互工具，还应该设计并开发这样的工具。另外还要考虑如果测试用例执行失败时数据的恢复或错误数据的清理问题，以保证测试用例的再次执行。

完成测试设计工作后，就开始执行实际的测试工作了。如果测试用例设计得好，测试的执行将变得非常简单。但测试人员也不该疏忽大意，应该集中精力并积极思考，除了严格按照测试用例进行测试，还应该有更好的"即兴发挥"，以发现一些在测试设计时意想不到的错误。

测试时另外一项非常重要的工作就是做好系统缺陷记录。本章11.5节将给出系统生成缺陷报告的注意事项以及缺陷报告的实例，另外还设计了一个问题记录数据库表。用数据库记录缺陷的好处是测试人员和开发人员能够通过动态的信息发布和获取进行更好的交互，提高测试和修改的工作效率。

经过修改后的系统再次经过测试即是回归测试。回归测试可能仍用原来的测试用例，但测试人员的关注点会略有变化，应该着重观察此前的错误发生处。测试的执行过程通常要经过几轮，每次执行都有进入标准和退出标准。

测试结束后要及时总结分析测试结果。测试结果的总结与分析一方面是提供一个系统功能、性能和稳定性等方面的完整的分析和结论，另外要对测试过程本身做出总结，总结成功的经验和失败的教训，以使日后的工作开展得更顺利。具体的测试总结详见11.6节。

11.3.3 系统测试

系统测试将已确定的软件与其他系统元素（如硬件、其他支持软件、数据和人工等）结合在一起进行测试。系统测试是在真实或模拟系统运行的环境下，检查完整的程序系统能否和系统（包括硬件、外设、网络和系统软件、支持平台等）正确配置、连接，并满足用户需求。

系统测试也应该经过测试准备、测试计划、测试设计、测试执行和测试总结5个阶段，每个阶段所做工作内容与集成测试很相似，只是关注点有所不同。

在HIS的系统测试中，要搭建更真实的运行环境，另外还要在不同的操作系统下进行测试，如数据库服务器搭建分别搭建在Unix环境和Windows NT环境下长时间多客户端并发运行系统的各项功能，并观测服务器的承受能力（系统的反应时间、服务器的资源占用情况等）。

11.3.4 验收测试

验收测试是指在用户对软件系统验收之前组织的系统测试。测试人员都是真正的用户，在尽可能真实的环境下进行操作，并将测试结果进行汇总，由相关管理人员对软件做出评价，并做出软件是否验收的决定。

HIS一般在用户验收之前都需要对系统进行一段时间的试运行，因此可以说HIS的验收测试就是实际的使用（但用户一般要参与软件的系统测试，即所谓的β测试，不然用户是不会放心让系统试运行的）。

因为验收测试由用户完成，不同软件实际应用的差异性又很大，就不对其详加论述了。

11.4 测试用例设计

测试用例应由测试人员在充分了解系统的基础上在测试之前设计好，测试用例的设计是测试系统开发中一项非常重要的内容。集成测试阶段测试用例的设计依据为系统需求分析、系统用户手册和系统设计报告等相关资料的内容，而且测试人员要与开发人员充分交互。另外有一些内容由测试人员的相关背景知识、经验、直觉等产生。

测试用例的设计需要考虑周全。在测试系统功能的同时，还要检查系统对输入数据（合法值、非法值和边界值）的反应，要检查合法的操作和非法的操作，检查系统对条件组合的反应等。好的测试用例让其他人能够很好地执行测试，能够快速地遍历所测试的功能，能够发现至今没有发现的错误。所以测试用例应该由经验丰富的系统测试人员来编写，对于新手来说，应该多阅读一些好的测试用例，并且在测试实践中用心去体会。

在编写测试用例之前，应该给出测试大纲，大纲基本上是测试思路的整理，以保证测试用例的设计能够清晰、完整而不是顾此失彼。测试大纲可以按照模块、功能点、菜单和业务流程这样的思路来策划。

本节给出"医院信息管理系统 1.0"之"门诊挂号管理子系统"的测试大纲和测试用例的主体部分。

11.4.1 挂号管理子系统测试大纲

挂号管理子系统测试大纲如表 11.9 所示。

表 11.9   挂号管理子系统测试大纲

性质	模块名称	目标描述	用例要点
功能测试	挂号管理	测试挂号流程是否顺畅	挂任意号
		测试对新患者的信息接收状况	新患者
		测试系统对老患者的处理状况	老患者
		测试不要病历本情形费用计算是否准确	不要病历本
		测试有病历本情形费用计算是否准确	要病历本
		测试无挂号费、有诊察费时费用计算是否准确	挂老年号（挂号费无，诊察费 2 元）
		测试有挂号费、无诊察费情形费用计算是否准确	挂职工号（挂号费 1 元，诊察费无）
		测试预约号时间控制是否严格	挂预约号，分别输入预约时间为限制时间外，限制时间内，时间边界值
		测试挂号午别已过情形系统处理是否正确	挂号时选择已过午别
		测试"清除"按钮是否有效	输入过程中"清除"信息，分别用鼠标点击"清除"按钮和按【Shift】+【C】快捷键
		测试挂号科室和号别提示信息	挂任意号
		测试号别与挂号费用的对应是否正确	所有号别
		测试出生年份计算是否正确	输入新患者
		测试年龄计算是否正确	输入老患者，上次挂号时间距今超过 1 年
		测试挂号单打印	挂任意号
		测试【Enter】键对光标的控制	按【Enter】键控制光标在各控件间跳转
		测试【Tab】键对光标的控制	按【Tab】键控制光标在各控件间跳转
		测试就诊序号的生成	挂任意号
		测试"退出"按钮是否有效	退出操作界面，分别用鼠标点击"退出"按钮和按【Shift】+【X】快捷键

续表

性质	模块名称	目标描述	用例要点
功能测试	退号管理	测试退号流程是否顺畅	退任意号
		测试退病历本情形退号费用是否正确	退病历本
		测试不退病历本情形退号费用是否正确	不退病历本
		测试挂号天数超出有效退号时间限制系统的控制能力	分别取挂号天数在有效时间范围内、范围外和极限值的挂号信息
		测试挂号信息调入是否正确，在无挂号信息情况下、在无有效挂号信息情况下和有有效挂号信息情况下系统的处理能力	选取具有不同情况的患者的就诊卡号
		测试"保存"按钮是否有效	退任意号，分别用鼠标点击"保存"按钮和按"保存"按钮的快捷键【Shift】+【S】
功能测试	挂号员结算	测试正常情况费用统计是否正确	随意挂号、退号，统计
		测试甲挂号、乙退号情形甲乙结算费用统计是否正确	甲挂号、乙退号，统计
		测试结算金额为正情形是否正常	挂号金额大于退号金额
		测试结算金额为负情形是否正常	挂号金额小于退号金额
		测试结算功能是否正常，打印结算单是否正常	统计后结算
		测试结算时间控制是否严格准确	检查结算费用计算是否准确；结算后再统计看时间控制
		结算单补打是否正常	选取已结算信息补打
性能测试	挂号管理	测试系统承受压力能力	并发操作，连续操作
	挂号管理退号管理结算管理	测试系统强壮性	随意点击数据窗口及操作窗口空白处
		测试系统安全性：意外退出，对未保存数据是否有提示	录入中途退出
		出现错误是否有数据备份和恢复功能	制造操作中的意外错误及终断退出
		录入过程数据提交前是否有校验	数据录入不全面，提交
		输入不合规范的数据系统的处理能力	输入不合常规的数据

11.4.2　其他可用性测试检查标准

软件产品的可用性是指软件产品能否让用户更快更容易地完成工作。即软件是否易学、易用，并使用户感到满意。软件产品的可用性主要反映在软件产品的用户界面及操作过程上减少错误出现，提高用户工作效率，增加用户满意度；对于开发商而言可以缩减服务和培训费用，提高用户满意度。软件可用性已经越来越引起用户和开发商的关注。可用性测试对所有功能模块来说，检测标准是相同的，而这些检测在功能测试同时即可检验，所以不再设计单独的测试用例。表11.10列出门诊挂号管理子系统的可用性检测标准。

表 11.10　　　　　　　　　　门诊挂号管理子系统的可用性检测标准

测试项	测试模块	结果
操作是否顺畅		
界面是否直观		
操作成功、失败是否有适当的提示		
提示是否标准规范		
跳转是否灵活	挂号管理	
按钮位置是否合适	退号管理	
各界面相同控件相关属性是否一致	挂号员结算管理	
快捷键是否有效		
输入是否方便		
光标初始位置和跳转状态合理		

11.4.3　功能测试用例

1. 普通挂号、要病历本的测试用例（见表 11.11）

表 11.11　　　　　　　　　　普通挂号、要病历本的测试用例

用例编码	T01.01.01		测试项	门诊挂号
依据	F01.01.00		优先级	*
描述	新患者，不要病历本，正常号别。 测试点：系统是否满足可用性要求；挂号过程是否流畅；费用计算是否准确；挂号单打印是否无误； 号别、科室提示是否正确；【Enter】键控制下光标跳转是否正常等；点击"保存"、"退出"按钮反应是否正常			
输入规格	初次就诊患者张三，卡号：328336，男，32 岁，内科，专家门诊（挂号费 6 元，诊察费 6 元），挂号日期：测试当日，午别：下午，要病历本（1 元）； 操作时按【Enter】键在控件间切换。操作时用鼠标点击"保存"、"退出"按钮			
预计输出	费用 13 元，打印挂号单	主要测试技术	黑盒测试	
测试结果描述				

执行步骤	检查点	检查依据 （功能需求编号或其他）	期望输出	结果	BugID
输入就诊卡号 "328336"	数字接收 光标跳转	F01.01.11			
输入 "张三"	汉字接收 光标跳转	F01.01.12			
选择性别 "男"	选择提示 操作灵活性	F01.01.13			
输入年龄 "32"	数字接收 光标跳转 出生年份生成	F01.01.14	出生日期：1973-01-01（测试时间为 2005 年）		
修改出生日期：1973-07-15	日期修改 光标跳转	F01.01.15			
选择就诊科室 "内科"	科室提示 科室选择 光标跳转	F01.01.16			

续表

用例编码	T01.01.01		测试项	门诊挂号
依据	F01.01.00		优先级	*
号别选择"专家门诊"	号别提示 号别选择 光标跳转	F01.01.17	挂号费 6 元，诊察费 6 元，费用合计：12 元	
就诊日期	日期提示 光标跳转	F01.01.18	当日日期	
午别	午别提示 光标跳转	F01.01.19		
病历本选择"需要"	需要与否提示 顺畅选择 光标跳转	F01.01.20	费用合计：13 元	
鼠标点击"保存"按钮	误操作提示 金额计算 就诊序号产生 挂号单打印 操作结果提示	F01.01.01	挂号费用合计 就诊序号；挂号单	
鼠标点击"退出"按钮	是否正常退出			

2. 普通挂号、老患者、不要病历本的测试用例（见表 11.12）

表 11.12　　　　　　　　普通挂号、老患者、不要病历本的测试用例

用例编码	T01.01.02		测试项	门诊挂号
依据	F01.01.00		优先级	*
描述	挂预约号，老患者，不要病历本 测试点：是否满足可用性要求；挂号过程是否流畅；费用计算是否准确；挂号单打印是否无误；号别、科室提示是否正确；对于老患者年龄转换是否正确；【Tab】键控制下光标跳转是否正常；不要病历本情形下费用计算是否正确；"保存"、"退出"按钮的快捷方式是否有效等			
输入规格	张三，卡号：328336，男，出生日期 1973-07-15，口腔科，普通门诊（挂号费 2 元，诊察费 3 元），挂号日期：测试日期（事先将服务器系统时间改为第 1 次输入该患者的次年，为测试年龄的重新生成），午别：上午，不要病历本(1 元)，操作时按【Tab】键在控件间切换；分别用【Shift】+【S】和【Shift】+【X】控制"保存"和"退出"按钮			
预计输出	费用 5 元，打印挂号单		所用方法	黑盒测试
测试结果描述				

执行步骤	检查点	检查依据（功能需求编号或其他）	期望输出	结果	BugID
输入就诊卡号"328336"	数字接收 光标跳转 相应信息输出 相应控件不可用	F01.01.11	姓名：张三 性别：男 年龄：33 出生日期：1973- 07-15		
选择就诊科室"口腔科"	科室提示 科室选择 光标跳转	F01.01.16			
号别选择"普通门诊"	号别提示 号别选择 光标跳转	F01.01.17	挂号费 2 元，诊察费 3 元，费用合计：5 元		

续表

用例编码	T01.01.02			测试项	门诊挂号	
依据	F01.01.00			优先级	*	
就诊日期	日期提示 光标跳转		F01.01.18	当日日期		
午别	午别提示 光标跳转		F01.01.19			
病历本选择 "不需要"	选择提示 病历本选择 光标跳转		F01.01.20			
按"保存"按 钮快捷方式 【Shift】+【S】	误操作提示 金额计算结果 就诊序号产生 挂号单打印 操作结果提示		F01.01.01	挂号费用合计； 就诊序号； 挂号单		
按"退出"按 钮快捷方式 【Shift】+【X】	是否正常退出					

3. 预约挂号、不要病历本、无挂号费、有诊疗费的测试用例（见表 11.13）

表 11.13　　　　　　　　　　预约挂号的测试用例

用例编码	T01.01.03		测试项		门诊挂号	
依据	F01.01.00		优先级		*	
描述	预约挂号，新患者，不要病历本，分别测试预约 3 天及预约 2 天情况 测试点：挂号费为空情形下费用计算是否正常；预约挂号是否正常；预约时间控制是否正常；鼠标控制光标跳转情况下系统反应是否正常					
输入规格	李婉，卡号：328552，女，68 岁，眼科，老年号（挂号费 0 元，诊疗费 2 元），挂号日期：测试日期后 3 天和后 2 天（设置允许预约挂号天数 2 天），午别：下午，不要病历本 操作时在控件间切换时用鼠标点选					
预计输出	费用 2 元，打印挂号单		所用方法		黑盒测试及白盒测试	
测试结果描述						
执行步骤	检查点	检查依据 （功能需求编号或其他）	期望输出		结果	BugID
输入就诊卡号 "328552"	数字接收 光标跳转	F01.01.11				
输入"李婉"	汉字接受 光标跳转	F01.01.12				
选择性别"女"	选择提供 灵活性	F01.01.13				

续表

用例编码	T01.01.03			测试项	门诊挂号
依据	F01.01.00			优先级	*
输入年龄"68"	数字接收 光标跳转 出生年份生成	F01.01.14		出生日期：1938-01-01（测试时间为2005年）	
修改出生日期： 1973-06-12	日期修改 光标跳转	F01.01.15			
选择就诊科室 "眼科"	科室提示 科室选择 光标跳转	F01.01.16			
号别选择"老年号"	号别提示 号别选择 光标跳转	F01.01.17		挂号费0，诊察费2元，费用合计：2元	
就诊日期改为操作日后第3天日期	日期提示 日期修改 光标跳转	F01.01.18		无效预约日期的提示	
就诊日期改为操作日后第2天日期	日期提示 日期修改 光标跳转	F01.01.18			
午别	午别提示 光标跳转	F01.01.19			
病历本选择"不需要"	选择提示 光标跳转	F01.01.20			
按"保存"按钮	误操作提示 费用计算 就诊序号产生 挂号单打印 操作结果提示	F01.01.01		挂号费用合计； 就诊序号；挂号单	

4. 有挂号费无诊察费、要病历本的测试用例（见表11.14）

表11.14 有挂号费无诊察费、要病历本的测试用例

用例编码	T01.01.04	测试项	门诊挂号
依据	F01.01.00	优先级	*
描述	新患者，挂职工号（有挂号费，无诊察费），要病历本。测试午别已过情形；测试清除子功能；误操作；不完整数据保存 测试点：有挂号费无诊察费情形下费用计算；测试挂号时间已过当前时间的系统反应；测试系统清除功能；测试系统强壮性、安全性		
输入规格	王晓雅，卡号：328011，女，24岁，妇科，职工号（挂号费1元，诊察费0元），挂号日期：测试当日，午别分别设为上午和下午(服务器系统时间改为12点)，要病历本（1元）		
预计输出	费用2元，打印挂号单	所用方法	黑盒测试，经验
测试结果描述			

续表

用例编码	T01.01.04		测试项	门诊挂号	
依据	F01.01.00		优先级	*	
执行步骤	检查点	检查依据（功能需求编号或其他）	期望输出	结果	BugID
输入就诊卡号"328011"	数字接收 光标跳转	F01.01.11			
输入"王晓雅"	汉字接收 光标跳转	F01.01.12			
选择性别"女"	选择提供 灵活性	F01.01.13			
输入年龄"24"	数字接收 光标跳转 出生年份生成	F01.01.14	出生日期：1981-01-01 （测试时间为 2005 年）		
按"清除"按钮 之后重新挂号，重新输入上述内容	查看就诊卡号、姓名、性别、年龄、出生日期是否已清空	F01.01.02			
修改出生日期：1981-03-28	日期修改 光标跳转	F01.01.15			
选择就诊科室"妇科"	科室提示 科室选择 光标跳转	F01.01.16			
点击"保存"按钮	系统提示	F01.01.01	提示："请输入完整挂号信息"		
号别选择"职工号"	号别提示 号别选择 光标跳转	F01.01.17	挂号费 1 元，诊察费 0，费用合计：1 元		
就诊日期	日期提示 光标跳转	F01.01.18	当日日期		
午别选择"上午"	午别提示 选择后提示 光标跳转	F01.01.19	系统提示："已过挂号午别"		
午别选择"下午"	午别提示 选择后提示 光标跳转	F01.01.19	就诊序号		
病历本选择"需要"	选择提示 顺畅选择 光标跳转	F01.01.20	费用合计：2 元		
按"退出"按钮	查看系统反应	性能测试	系统给出有未保存数据的提示		

续表

用例编码	T01.01.04		测试项	门诊挂号
依据	F01.01.00		优先级	*
按"保存"按钮	误操作提示 费用计算 就诊序号产生 挂号单打印 操作成功提示	F01.01.01	挂号费用合计； 就诊序号； 挂号单	
随意点击数据窗口、空白处等非期望操作区域	查看系统反应	系统强壮性；经验	无变化	

5. 退号、不退病历本的测试用例（见表 11.15）

表 11.15　　　　　　　　　　　　退号、不退病历本的测试用例

用例编码	T01.02.01		测试项	门诊退号
依据	F01.02.00		优先级	*
描述	退号，不退病历本，日期分别超出有效退号日期及在有效退号日期以内 测试点：挂号信息读取是否正确；退号流程是否顺利；费用计算是否正确；退号有效期控制			
输入规格	卡号：328336，选择退掉普通号（挂号费 2 元，诊察费 3 元），不退病历本。设置有效退号天数为 2 天，调整时间，使得退号时间分别在挂号时间 48 小时外及 48 小时以内			
预计输出	费用 5 元		所用方法	黑盒测试，白盒测试
测试结果描述				

执行步骤	检查点	检查依据 （功能需求编号或其他）	期望输出	结果	BugID
修改系统时间为挂号时间＋52 小时					
输入就诊卡号"328336"	是否调出该患者所有的未就诊的有效挂号信息	F01.02.11	该患者所有已挂号未就诊的有效挂号信息（不包含 T01.01.02 操作所挂之号）		
修改系统时间为挂号时间＋46 小时					
输入就诊卡号"328336"	是否调出该患者所有的未就诊的有效挂号信息	F01.02.11	该患者所有已挂号未就诊的有效挂号信息（包含 T01.01.02 操作所挂之号）		
选择口腔科普通门诊	挂号选择（鼠标键盘均可）	F01.02.12	退号金额 5 元		
点击"保存"按钮并确认	查看处理结果		提示"退号成功"，退费 5 元		

6. 退号（包括病历本）的测试用例（见表 11.16）

表 11.16　　　　　　　　　　　　　退号（包括病历本）的测试用例

用例编码	T01.02.02		测试项	门诊退号	
依据	F01.02.00		优先级	*	
描述	退号，退病历 测试点：退号流程是否顺畅；退病历本情形下费用计算是否准确；对改变退号选择的控制；点击"保存"按钮后的警示；取消保存的控制；就诊后的挂号信息是否可退				
输入规格	卡号：328336，退其他号，改变退内科专家门诊号（挂号费 6 元，诊察费 6 元，病历本 1 元），保存，取消保存；执行诊间医令，再次退号				
预计输出			所用方法	黑盒测试，白盒测试	
测试结果描述					
执行步骤	检查点	检查依据（功能需求编号或其他）	期望输出	结果	BugID
输入就诊卡号"328336"	是否调出该患者所有的未就诊的有效挂号信息	F01.02.11	该患者所有已挂号未就诊的有效挂号信息（包含 T01.01.01 操作所挂之号）		
任选一条非口腔科的有效挂号信息（若没有执行挂号操作）	可选择（鼠标键盘均可）	F01.02.11	提示相应退费金额		
选择口腔科普通门诊	可选择（鼠标键盘均可）	F01.02.12 F01.02.00	原选中退费信息失效 退费金额 12 元		
选择退病历本	查看退费总额		退费金额 13 元		
执行诊间医令（执行口腔科看诊），再次退该号	退号的控制		没有可退的口腔科号别		

7. 挂号员结算的测试用例（见表 11.17）

表 11.17　　　　　　　　　　　　　挂号员结算的测试用例

用例编码	T01.03.01		测试项	挂号员结算	
依据	F01.03.00		优先级	*	
描述	挂号员结算，测试每次挂号操作或退号操作后挂号员结算时所统计的上缴金额，最后作结算。 分多种情形，其中包含操作员甲挂号，操作员乙退号；乙挂号，甲退号，看甲乙二人各自的结算统计 分别测试挂号金额大于退号金额情形；退号金额大于挂号金额情形 测试结算时对时间的控制				
输入规格	操作顺序：甲挂号—结算统计—甲挂号—结算统计—甲退号—结算统计—甲挂号—乙退号—结算统计—退乙挂号—结算统计—结算—甲退号—甲退号—结算				
预计输出	应缴费用；打印结算单		所用方法	黑盒测试，白盒测试	
测试结果描述					
执行步骤	检查点	检查依据 （功能需求编号或其他）	期望输出	结果	BugID

用例编码	T01.03.01		测试项	挂号员结算
依据	F01.03.00		优先级	*
以挂号员甲身份登录到结算界面，按"结算"按钮，先结清账目；记住结算终止时间	操作是否顺畅	F01.03.02	操作成功	
甲挂号，总费用6元				
登录到结算界面，按"统计"按钮	操作是否顺畅统计结果	F01.03.01	应缴费用：6元	
甲挂号，总费用5元				
登录到结算界面，按"统计"按钮	操作是否顺畅统计结果	F01.03.01	应缴费用：11元	
甲退号，退掉5元费用				
登录到结算界面，按"统计"按钮	操作是否顺畅统计结果	F01.03.01	应缴费用：6元	
甲挂号，总费用2元				
以挂号员乙身份登录，退掉甲所挂之号				
甲登录到结算界面，按"统计"按钮	操作是否顺畅统计结果	F01.03.01	应缴费用：8元	
甲退掉挂号员丙所挂之号，费用4元				
甲登录到结算界面，按"统计"按钮	操作是否顺畅统计结果	F01.03.01	应缴费用：4元	
按"结算"按钮	操作是否顺畅统计结果察看结算时间段	F01.03.02	应缴费用：4元 打印结算单	
按"统计"按钮	操作是否顺畅统计结果察看统计起始时间	F01.03.01	应缴费用：0	
按"退出"按钮	操作顺畅	F01.03.05	退出结算窗口	
甲退号，费用合计6元				

续表

用例编码	T01.03.01		测试项	挂号员结算	
依据	F01.03.00		优先级	*	
甲登录到结算界面，按"统计"按钮	操作是否顺畅 统计结果	F01.03.01	应缴费用：-6元		
甲退号，费用合计4元					
甲登录到结算界面，按"统计"按钮	操作是否顺畅 统计结果	F01.03.01	应缴费用：-10元		
按"结算"按钮	操作是否顺畅 统计结果 察看结算时间段	F01.03.02	应缴费用：-10元 打印结算单		

8. 挂号员结算补打的测试用例（见表11.18）

表11.18　　　　　　　　　　挂号员结算补打的测试用例

用例编码	T01.03.02		测试项	挂号员结算	
依据	F01.03.00		优先级	*	
描述	测试操作员结算单的补打功能 测试点：已结算信息显示；已结算信息读取；已结算信息的重复打印；各按钮的鼠标点击和快捷方式的有效性				
输入规格	选择"重打"调出挂号员近期的所有结算信息，依次选择测试用例 T01.03.01 所产生结算信息并重新打印。鼠标点击和快捷键两种方式控制按钮				
预计输出			所用方法	黑盒测试，白盒测试	
测试结果描述					
执行步骤	检查点	检查依据（功能需求编号或其他）	期望输出	结果	BugID
登录到结算窗口，点击"重打"按钮	操作是否流畅 是否显示该操作员所有结算信息	F01.03.03	该操作员所有结算信息		
选择费用4元的结算信息	操作是否流畅 鼠标选择和键盘选择是否同样效果	F01.03.00			
点击"打印"按钮	操作是否流畅 结果是否正确	F01.03.04	4元结算单		
选择费用-10元的结算信息	操作是否流畅 鼠标选择和键盘选择是否同样效果	F01.03.00	费用-10元的结算信息呈选中状态		
使用快捷键点击"打印"按钮	操作是否流畅 结果是否正确	F01.03.04	-10元结算单		

11.4.4　性能测试用例

性能测试用例如表 11.19 所示。

表 11.19　　　　　　　　　　　　性能测试用例

用例编码	T01.01.05		测试项	门诊挂号
依据	F01.01.00		优先级	*
描述	通过自动测试工具，测试系统的并发控制能力及连续处理能力——模拟多用户同时挂号			
输入规格	利用自动测试工具，模拟 10 用户并发操作，连续挂号 200 人次			
预计输出	挂号成功 2000 次，打印相应挂号单		所用方法	黑盒测试，自动测试
测试结果				
执行步骤	检查点	检查依据（功能需求编号或其他）	期望输出	结果　　BugID
应用自动测试工具，模拟 10 台机器并发运行挂号，每台挂号 200 次	系统是否正常运转	费用输出正确挂号单打印正确		

11.5　缺陷报告

在测试执行阶段，利用缺陷报告来记录、描述和跟踪被测试系统中已被捕获的不能满足用户对质量的合理期望的问题——缺陷或叫错误。缺陷报告可以采用多种形式，利用 Word、Excel、数据库等作为存储和更新的载体都可以，视系统复杂程度而定。如果需要灵活地、交互地存储、操作、查询、分析和报告大量数据，还是需要数据库。

下面给出一个利用数据作缺陷记录报告的实例。错误跟踪数据库可以自己开发，也可以购买现成的产品。

11.5.1　建立缺陷报告数据库

缺陷报告数据库应该在测试工作的准备配置阶段就建立起来，在测试执行阶段，测试人员、开发人员和项目管理评估人员可以采用各种方式通过缺陷报告数据库进行交互，可以自行开发一个小系统，使得数据库能够记录下人们访问数据库的一切活动。

先设计一个缺陷记录的数据表结构（表 11.20 所列内容在实际的数据库使用中可以按照数据库设计的规范化原则拆分为几张表，因为这与论述测试问题没有多大关系，将其合并到一张表当中）。

表 11.20　　　　　　　　　　　缺陷记录的数据表结构

字段英文名称	字段汉字名称	数据类型	描述
BugID	错误号	Char(12)	错误编码，与测试用例中一致
Fcode	功能模块编码	Char(12)	错误所在的功能模块编码
Fname	功能模块名称	Vchar(3)	错误所在的功能模块名称
Summary	概要	Vchar(50)	缺陷概要说明
Step_Rep	重现	Vchar(600)	错误重现的过程描述

续表

字段英文名称	字段汉字名称	数据类型	描述
Isolation	隔离	Vchar(600)	为确定 Bug 的真实所做的不相关因素排除
Isbug	缺陷确认	Char(1)	相关评审人确认是否是真正的缺陷 1 是缺陷，2 是警告，3 是不是缺陷
Idperson	确认人	Char(8)	Bug 的确认人
Data_opened	公开日期	Datetime	缺陷出现的日期
Data_closed	关闭日期	Datetime	缺陷修复的日期
Tester	测试人	Char(8)	发现该 Bug 的测试人
State	状态	Char(6)	该 Bug 的当前状态 1 是打开，2 是正在处理，3 是关闭
Programmer	编程人	Char(8)	负责错误发生处理程序的编程人员
Fix_date	修复日期	Datetime	错误修复日期
Severity	严重度	Char(1)	被测试系统的错误立刻或延迟的影响程度：1 是系统崩溃、数据丢失、数据毁坏或安全问题；2 是危险程度没有 1 级高，但主要功能严重受阻；3 是操作性错误、错误结果、遗漏功能；4 是小问题、错别字、UI 布局、罕见故障；5 是警告或建议
Priority	优先级	Char(1)	包含对问题严重性、发生频率以及对目标客户的影响程度：1 是立即修复，阻止进一步测试；2 是不影响进一步测试，但很严重，必须立即修复；3 是在产品发布之前必须修复；4 是如果时间允许应该修复；5 是可能会修复，但是也能发布
Log	日志	Vchar(600)	记录该缺陷记录的访问和处理的相关信息
DealRec	处理过程记录	Vchar(600)	由开发人员和测试人员交互记录所发现问题的再处理过程

11.5.2　编写缺陷报告

关于测试人员、系统开发人员和相关问题评审人员打开、读取和写入缺陷报告数据库，以何种形式并不重要，重要的是对于问题的描述应该是完整的、严谨的、简洁的、清晰的和准确的。

下面列出编写好的错误报告的几个要点（也是测试执行应该遵循的一些原则）。

- 再现：尽量 3 次再现故障。如果问题是间断的，那要报告问题发生频率。
- 隔离：确定可能影响再现的变量，例如配置变化、工作流、数据集，这些都可能改变错误的特征。
- 推广：确定系统其他部分是否可能出现这种错误，特别是那些可能存在更加严重特征的部分。
- 压缩：精简任何不必要的信息，特别是冗余的测试步骤。
- 去除歧义：使用清晰的语言，尤其要避免使用那些有多个不同或相反含义的词汇。
- 中立：公正表达自己的意思，对错误及其特征的事实进行陈述，避免夸张、幽默或讽刺。
- 评审：至少有一个同行，最好是一个有丰富经验的测试工程师或测试经理，在测试人员递交错误报告之前先读一遍。

为了说明一个基本的测试缺陷报告应该具有的内容，截取了本章所介绍案例 HIS1.0 中挂号管理子系统集成测试缺陷报告中的 1 页，如图 11.5 所示。

HIS1.0系统集成测试缺陷报告

缺陷编号：01.01.0018	发现人：王宁宁	记录日期	2005-04-20
所属模块：HIS1.0门诊挂号	确认人：宋喜莲	确认日期	2005-04-20
当前状态 公开	严重度 2	优先级 2	

问题概述：门诊挂号时费用计算不正确(号别选择后再修改情形下)

问题再现描述
1.执行挂号操作；
2.选择专家门诊，按回车键，挂号费6元，诊察费6元；
3.重新选择号别为老年号，挂号费6元，诊察费2元（应该挂号费0元，诊察费2元）。

问题隔离描述
1.重复同样挂号操作,改用鼠标选择,问题依然。
2.重新挂号,先挂老年号,后挂专家号,费用计算正确。

日志
2005-04-20 9:51 Opened by Wangnn.
2005-04-29 11:32 Affirmed by Songxl.

处理过程记录
问题已查处并解决 --张铁 2005-04-21
重新测试，通过 --王宁宁 2005-04-21

开发负责人 张铁　　修复日期 2005-04-21　关闭日期 2005-04-21

-page 10 of 362-

图 11.5　测试缺陷报告

11.6　测试结果总结分析

一个阶段的系统测试结束后，应该对系统有一份完整的测试总结报告，给出系统在最终测试后功能、性能等方面所达到的状况的总结和评价，通常测试总结报告要包含量化的描述。测试总结报告将呈现给测试部门、开发部门以及公司的相关负责人。

关于被测软件的测试结果总结是必要的，而对测试工作本身的总结也是不可少的。存储在数据库中的测试用例、问题记录和相关处理记录是一笔巨大的财富。积累各种项目的历史数据，并将其绘制成直观的图表，会很快就能分辨出"优良的"和"不良的"曲线。

利用错误跟踪数据库，从中抽取相关度量是一件比较轻松的事，也是一件很惬意的事。但众多的图表不能只是热热闹闹地画在那里，从中能获得什么就看测试人员自己了，所谓"仁者见仁，智者见智"。

下面介绍实际测试工作中测试结果总结分析所关注的一些内容。

11.6.1　测试总结报告

图 11.6 所示是测试总结报告的一个模板，各行业、各阶段的软件测试会有具体不同的总结报告，但基本上应该有本模板所展示的项目。

*** 测试报告	
项目编号：	项目名称：
项目软件经理：	测试负责人：
测试时间：	
测试目的与范围：	
测试环境	
名称	软件版本
服务器操作系统	
数据库	
应用服务器	
测试软件	
测试机操作系统	
测试数据说明：	
总体分析：	
典型性具体测试结果：	

图 11.6　测试总结报告的一个模板

11.6.2　测试用例分析

对工作的及时总结，可以及时调整方向，大大提高工作效率。测试工作的效果要直接依赖测试用例的编写和执行状况，所以在测试过程中和测试结束后都要对关于测试用例的一些重要值进行度量。

关于测试用例的分析，通常包括以下内容。

- 计划了多少个测试用例，实际运行了多少？
- 有多少测试用例失败了？
- 在这些失败的测试用例中，有多少个在错误得到修改后最终运行成功了？
- 这些测试平均占用的运行时间比预期的长还是短？
- 有没有跳过一些测试？如果有，为什么？

● 测试覆盖了所有影响系统性能的重要事件吗？

这些问题都可以从相关的测试用例的设计和测试问题记录中找到相应的答案。当然，如果使用了数据库，这些问题就更能轻松地被解答了。测试用例的分析报告可以以多种形式体现出来：文字描述、表、图等。

11.6.3 软件测试结果统计分析

软件测试结果统计分析，在对软件产品测试过程中发现的问题进行充分分析、归纳和总结的基础上，由全体参与测试的人员完成"软件问题倾向分析表"，对该软件或该类型系统软件产品在模块、功能及操作等方面出错倾向及其主要原因进行分析。软件问题倾向分析表将为以后开发工作提供一个参考，使开发人员根据软件问题倾向分析表明确在开发过程中应注意和回避的问题，该表也可为以后的测试工作明确测试重点提供依据。

图 11.7 表达的是软件的不同版本在测试时检测出的缺陷（Bug）数的对应关系。这里的版本指的是同一软件经过不同的测试阶段并修复 Bug 及做必要的调整后所产生的软件产品。显然，该图所表达的测试结果的变化是非常理想的。

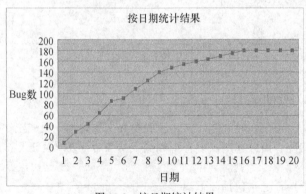

图 11.7 按版本统计结果示例

图 11.8 表达的是在一个测试阶段所发现的缺陷数与测试日期之间的对应关系。测试过程中所发现的缺陷是随着时间的推移而增多的，但一段时间后，测试所发现的缺陷增加会渐缓，甚至没有增加，如果测试还在进行，那么表明，在现有测试用例、软硬件环境及相关条件下已经很难再发现新的缺陷（虽然可以肯定系统中仍然存在缺陷），那么这个测试阶段应该考虑停止了。

图 11.8 按日期统计结果

图 11.9 表达的是测试中所发现的不同等级的缺陷的数目。关于 A、B、C、D 等级（或者还有 E、F、G……）所表达的不同含义由相关测试和开发人员来制定，而这种按等级划分的统计结果可以清楚地反映开发工作中的薄弱之处。

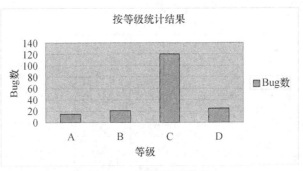

图 11.9　按等级统计结果

图 11.10 表达的是测试所发现的缺陷数目与其缺陷所属的软件工程的不同阶段之间的关系。这个图表会又一次验证软件工程的任何阶段都会有导致程序中产生错误的因素，只是程度和数目不同而已。通过对该图表的分析，可以清楚看到，软件工程中的哪个阶段更应该加强控制。

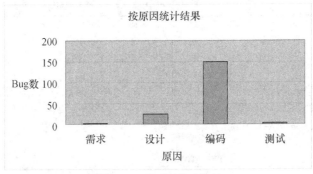

图 11.10　按原因统计结果

图 11.11 表达的是程序的不同模块与在其中所发现的缺陷数目之间的关系。缺陷的产生有多方面的原因，但也可以从该图中反映出哪些程序员所开发的模块中 Bug 很多，而另一些程序员的则很少，那么在相同的系统设计和工作条件下，这也反映了程序员的工作能力或者责任感的不同。

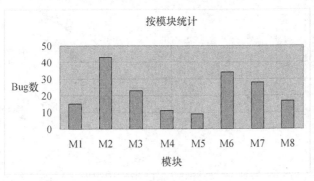

图 11.11　按模块统计结果

图 11.12 表达的是在测试过程中每日发现的错误报告公开/关闭的对应关系图。公开是指错误被发现并被公告，关闭则指错误已被处理完毕的状况。图中两条粗线反映的是错误累计公开和累计关闭的实际状况。随着时间的推移，累计公开和累计关闭的错误数目都是渐增的，但到某个时间点，两条曲线会会合，即累计公开的数目等于累计关闭的数目，也就是说所有发现的错误都得到了处理。

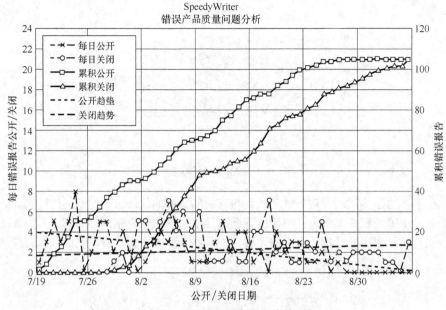

图 11.12　按公开/关闭日期统计图表

　　图 11.13 表达的是错误原因分析，其中纵轴表达的是每类测试发现错误占所有错误的百分比。可以看出，只有每个错误都被明确地、细致地归类后才能得到这样的分析图表，也才能知道该从哪里去控制以减少错误的产生。

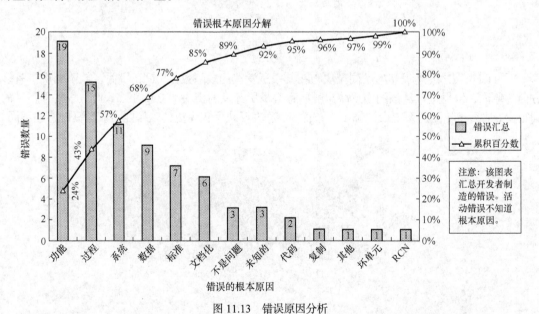

图 11.13　错误原因分析

　　图 11.14 表达的是对系统性能测试所产生的分析数据、图和简单的结论。这种分析是在系统经过性能测试后所必不可少的。性能测试的分析一般从并发用户数、系统响应时间以及 CPU 的利用率几方面来表述。

		0	10 万	20 万	30 万	40 万
1	响应时间（s）	1.8	2	2.7	3	5.1
	CPU 利用率（%）	32	37	40	39	41
10	响应时间（s）	2.3	4.9	9.2	9.7	16.5
	CPU 利用率（%）	45	38	42	56	49

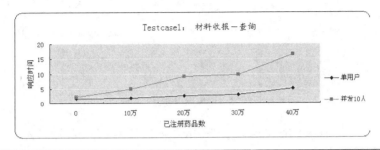

结果分析：通过数据显示在 30 万的基础数据量下，并发 10 人查询的响应时间为 9.7s，可以接受；但在 40 万数据量下并发 10 人达到了 16.5 秒，变化较大。

图 11.14　系统响应时间与用户数对比分析（性能测试结果分析）

实际的测试结果总结分析还有很多情形，这里列出的是一些比较典型的分析图表。实际工作的不同需要会有不同的选择。而这些分析数据、图表是与测试结果分析报告配合使用的。

11.7　软件测试自动化工具

实际测试需要投入大量的时间和精力，测试工作同样也可以采用其他领域和行业中运用多年的办法——开发和使用工具，即自动化测试使工作更加轻松和高效。采用测试工具不但能提高效率，节约成本，还可以模拟许多手工无法模拟的真实场景。

自动化测试可以利用许多现成的产品，也可自己开发一些小工具。现在市面上有许多自动化测试工具可供选择，这些工具大多很完备、很成熟、很有效，当然，也很昂贵，而且要全面地掌握也需要很多时间，所以在测试工作中不妨根据项目特性开发一些小工具，常常也很见效。

应用自动测试工具测试很容易产生海量数据，这是人工所不易分析和理解的，所以还需要性能分析工具对测试结果进行分析。在前面测试 HIS 的实例中，功能测试采用手工方式，而对系统进行性能（压力）测试，可以选用 MI 的 Load Runner。测试过程分几步走：选择系统协议，新建测试脚本，到 Load Runner 中压力生成，再执行测试（运行脚本）。

当建立一个新的测试项目时，测试工具会自动生成测试代码，用户可以根据需要进行修改，自动测试工具再执行这些代码。图 11.15 显示的是测试工具在建立一个新的测试项目时产生的原始代码和测试执行记录，只是截取了其中的片断。这些代码很冗长，可不用担心，一切都是自动测试工具自动生成的。

图 11.15　自动测试工具所生成的代码

为了测试挂号管理子系统的并发性控制，按照前面的测试用例，选择11用户并发执行，每用户连续执行200次停止。图11.16显示的是增加用户进程控制界面。10用户可以一起加入，而模拟3000用户时，可以批量加入用户，如每5分钟加入600用户，这样可能更接近于实际场景。

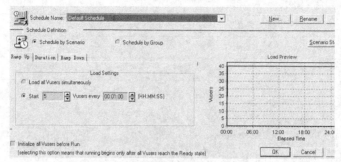

图11.16　增加用户进程的界面

脚本开始运行后，Load Runner会跟踪被测试系统的运行状况并监控被测试设备的资源使用情况，如图11.17所示。

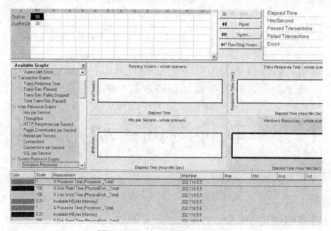

图11.17　自动测试监控场景

11.8　文档测试

广义地说，文档测试也是软件测试的一项内容。文档测试包括对系统需求分析说明书、系统设计报告、用户手册以及与系统相关的一切文档、管理文件的审阅、评测。系统需求分析和系统设计说明书中的错误将直接带来程序的错误；而用户手册将随着软件产品交付用户使用，是产品的一部分，也将直接影响用户对系统的使用效果，所以任何文档的表述都应该清楚、准确，含糊不得。

文档测试时应该慢慢仔细阅读文字。特别是用户手册，应完全根据提示操作，将执行结果与文档描述进行比较。不要做任何假设，而是应该耐心补充遗漏的内容，耐心更正错误的内容和表述不清楚的内容。表11.21列出HIS相关文档的一些检查点。

表 11.21 　　　　　　　　　　　　出 HIS 相关文档的检查点

测试文档	东软医院信息管理系统——门诊挂号子系统需求分析说明书
	东软医院信息管理系统——诊间医令子系统需求分析说明书
	东软医院信息管理系统——病案管理子系统需求分析说明书
	东软医院信息管理系统——物资管理子系统需求分析说明书
	……
	东软医院信息管理系统——门诊挂号子系统设计报告
	东软医院信息管理系统——诊间医令子系统设计报告
	东软医院信息管理系统——病案管理子系统设计报告
	东软医院信息管理系统——物资管理子系统设计报告
测试文档	……
	东软医院信息管理系统——门诊挂号子系统用户手册
	东软医院信息管理系统——诊间医令子系统用户手册
	东软医院信息管理系统——病案管理子系统用户手册
	东欧医院信息管理系统——物资管理子系统用户手册
	……
检查项目	检查点
文档面向	文档面对的读者是否明确？　文档内容与所对应的读者级别是否合适？
术语	术语适合于读者吗？　用法一致吗？　使用首字母或者其他缩写吗？　是否标准？　需要定义吗？　公司的首字母缩写不能与术语完全相同。　所有术语可以正确索引或交叉引用吗？
内容和主题	主题合适吗？　有丢失的主题吗？　有不应出现的主题吗？　材料深度是否合适？
正确性	文档所表述内容是否正确？　与实际执行是否一致？
准确性	文档所表述内容是否准确？　表述是否清楚？
真实性	所有信息真实并且技术正确吗？　有过期的内容吗？　有夸大的内容吗？　检查目录、索引和章节引用。　产品支持相关信息对不对？　产品版本对不对？
图表和屏幕抓图	检查图表的准确度和精确度。　图像来源和图像本身对吗？　确保屏幕抓图不是来源于已经改变的预发行版。　图表标题对吗？
样例和示例	模拟文档面向的读者那样使用样例　如果是代码，输入或者复制并执行
拼写和语法	检查拼写和语法是否有误

习 题 11

1. 参考本章的相关文档模板，找一个熟悉的软件系统制订其功能测试的测试计划，设计测试用例，按照测试用例执行测试，做测试过程的记录并写出测试总结报告。

2. 参考本章的相关文档模板，找一个文件管理小项目制订其测试计划，设计测试用例，按照测试用例执行测试，做测试过程的记录并写出测试总结报告。

3. 找一个熟悉的 Web 应用软件系统，制订其测试计划，设计测试用例，按照测试用例执行测试，做测试过程的记录后并写出测试总结报告。

参考文献

[1] Ron Patton. 周予滨、姚静等译. 软件测试. 北京：机械工业出版社，2001.

[2] Robert V.Binder. 华庆一等译. 面向对象系统的测试. 北京：人民邮电出版社，2001.

[3] Rex Black. 龚波等译. 软件测试过程管理. 北京：机械工业出版社，2003.

[4] Rick D.Craig，Stefan P.Jaskiel. 杨海燕等译. 系统的软件测试. 北京：电子工业出版社，2003.

[5] John Watkins. 贺红卫等译. 实用软件测试过程. 北京：机械工业出版社，2004.

[6] 柳纯录. 软件评测师教程. 北京：清华大学出版社，2005.

[7] 朱少民. 软件测试方法和技术. 北京：清华大学出版社，2005.

[8] 李幸超. 实用软件测试. 北京：电子工业出版社，2006.

[9] 孙宁. 软件测试技术基于案例的测试. 北京：机械工业出版社，2011.

[10] Andy yue、金晓丰、蒋唯游. 软件测试技能实训教程. 北京：科学出版社，2011.

[11] 赵斌. 软件测试经典教程. 北京：科学出版社，2011.

[12] 陈能技. 软件测试技术大全：测试基础 流行工具 项目实战. 北京：人民邮电出版社，2011.

[13] 邓佰臣等. 从菜鸟到测试架构师. 北京：电子工业出版社，2013.